여행은

꿈꾸는 순간,

시작된다

여행 준비
체크리스트

D-120 | 여행 정보 수집 & 여권 만들기
- ☐ 가이드북, 블로그, 유튜브 등에서 여행 정보 수집하기
- ☐ 여권 발급 or 유효기간 확인하기

D-100 | 항공권 예약하기
- ☐ 항공사 or 여행 플랫폼 가격 비교하기
- ★ 저렴한 항공권을 찾아보고 싶다면 미리 항공사나 여행 플랫폼 앱 다운받아 가격 알림 신청해두기

D-90 | 숙소 예약하기
- ☐ 교통 편의성과 여행 테마를 고려해 숙박 지역 먼저 선택하기
- ☐ 숙소 가격 비교 후 예약하기

D-60 | 여행 일정 및 예산 짜기
- ☐ 여행 기간과 테마에 맞춰 일정 계획하기
- ☐ 일정을 고려해 상세 예산 짜보기
- ☐ 교통편 예약

D-30 | 여행자 보험 및 필요 서류 준비하기
- ☐ 내 일정에 필요한 패스와 입장권, 투어 프로그램 확인 후 예약하기
- ☐ 여행자 보험, 국제운전면허증, 국제학생증 등 신청하기

D-10 | 예산 고려하여 환전하기
- ☐ 환율 우대, 쿠폰 등 주거래 은행 및 각종 앱에서 받을 수 있는 혜택 알아보기
- ☐ 해외에서 사용할 수 있는 여행용 체크(신용)카드 준비하기

D-7 | 데이터 서비스 선택하기
- ☐ 여행 스타일에 맞춰 로밍, 포켓 와이파이, 유심, 이심 결정하기
- ★ 여러 명이 함께 사용한다면 포켓 와이파이, 장기 여행이라면 유심이나 이심, 가장 간편한 방법을 찾는다면 로밍

D-3 | 짐 꾸리기 & 최종 점검
- ☐ 짐을 싼 후 빠진 것은 없는지 여행 준비물 체크리스트 보고 확인하기
- ☐ 기내 반입할 수 없는 물품을 다시 확인해 위탁수하물용 캐리어에 넣기

D-DAY | 출국하기
- ☐ 여권, 비자, 항공권, 숙소 바우처, 여행자 보험 증서 등 필수 준비물 확인하기
- ☐ 공항 터미널 확인 후 출발 시각 3시간 전에 도착하기
- ☐ 공항에서 포켓 와이파이 등 필요 물품 수령하기

여행 준비물
체크리스트

필수 준비물

- [ ] 여권(유효기간 6개월 이상)
- [ ] 여권 사본, 사진
- [ ] 항공권(E-Ticket)
- [ ] 바우처(호텔, 현지 투어 등)
- [ ] 현금
- [ ] 해외여행용 체크(신용)카드
- [ ] 각종 증명서
      (국제학생증, 여행자 보험,
      국제운전면허증 등)

기내 용품

- [ ] 볼펜(입국신고서 작성용)
- [ ] 수면 안대
- [ ] 목베개
- [ ] 귀마개
- [ ] 가이드북, 영화, 드라마 등
      볼거리
- [ ] 수분 크림, 립밤
- [ ] 얇은 외투

전자 기기

- [ ] 노트북 등 전자 기기
- [ ] 휴대폰 등 각종 충전기
- [ ] 보조 배터리
- [ ] 멀티탭
- [ ] 카메라, 셀카봉
- [ ] 포켓 와이파이, 유심칩
- [ ] 멀티어댑터

의류 & 신발

- [ ] 현지 날씨 상황에 맞는 옷
- [ ] 속옷
- [ ] 잠옷
- [ ] 수영복, 비치웨어
- [ ] 양말
- [ ] 여벌 신발
- [ ] 슬리퍼

세면도구 & 화장품

- [ ] 치약 & 칫솔
- [ ] 면도기
- [ ] 샴푸 & 린스
- [ ] 바디워시
- [ ] 선크림
- [ ] 화장품
- [ ] 클렌징 제품

기타 용품

- [ ] 지퍼백, 비닐 봉투
- [ ] 보조 가방
- [ ] 선글라스
- [ ] 간식
- [ ] 벌레 퇴치제
- [ ] 비상약, 상비약
- [ ] 우산
- [ ] 휴지, 물티슈

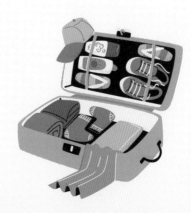

출국 전 최종 점검 사항

① 여권 확인

② 항공권의 출국 공항 터미널 확인

③ 위탁수하물 캐리어 크기 및 무게 측정
   (항공사별로 다르므로 홈페이지에서 미리 확인)

④ 기내 반입 불가 품목 확인

⑤ 유심, 포켓 와이파이 등 수령 장소 확인

리얼
독일

여행 정보 기준

이 책은 2025년 5월까지 수집한 정보를 바탕으로 만들었습니다.
정확한 정보를 싣고자 노력했지만, 여행 가이드북의 특성상
책에서 소개한 정보는 현지 사정에 따라 수시로 변경될 수 있습니다.
변경된 정보는 개정판에 반영해 더욱 실용적인 가이드북을 만들겠습니다.

한빛라이프 여행팀 ask_life@hanbit.co.kr

리얼 독일

초판 발행 2023년 11월 20일
개정판 발행 2025년 5월 29일

지은이 이주은, 박주미 / **펴낸이** 김태헌
총괄 임규근 / **팀장** 고현진 / **책임편집** 박지영 / **교정교열** 박성숙
디자인 천승훈 / **지도, 일러스트** 조민경
영업 문윤식, 신희용, 조유미 / **마케팅** 신우섭, 손희정, 박수미, 송수현 / **제작** 박성우, 김정우 / **전자책** 김선아

펴낸곳 한빛라이프 / **주소** 서울시 서대문구 연희로 2길 62 한빛빌딩
전화 02-336-7129 / **팩스** 02-325-6300
등록 2013년 11월 14일 제25100-2017-000059호
ISBN 979-11-94725-09-1 14980, 979-11-85933-52-8 14980(세트)

한빛라이프는 한빛미디어(주)의 실용 브랜드로 우리의 일상을 환히 비추는 책을 펴냅니다.

이 책에 대한 의견이나 오탈자 및 잘못된 내용은 출판사 홈페이지나 아래 이메일로 알려주십시오.
파본은 구매처에서 교환하실 수 있습니다. 책값은 뒤표지에 표시되어 있습니다.

한빛미디어 홈페이지 www.hanbit.co.kr / 이메일 ask_life@hanbit.co.kr
블로그 blog.naver.com/real_guide_ / 인스타그램 @real_guide_

지금 하지 않으면 할 수 없는 일이 있습니다.
책으로 펴내고 싶은 아이디어나 원고를 메일(writer@hanbit.co.kr)로 보내주세요.
한빛라이프는 여러분의 소중한 경험과 지식을 기다리고 있습니다.

독일을 가장 멋지게 여행하는 방법

리얼
독일

이주은·박주미 지음

HB 한빛라이프

맨 처음 유럽을 여행했을 때는 수많은 나라에 둘러싸인 독일에 특별한 감동을 느끼지 못했습니다. 하지만 유럽 여행의 횟수를 거듭할수록 독일은 편안하게 다가왔습니다. 다른 유럽 도시에 비해 깨끗한 시설과 현대적인 인프라, 그리고 유창한 영어 소통, 합리적인 시스템이 주는 편리함에 익숙해진 것입니다. 그러면서도 중세 유럽의 정취를 가득 담은 운치 있는 마을과 아름다운 자연에 점차 매료되었습니다. 풍부한 역사와 재미있는 스토리, 그리고 그것을 온전히 보전하고자 노력하는 독일인들의 모습에 감탄하게 되었습니다.

중세 유럽을 이끌었던 절대왕정 국가들과 달리 독일은 19세기 통일을 이룰 때까지 수백 개의 소국으로 이루어진 나라였습니다. 하지만 17~19세기 그 어느 나라보다 철학과 문학, 음악이 발전했으며 현재도 수준 높은 박물관과 미술관이 넘쳐나는 나라입니다. 수차례 큰 전쟁을 겪었지만 중세의 마을들이 완벽하게 복원되어 아기자기하고 낭만적인 공간들이 숨 쉬는 곳이죠. 활기 넘치는 가을의 맥주 축제와 추운 겨울의 크리스마스 마켓이 끝나고 봄이 오면 골목마다 붉은 제라늄 꽃들이 만발하고 시장에는 여름의 시작을 알리는 체리가 가득합니다.

저희가 진짜 독일을 만나며 독일을 사랑하게 되었듯이 『리얼 독일』이 독일을 찾는 여러분께 찐 독일을 안내해드릴 수 있기를 바랍니다. 종이책이라는 제한된 지면이기에 좋은 곳들을 모두 담지 못하고 고르고 골라내야만 했던 것이 못내 아쉬움으로 남습니다.

보면 볼수록 매력 있는 독일

이주은 학창 시절 유럽 배낭여행을 시작으로 유럽에 심취되어 방학과 휴가를 쪼개 틈틈이 유럽을 다니다 여행작가의 길로 들어섰다. 현재는 유럽과 미국 전문 작가로 여행 가이드북, 잡지, 신문에 글을 쓰고 여행과 관련된 각종 강연과 다양한 웹 콘텐츠 작업에 참여하고 있다. 저서(공저)로 『팔로우 동유럽』, 『프렌즈 런던』, 『프렌즈 뉴욕』, 『프렌즈 미국 서부』, 『프렌즈 미국 동부』 등이 있다.

박주미 스물둘, 멋모르고 처음 유럽 여행길에 올랐다가 이국적인 풍경과 문화예술에 매료되었고 시간과 돈, 체력이 허락하는 한 계속 여행을 다녔다. 결국 여행이 주는 두려움과 설렘이 좋아 여행을 업으로 삼았다. 여전히 혼자 떠나는 여행을 즐기며 인생의 시간을 풍성하게 만들고자 노력하고 있다. 저서(공저)로 『팔로우 동유럽』, 『이지 동유럽 12개국』, 『스페인 포르투갈 100배 즐기기』가 있다.

일러두기

- 이 책은 2025년 5월까지 취재한 정보를 바탕으로 만들었습니다. 정확한 정보를 수록하고자 노력했지만, 여행 가이드북의 특성상 책에서 소개한 정보는 현지 사정에 따라 수시로 변경될 수 있습니다. 여행을 떠나기 직전에 한 번 더 확인하시기 바라며 변경된 정보는 개정판에 반영해 더욱 실용적인 가이드북을 만들겠습니다.

- 독일어의 한글 표기는 국립국어원의 외래어 표기법을 따르되 관용적인 표기나 현지 발음과 동떨어진 경우에는 예외를 두었습니다. 우리나라에 입점된 브랜드의 경우 한국에 소개된 브랜드명을 기준으로 표기했습니다.

- 대중교통 및 도보 이동 시의 소요시간은 대략적으로 적었으며 현지 사정에 따라 달라질 수 있으니 참고용으로 확인해주시기 바랍니다.

- 명소는 운영시간에 표기된 폐관/폐점 시간보다 30분~1시간 전에 입장이 마감되는 경우가 많으니 미리 확인하고 방문하시기 바랍니다.

주요 기호

🏃 가는 방법	📍 주소	🕐 운영시간	❌ 휴무일	€ 요금
📞 전화번호	🏠 홈페이지	🏃 명소	🛍 상점	🍴 맛집
Ⓤ U반	Ⓢ S반	🚆 기차역	🚊 트램역	

구글 맵스 QR 코드

각 지도에 담긴 QR 코드를 스캔하면 소개된 장소들의 위치가 표시된 구글 지도를 스마트폰에서 볼 수 있습니다. '지도 앱으로 보기'를 선택하고 구글 맵스 앱으로 연결하면 거리 탐색, 경로 찾기 등을 더욱 편하게 이용할 수 있습니다. 앱을 닫은 후 지도를 다시 보려면 구글 맵스 애플리케이션 하단의 '저장됨' - '지도'로 이동해 원하는 지도명을 선택합니다.

리얼 시리즈 100% 활용법

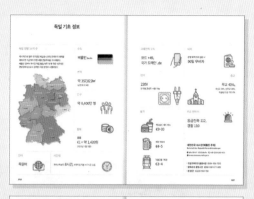

PART 1
여행지 개념 정보 파악하기

독일에서 꼭 가봐야 할 장소부터 여행 시 알아두면 도움이 되는 국가 및 지역 특성에 대한 정보를 소개합니다. 기초 정보부터 추천 코스까지, 독일을 미리 그려볼 수 있는 다양한 개념 정보를 수록하고 있습니다.

PART 2
테마별 여행 정보 살펴보기

독일을 가장 멋지게 여행할 수 있는 각종 테마 정보를 보여줍니다. 독일을 좀 더 깊이 들여다볼 수 있는 역사, 인물, 축제는 물론이고, 독일에서 놓칠 수 없는 맥주부터 나만의 쇼핑 리스트까지, 자신의 취향에 맞는 키워드를 찾아 내용을 확인하세요.

PART 3
지역별 정보 확인하기

독일을 5개의 대도시로 나누고 그 주변에 함께 가면 좋을 중도시, 소도시로 구분했습니다. 각 도시별로 볼거리, 쇼핑 플레이스, 맛집, 카페 등 꼭 가봐야 하는 인기 명소부터 저자가 발굴해 낸 숨은 장소까지 독일을 속속들이 소개합니다.

PART 4
실전 여행 준비하기

여행 시 꼭 준비해야 하는 정보만 모았습니다. 여행 정보 수집부터 현지에서 맞닥뜨릴 수 있는 긴급 상황에 대한 대처 방법까지 순서대로 구성되어 있습니다.

Contents

PART 1

미리 보는
독일 여행

PART 2

가장 멋진
독일 테마 여행

PART 3

진짜 독일을
만나는 시간

리얼 가이드

●

PART 4

실전에 강한
여행 준비

PART 1

미리 보는
독일 여행

지도로 보는 독일

슐레스비히홀슈타인

함부르크

메클렌부르크포어포메른

브레멘

네덜란드

니더작센

베를린

브란덴부르크

작센안할트

뒤셀도르프

노르트라인베스트팔렌

벨기에

튀링겐

작센

헤센

프랑크푸르트

룩셈부르크

라인란트팔츠

체코

자를란트

바이에른

바덴뷔르템베르크

뮌헨

프랑스

오스트리아

리히텐슈타인

스위스

폴란드

슬로바키아

프랑크푸르트 · 뮌헨

11시간~13시간 ·······

12시간~14시간 ·······

인천

헝가리

독일 기초 정보

독일 연방 16개 주

역사적으로 영주 국가였던 독일은 나치의 전체주의 체제를
제외하면 지금까지 오랜 세월 연방주의를 고수해왔다.
베를린 장벽이 무너진 독일 통일 이후 16개 주로 이루어진
연방공화국으로서 강력한 지방 분권이 시행되었다.

수도

베를린 Berlin

면적

약 357,022㎢

(남한의 3.5배)

인구

약 8,400만 명

통화

유로
€1 = 약 1,580원

(2025년 5월 기준)

언어

독일어

시간대

우리나라보다 **8시간,** 서머타임 적용 시 7시간 느림

국제전화 코드

코드 +49,
국가 도메인 .de

비자

관광 목적으로 방문 시
90일 무비자
(2026년부터는 사전승인허가제 ETIAS 도입 예정)

전기

220V
한국형 콘센트 사용 가능

종교

무교 46%,
개신교 24%, 천주교 22%,
이슬람교 등 기타 8%

물가

맥도날드 세트 메뉴
€11~12

커피 한 잔
€3~4

대중교통 1회권
€3~4

주요 연락처

응급전화 112,
경찰 110

대한민국 대사관(베를린 주재)
Botschaft der Republik Korea Schoneberger

📍 Ufer 89-91 10785 Berlin 📞 +49-(0)30-260-650
🏠 overseas.mofa.go.kr/de-ko/index.do

· **프랑크푸르트 총영사관** (0)69-956-7520
· **함부르크 총영사관** (0)40-650-677-600
· **본 분관** (0)228-943-790

키워드로 보는 독일

맥주의 나라

전 세계 맥주 생산량 3위, 소비량 5위의 맥주 강국이다.

작은 마을

큰 도시보다 중소 도시 주변 구석구석에
작은 마을이 많다.

중세 고성

2만 개가 넘는 고성이 하나둘 복원되며
관광지로 거듭났다.

자동차

BMW, 폭스바겐, 벤츠의 나라로
세계적인 자동차 생산국이다.

우리에게 잘 알려져 있으면서도 새로운 매력들이 가득한
독일은 알면 알수록 재미있는 나라다. 여행 중 놓치지 말아야 할
키워드를 담았다.

아우토반

굉음을 내며 달리는 무한 질주가 가능한 고속도로가 있다.

＊ 일부 속도 제한 구간도 있음

축구

분데스리가로 대표되는 독일 축구는
열성 팬이라면 놓칠 수 없다.

성당과 교회

종교 개혁이 시작된 나라로
아름다운 성당과 교회가 많다.

인물

바흐, 베토벤, 괴테, 칸트 같은
세계적인 위인을 유난히 많이
배출했다.

마트 쇼핑

마트에서 파는 가성비 아이템의 천국으로
품질 좋고 저렴한 물건이 많다.

독일 여행 팁 10가지!

교통 티켓
펀칭

시내에서 대중교통 이용 시 티켓을 샀더라도 탑승 전에 펀칭기에서 개시해야 한다.(개시 시각이 찍혀서 발매된 티켓은 상관없음.) 검표원이 불심 검문 시 시간이 찍혀 있지 않으면 무임승차로 간주하니 주의하자.

겨울
비수기

독일의 겨울은 춥고 비가 잦으며 해가 일찍 지기 때문에 여행 비수기에 해당한다. 따라서 대부분의 관광 명소가 단축 운영하므로 출발 전에 확인하는 것이 좋다.

오픈
시간

독일은 왕궁이나 박물관 등 대부분의 명소에서 시간을 엄격히 지킨다. 특히 주의할 점은 폐관시간보다 일찍 매표소나 입구를 닫는다는 점. 즉, 관람 소요시간을 고려해 폐관시간이 다가오면 미리 문을 닫기 때문에 항상 시간 여유를 가지고 도착해야 한다.

주말이 대목인 우리와 달리 독일의 상점들은 일요일에 대부분 문을 닫는다. 주마다 법이 다르지만 법적으로 영업이 금지된 곳이 많으며, 슈퍼마켓의 경우 역 주변 등 일부만 허용된다는 것도 알아두자.

일요일
휴무

화장실
사용

공중화장실이 많지 않고 대부분 유료다. 지하철역에는 화장실이 거의 없고, 기차역에는 있지만 유료다. 쇼핑몰은 유료도 있고 무료도 있다. 박물관 등 유료 시설이나 식당 이용 시에는 대부분 무료로 사용할 수 있다.

독일 여행 중에는 우리와 비슷한 듯 하면서도 다른,
그래서 꼭 알아두어야 할 것들이 있다. 독일 여행 팁을 소개한다.

층수
표시

유럽은 우리와 층 개념이 다르다. 예를 들어 지상층을 우리는 1층이라고 하지만 독일에서는 0층 또는 E층이라고 한다.(E는 땅을 뜻하는 에르트게쇼스Erdgeschoss다.) 따라서 우리가 말하는 2층이 독일의 1층이다.

대부분의 장소에서 신용카드나 체크카드를 받지만 간혹 현금을 요구하는 곳도 있으니 유로화 소액권을 소지하는 것이 좋다. 도시에서는 스마트 페이가 가능한 곳도 많다.

카드/현금
사용

팁
문화

서비스를 해주는 음식점에서는 팁을 기대한다. 보통 10% 정도이며, 시골 식당이나 비어홀 같은 곳에서는 잔돈을 반올림해주는 정도도 괜찮다.(봉사료가 포함된 곳이면 따로 주지 않는다.) 호텔에서 가방을 들어주거나 택시를 불러주는 등의 서비스를 받으면 €1~2 정도 준다.

치안

독일은 유럽에서도 치안이 좋은 나라로 알려져 있다. 강력 범죄는 적은 편이지만 어디든 밤늦게 혼자 다니는 것은 조심하고, 대도시의 복잡한 곳에서는 소매치기를 당할 수 있으니 주의하자.

여행하기 좋은
계절

독일은 북쪽 바다와 면한 일부 지역을 제외한 나머지는 내륙에 자리한다. 여름에는 덥고 건조하며, 겨울에는 춥고 습해서 흐리거나 종종 비가 내린다. 여름에는 일교차가 있어 낮에는 더워도 저녁에는 선선하기 때문에 긴 팔 옷 하나쯤은 챙겨가고, 여름철 햇살이 강하므로 모자나 선글라스를 가져가는 것이 좋다. 겨울에는 두툼한 방수 파카가 좋다. 특별한 장마철은 없으며 5월에서 10월 사이가 여행하기에 좋은 시기다.

공휴일

1월 1일	신년
4월 18~21일	부활절 연휴★
5월 1일	노동절
5월 29일	예수승천일★
6월 9일	성령강림절 월요일★
10월 3일	통일기념일
11월 1일	만성절(휴무는 지역마다 다름)
12월 25~26일	크리스마스 연휴

★ 매년 바뀌는 공휴일, 현재는 2025년 기준

매력 넘치는 독일의 도시들

뷔르츠부르크 Würzburg P.302

프라하에 비유되는 아름다운 성과
다리가 있는 낭만적인 도시.

프랑크푸르트 Frankfurt P.250

독일 경제·금융의 중심지이자 국제 도시로
독일의 관문이 되는 현대적인 도시.

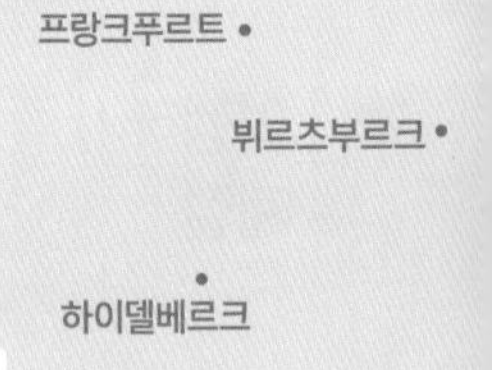

프랑크푸르트 •

뷔르츠부르크 •

하이델베르크 •

하이델베르크 Heidelberg P.318

중세의 고성을 품은 고즈넉한 모습과
함께 학구적인 분위기를 지닌 대학 도시.

독일에는 서울 같은 거대 도시보다 각각의 기능을 가진 대도시와 수많은 중소 도시가 있다.
지방색이 강하기 때문에 비슷한 지역보다는 다른 지역의 도시들을 방문하면
각기 다른 분위기와 개성을 느낄 수 있다. 독일에서 꼭 들러볼 만한 도시들을 소개한다.

베를린 Berlin P.088

독일 정치·행정의 수도이자 최근
에는 유럽 문화의 수도로 부상
하고 있는 매력적인 도시.

베를린

드레스덴

드레스덴 Dresden P.147

과거 동독 지역이자 피렌체에 비유되었던 아름다운 문화 도시.

뮌헨 München P.354

독일 남부 바이에른주의 중심
도시로 아름다운 자연과 문화
예술로 가득한 인기 관광 도시.

뮌헨

독일에 왔다면 꼭!
독일 여행 버킷리스트

퓌센 노이슈반슈타인성 P.392

남부 독일의 아름다운 자연과 어우러진 동화 속 백조의
성 노이슈반슈타인 찾아가기.

베를린 연방의회 의사당 P.102

연방의회 의사당 유리 돔에 올라 의회실을 내려다보고 옥
상에서 베를린 시내 조망하기.

뮌헨 구시가지 P.367

성 페터 교회 첨탑에 올라 마리엔 광장과 신 시청사 한눈
에 내려다보기.

로텐부르크 P.314

포석이 깔린 운치 있는 중세 골목길을 거닐며 과거로의 시
간 여행 즐기기.

가끔은 무리해서 수백 개의 계단을 올라도
그 노고가 헛되게 느껴지지 않는 순간들이 있다.
독일 여행에서 특별함을 안겨줄 멋진 장소들을 놓치지 말자.

크리스마스 마켓 P.067

추운 겨울밤을 환하게 밝히는 크리스마스 마켓에서 글뤼
바인을 마시며 선물 고르기.

뷔르츠부르크 마리엔베르크 요새 P.307

언덕 위 요새에서 아름다운 뷔르츠부르크 시내를 보며 랜
드마크 알아맞히기.

아기자기한 소도시 P.313

뇌르틀링겐의 다니엘 탑에 올라 원형으로 둘러싸인 성벽
과 마을 밖 전원 풍경 감상하기.

프랑크푸르트 구시가지 P.258

구시가지의 성당 첨탑에서 현대 독일의 빌딩 숲과 마인강
둘러보기.

독일 여행의 묘미,
소도시 여행

독일 여행의 진정한 묘미는 작은 마을 여행이라고
해도 과언이 아니다. 시골이지만 깨끗함과 편리함을 갖춘
독일 마을에서 평온과 여유를 느끼고 로맨틱한 시간을
기대해보자.

① 로텐부르크 Rothenburg P.314

거점 도시 뷔르츠부르크

로만틱 가도에서 가장 인기 있는 곳으로 아기자기하
고 운치 있는 중세의 성벽 마을.

놓치지 말자!
슈니발렌 과자와 크리스마스 상점 케테 볼파르트

② 딩켈스뷜 Dinkelsbuhl P.312

거점 도시 로텐부르크

로텐부르크를 닮은 조용하고 귀여운 중세 마을.

놓치지 말자!
목조 건축물이 이어지는 제그링거 거리에서 인증샷

③ 튀빙겐 Tübingen P.342

거점 도시 슈투트가르트

독일 남부의 고즈넉한 분위기를 가진 대학 도시.

놓치지 말자!
전통 나룻배 슈토허칸을 타고 네카어강 유람하기

④ 밤베르크 Bamberg P.424

거점 도시 뉘른베르크

그림책에 나올 듯한 귀엽고 아기자기한 모습의 중세
마을.

놓치지 말자!
훈제 맥주 라우흐비어 마시기

⑤ 레겐스부르크 Regensburg P.436

거점 도시 뮌헨

한때 번영을 누렸던 오래된 역사 도시.

놓치지 말자!
독일 명예의 전당 발할라 방문하기

독일 음식 베스트 10

슈바인스학세 Schweinshaxe

돼지를 뜻하는 슈바인Schwein과 다리를 뜻하는 학세haxe의 합성어로 흔히 "독일식 족발"이라 부른다. 정강이 부분을 삶은 후 그릴에 구워서 기름기를 빼내 겉은 바삭하고 안은 부드러우면서도 쫄깃하다. 독일 남부 지방의 음식이지만 대표 전통 음식답게 독일 어느 곳에서나 쉽게 볼 수 있다.

아이스바인 Eisbein

슈바인스학세와 비슷해 보이지만 요리 방식이 다르다. 소금에 절인 돼지 정강이를 양파, 당근, 마늘, 향신료와 함께 푹 삶는 것이 특징으로 콜라겐이 풍부하다.

부르스트 Wurst

독일을 대표하는 소시지는 종류만 해도 1,500가지가 넘는다. 구워서 만든 브라트부르스트Bratwurst, 삶은 보크부르스트Bockwurst와 같이 조리 방법에 따라 나뉘기도 하고, 지역별로 나뉘기도 한다. 독일 남부 바이에른 지역은 흰 소시지인 바이스부르스트Weisswurst로 유명하며 그 대표적인 도시가 뉘른베르크다. 베를린의 커리부르스트Currywurst, 바이마르의 튀링거부르스트Thüringerwurst 등도 있다.

독일은 주변국의 음식 문화만큼 화려하진 않지만
돼지고기, 소시지, 감자가 주식인 소박하면서도 그들만의
전통적인 문화를 갖고 있는 것이 특징이다.
분명한 것은 독일에는 맛있는 음식이 많다는 것!

슈니첼 Schnitzel

우리나라의 돈가스와 유사하다. 오스트리아 음식이지만 독
일 대부분의 레스토랑에서 접할 수 있다. 송아지고기, 돼지
고기, 닭고기 등 재료에 따라 다양한 종류로 나뉜다. 주로
레몬을 뿌려 먹는다.

아우플라우프 Auflauf

그라탱 혹은 라자냐와 비슷하다. 면이나 쌀, 고기(소,
닭, 돼지) 또는 연어에 채소를 넣은 후 그 위에 치즈를
듬뿍 얹고 오븐에 구운 음식이다.

곁들여 먹기 좋아요!

사우어크라우트 Sauerkraut
소금에 절인 양배추에 와인과 식초 등을 넣어 발효시킨 '독일
식 김치'다. 새콤달콤해 피클과도 비슷한 느낌이며 주로 메인
메뉴에 같이 나온다. 이 외에 빵, 감자샐러드, 감자튀김 등이
사이드 메뉴로 나온다.

카르토펠크뇌델 KartoffelKnödel
고기, 감자, 밀가루, 빵 등의 재료를 주먹 크기로 뭉쳐 끓는 물
에 익힌 음식이다. 완자처럼 생겼으며 주로 고기 요리와 함께
나온다.

슈페츨레 Spätzle

독일 슈바벤 지역의 전통 요리로 우리나라의 올챙이국수와
비슷하다. 모양은 일정하지 않지만 질감이 부드럽다는 것이
특징이며, 고기 요리에 곁들여 나오는 경우가 많다.

립 Rib

오스트리아를 비롯한 동유럽 국가에서도 쉽게 접할 수 있는 음식으로 비교적 저렴하고 푸짐하게 먹을 수 있다. 주로 립과 함께 감자튀김이나 찐 감자가 사이드 메뉴로 나온다.

바움쿠헨 Baumkuchen

케이크를 자르면 나무의 나이테와 흡사해 '나무 케이크'라는 뜻을 가지고 있다. 꼬챙이에 반죽을 얇게 칠하고 굽는 과정을 반복하면 케이크가 완성된다.

슈바르츠발더 키르쉬토르테
Schwarzwälder Kirschtorte

'검은 숲 케이크'라는 뜻으로 독일 남서부 지역의 숲이 울창한 슈바르츠발트Schwarzwald에서 이름을 따왔다. 겹겹이 쌓은 초콜릿 스펀지 사이에 생크림과 체리를 넣은 독일 전통 케이크로 상단에는 체리로 포인트를 준다.

햄버거 Hamburger

미국식 햄버거의 뿌리를 독일 함부르크에서 찾을 수 있다. 일명 '함부르크 스테이크'인 다진 고기 요리가 오늘날 햄버거가 된 것. 독일에 수많은 수제 버거집이 있다.

길거리 음식

커리부르스트 Currywurst

구운 소시지 위에 독특한 케첩 소스와 카레 가루를 뿌린 것으로, 독일 어디서나 볼 수 있는 베를린 대표 길거리 음식이다.

케밥 Kebab

터키인이 많은 독일에는 케밥집도 많다. 납작한 빵은 되너 Döner, 얇은 빵으로 둘둘 말면 유프카Yufka라고 하며, 모두 케밥의 일종이다.

누들 박스 Noodle Box

길거리 음식으로 저렴하게 끼니를 해결할 때 좋다. 튀김 종류도 따로 선택할 수 있다. 대표적인 아시아 패스트푸드답게 입맛에 잘 맞는다.

브레첼 Brezel

우리에겐 '프레첼'로 알려진 하트 안에 꽈배기가 있는 모양의 브레첼은 독일 전통 빵이다. 겉에 굵은소금을 뿌린 것이 특징이며, 마늘이나 계피 맛이 나는 다양한 종류가 있다. 짭짤해서 맥주 안주로 좋으며, 레스토랑의 식전 빵으로 나오기도 한다.

여행이 깊어지는 독일 역사 키워드

신성 로마 제국, 종교 개혁, 제2차 세계 대전, 베를린 장벽 붕괴 등
굵직한 세계사의 중심에 있었던 독일의 역사에 대해 미리 읽어보고 여행을 떠나자.

· **독일 제1제국** 962~1806년 신성 로마 제국
· **독일 제2제국** 1871~1918년 프로이센 제국
· **독일 제3제국** 1933~1945년 나치 제국

독일 왕국의 시작

서로마가 멸망하면서 프랑크 왕국이 성립되었으나 카를 대제 이후 왕국이 셋으로 분열됐고, 919년 하인리히 1세가 국왕이 되면서 작센 왕조의 독일 왕국이 시작된다.

신성 로마 제국의 성립

하인리히 1세의 아들 오토 1세는 이탈리아 북부 지역까지 영토를 확장하고 962년 교황으로부터 서로마 제국의 황제로 인정받아 신성 로마 제국의 오토 대제가 된다. 이때부터 독일 제1제국이라고 한다.

황제와 교황의 갈등

1220년 신성 로마 제국의 황제가 된 프리드리히 2세는 예루살렘까지 이어지는 역사상 최대의 영토를 얻었다. 하지만 교황과의 갈등이 지속되면서 그의 사후 신성 로마 제국의 황제가 공석으로 있던 대공위 시대를 겪기도 한다.

한자 동맹

독일 북부의 도시들이 발트해와 북해에서 스칸디나비아와 경쟁하기 위해 결성한 한자 동맹은 14세기 말에 전성기를 이루었으나 15세기 네덜란드·잉글랜드 등과 경쟁하며 쇠퇴한다.

인쇄 혁명

1450년 구텐베르크가 활판 인쇄술을 개발해 성서를 대량으로 찍어내는 인쇄 혁명을 이끈다.

종교 개혁

1517년 마르틴 루터의 95개조 반박문으로 시작된 가톨릭 교회에 대한 비판이 커지며 종교 개혁으로 이어진다.

30년 전쟁

1618년 로마 가톨릭과 개신교 간의 30년 전쟁이 발발한다. 1648년 베스트팔렌 조약으로 전쟁이 마무리되면서 종교의 자유가 허용되고 스위스, 네덜란드가 독립, 프로이센 영토가 확장된다.

프로이센 왕국

1701년 독일 북부에 위치한 프로이센 왕국은 프리드리히 빌헬름 1세 때 절대 왕정의 기초를 확립하고 군사 강국으로 발전한다. 그 후 프리드리히 2세(프리드리히 대왕)가 오스트리아 왕위 계승 전쟁과 7년 전쟁을 승리로 이끌면서 영토를 확장하고 문화적으로도 발전시킨다.

나폴레옹 전쟁

1806년 신성 로마 제국은 나폴레옹에게 패망한다. 하지만 1813년 라이프치히 전투와 1815년 워털루 전투에서 연합국이 승리하면서 오스트리아와 프로이센을 중심으로 독일 연방이 출범한다.

관세 동맹

1834년 프로이센을 중심으로 39개의 군소 국가가 관세 동맹을 결성한다. 이를 통한 경제적 통일을 기반으로 민족 의식이 형성되기 시작한다.

국민의회

1848년 유럽을 휩쓴 자유주의 물결로 독일에서도 혁명이 일어나 프랑크푸르트에서 국민의회가 소집되지만 혁명은 진압된다.

독일 제국의 탄생

1862년 프로이센의 재상 비스마르크가 철혈 정책으로 군비를 증강하고 전쟁을 통해 영토를 확장시킨다. 이때 오스트리아와 프랑스를 물리치고 파리까지 입성한다. 마침내 1871년 프로이센 왕 빌헬름 1세는 황제, 비스마르크는 제국수상으로 취임해 통일된 독일 제국을 수립한다.

패전과 바이마르 공화국

1914년 발발한 제1차 세계 대전에서 패해 1918년 독일 제국은 붕괴되고 바이마르 공화국이 수립된다.

나치의 제3제국

1933년 히틀러가 재상 겸 총통이 되어 바이마르 공화국을 해체하고 제3제국을 수립한다.

제2차 세계 대전과 분단

1939년 폴란드 침공으로 제2차 세계 대전이 발발하고, 1945년 항복 후 1949년에 동독과 서독으로 분단된다.

독일 통일

1972년 빌리 브란트 수상의 동방 정책으로 동독과 서독이 기본조약을 체결하고 유엔에 동시 가입한다. 1990년 동독과 서독이 통일되어 독일 연방 공화국으로 거듭나고 1999년 수도를 베를린으로 옮긴다.

21세기

2005년 동독 출신 메르켈 총리가 취임해 2021년까지 16년간 독일은 물론 유럽을 이끌어 왔다.

독일 추천 여행 코스

01

주요 거점 도시
독일 여행 3일

① **거점 도시 선택에 따른 5가지 루트**
휴가 및 출장 중 짧게 시간 내서 둘러보는 2박 3일 일정

② **거점 도시** 프랑크푸르트, 하노버, 베를린, 뮌헨, 슈투트가르트

③ **철도 패스** 지역과 인원 등을 고려해 도이치란드 티켓, 랜더 티켓, 크베어두르히란
트 티켓, 구간권을 비교해보고 정한다.

일자	도시	교통	숙박
1	프랑크푸르트		
2	프랑크푸르트(근교: 하이델베르크)	RE 1시간 30분	프랑크푸르트 2박
3	프랑크푸르트(근교: 쾰른)	ICE 1시간 30분	
1	하노버		
2	하노버(근교: 함부르크)	ICE 1시간 20분	하노버 2박
3	하노버(근교: 브레멘)	RE 1시간 20분	
1	베를린		
2	베를린(근교: 포츠담)	S반 40분	베를린 2박
3	베를린(근교: 드레스덴)	IC 2시간	
1	뮌헨		
2	뮌헨(근교: 퓌센)	RE 2시간	뮌헨 2박
3	뮌헨(근교: 뉘른베르크)	ICE 1시간 10분	
1	슈투트가르트		
2	슈투트가르트(근교: 하이델베르크)	RE 1시간	슈투트가르트 2박
3	슈투트가르트(근교: 튀빙겐)	RE 1시간	

독일 여행을 계획하면서 가장 고민스러운 부분이 여행 코스를 정하는 것이다. 시간과 예산이 넉넉하다면 어디든 갈 수 있지만 그렇지 않으니, 선택과 집중이 필요하다. 15일 이상 장기 여행객을 위한 루트는 물론이고 휴가나 출장으로 3일에서 5일 정도 독일에 방문할 계획을 세우고 있는 여행객을 위해 다양한 코스를 소개한다.

★ 독일 교통 티켓에 관한 자세한 내용은 P.497, 498, 509 참고

02

유럽 일주 중
독일 여행 5일

① 유럽 여행 중 독일을 여행하는 일정
유럽의 중앙에 자리하고 교통이 편리한 두 도시를 중심으로 잇는다.

- 프랑크푸르트(2) ▶ 뷔르츠부르크(1) ▶ 뮌헨(2)

② 거점 도시　프랑크푸르트, 뮌헨

③ 철도 패스　국가간 이동에는 철도 패스나 구간권을 사용한다. 독일 내에서는 도이치란드 티켓이 시행 중이라면 가장 편리하고 유리하다. 도이치란드 티켓이 미시행 중이라면 대도시간 구간권이나 크베어두르히란트 티켓(프랑크푸르트-뮌헨), 지역 내에서는 랜더 티켓으로 예산을 짜보고 비교해서 정한다.

④ 랜더 티켓　바이에른 티켓(뮌헨, 뷔르츠부르크, 퓌센)

⑤ 거점 도시에서 갈 수 있는 근교
- 프랑크푸르트 ▶ 하이델베르크, 뷔르츠부르크
- 뮌헨 ▶ 뉘른베르크, 아우크스부르크

천하무적 도이치란드 티켓 Deutschland-Ticket

일명 디 티켓 D-Ticket으로 불리며 독일 전역의 로컬 대중교통을 파격적인 요금에 무제한으로 이용할 수 있는 막강한 티켓이다. 에너지 절약을 위해 2023년부터 시행된 것으로 당분간은 유지되고 있으나 2026년부터는 불확실하다.

€ 1개월 €58

유의사항
① 지역 내 버스, 트램, 지하철, 국철 등에 모두 사용할 수 있지만, ICE, IC/EC 등 특급열차나 장거리 열차에서는 이용할 수 없다.
② 구독신청을 해야 하기 때문에 매월 10일 이전에 취소해야 다음 달 요금이 나가지 않는다.

일자	도시	교통	숙박
1	프랑크푸르트		프랑크푸르트 2박
2	프랑크푸르트(근교: 하이델베르크)	RE 1시간 30분	
3	뷔르츠부르크	RE 1시간 40분	뷔르츠부르크 1박
4	뮌헨	ICE 2시간	뮌헨 2박
5	뮌헨(근교: 퓌센)	RE 2시간	

03

짧고 굵게 즐기는
독일 핵심 8일 ①

① **핵심 도시 여행 일정**
프랑크푸르트(2) ▶ 쾰른(1) ▶ 베를린(3) ▶ 기내(1)

② **거점 도시** 프랑크푸르트, 쾰른, 베를린

③ **철도 패스** 대도시간 이동은 독일 플렉시 패스 3일(날짜 선택 사용) 또는 구간권
(프랑크푸르트-쾰른, 쾰른-베를린, 베를린-드레스덴) 사용

★ DB 철도청에서 구간권 사전 예약 시 할인 요금으로 구매 가능

★ 지역 열차를 타고 이동하는 근교 도시는 도이치란드 티켓 이용
(일행이 많은 경우 랜더 티켓을 적절하게 활용)

④ **랜더 티켓** 베를린-포츠담 구간은 브란덴부르크 티켓(랜더 티켓) 혹은 S반 이용

⑤ **거점 도시에서 갈 수 있는 근교**
• 프랑크푸르트 ▶ 하이델베르크
• 베를린 ▶ 포츠담, 드레스덴, 라이프치히

일자	도시	교통	숙박
1	인천/프랑크푸르트	항공	프랑크푸르트 2박
2	프랑크푸르트(근교: 하이델베르크)	RE 1시간 30분	
3	쾰른	ICE 1시간 30분	쾰른 1박
4	베를린	ICE 4시간 50분	베를린 3박
5	베를린(근교: 포츠담)	S반 40분	
6	베를린(근교: 드레스덴)	IC 2시간	
7	베를린	항공	기내 1박
8	인천		

04

짧고 굵게 즐기는
독일 핵심 8일 ②

① **핵심 도시 여행 일정**
　 프랑크푸르트(2) ▶ 뉘른베르크(2) ▶ 뮌헨(2) ▶ 기내(1)

② **거점 도시** 프랑크푸르트, 뉘른베르크, 뮌헨

③ **철도 패스** 대도시간 이동은 구간권(프랑크푸르트-뉘른베르크) 사용
　　　　　 ★ DB 철도청에서 구간권 사전 예약 시 할인 요금으로 구매 가능
　　　　　 ★ 지역 열차를 타고 이동하는 근교 도시는 도이치란드 티켓 이용
　　　　　　 (일행이 많은 경우 랜더 티켓을 적절하게 활용)

④ **랜더 티켓** 바이에른 티켓(뉘른베르크, 로텐부르크, 뮌헨, 퓌센)

⑤ **거점 도시에서 갈 수 있는 근교**
　 • 프랑크푸르트 ▶ 하이델베르크
　 • 뉘른베르크 ▶ 로텐부르크, 레겐스부르크, 밤베르크, 뷔르츠부르크
　 • 뮌헨 ▶ 퓌센, 아우크스부르크

일자	도시	교통	숙박
1	인천/프랑크푸르트	항공	프랑크푸르트 2박
2	프랑크푸르트(근교: 하이델베르크)	RE 1시간 30분	
3	뉘른베르크	ICE 2시간 30분	뉘른베르크 2박
4	뉘른베르크(근교: 로텐부르크)	RE 1시간 1분	
5	뮌헨	ICE 1시간 10분	뮌헨 2박
6	뮌헨(근교: 퓌센)	RE 2시간	
7	뮌헨	항공	기내 1박
8	인천		

05

독일 중북부
완벽 일주 15일

① **독일 중부와 북부 도시를 돌아보는 일정**
프랑크푸르트(3) ▶ 코블렌츠(2) ▶ 쾰른(2) ▶ 하노버(1) ▶ 함부르크(2) ▶ 베를린(3)
▶ 기내(1)

② **거점 도시** 프랑크푸르트, 코블렌츠, 쾰른, 하노버, 함부르크, 베를린

③ **철도 패스** 대도시간 이동은 독일 플렉시 패스 5일(날짜 선택 사용) 또는 구간권
(프랑크푸르트-코블렌츠, 코블렌츠-쾰른, 쾰른-하노버, 함부르크-베
를린, 베를린-드레스덴) 사용

★ DB 철도청에서 구간권 사전 예약 시 할인 요금으로 구매 가능

★ 지역 열차를 타고 이동하는 근교 도시는 도이치란드 티켓 이용
(일행이 많은 경우 랜더 티켓을 적절하게 활용)

④ **랜더 티켓** · 라인란트팔츠 티켓(코블렌츠, 트리어)
· 노르트라인베스트팔렌 티켓(쾰른, 본)
· 니더작센 티켓(하노버, 함부르크, 브레멘)
· 브란덴부르크 티켓(베를린, 포츠담(혹은 S반 이용))

⑤ **거점 도시에서 갈 수 있는 근교**
· 프랑크푸르트 ▶ 하이델베르크
· 쾰른 ▶ 본, 뒤셀도르프
· 함부르크 ▶ 브레멘, 하노버
· 베를린 ▶ 포츠담, 드레스덴, 라이프치히
· 코블렌츠 ▶ 트리어, 엘츠성

일자	도시	교통	숙박
1	인천/프랑크푸르트	항공	
2	프랑크푸르트		프랑크푸르트 3박
3	프랑크푸르트(근교: 하이델베르크)	RE 1시간 30분	
4	코블렌츠	IC 1시간 30분	코블렌츠 2박
5	코블렌츠(근교: 트리어)	RE 1시간 30분	
6	쾰른	IC 1시간	쾰른 2박
7	쾰른(근교: 본)	RE 23분	
8	하노버	ICE 1시간 40분	하노버 1박
9	함부르크	ICE 1시간 20분	함부르크 2박
10	함부르크(근교: 브레멘)	RE 1시간	
11	베를린	ICE 1시간 50분	베를린 3박
12	베를린(근교: 포츠담)	S반 40분	
13	베를린(근교: 드레스덴)	ICE 2시간	
14	베를린	항공	기내 1박
15	인천		

06
자동차와 고성에 집중하는 독일 남부 15일

① 자동차와 고성을 테마로 여행하는 일정
프랑크푸르트(2) ▶ 슈투트가르트(3) ▶ 뉘른베르크(5) ▶ 뮌헨(3) ▶ 기내(1)

② 거점 도시 프랑크푸르트, 슈투트가르트, 뉘른베르크, 뮌헨

③ 철도 패스 대도시간 이동은 구간권(프랑크푸르트-슈투트가르트, 슈투트가르트-뉘른베르크) 사용

★ DB 철도청에서 구간권 사전 예약 시 할인 요금으로 구매 가능

★ 지역 열차를 타고 이동하는 근교 도시는 도이치란드 티켓 이용
(일행이 많은 경우 랜더 티켓을 적절하게 활용)

④ 랜더 티켓 • 바덴뷔르템베르크 티켓(슈투트가르트, 튀빙겐, 칼프, 하이델베르크)
• 바이에른 티켓(뉘른베르크, 로텐부르크, 밤베르크, 레겐스부르크, 뷔르츠부르크, 뮌헨, 아우크스부르크, 퓌센)

⑤ 거점 도시에서 갈 수 있는 근교
• 프랑크푸르트 ▶ 하이델베르크
• 슈투트가르트 ▶ 튀빙겐, 칼프
• 뉘른베르크 ▶ 로텐부르크, 밤베르크, 레겐스부르크, 뷔르츠부르크
• 뮌헨 ▶ 퓌센, 아우크스부르크

일자	도시	교통	숙박
1	인천/프랑크푸르트	항공	프랑크푸르트 2박
2	프랑크푸르트(근교: 하이델베르크)	RE 1시간 30분	
3	슈투트가르트	ICE 1시간 30분	슈투트가르트 3박
4	슈투트가르트(근교: 튀빙겐)	RE 1시간	
5	슈투트가르트(근교: 칼프)	RE+버스 1시간 20분	
6	뉘른베르크	IC 2시간	뉘른베르크 5박
7	뉘른베르크(근교: 로텐부르크)	RE 1시간 13분	
8	뉘른베르크(근교: 밤베르크)	RE 40분	
9	뉘른베르크(근교: 레겐스부르크)	RE 1시간 5분	
10	뉘른베르크(근교: 뷔르츠부르크)	RE 1시간 13분	
11	뮌헨	ICE 1시간 10분	뮌헨 3박
12	뮌헨(근교: 아우크스부르크)	ICE 30분	
13	뮌헨(근교: 퓌센)	RE 2시간	
14	뮌헨	항공	기내 1박
15	인천		

07

알차고 실속 있게 즐기는 독일 1개월

① 장기 여행자를 위한 코스

뮌헨(3) ▶ 슈투트가르트(3) ▶ 뉘른베르크(5) ▶ 라이프치히(2) ▶ 드레스덴(1) ▶ 베를린(3) ▶ 함부르크(2) ▶ 브레멘(1) ▶ 하노버(2) ▶ 뒤셀도르프(1) ▶ 쾰른(2) ▶ 코블렌츠(2) ▶ 프랑크푸르트(2) ▶ 기내(1)

② 거점 도시 뮌헨, 슈투트가르트, 뉘른베르크, 라이프치히, 드레스덴, 베를린, 함부르크, 브레멘, 하노버, 뒤셀도르프, 쾰른, 코블렌츠, 프랑크푸르트

③ 철도 패스 대도시간 이동은 독일 플렉시 패스 7일(날짜 선택 사용)과 구간권(뮌헨-슈투트가르트, 슈투트가르트-뉘른베르크, 뉘른베르크-라이프치히, 드레스덴-베를린, 베를린-함부르크, 하노버-뒤셀도르프, 쾰른-코블렌츠, 코블렌츠-프랑크푸르트)을 적절하게 사용

★ DB 철도청에서 구간권 사전 예약 시 할인 요금으로 구매 가능

★ 지역 열차를 타고 이동하는 근교 도시는 도이치란트 티켓 이용
  (일행이 많은 경우 랜더 티켓을 적절하게 활용)

④ 랜더 티켓 • 바이에른 티켓(뉘른베르크, 로텐부르크, 밤베르크, 레겐스부르크, 뷔르츠부르크, 뮌헨, 아우크스부르크, 퓌센)

• 바덴뷔르템베르크 티켓(슈투트가르트, 튀빙겐, 하이델베르크)

• 작센 티켓(라이프치히, 바이마르, 드레스덴)

• 브란덴부르크 티켓(베를린, 포츠담) 혹은 S반 이용

• 니더작센 티켓(하노버, 괴팅겐, 브레멘, 함부르크)

• 노르트라인베스트팔렌 티켓(쾰른, 본, 뒤셀도르프)

⑤ 거점 도시에서 갈 수 있는 근교

• 뮌헨 ▶ 퓌센, 아우크스부르크

• 슈투트가르트 ▶ 튀빙겐, 칼프

• 뉘른베르크 ▶ 로텐부르크, 밤베르크, 레겐스부르크, 뷔르츠부르크

• 베를린 ▶ 포츠담, 드레스덴, 라이프치히

• 하노버 ▶ 괴팅겐

• 쾰른 ▶ 본

• 코블렌츠 ▶ 트리어, 엘츠성

• 프랑크푸르트 ▶ 하이델베르크

일자	도시	교통	숙박
1	인천-뮌헨	항공	뮌헨 3박
2	뮌헨(근교: 아우크스부르크)	ICE 30분	
3	뮌헨(근교: 퓌센)	RE 2시간	
4	슈투트가르트	IC 2시간	슈투트가르트 3박
5	슈투트가르트(근교: 튀빙겐)	RE 1시간	
6	슈투트가르트(근교: 칼프)	RE+버스 1시간 20분	
7	뉘른베르크	IC 2시간	뉘른베르크 5박
8	뉘른베르크(근교: 로텐부르크)	RE 1시간 13분	
9	뉘른베르크(근교: 밤베르크)	RE 40분	
10	뉘른베르크(근교: 레겐스부르크)	RE 1시간 5분	
11	뉘른베르크(근교: 뷔르츠부르크)	RE 1시간 13분	
12	라이프치히	ICE 2시간	라이프치히 2박
13	라이프치히(근교: 바이마르)	RE 1시간 20분	
14	드레스덴	ICE 1시간 10분	드레스덴 1박
15	베를린	IC 2시간	베를린 3박
16	베를린		
17	베를린(근교: 포츠담)	S반 40분	
18	함부르크	ICE 1시간 50분	함부르크 2박
19	함부르크		
20	브레멘	RE 1시간	브레멘 1박
21	하노버	RE 1시간 20분	하노버 2박
22	하노버(근교: 괴팅겐)	RE 1시간 10분	
23	뒤셀도르프	ICE 2시간 30분	뒤셀도르프 1박
24	쾰른	RE 30분	쾰른 2박
25	쾰른(근교: 본)	RE 24분	
26	코블렌츠	RE 1시간 30분	코블렌츠 2박
27	코블렌츠(근교: 트리어)	RE 1시간 25분	
28	프랑크푸르트	IC 1시간 30분	프랑크푸르트 2박
29	프랑크푸르트(근교: 하이델베르크)	RE 1시간 30분	
30	프랑크푸르트	항공	기내 1박
31	인천		

PART 2

가장 멋진
독일 테마
여행

로맨틱한 매력이 넘치는
독일의 궁전과 성

독일 역사에서 권력의 중심이자 부의 집중을 볼 수 있는 곳이 바로 궁전과 성이다. 인간이 추구하는 아름다움과 권위가
표현된 곳인 만큼 당대의 최고가 모여 재미난 이야기도 남아 있고 로맨틱한 상상 속 배경이 되기도 한다.

님펜부르크 궁전 Schloss Nymphenburg P.376

뮌헨에 자리한 바이에른 왕가의 여름 별궁으로 다양한 양식이 가미된 건물과 넓은 정원이 유명.

상수시 궁전 P.143
Schloss Sanssouci

화려한 아름다움이 돋보이는
로코코 양식의 프로이센 여름 별궁.

샤를로텐부르크 궁전 P.123
Schloss Charlottenburg

베를린에 남아 있는 아름다운 별궁으로
후기 바로크 양식의 보석.

헤렌킴제성 P.397
Schloss Herrenchiemsee

킴 호수에 떠 있는 헤렌섬에 비밀처럼
숨어 있는 독일의 베르사유궁.

노이슈반슈타인성 P.392
Schloss Neuschwanstein

관광객들에게 가장 인기 있는
성으로 디즈니랜드를 연상시키는
아름다운 백조의 성.

레지덴츠 P.306
Residenz Würzburg

나폴레옹도 극찬했던 바이에른
지방의 아름다운 바로크 궁전.

호엔촐레른성 Burg Hohenzollern P.351

산꼭대기에 지어 신비로움을 더하는, 고성 마니아들에게 아주 인기 있는 성.

엘츠성 Burg Eltz P.292

깊은 산속에 조용히 자리하고 있는 그림 같은 성.

하이델베르크성 P.320
Heidelberger Schloss

언덕 위에서 구시가지를 내려다보고
있는 오래된 중세의 성.

바르트부르크성 P.181
Wartburg

마르틴 루터의 은신처이기도 했던
중세 성으로 노이슈반슈타인성의
모델.

---🚶---

중세 가톨릭부터 종교 개혁까지,

독일의 성당·교회 여행

독일은 신성 로마 제국의 일부였기에 중세 시대 수많은 성당을 세웠고, 이후에는 종교 개혁을 이끌며 또다시 수많은
개신교 교회를 지었다. 무수한 성당과 교회들 중 역사적으로나 종교적, 예술적으로 빼놓을 수 없는 곳만 모았다.

① **쾰른 대성당** Kölner Dom P.465

거대한 규모와 찌를 듯한 2개의 첨탑이 인상적인
독일에서 가장 유명한 성당.

② **드레스덴 프라우엔 교회** Frauenkirche P.150

드레스덴 구시가지 광장에서 가장 눈에 띄는 육중한
모습의 바로크 교회.

③ **뮌헨 프라우엔 교회** Frauenkirche P.365

양파 모양의 쌍둥이 탑으로 잘 알려진 독특한 외관의
개성 있는 교회.

④ **뉘른베르크 프라우엔 교회** Frauenkirche P.416

벽돌로 지은 중세 시대 고딕 양식의 교회로 포인트는
시계와 독특한 첨탑.

⑤ **드레스덴 호프 교회** Hofkirche P.152

파사드와 난간에 78개의 성인 조각상이 있는 웅장한
궁정 교회.

⑥ **베를린 돔** Berliner Dom P.114

바로크 양식과 르네상스 양식이 멋진 조화를 이루는
독일에서 가장 큰 개신교 교회.

⑦ **마인츠 대성당** Mainzer Dom P.280

1,000년이 넘는 역사를 지닌, 신성 로마 제국 황제들의
대관식이 행해졌던 성당.

⑧ **베를린 카이저 빌헬름 교회** P.122
Kaiser-Wilhelm-Gedachtniskirche

처참히 부서진 옛 교회 옆에 새로 지은 현대식 교회가
공존하는 인상적인 교회.

⑨ **하노버 에기디엔 교회** Aegidienkirche P.234

도시 전체가 폐허가 된 전쟁의 참상이 그대로 느껴지는
까맣게 그을리고 지붕이 없는 교회.

⑩ **아우크스부르크 성 울리히와 아프라 교회** P.409
Basilika St. Ulrich und Afra

개신교 울리히 교회와 천주교 아프라 성당이 함께 있는
종교 화합의 상징.

---- 🚶 ----

명작과 유물이 가득한 보물창고
박물관·미술관 여행

독일인들은 수집하고 정리하는 것을 좋아하는 걸까? 유난히 독일에는 박물관과 미술관이 많다.
규모가 크지 않더라도 알찬 곳이 많으니 도시마다 한 곳쯤은 꼭 방문해보자.

베를린 신 박물관 P.112
Neues Museum

고대 이집트의 보물창고 같은 곳으로 신
비하면서도 오래된 유물들이 가득한 곳.

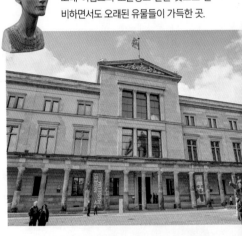

베를린 페르가몬 박물관 P.111
Pergamon Museum

베를린섬 안에서도 최고를
자랑하는 세계적인 고고학
박물관으로 거대한 스케일
을 갖춘 곳.

뮌헨 알테 피나코테크 P.371
Alte Pinakothek

문화의 도시 뮌헨이 자부심을 가지
고 있는 예술 지구의 미술관들 중
에서도 르네상스 유럽 회화가 가득
한 곳.

함부르크 미니어처
원더랜드 P.203
Miniatur Wunderland

세계에서 가장 큰 미니어처
박물관으로 섬세한 모형들
이 가득한 곳.

쾰른 루트비히 박물관 P.468
Museum Ludwig

피카소 컬렉션이 돋보이는 독일의 중요한 현대 미술 박물관.

프랑크푸르트 슈테델 미술관 P.266
Städel Museum

마인 강변의 박물관 지구에서 가장 유명한, 다양한 회화 작품과 독특한 야외 정원이 있는 곳.

베를린 국립 회화관 Gemäldegalerie P.105
통일 이전 서베를린의 중요한 미술관으로 중세부터 근대까지의 명화들이 가득한 곳.

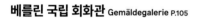

드레스덴 고대 거장 갤러리 P.153
Gemäldegalerie Alte Meister

아름다운 바로크 궁전 안에서 고대 거장들의 아름다운 회화 작품들을 감상할 수 있는 곳.

진정한 테마 여행,
가도 여행

소도시가 발달한 독일에서는 비슷한 테마로 이어지는
소도시들을 한데 묶어 7가지 테마로 나누었다.
자동차 여행과도 잘 어울리는 가도 여행은 각각의 재미난
특징이 있으니 각자의 취향과 동선에 맞춰 따라가 보자.

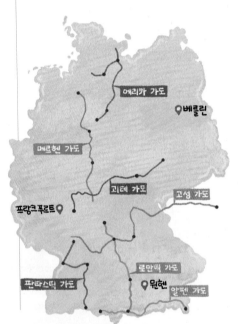

에리카 가도

베를린

메르헨 가도

괴테 가도

고성 가도

프랑크푸르트

판타스틱 가도

로만틱 가도

뮌헨

알펜 가도

로만틱 가도 Romantische Straße P.310

가장 먼저 조성된 가도로, 고대 로마인들이 지나간 길에서
유래했다고 한다. 로텐부르크, 퓌센 같은 아름다운 마을들이
이어져 있으며 오랜 역사와 낭만적인 분위기로 인기가 높다.

알펜 가도 Alpen Straße P.398

스위스와는 또 다른 독일 알프스의 진수를 볼 수 있는 지역
이다. 험준하지만 아름다운 산악 지역으로 마니아가 많다.

메르헨 가도 Märchen Straße P.244

우리에게도 잘 알려진 유명한 동화 속 배경
이 되었던 마을들이 이어지는 길이다. 잠자
는 숲속의 공주와 라푼젤의 모습을 찾아나
서 보자. 〈브레멘 음악대〉의 도시 브레멘이
하이라이트다.

에리카 가도 Erika Straße

이 지역에서는 진분홍색의 아름
다운 에리카 꽃 들판이 유난히
눈에 띈다. 8월 말에 함부르크와
하노버를 지난다면 절경을 볼 수
있다.

고성 가도 Burgen Straße P.432

고풍스러운 중세의 고성들이 이어지는 1,000km에 이르
는 길이다. 하이라이트는 하이델베르크, 뉘른베르크, 밤
베르크다.

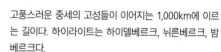

괴테 가도 Goethe Straße P.184

독일이 자랑하는 대문호 괴테의 숨결이 느껴지는 지역이
다. 수많은 예술가의 도시 바이마르와 라이프치히는 물론
격동의 역사를 지닌 독일의 소도시들이 이어진다.

판타스틱 가도 Fantastische Straße P.348

독일의 아름다운 슈바르츠발트Schwarzwald(검은
숲) 지역을 지나는 길이다. 검푸른 상록수가 빽빽하
게 들어서 울창함을 자랑하며 마지막에 아름다운
호수에 이른다.

독일 예술사를 빛낸
인물 열전

독일은 위대한 음악가와 화가, 문학가를 많이 배출했다.
바로크 음악의 대표 바흐, 세계적인 작곡가 베토벤,
독일 미술의 아버지 뒤러, 우리에게 친숙한
동화 작가 그림 형제 그리고 독일의 대문호 괴테까지.
모두 열거하기 힘들 정도로 수많은 인물이 있다.

요하네스 브람스
Johannes Brahms
1833.05.07~1897.04.03

19세기 후반 낭만주의 시대에
고전파 음악의 전통을 지킨 함
부르크 출신 음악가. 전통을
이으면서도 브람스 특유의 서
정과 낭만이 깃든 독자적인 작품을 만들었다.

함부르크 브람스 박물관 P.206

함부르.

그림 형제 Brüder Grimm
야콥 그림 1785.01.04~1863.09.20, 빌헬름 그림 1786.02.24~1859.12.16

독일의 민담을 수집해 편집한 〈어린이와 가정을 위한 메르헨Kinder-und
Hausmärchen〉을 탄생시켰다. 작품으로는 〈백설공주〉, 〈신데렐라〉, 〈늑대
와 일곱 마리 아기 염소〉 등이 있다.

괴팅겐 겐젤리젤 동상 P.241

괴팅겐

루트비히 판 베토벤 Ludwig van Beethoven
1770.12.17~1827.03.26

고전 음악을 완성하고 낭만주의 음악의 문을 연 음악
가. 청각 장애가 있었음에도 웅장하고 강렬한 작품을
탄생시켰다. 세계에서 가장 위대한 음악가로 불린다.

본 베토벤 하우스 P.481

본

프랑크푸르트

프리드리히 폰 실러 Friedrich von Schiller
1759.11.10~1805.05.09

시인이자 극작가이며, 괴테와 함께 독일 고전주의의 2대 문호로
꼽힌다. 실제로 괴테와 함께 바이마르에 정착하면서 바이마르가
고전주의의 꽃을 피우는 데 큰 영향을 끼쳤다.

바이마르 실러 하우스 P.176

칼프

헤르만 헤세 Hermann Hesse
1877.07.02~1962.08.09

독일의 소설가이자 시인으로 칼프 출생. 그의 고향 칼프는 작품 〈수레바퀴 아래서〉에도
등장하며 자기 경험에 빗댄 혼돈의 청소년기를 그려냈다. 또 하나의 대표작 〈데미안〉은
제1차 세계 대전 이후 독일 국민에게 큰 영향을 불러일으켰다.

칼프 헤르만 헤세 생가 & 헤르만 헤세 박물관 P.341

요한 제바스티안 바흐

Johann Sebastian Bach

1685.03.21~1750.07.28

화성의 아버지, 바로크 음악의
총괄자로 불리며 웅장하면서도
극적 전개가 두드러지는 많은
작품을 탄생시켰다.

라이프치히 성 토마스 교회 P.162, 바흐 박물관 P.162
아이제나흐 바흐 하우스 P.180

케테 콜비츠

Kathe Kollwitz

1867.07.08~1945.04.22

독일을 대표하는 화가이자 판화가, 조각가로 활동한 예
술가. 가난한 노동자의 참상과 전쟁으로 고통받는 비참한
현실을 작품에 담았다.

베를린 노이에 바헤 P.109, 케테 콜비츠 박물관(베를린)
쾰른 케테 콜비츠 박물관(쾰른)

베를린

라이프치히

요한 볼프강 폰 괴테

Johann Wolfgang von Goethe

1749.08.28~1832.03.22

프랑크푸르트 출신으로 제2의 고향 바이마르에 정착한
후 큰 업적을 남긴 것으로 유명하다. 〈젊은 베르테르의 슬
픔〉, 〈파우스트〉 등의 대작을 남겼다.

프랑크푸르트 괴테 하우스 P.262
바이마르 국립 괴테 박물관 P.174

알브레히트 뒤러 Albrecht Dürer

1471.05.21~1528.04.06

뉘른베르크 출신 미술가로 독일 미술의 아버지라 불린다.
회화뿐 아니라 섬세함과 정교함이 돋보이는 판화에서도
높은 명성을 얻었으며, 독일 미술의 르네상스를 완성한 인
물이라고 평가받는다.

뉘른베르크 알브레히트 뒤러 하우스 P.419
뮌헨 알테 피나코테크 P.371

뉘른베르크

리하르트 바그너 Richard Wagner

1813.05.22~1883.02.13

라이프치히 출신 작곡가. 1848년 혁명에 가담해 해외를 전전하던 그
를 바그너 음악에 심취해 있던 루트비히 2세가 뮌헨으로 불러들였다.
여기서 그치지 않고 〈탄호이저〉, 〈로엔그린〉 등 바그너의 작품을 연상
시키는 장식물로 치장한 퓌센의 노이슈반슈타인성을 지었다.

퓌센 노이슈반슈타인성 P.392

퓌센

근대 건축의 탄생지,
독일 건축 여행

건축은 역사와 예술이 한데 모여 완성되는
총체적인 구조물이다. 시간 여행을 통해 당시의
분위기를 엿볼 수 있고, 어떻게 양식이
변화해갔는지 알 수 있다. 독일은 근대 건축이
탄생한 곳으로 그 과정을 비교해보는 것도 의미 있다.

11~12세기
로마네스크

로마 건축에서 영향을 받아 둥근 아
치와 육중한 벽면이 특징이다.

마인츠 대성당 **P.280**
뷔르츠부르크 성 킬리안 대성당 **P.305**
트리어 대성당 **P.298**

13~16세기
고딕

뾰족한 첨탑으로 잘 알려진 고딕 양식은 유럽의 다른 나
라보다 늦게 시작됐지만 다양하게 변형된 모습으로 발전
했다.

쾰른 대성당 **P.465**, 레겐스부르크 대성당 **P.438**
프랑크푸르트 돔(대성당) **P.258**

반목조 양식

영어로 하프팀버Half-timberd,
독일어로 파흐베르크Fachwerk
라 부른다. 독일의 오래된 민가
에서 쉽게 볼 수 있는 양식으로
12세기부터 크게 유행했다. 나
무 골조 사이에 진흙을 채운 모
습이 중세의 운치 있는 분위기
를 자아낸다.

15~17세기
르네상스

이탈리아에서 전해져 주로 독일 남부에서 볼 수 있는 양식으로 고전적인 장식과 질서 있는 반복, 정밀함이 특징이다.

아우크스부르크 시청사 **P.406**, 뮌헨 성 미하엘 교회 **P.365**

17~18세기
바로크

독일의 바로크 건축은 주로 독일 남부의 보수적인 가톨릭 지역에서 발전했으며 장식적으로 화려하다.

뷔르츠부르크 레지덴츠 **P.306**
드레스덴 츠빙거 궁전 **P.153**
뮌헨 님펜부르크 궁전 **P.376**

18세기
로코코

밝고 화사하며 금박이나 스투코 같은 장식 요소가 많은 로코코는 다소 가벼운 느낌이 있으며 비교적 구별하기도 쉽다.

상수시 궁전 **P.143**, 비스 교회 **P.400**

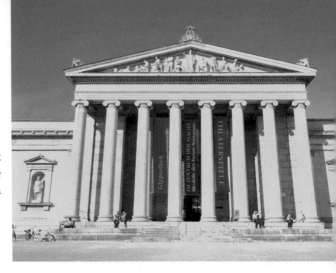

19세기
신고전주의

독일 북부와 베를린 지역을 중심으로 발달한 신고전주의는 바로크와 로코코의 과한 장식을 배제해 다소 딱딱한 느낌이 든다.

19세기 후반
리바이벌

네오고딕, 네오로마네스크, 네오르네상스, 네오바로크 등 19세기 말에는 과거에 대한 부흥 양식이 유행했다.

19~20세기
유겐트 스틸

유겐트 스틸은 아르 누보의 독일식 명칭으로 유동적이고 비대칭적, 유기적인 모양을 강조한다.

라이프치히 메들러 파사주 P.168
베를린 하케셔 회페 P.116

20세기
모더니즘

근대 건축과 디자인에 큰 영향을 미친 바우하우스는 독일 모더니즘의 중요한 시작점이다.

뉘른베르크 나치 전당대회장 기록 보관소 P.420
베를린 필하모니 P.105

20~21세기
포스트모던

제2차 세계 대전 이후 급속도로 성장한 독일 경제를 대변하듯 대담한 디자인과 첨단 기술이 동원된 새로운 건축물들이 지속적으로 늘어나고 있다.

베를린 연방의회 의사당 P.102
슈투트가르트 포르쉐 박물관 P.335
함부르크 하펜시티 P.201

분데스리가

분데스리가 Bundesliga

연방을 뜻하는 분데스Bundes와 리그Liga가 합쳐진 말로, 1963년 설립된 독일의 프로축구
를 뜻한다. 8월부터 12월에 열리는 전기 리그, 2월부터 5월까지 열리는 후기 리그로 진행된
다. 1부 리그 18개 구단은 각각 34회의 경기를 치른 뒤 하위 두 팀이 강등되고, 2부 리그 16
개 팀 중 상위 두 팀은 승격된다. 1부 리그 상위 팀은 유럽 각국의 프로축구 리그 상위 팀들
이 진출하는 UEFA 챔피언스 리그의 출전 기회를 얻는다.

역대 월드컵에서 네 번의 우승과 네 번의 준우승을 거머쥐고, UEFA 챔피언스 리그에서도
독일 구단이 여러 번 우승할 수 있었던 원동력은 독일인들의 축구에 대한 사랑이다.
수많은 관중, 화려한 플래카드와 카드섹션 그리고 엄청난 응원은 경기장의 열기를 더욱 뜨겁게 한다.

주요 구단과 홈구장

 FC 바이에른 뮌헨 FC Bayern München
📍 알리안츠 아레나 Allianz Arena

 보루시아 도르트문트
Borussia Dortmund
📍 지그날 이두나 파크 Signal Iduna Park

 RB 라이프치히 RB Leipzig
📍 레드 불 아레나 Red Bull Arena

 FC 우니온 베를린 FC Union Berlin
📍 슈타디온 안 데어 알텐 푀르스테라이
Stadion An der Alten Försterei

 SC 프라이부르크 SC Freiburg
📍 오이로파-파크 슈타디온
Europa-Park-Stadion

 바이엘 04 레버쿠젠
Bayer 04 Leverkusen
📍 바이아레나 BayArena

 아인트라흐트 프랑크푸르트
Eintracht Frankfurt
📍 도이체 방크 파크 Deutsche Bank Park

 VfL 볼프스부르크 VfL Wolfsburg
📍 폴크스바겐 아레나 Volkswagen Arena

 FSV 마인츠 05 FSV Mainz 05
📍 메바 아레나 Mewa Arena

 보루시아 뮌헨글라트바흐
Borussia VfL 1900 Mönchengladbach
📍 보루시아 파크 Borussia-Park

 FC 쾰른 FC Köln
📍 라인에네르기슈타디온
RheinEnergieSTADION

 TSG 1899 호펜하임
TSG 1899 Hoffenheim
📍 라인-네카어 아레나 Rhein-Neckar Arena

 SV 베르더 브레멘 SV Werder Bremen
📍 베저슈타디온 Weserstadion

 VfL 보훔 VfL Bochum
📍 보노비아 루르슈타디온
Vonovia Ruhrstadion

티켓 예매 방법   분데스리가의 열기가 대단한 만큼 인기 구단의 경기 티켓은 조기에 매진되는 일이 비일비재하지만, 대체
로 현장에서 직접 티켓을 구매할 수도 있다. 단, 좋은 좌석을 원할 때는 사전 예약을 하는 것이 좋다. 티켓
예매는 각 구단의 홈페이지에서 가능한데 티켓 가격은 €15부터 €80까지 좌석에 따라 다양하며, 예매 수
수료와 카드 수수료 그리고 배송 방법에 따라 조금씩 차이가 있다.

명품 자동차 브랜드의 시작
독일의 자동차

이름만 대면 모두가 아는 BMW, 메르세데스-벤츠, 폭스바겐, 아우디 등 명차들의 본고장이 바로 독일이다.
자동차에 관심이 많은 사람이라면 독일 여행이 더욱 특별할 수밖에 없다.

독일이 자동차 강국이 될 수 있었던 이유?

메르세데스-벤츠로 유명한 독일의 발명가 고틀리프 다임러와 카를 벤츠가 1886년 세계 최초로 내연기관 자동차 개발이라는 업적을 이룬 것이 시초다. 이후 제1, 2차 세계 대전 기간 군사 목적으로 차량 생산에 더욱 집중하면서 큰 발전을 이루며 결과적으로는 독일 자동차 산업 발전에 큰 영향을 끼쳤다. 전쟁 이후에는 독일 경제 회복을 위해 자동차 산업이 중심이 되어 경제 도약을 진행했다. 이뿐만 아니라 독일 제조사들의 뛰어난 품질 관리, 국가의 지원, 계속되는 혁신과 수준 높은 자동차 문화가 독일을 자동차 강대국으로 자리 잡게 했다.

메르세데스-벤츠
Mercedes-Benz

독일을 대표하는 세계적인 클래식 명차. 간결하면서도 강렬한 로고에서 자부심이 느껴진다. 1890년 고틀리프 다임러가 설립한 메르세데스와 1885년 카를 벤츠가 설립한 벤츠가 합병되어 탄생한 브랜드로 이후 출시되는 모든 자동차에 메르세데스-벤츠라는 상표가 붙었다.

설립일 1926년
설립자 카를 벤츠, 고틀리프 다임러
본사 슈투트가르트 / **모기업** 다임러 AG
자회사 메르세데스-AMG, 메르세데스-마이바흐

BMW

메르세데스-벤츠, 아우디와 더불어 세계적으로 인정받는 독일의 3대 명차. BMW는 Bayeriche Motoren Wekerd의 약자로 '바이에른 지방의 자동차'라는 뜻. 고급스러움과 스포티함을 모두 갖추어 사랑받고 있다.

설립일 1916년 / **설립자** 카를 라프, 프란츠 요제프
본사 뮌헨 / **모기업** BMW 그룹
자회사 롤스로이스, BMW, 미니, BMW 모토라드

폭스바겐 Volkswagen

'국민 차'라는 뜻의 폭스바겐은 가격 대비 실용적이고 귀여운 외형의 딱정벌레 차 비틀의 탄생과 함께 설립되었는데 아이러니하게도 그 배경엔 독재자 히틀러가 있다. 모든 국민이 탈 수 있는 차를 만들라고 지시했기 때문이다. 이후 미국 시장에 진출하면서 히피의 상징이 되어 큰 사랑을 받았다.

설립일 1937년 / **설립자** 페르디난트 포르셰
본사 볼프스부르크 / **모기업** 폭스바겐 AG
자회사 아우디, 포르쉐, 벤틀리, 람보르기니, 부가티 등

아우디 Audi

아우구스트 호르히가 세운 두 번째 자동차 회사로 자신의 이름인 호르히Horch에서 착안해 라틴어로 '듣다'라는 뜻의 아우디로 회사 이름을 정했다. 제2차 세계 대전 이후 독일 경제 불황으로 어려움을 겪다 폭스바겐 그룹에 합병되었다.

설립일 1899년 / **설립자** 아우구스트 호르히
본사 잉골슈타트 / **모기업** 폭스바겐 AG

포르쉐 Porsche

폭스바겐 계열사 중 하나인 포르쉐는 동그란 눈과 굴곡진 라인의 고급 스포츠카의 대명사로 불린다. 최초의 디자인을 다듬고 다듬어 클래식한 디자인을 계승하는 것이 특징이다. 본사가 있는 주도와 시의 문장을 합친 로고가 인상적이다.

설립일 1931년
설립자 페르디난트 포르셰
본사 슈투트가르트
모기업 폭스바겐 AG

마이바흐 Maybach

일명 "회장님 차"로 불리는 마이바흐는 롤스로이스, 벤틀리와 함께 세계 3대 명차 중 하나로 손꼽힌다. 공급량이 많지 않으며, 가격도 수억 원에 이른다. 주문받은 후 장인이 수작업으로 공정하기 때문이다. 2013년 철수했다가 2014년 메르세데스-벤츠에 의해 부활했다.

설립일 1909년
설립자 빌헬름 마이바흐
본사 슈투트가르트
모기업 다임러 AG

오펠 Opel

초기 회사는 재봉틀, 자전거, 냉장고를 만들었으나 자동차가 "의사의 차"로 알려지면서 회사의 입지가 서게 되었다. GM이 처음으로 유럽에서 인수한 자동차 기업이며 승용차, 미니 버스, 스포츠카 등을 생산하고 있다. GM의 주요 브랜드이기도 하다.

설립일 1862년
설립자 아담 오펠
본사 뤼셀스하임
모기업 스텔란티스
자회사 복스홀

독일의 3대 자동차 박물관

자동차를 좋아한다면 열광하게 되는 독일의 3대 자동차 박물관이 뮌헨과 슈투트가르트에 있다. 자동차의 역사는 물론 초창기 모델부터 현재 출시되는 모델, 그리고 미래의 차까지 모두 경험할 수 있다. 이 3곳의 박물관은 단순히 자동차를 전시하는 곳을 넘어 독특한 미래지향적인 현대 건축물이라는 점도 주목할 만하다.

BMW 박물관 BMW Museum P.374

뮌헨에 있는 BMW사의 박물관으로 최초의 자동차, 오토바이, 항공기 엔진도 전시하고 있다. 다양한 BMW의 차종을 볼 수 있는 것은 물론 자동차의 역사와 미래를 한눈에 살펴볼 수 있다.

메르세데스-벤츠 박물관 Mercedes-Benz Museum P.335

슈투트가르트에 있는 박물관으로 8층에서부터 지하 1층까지 내려오면서 시간 여행을 하게 된다. 시대별 기술에 따른 자동차를 만날 수 있다. 벤츠의 역사 관련 전시물도 있고, 4D 시뮬레이터도 경험할 수 있다.

포르쉐 박물관 Porsche Museum P.335

슈투트가르트 포르쉐 본사 옆에 자리한 박물관에는 유명한 911 모델부터 최근 모델까지 약 80대가 전시되어 있다. 기하학적인 외관이 눈길을 사로잡는다.

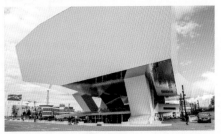

세계 최대 맥주 축제
옥토버페스트

"오 차프트 이스 O'zapft is(맥주통이 열렸다)"라는 뮌헨 시장의 외침과 함께 축제의 서막이 오른다.
매년 9월 말부터 10월 초의 뮌헨은 맥주를 마시고 춤과 음악을 즐기려는 수백만 명이 모여들어
도시 전체가 뜨거운 열기로 가득 찬다. 이 축제에서만 500만ℓ가 넘는 맥주가 소비되고,
바이에른 지방의 유명 맥주 양조 회사들이 참가하며, 축제를 위해 특별히 양조한 맥주를 선보이기도 한다.
독일 여행 중 최고의 경험을 해보고 싶다면 뮌헨 맥주 축제를 놓치지 말자.

옥토버페스트 Oktoberfest

10월의 축제라는 뜻의 옥토버페스트는 1810년 10월 12일 바이에른 왕국의 루트비히 1세와 테레제 공주의 결혼식을 축하하는 행사에서 비롯됐다. 행사가 열리는 장소가 테레지엔비제 광장Theresienwiese이라 불리는 것도 왕비의 이름에서 따온 것. 해를 거듭하면서 축제는 풍성해지고 규모는 커지며 세계 3대 축제로 불릴 만큼의 위상을 갖게 되었다.

뮌헨의 6대 양조장(아우구스티너Augustiner, 하커 프쇼르Hacker Pschorr, 호프브로이Hofbräu, 뢰벤브로이Löwenbräu, 파울라너Paulaner, 슈파텐Spaten)이 중심이 되어 크고 작은 텐트가 세워지고, 바이에른 전통 의상을 입은 많은 사람이 특별히 축제를 위해 양조한 맥주를 즐긴다. 각종 놀이기구와 무대도 설치되어 축제 분위기가 한껏 고조된다.

📍 Theresienwiese, 80339 München 🏃 중앙역에서 도보 15분,
U4·5 Theresienwiese역 하차 🕐 9월 중순~10월 초 월~금 10:00~23:30,
토·일 09:00~23:30 💶 맥주 1L €15 🏠 www.oktoberfest.de

여행객을 위한 소소한 TIP

① 옥토버페스트에서는 1L 전용 맥주잔을 사용하며, 축제용 맥주는 시중에 유통되는 맥주보다 도수가 높다.
② 취객이 많아 사고가 잦은 편이다. 경찰이 있기는 하지만 스스로 조심해야 한다.
③ 축제 기간 중 뮌헨의 숙박비는 상상을 초월할 정도로 치솟는다. 일찍 예약해도 비싼 편인데, 숙박비가 부담스럽다면 1~2시간 떨어진 근교로 예약하는 것을 추천한다.

전 세계가 주목하는
독일 박람회

800년이 넘는 오랜 역사와 노하우,
유럽 중심부라는 지리적 접근성 덕분에
독일은 "박람회의 나라"로 불린다.
독일어로 메세Messe라 불리는 박람회가
열리는 시기에는 전 세계에서 관련 산업
종사자가 몰려든다. 무수히 많은
박람회 중 대표 박람회들을 소개한다.

박람회 기간 치솟는 물가

여행객 입장에서 보면 볼거리는 많아지는 대신
항공, 숙소 예약이 치열하다. 특히 숙소 요금은
평소보다 3~4배 오를 수 있다. 가격과 위치를 고
려해 합리적인 선택을 해야 한다.

IAA 모빌리티 IAA MOBILITY

파리, 제네바, 디트로이트, 도쿄와 더불어 세계 5
대 모터쇼로 손꼽힌다. 1897년 처음 개최된 이후
프랑크푸르트의 주요 박람회로 명성을 떨쳤으나
경기 침체로 2021년부터 개최지를 뮌헨으로 옮
겼다. 과거 모터쇼는 기술적인 측면을 강조한 신
차 발표로 진행되었지만, 현재는 세계가 인정하
는 자동차 강국답게 미래 지향적인 혁신과 기술,
트렌드를 선보인다.

프랑크푸르트 도서 박람회
Frankfurt Book Fair

세계에서 가장 큰 도서전으로 출판 관련 콘텐츠
와 최신 트렌드를 한눈에 볼 수 있는 자리다. 신간
도서가 소개되고, 출판 계약이 이루어지며, 저자
와의 만남과 같은 다양한 이벤트도 열린다. 그뿐
만 아니라 책과 관련해 새로운 기술을 접목한 제
품을 선보이고 있어 전 세계 출판업 종사자들이
매년 몰려든다.

도시	박람회
베를린	• 국제 관광 박람회 ITB(3월) • 국제 가전 박람회 IFA(9월)
함부르크	• 국제 요식업 박람회 INTERNORGA(3월) • 국제 조선 및 해양 박람회 SMM(9월) • 국제 보트 박람회 Hanseboot(10월)
뉘른베르크	• 장난감 박람회 Spielwarenmesse(2월) • 조경 박람회 GaLaBau(9월)
뒤셀도르프	• 국제 보트 박람회 boot(1월) • IT 및 보안 전시회 EuroCis(3월) • 국제 의료기기 전시회 MEDICA(11월)
라이프치히	• 도서 박람회 Leipziger Buchmess(3월)
슈투트가르트	• 국제 물류 박람회 Logimat(4월) • 반도체 박람회 LASYS(6월) • 국제 조립기술 박람회 Motek(10월)
쾰른	• 쾰른 국제 가구 인테리어 전시회 IMM cologne(1월) • 국제 게임 전시회 Gamescom(8월) • 세계 사진영상 전시회 Photokina(9월) • 독일 식품 박람회 Anuga(10월) • 쾰른 아트페어 Art Cologne(11월)
하노버	• 정보통신 박람회 세빗 CeBIT(4월)
프랑크푸르트	• 독일 가정직물 박람회 HEIMTEXTIL(1월) • 소비재 박람회 Ambiente(2월) • 냉난방 박람회 ISH(3월) • 프랑크푸르트 도서 박람회 Frankfurt Book Fair(10월)*
뮌헨	• 국제 환경 박람회 IFAT(6월) • 국제 모터쇼 IAA(9월)* • 국제 건설기계 박람회 BAUMA(10월) • 운동용품 박람회 ISPO(11월)

동화가 현실이 되는
크리스마스 마켓

독일어로 '바이나흐츠마르크트Weihnachtsmarkt'인 크리스마스 마켓은
14세기 음식과 수공예품을 팔던 데서 유래했다.
현재 독일의 여러 도시에서 11월 말부터 12월 말까지
한 달간 마켓이 열리는데, 각 도시의 특성을 살린 전통 축제로 변모해
종교 행사라기보단 지역 주민들의 축제가 되었다.

주요
크리스마스 마켓

드레스덴 슈트리첼마르크트 Dresdner Striezelmarkt

독일에서 오래된 역사를 자랑하는 마켓 중 하나로 1434년으로 거슬러 올라간다. 유명한 크리스마스 디저트 슈톨렌Stollen에서 마켓 이름을 따왔다. 중세를 테마로 꾸며지며, 아이들을 위한 인형극, 회전목마, 바이킹과 같은 놀이기구도 있다. 하이라이트는 거대 크리스마스 피라미드로 모두의 시선을 사로잡을 만큼 화려하다.

🏠 https://striezelmarkt.dresden.de

뉘른베르크 크리스트킨들마르크트 Nürnberger Christkindlesmarkt

다른 도시의 마켓보다 역사가 깊지 않지만, 독일의 대표 크리스마스 마켓을 설명할 때 손에 꼽힌다. 뉘른베르크 마켓의 핵심은 개막식이다. '아기 예수 시장'이라는 명칭처럼 개회사 때 아기 예수와 천사들이 등장하는데, 아기 예수를 선출하는 과정이 무척 까다롭다. 수공예품으로 유명한 도시답게 마켓에서 판매하는 상품은 이 지역에서 생산한 것들이다.

🏠 www.christkindlesmarkt.de

쾰른 바이나흐츠마르크트 Kölner Weihnachtsmärkt

쾰른 대성당 앞에 열리는 가장 큰 마켓을 비롯해 전통을 살린 마켓, 라인 강변 주변의 마켓, 성소수자 크리스마스 마켓 등 지역의 전통 문화와 현대가 조화를 이룬 다양한 주제로 도심 곳곳에서 열리는 것이 쾰른 마켓의 특징이다. 다양한 분위기를 느끼고 싶다면 단연코 쾰른 크리스마스 마켓이다.

🏠 www.koelnerweihnachtsmarkt.com

프랑크푸르트 바이나흐츠마르크트 Frankfurter Weihnachtsmarkt

독일에서 가장 오래된 크리스마스 마켓으로 1393년에 처음 열렸다. 중세의 모습을 그대로 간직한 구시가지와 화려한 고층 빌딩이 들어선 현대의 풍경이 조화를 이뤄 아름다운 풍경을 만들어낸다. 프랑크푸르트 마켓에는 베트멘헨Bethmaennchen이라 불리는 지역 전통 과자가 있는데, 괴테가 바이마르에 있는 동안에도 찾을 만큼 좋아했다고 한다.

🏠 www.frankfurt-tourismus.de

크리스마스 상점, 케테 볼파르트
Käthe Wohlfahrt

일년 365일 크리스마스를 만날 수 있는 곳이다. 화려한 트리와 호두까기 인형 크리스마스와 관련된 다양한 수공예품 등 아기자기한 장식품이 너무 많아 온종일 구경할 수 있을 것만 같다. 본점은 로텐부르크에 있으며 뉘른베르크, 하이델베르크, 밤베르크 등의 도시에도 매장이 있다. P.423

크리스마스
먹거리

렙쿠헨 Lebkuchen

생강, 꿀, 향신료, 견과류를 넣은 크리스마스 쿠키인 독일식 진저 브레드. 재료와 모양, 만드는 방법에 따라서 종류가 나뉘며 선물용으로도 인기가 많다. 크리스마스 마켓에서는 하트 모양 렙쿠헨을 가장 많이 볼 수 있다.

슈톨렌 Stollen

독일의 크리스마스 디저트로 말린 과일과 견과류를 넣고 구운 후 슈거파우더를 뿌려 마무리한다. 가장 유명한 곳은 드레스덴으로 해당 지역의 크리스마스 마켓 이름도 슈톨렌에서 따왔다. 얇게 한 조각씩 잘라 먹으며, 유통기한이 길어 두고두고 먹을 수 있다는 장점이 있다.

글뤼바인 Glühwein

프랑스에서는 뱅쇼Vin Chaud, 미국에서는 멀드 와인Mulled Wine이라 불리는 것으로 추운 겨울에 따뜻하게 마시는 와인이다. 감기 예방을 위해 마시기 시작했는데 과일과 향료, 설탕과 계피를 와인에 넣고 끓인다. 와인을 담아주는 컵에는 보증금이 포함되어 있어 다 마신 뒤 돌려주지 않고 기념으로 가져갈 수도 있다.

크리스마스를 더욱 밝혀주는 장식품

① **크리스마스 피라미드 Weihnachtspyramide**
트리의 전신과도 같은 피라미드는 밤이 되면 반짝거려 마켓의 분위기를 더욱 아름답게 만든다.

② **호두까기 인형 Nussknacker**
작센 지방의 광부들이 호두를 까는 도구를 병정 모양의 인형으로 만든 데서 유래했다. 현재 크리스마스 마켓의 가장 대표적인 장식품.

③ **향대 인형 Räuchermann**
일명 '담배 피우는 인형'으로 몸통 속에서 향을 피우면 입 혹은 파이프로 연기가 퍼져 나온다. 크리스마스 시즌에 가정에서 향을 피우는 장식품으로 주로 광부, 상인, 군인의 모습이다.

④ **슈비보겐 Schwibbogen**
화려한 반원 모양의 촛대. 18세기에 어둠 속에서 채굴하는 광부들의 조명 역할을 했던 것으로, 현재는 크리스마스 시즌이 아니더라도 쉽게 볼 수 있는 장식품이다.

─ ¶¶ ─

아는 만큼 맛있는
독일 맥주

소시지와 맥주 한잔으로 특별한 순간을 만들 수 있는 곳은 독일뿐일지도 모른다.
독일은 전 세계에서 유명한 맥주 종주국으로 약 1,300개의 양조장이 있으며, 현재 생산되는 맥주 종류만
약 5,000가지에 달한다. 게다가 도시마다 지역 정통 맥주를 만날 수 있어 여행을 한층 더 즐겁게 한다.

🍺 독일 맥주 브랜드

투허 Tucher

생산지 뉘른베르크
1672년에 설립되었으며 에일, 라거는
물론 계절 맥주까지 다양한 맥주를
선보인다.

파울라너 Paulaner

생산지 뮌헨
1634년 수도사들이 맥주를 양조하
던 것이 시초. 지금은 독일을 대표하
는 밀맥주 브랜드다.

크롬바커 Krombacher

생산지 크로이츠탈 크롬바흐
최고급 맥주의 대명사. 독일에서 가장
큰 개인 소유 맥주 회사로 1803년에
처음 양조장을 설립했다.

예버 Jever

생산지 예버
1848년에 양조장을 설립했으며, 혼
합 맥주나 무알코올 외에는 오로지
필스너만 생산한다.

벡스 BECK'S

생산지 브레멘
페일 라거로 유명한 맥주 회사로
1873년부터 생산을 시작했다. 독일
에서 수출량이 가장 많다.

쾨니히 루트비히 바이스비어 헬
König Ludwig Weissbier Hell

생산지 퓌어스텐펠트브루크
'국왕의 맥주'라 불리며 칼텐베어크
성Schloss Kaltenberg에서 양조한다.
1260년부터의 오랜 역사를 자랑한다.

맥주는 발효 방식에 따라 에일Ale과 라거Larger로 나뉜다. 에일은 발효 중 표면에 떠오르는 효모를 이용하는 상면 발효 방식으로 제조한 맥주다. 고온에서 발효시키며, 탄산이 적은 편이나 색이 짙고, 맛이 독특하며 향이 라거보다 풍부한 것이 특징이다.

에일의 종류

- 바이젠Weizen
- 헤페 바이젠Hefe Weizen
- 알트비어Altbier
- 쾰슈Kölsch
- 둥켈 바이젠Dunkelweizen

라거는 에일과 반대로 바닥에 가라앉는 발효 효모를 이용하는 하면 발효 방식으로 제조한다. 저온에서 발효시키며, 청량감이 풍부하고 밝은색을 띠는 것이 특징이다. 우리나라 맥주 대부분이 라거 방식이다.

라거의 종류

- 필스너Pilsner
- 둥켈Dunkel
- 헬레스Helles
- 라우흐Rauch
- 도펠 복Doppel Bock
- 슈바르츠Schwarz

슈투트가르트 호프브로이
Stuttgarter hofbräu

생산지 슈투트가르트
1872년에 설립해 왕실에 납품하던 맥주다. 필스너, 무알코올 맥주, 계절 맥주 등을 생산한다.

베를리너 필스너
BERLINER Pilsner

생산지 베를린
1902년 베를린의 작은 양조장에서 시작되었다. 밝은 황금색을 띠며 고소한 향이 특징이다.

쾰슈 Kölsch

생산지 쾰른
쾰른 여행 중 꼭 마셔봐야 하는 쾰른의 명물. 프뤼Früh, 가펠Gaffel, 지온Sion 등 여러 브랜드가 있다.

알트비어 Altbier

생산지 뒤셀도르프
뒤셀도르프의 전통 맥주. 짙은 갈색을 띠며 무겁지도 아주 가볍지도 않은 중간 정도의 무게감을 느낄 수 있다.

라우흐비어 Rauchbier

생산지 밤베르크
훈제 맥주라는 뜻으로 슈렝케를라Schlenkerla와 슈페치알Spezial 두 곳이 가장 유명하다.

독일이 맥주 종주국으로 명성을 쌓아 올릴 수 있었던 이유, 독일 맥주 순수령
Reinheitsgebot

1516년 바이에른 공국의 프리드리히 빌헬름 4세는 맥주 양조와 관련해 법령을 공포했다. "맥주의 원료로는 맥아, 홉, 물 외에는 사용하지 못한다"라는 것이 그 내용이고 가격도 제한했다. 소비가 늘어나자 양조업자들은 큰 이익을 위해 경쟁을 벌였다. 맥주의 품질 향상과 식량 확보를 위해 공표한 법령은 오늘날 독일 맥주가 정통성과 높은 품질로 전 세계에서 사랑받는 이유가 되었다.

독일의 영업시간

독일은 상점의 영업시간 규제가 엄격하다. 2006년부터 지방자치법으로 바뀌어 지역마다 달라졌지만(베를린이 규제가 약한 편) 여전히 전국적으로 일요일에는 영업하지 않는다.(일부 베이커리 제외) 따라서 일요일에 약국이나 슈퍼마켓을 이용하려면 기차역으로 가야 한다. 오픈 시간은 상점마다 다르지만 닫는 시간은 대부분 오후 6~8시다.

실용주의 끝판왕

메이드 인 독일 아이템

우리에게 잘 알려진 명품 브랜드는 대부분 유럽에서 탄생했다.
특히 프랑스와 이탈리아를 빼놓을 수 없는데, 의외로 독일 브랜드도 상당하다.
독일인들의 실용주의 마인드가 담긴 독일의 유명 브랜드를 찾아보자.

리모와 Rimowa

튼튼한 보디와 부드러운 바퀴로 유명한
명품 수트 케이스.

RIMOWA

보스 Boss

독일의 이미지와 맞는 심플하고 실용적인
패션 브랜드.

BOSS

몽블랑 Montblanc

세계적인 만년필 브랜드로 시계와
가죽 제품도 인기.

adidas

아디다스 Adidas

명품과의 협업으로 더욱 힙해진 세계적인
스포츠 용품 브랜드.

푸마 Puma

스포츠 의류 생산 업체로 경쟁사인
아디다스 설립자와 형제.

©Puma

휘슬러 Fissler

압력솥, 팬, 냄비 등 부엌에서 인기 있는
주방용품 브랜드.

헹켈 Henkel

쌍둥이 칼로 너무나 유명한 세계적인 브랜드.

베엠에프 WMF

독일의 이미지처럼 실용적이면서 심플한
디자인의 주방용품을 선보이는 브랜드.

빌레로이 앤 보흐 Villeroy&Boch

프랑스의 정신과 독일의 품질이 만난
도자기 브랜드.

마이센 Meissen

오랜 역사를 자랑하는 독일 최고의
명품 도자기 브랜드.

알고 보면 쇼핑하기 좋다!
독일에서 쇼핑하기

백화점
Kaufhaus

중고급 브랜드가 한데 모여 있는 백화점은 어느 도시에서든 편리한 쇼핑 장소다. 독일 대부분의 도시에 백화점 체인이 있으며 대도시에는 오래된 고유의 브랜드 백화점도 있어 특색을 더한다.

갈레리아 Galeria P.139, 274, 386

오랜 경쟁 백화점 체인 카우프호프Kaufhof와 카르슈타트 Karstadt가 합병하면서 거대한 브랜드가 되었다. 웬만한 도시에는 매장이 있으며 보통 지하에는 식품 매장, 꼭대기 층에는 카페테리아가 있는 곳이 많아 편리하다.

카데베 KaDeWe P.138

베를린에 있는 고급 백화점으로 단일 매장으로는 독일 최대를 자랑한다. 유명 브랜드가 한데 모여 있는 것은 물론 고급 식료품점과 꼭대기 층의 푸드 코트도 좋다.

루트비히 베크 Ludwig Beck P.387

뮌헨의 고급 백화점으로 오랜 역사를 지닌 전통 백화점이다. 구시가지에 위치해 규모가 아주 크지는 않지만 시청사 바로 옆이라 접근성이 뛰어나다.

오버폴링거 Oberpollinger P.386

루트비히 베크와 함께 오랜 역사와 전통을 자랑하는 뮌헨의 백화점으로 구시가지 초입에 자리한다. 외관은 고풍스럽지만 내부는 현대적으로 리노베이션했다.

여행의 대미를 장식하는 것은 역시 쇼핑이다. 의외로 독일은 유럽에서도
쇼핑하기 좋은 나라. 물품 가격이 상대적으로 저렴하고 면세 혜택도 좋다. 독일은 화려한
상품보다는 실용적인 제품이 발달했다. 독일에서 쇼핑을 즐길 만한 곳을 알아보자.

쇼핑몰
Einkaufszentrum

편리하지만 다소 획일적인 느낌의 백화점과 달리 여러 종류의 상점과 레스토랑, 카페가
모여 있는 쇼핑몰에서는 더욱 다채로운 쇼핑을 즐길 수 있다.

몰 오브 베를린 Mall of Berlin P.137

베를린 시내에 자리한 대형 몰로 쾌적하고 현대적인 인테
리어가 돋보인다. 푸드 코트도 잘되어 있다.

알렉사 Alexa P.139

베를린 시내 동쪽의 알렉산더 광장에 자리한 대형 몰이
다. 규모가 매우 커서 대형 서점 등 입점 업체가 많으며 푸
드 코트도 크다.

비키니 베를린 Bikini Berlin P.138

독일에서 가장 개성 있고 독특한 쇼핑몰로 역시 베를린에
있다. 쇼핑 거리인 쿠담 대로 부근에 위치하며 동물원 바
로 옆이라 창문 너머로 동물도 보인다.

마이차일 MyZeil P.275

프랑크푸르트 최대 번화가인 차일 거리에 자리한 쇼핑몰
로 독특한 건물 안에 상점과 슈퍼마켓, 드러그스토어, 푸
드 코트가 모여 있다.

아웃렛
Outlet

대도시 외곽에 자리하며 명품 브랜드를 보다 저렴하게 구입할 수 있다. 독일, 유럽(EU) 브랜드가 저렴한 편. 위치상 차량이 편리하지만, 대중교통으로도 갈 수 있고 셔틀버스를 운행하기도 한다.

잉골슈타트 빌리지 P.389
Ingolstadt Village

뮌헨에서 1시간 거리로 접근성이 좋아 한국인들에게 많이 알려져 있다.

베르트하임 빌리지 P.277
Wertheim Village

프랑크푸르트에서 2시간 거리로 차량을 이용한다면 뷔르츠부르크로 가는 길에 들르기 좋다.

메칭엔 아웃렛 시티 P.339
OutletCity Metzingen

슈투트가르트에서 30분밖에 걸리지 않으며 규모가 매우 커서 인기다.

드러그스토어
Drugstore

독일의 드러그스토어에는 저렴하면서도 품질이 좋은 아이템이 많다. 어느 도시에서나 쉽게 찾을 수 있으며, 여러 체인점이 있는데 브랜드별, 지점별로 가격, 분위기, 규모 등이 조금씩 차이가 있다.

🔍 대형 체인 브랜드

로스만 Rossmann

독일에만 2,000개 넘는 지점이 있는 대형 체인으로 비슷한 수준의 데엠dm과 경쟁한다. PB 브랜드로 저렴하고 무난한 스킨케어 브랜드 이사나ISANA, 내추럴 코즈메틱 라인 알테라Alterra, 의약품 브랜드 알타파마altapharma, 유기농 라인의 식료품 브랜드 에네르 비오ener BiO가 있다.

🏠 www.rossmann.de

데엠 dm

로스만과 마찬가지로 독일에 2,000개 넘는 지점이 있다. 스킨케어 PB 브랜드로는 올리브영을 통해 한국에도 잘 알려진 발레아Balea가 저렴한 라인이며, 알베르데alverde는 내추럴 라인이다. 의약품 PB 브랜드는 미볼리스Mivolis, 식료품 브랜드는 데엠비오dmBiO다.

🏠 www.dm.de

뮐러 Müller

5000여 개의 지점이 있는 3순위 체인으로 매장 수는 적지만 매장 규모는 대체로 큰 편이다. 중저가뿐 아니라 고급 화장품도 있고 식료품도 더 다양하게 갖추고 있다.

🏠 www.mueller.de

부드니 Budni

함부르크를 중심으로 북부 지역에 주로 있으며, 다른 브랜드보다 가격 경쟁력이 있는 것이 장점.

🏠 www.budni.de

🔍 가성비 최고 PB 브랜드 아이템

기업화된 대형 드러그스토어 체인에는 자체 브랜드에서 출시하는 PB 상품이 상당히 많다. 약품이나 식료품, 스킨케어 제품 등 대부분 가격이 저렴하고 품질도 무난하며 몇 가지 아이템은 상당히 뛰어난 제품도 있으니 시도해보자.

외코 테스트
Öko Test

독일의 소비재 품질 심사기관에서 주관하는 엄격한 테스트로 유해성분과 친환경성 등을 검사, 분석한다. 가장 까다로운 최고 등급이 Sehr gut (매우 좋음), 그다음이 gut(좋음)인데 gut를 받기도 매우 어렵다. Sehr gut을 받은 제품은 자부심을 갖고 제품 용기나 상자에 표시한다. 다만 그만큼 성분은 믿을 수 있지만 화장품의 경우 유화제 등 화학성분이 덜 들어가 발림성이 조금 떨어질 수 있다는 것도 알아두자.

🏠 www.oekotest.de

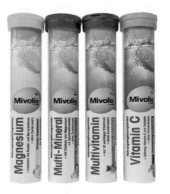

발포 비타민 Brausetabletten

가성비가 뛰어나 인기 있는 싹쓸이 아이템으로 특히 한국인이 지나가면 매대가 텅 빌 정도. 물에 타 먹다 보니 탄산수소나트륨, 감미료 같은 당분이 들어가 건강보다는 달달한 탄산음료 느낌으로 가볍게 마시기 좋다.

핸드크림 Handcreme & **풋크림** Fusscreme

종류가 매우 많고 가성비가 뛰어나 항상 인기인 아이템이다. 피부 상태별로 선택할 수 있으며, €1 정도에 외코 테스트에서 최고 등급을 받은 품질 좋은 것도 있으니 필수템이라 할 만하다. 단, 가끔 향이 강한 것도 있으니 테스터가 있는 것은 꼭 확인해보자.

🔍 종류별 인기 브랜드

스킨케어

라베라 Lavera

까다롭기로 유명한 품질 인증 외코 테스트에서 인정받은 제품이 많고 가격도 저렴한 독일 인기 브랜드.

벨레다 Weleda

착한 성분으로 잘 알려진 스킨케어 브랜드로 발림성은 떨어지나 아이용으로 많이 찾는다.

로고나 Logona

40년 전통으로 유명한 독일의 유기농 화장품 브랜드. 천연 재료를 사용해 순하며 아토피 라인도 있다.

안네마리 뵈를린트
Annemarie börlind

독일의 유명한 중고급 스킨케어 브랜드. 스페셜 케어 세럼들이 가장 인기다.

잔테 Sante

순한 성분의 스킨케어 브랜드. 보디 용품과 코즈메틱 라인까지 다양하다.

크나이프 Kneipp

마트에서 쉽게 찾을 수 있는 스킨케어 브랜드. 다양한 향기로 유명하며 시트러스 계열의 샤워젤이 무난하다.

알크메네 Alkmene

100% 식물성 화장품 브랜드. 순하지만 향은 호불호가 갈리며, 올리브 향이 무난하다.

카밀 Kamil

핸드크림으로 유명한 카밀 제품은 독일에서 더 저렴한 가격에 만날 수 있다.

허바신 Herbacin

과거 동독에서 만든 브랜드로 부타 카밀Wuta Kamille 핸드크림은 강력한 보습 효과를 자랑한다.

디아더마 Diaderma

당근 추출물이 들어간 당근 오일로 유명한 브랜드. 당근 오일은 보습 효과가 뛰어나 로션에 섞어 바르기도 좋다.

아로날 aronal

마트에서 쉽게 살 수 있는 독
일의 국민 치약으로 아연이
들어간 파란색 잇몸용은 아
침에 많이 쓴다.

아로날과 함께 독일의 대중적
인 치약으로 잇몸, 구취, 화이
트닝 등 기능별로 다양하다.
불소가 들어간 주황색 충치용
은 저녁에 많이 쓴다.

아요나 Ajona

뽀득거리는 개운한 치약으로 향이 강
해서 호불호가 갈리지만 적은 양으로
도 강력한 효과를 발휘한다.

도펠 헤르츠 Doppel Hertz

독일의 국민 영양제 브랜드로 가격
대비 성분이 좋아 인기가 많다.

테테셉트 tetesept

바다소금물 등 자연 성분으로 만드는 비강·인후 관
리 전문 브랜드. 독일의 건조한 여름에 코에 뿌리거
나 바르기 좋다.

바트 하일브루너 Bad Heilbrunner

오랜 전통의 허브차 브랜드로 기능별로 다양한 차가
나오는데, 감기 기운이 있을 때 마시면 도움이 된다.

감기에 좋은 차   인후와 인두에 좋은 차

클로스터프라우
Klosterfrau

수녀님들의 그림이 그려진 이
브랜드는 수도원에서 전통적
으로 내려오는 약초들로 제품
을 만들어 감기나 불면증 등
에 도움이 된다.

슈퍼마켓
Supermarket

독일의 식생활을 엿볼 수 있는 곳으로 다양한 식재료를 저렴하게 구입할 수 있다. 간단한 샐러드와 샌드위치, 소시지처럼 조리된 음식도 있다. 신선한 유제품과 제철 과일은 물론 맥주, 와인, 초콜릿, 과자 등 간식거리를 고르는 재미도 있다.

악숀 Aktion!

악숀Aktion 표시가 있거나 스티커가 붙은 것들은 특가로 저렴하게 파는 상품들이다. 득템이 될 수도 있지만 유통기한이 코앞인 경우도 있으니 잘 확인하자.

레베 REWE　가장 무난한 슈퍼마켓으로 'ja!'라고 쓰여 있는 PB 상품들이 저렴한 가격으로 인기다.

에데카 Edeka　레베와 경쟁하는 대형 체인으로 규모나 분위기도 레베와 비슷하며 매장 수는 더 많다.

카우프란트 Kaufland　레베나 에데카와 비슷하며 베를린 등 주로 독일 동부와 동유럽 쪽에 있다.

리들 Lidl　매장별 차이가 큰 편이며 시내 중심보다는 외곽에 대형 매장이 많다.

알디 Aldi　창고형 마트처럼 박스째 진열해 매장이 깔끔하지는 않지만 저렴한 가격이 장점이다.

알나투라 Alnatura　유기농 마켓으로 가격은 조금 비싼 편이지만 품질이 좋으며 PB 상품들은 가격이 합리적이다. 초콜릿을 입힌 견과류, 뮤즐리 등이 인기다.

🔍 슈퍼마켓 꿀템

밀카 Milka

마트에서 쉽게 살 수 있는 국민 초콜릿으로 부드러운 밀크초콜이 유명하다. 다양한 맛이 첨가된 미니 시리즈가 맛보기에 좋다.

리터 슈포르트 Ritter Sport

납작하고 평범한 정사각형 포장이지만 수십 가지 컬러로 맛을 달리한 독일의 인기 초콜릿이다.

페오도라 Feodora

독일의 공주 페오도라가 그 맛에 감동해 자신의 이름을 사용하게 했다는 고급 초콜릿이다.

하리보 HARIBO

세계적으로 유명한 천연 컬러 젤리 하리보는 본고장 독일에 맛의 종류가 엄청나게 많다.

크노퍼스

독일의 과자와 캔디로 유명한 슈톡Storck에서 만드는 국민 과자로 웨하스와 초콜릿 바 모두 맛있다.

하누타 Hanuta

고소하고 달콤한 헤이즐넛 초콜릿 크림이 든 국민 웨하스로 부담 없이 즐기기에 좋다.

여행을 기억하는 방법

독일 기념품 리스트

미니 후추통

도시별 랜드마크가 그려진
미니 후추통.

접시

도시별 풍경이 그려진
미니 접시.

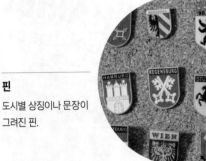

핀

도시별 상징이나 문장이
그려진 핀.

라미 펜 Lamypen

합리적인 가격에 좋은 품질로
유명한 라미 펜.

로이텀LEUCHTTURM 다이어리

100년 역사의 브랜드,
독일의 로이텀 다이어리.

4711

쾰른에서 태어난 독일의 대표 향수 4711.

여행을 마치고 집으로 돌아오면 남는 것은 사진과 추억, 그리고 기념품이 아닐까?
여행을 다닐 때는 흔해 보이지만 돌아오면 항상 더 사올걸 하는 아쉬움이 남는다.
부담 없는 저렴한 물건부터 값진 아이템까지 나를 위한 선물로도 좋다.

마그네틱

냉장고에 붙여놓고
여행을 추억하기 좋은
마그네틱.

WMF 요리 타이머

요리할 때 유용한 귀요미 타이머.

프랑켄 와인 Franken Wein

프랑켄 지방의 화이트 와인으로 질바너Silvaner
품종이 가장 유명. 뷔르츠부르크에서는
마트에서도 구매 가능하나 다른 도시에서는
와인 숍에서 취급.

* 가격이 비싸지는 않지만 한국에서는
  구하기 어려움.

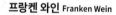

달마이어Dallmayr 커피

독일에서 가장 유명한 커피.
일반 슈퍼마켓에서도 구매 가능.

진저 쿠키 Lebkuchen

쫄깃하면서 고소한 맛이 일품. 생강, 계피,
정향과 견과류가 들어가며 종류도 다양한 쿠키.

* 본점인 뉘른베르크는 물론 프랑크푸르트,
  뮌헨 등 대도시에 매장이 있음.

쇠비누

양파나 생선 등 냄새 나는
음식을 손질했을 때
손에 밴 냄새를 제거해주는
스테인리스 쇠비누는 헹켈이나
WMF의 인기 아이템.

PART 3

진짜
독일을
만나는
시간

베를린 지역
베를린과 주변 도시

베를린은 과거 동독과 서독이 공존했던 도시다. 제2차 세계 대전 후 동서로 나뉘어 동부는 동독의 수도, 서부는 서독에 편입되었다가 1990년 독일이 통일되면서 다시 수도가 되었다. 이후 역사·정치적으로는 물론 경제·문화적으로도 눈부신 발전을 거듭해왔으며 지리적으로 독일의 북동쪽에 위치해 중앙에서 다소 벗어나 있지만 초고속 열차로 빠른 시간에 독일 중남부를 연결한다.

함부르크

2시간

베를린

포츠담

30분

4시간 30분

1시간 10분

4시간

2시간

2시간

뒤셀도르프

라이프치히

1시간 10분

1시간

2시간

아이제나흐

바이마르

1시간 20분

드레스덴

프랑크푸르트

4시간

뮌헨

★ 기차 소요시간 기준이며 열차 종류나 스케줄에 따라 차이가 있다.

일정 짜기 Tip 베를린과 주변 도시는 일주일 정도면 돌아볼 수 있다. 먼저 베를린과 포츠담 3일, 나머지 도시들은 각각 하루씩 잡으면 된다. 일정이 짧은 여행자라면 베를린 2일, 포츠담이나 드레스덴 중 하나를 추가하면 좋다.

유럽을 이끌어가는 가장 핫한 도시

베를린 BERLIN

#독일 수도 #베를린 장벽 #브란덴부르크 문
#운터 덴 린덴 #박물관 섬

한때 동서 냉전 시대의 상징이었던 베를린은 통일 후 독일의
새로운 수도가 되면서 역사적 전환점을 맞이했다. 곳곳에 갤러리와
부티크, 카페, 클럽, 박물관 등이 늘어나며 정치의 중심지뿐
아니라 문화를 선도하는 핫한 도시로 변모했다. 지금의 베를린은
과거 프로이센의 웅장했던 역사를 복원함과 동시에 현대적이면서도
코스모폴리탄적 분위기로 독일을 이끌어가고 있다.

🏠 관광 안내 www.visitberlin.de

베를린
가는 방법

베를린은 아직 우리나라에서 직항 편이 없어 경유 편을 이용해야 한다. 보통 프랑크푸르트, 파리, 런던 등 유럽의 주요 도시, 또는 이스탄불, 도하 등을 경유한다. 유럽 내에서 이동할 때는 위치상 기차보다 항공이 편리하며, 독일 내에서는 고속 열차와 다양한 지역 열차, 버스가 있어 편리하게 이동할 수 있다.

① 항공

🏠 http://ber.berlin-airport.de

베를린에서 가장 큰 공항은 **브란덴부르크 국제공항**Flughafen Berlin Brandenburg Willy Brandt(BER)이다. 2020년 완공된 신공항으로 시내에서 남동쪽으로 25km 정도 떨어져 있다. 2030년까지 꾸준히 공사가 이어질 예정이라 아직 규모는 크지 않으며, 그만큼 편의 시설도 많진 않다. 하지만 터미널 간 거리가 가까워 힘들지 않게 걸어갈 수 있으며 시내로 나가는 대중교통 연결도 편리하다.

시내로 이동

공항 지하의 공항역Flughafen Berlin Brandenburg에서 S반과 기차가 시내로 바로 연결되어 빠르게 이동할 수 있으며, 버스도 있다. 중앙역은 물론 프리드리히역, 알렉산더광장역, 동물원역 등 주요 역까지 30~50분이 걸린다. S반(S9·S45)의 경우 유효한 철도 패스가 있으면 무료이며, 구역은 C존에 해당한다.

€ €4.7

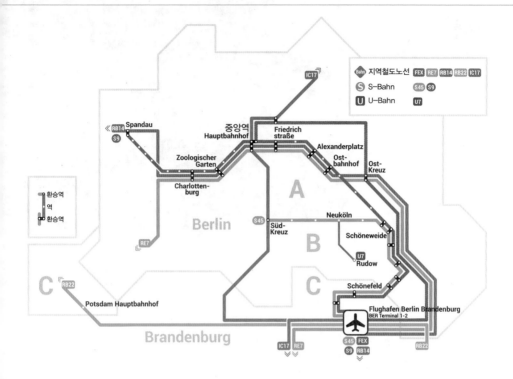

IC17
RB14 Spandau
S9
중앙역
Hauptbahnhof
Friedrich
straße
Alexanderplatz
Zoologischer
Garten
Ost-
bahnhof
Ost-
Kreuz
Charlotten-
burg
환승역
역
환승역
Berlin
S45
Süd-
Kreuz
Neuköln
Schöneweide
U7
Rudow
RE7
A
B
C
RB22
Schönefeld
Potsdam Hauptbahnhof
Flughafen Berlin Brandenburg
BER Terminal 1-2
Brandenburg
IC17 RE7
S45 FEX
S9 RB14
RB22

② 기차

중앙역의 편리한 부대시설

거대한 규모로 야심 차게 지은 베를린 중앙역은 복잡해 보이지만 지하층에서 시내 교통과 편리하게 연결되고, 중간층에 렌터카 사무실, 패스트푸드 식당, 슈퍼마켓, 약국, 기념품점 등 다양한 편의 시설이 있어 시간을 보내기에도 좋다.

철도의 중심지는 **베를린 중앙역**Berlin Hauptbahnhof(약칭 **Berlin Hbf**)이다. 열차의 종류나 노선에 따라 동물원역(초역)Bahnhof Zoologischer Garten 혹은 베를린 동역Berlin Ostbahnhof을 이용하기도 한다. 베를린 중앙역은 독일에서 가장 큰 기차역 건물로 2006년 독일 월드컵에 맞춰 완공했다. 노선도 대폭 늘어나 독일의 주요 도시는 물론 유럽의 수많은 국제 노선과 연결되며, 식당, 상점 등 다양한 시설이 있어 편리하다. 또한 베를린 대중교통의 중심지로 베를린 외곽이나 시내로 버스, 트램, 지하철이 잘 연결되어 있다.

베를린 안에서 이동하는 방법

베를린의 시내 교통은 S반, U반, 버스, 트램으로 이루어지는데, 베를린 교통국(BVG)에서 일괄 관리하기 때문에 티켓이 통합되어 있다. 베를린은 교외까지 포함해서 A, B, C 존으로 구역이 나뉘어 있으며 관광지는 모두 A존 안에 있다. 티켓은 이용 구역별로 A·B, B·C, A·B·C존으로 나뉘는데, 베를린 시내만 이동한다면 A·B존 티켓, 포츠담 P.140까지 간다면 A·B·C존 티켓을 사면 된다. 티켓은 자동 발매기나 버스 안에서도 구입 가능하다. 지하철은 여러 노선이 같은 플랫폼을 이용하는 경우가 있으므로 노선 번호와 행선지를 잘 확인하고 타야 한다. 시내 관광지는 100번·200번·300번 버스로 연결된다.

🏠 www.bvg.de

종류	특징	요금
1회권 Einzelfahrauweis	2시간 동안 자유롭게 갈아탈 수 있다.	A·B존 €3.8
단거리권 Kurzstrecke	S반, U반은 3정거장, 버스와 트램은 6정거장까지 사용 가능하며 갈아탈 수 없다.	€2.6
1일권 Tageskarte	구입 후 다음 날 새벽 3시까지 유효하다.	A·B존 €10.6
소그룹 1일권 Kleingruppen-Tageskarte	한 티켓으로 5명까지 함께 쓸 수 있는 저렴한 단체권이다.	A·B존 €33.3
일주일권 7-Tage-Karte	개시한 날부터 7일 연속 사용할 수 있다. (7일째 자정 종료)	A·B존 €44.6

BVG
대중교통 티켓 구매

BVG Fahrinfo
실시간 대중교통 검색

베를린 교통 앱

100번·200번·300번 버스 노선으로 둘러보기

베를린 시내버스 100번, 200번, 300번 노선이 주요 명소를 지나 여행자들에게 인기다. 1일권을 끊어 원하는 곳마다 승하차하거나, 1회권을 끊어 베를린 시내를 한 바퀴 돌아보는 방법도 있다.

- **100번** 동물원역 ▷ 카이저 빌헬름 교회 ▷ 승전기념탑 ▷ 연방의회 의사당 ▷ 브란덴부르크 문 ▷ 운터 덴 린덴 ▷ 박물관 섬 ▷ TV 타워 ▷ 알렉산더 광장
- **200번** 동물원역 ▷ 카이저 빌헬름 교회 ▷ 포츠담 광장 ▷ 체크포인트 찰리 ▷ 니콜라이 지구 ▷ 붉은 시청 ▷ 알렉산더 광장
- **300번** 베를린 필하모니 ▷ 포츠담 광장 ▷ 운터 덴 린덴 ▷ 박물관 섬 ▷ 붉은 시청 ▷ 알렉산더 광장 ▷ 베를린 동역 ▷ 이스트 사이드 갤러리

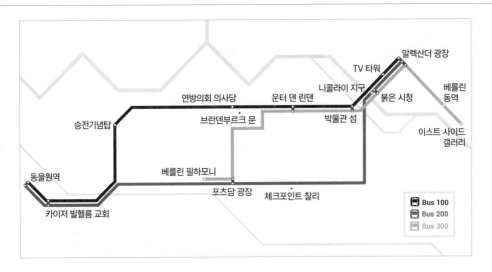

할인 카드

교통요금과 각종 입장권이 할인되는 카드들이 있으니 참고하자. 교통수단을 많이 이용하지 않고 박물관 위주로 여행한다면 박물관 패스만 구입하는 것이 낫다. 그러나 2일 이상 머물면서 주요 박물관을 둘러볼 계획이라면 박물관 섬이 포함된 웰컴 카드가 무난하다. 포함된 할인 혜택을 꼼꼼히 비교해보자. ▶박물관 패스 P.110

• 베를린 웰컴 카드 Berlin Welcome Card

48시간권부터 6일권까지 있으며 다양한 명소 입장과 대중교통, 투어 버스, 박물관 섬, 포츠담이 포함된 것 등 종류가 많다.

🔵 48시간권 A·B구역 €26.9, 72시간권+박물관 섬+포츠담 포함 A·B·C구역 €62.5

🏠 http://visitberlin.de/en/welcomecard

• 베를린 시티 투어 카드 Berlin City Tour Card

48시간권부터 6일권까지 있으며 웰컴 카드보다 가격이 저렴한 대신 포함 내역이 적다.

🔵 48시간권 A·B구역 €22.9, 72시간권 A·B·C구역 €39.9

🏠 www.citytourcard.com

베를린
주요 교통(A존과 C존 공항) 노선도

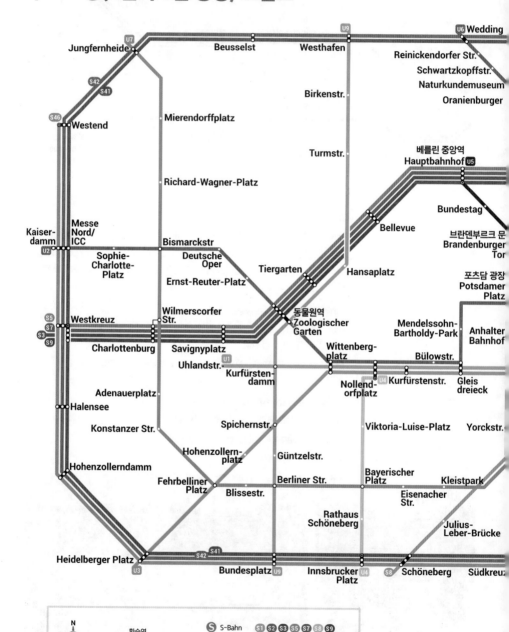

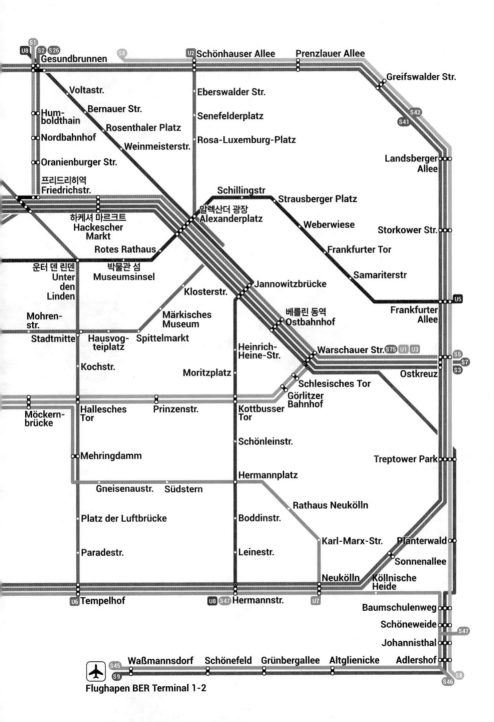

Gesundbrunnen
Schönhauser Allee
Prenzlauer Allee
Greifswalder Str.
Voltastr.
Eberswalder Str.
Hum-
boldthain
Bernauer Str.
Senefelderplatz
Rosenthaler Platz
Nordbahnhof
Weinmeisterstr.
Rosa-Luxemburg-Platz
Oranienburger Str.
Landsberger
Allee
프리드리히역
Friedrichstr.
Schillingstr
Strausberger Platz
하케셔 마르크트
Hackescher
Markt
알렉산더 광장
Alexanderplatz
Weberwiese
Storkower Str.
Rotes Rathaus
Frankfurter Tor
운터 덴 린덴
Unter
den
Linden
박물관 섬
Museumsinsel
Klosterstr.
Jannowitzbrücke
Samariterstr
Frankfurter
Allee
Mohren-
str.
Märkisches
Museum
베를린 동역
Ostbahnhof
Stadtmitte
Hausvog-
teiplatz
Spittelmarkt
Heinrich-
Heine-Str.
Warschauer Str. S75 U1 U3
Ostkreuz
Kochstr.
Moritzplatz
Schlesisches Tor
Görlitzer
Bahnhof
Möckern-
brücke
Hallesches
Tor
Prinzenstr.
Kottbusser
Tor
Mehringdamm
Schönleinstr.
Treptower Park
Hermannplatz
Gneisenaustr.
Südstern
Rathaus Neukölln
Platz der Luftbrücke
Boddinstr.
Karl-Marx-Str.
Plänterwald
Paradestr.
Leinestr.
Sonnenallee
Neukölln
Köllnische
Heide
Tempelhof
Hermannstr.
Baumschulenweg
Schöneweide
Johannisthal
Waßmannsdorf
Schönefeld
Grünbergallee
Altglienicke
Adlershof
Flughapen BER Terminal 1-2

베를린
추천 코스

베를린 시내는 보통 이틀이면 간단히
돌아볼 수 있다. 박물관에 할애하는
시간에 따라 여유 있는 일정이 될 수도,
빡빡한 일정이 될 수도 있다.
그리고 포츠담의 상수시 궁전을
다녀온다면 하루 더 추가하는 것이 좋다.

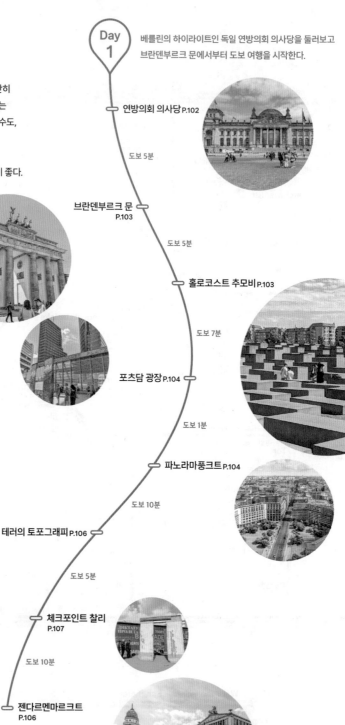

Day 1

베를린의 하이라이트인 독일 연방의회 의사당을 둘러보고
브란덴부르크 문에서부터 도보 여행을 시작한다.

연방의회 의사당 P.102

도보 5분

브란덴부르크 문
P.103

도보 5분

홀로코스트 추모비 P.103

도보 7분

포츠담 광장 P.104

도보 1분

파노라마풍크트 P.104

도보 10분

테러의 토포그래피 P.106

도보 5분

체크포인트 찰리
P.107

도보 10분

젠다르멘마르크트
P.106

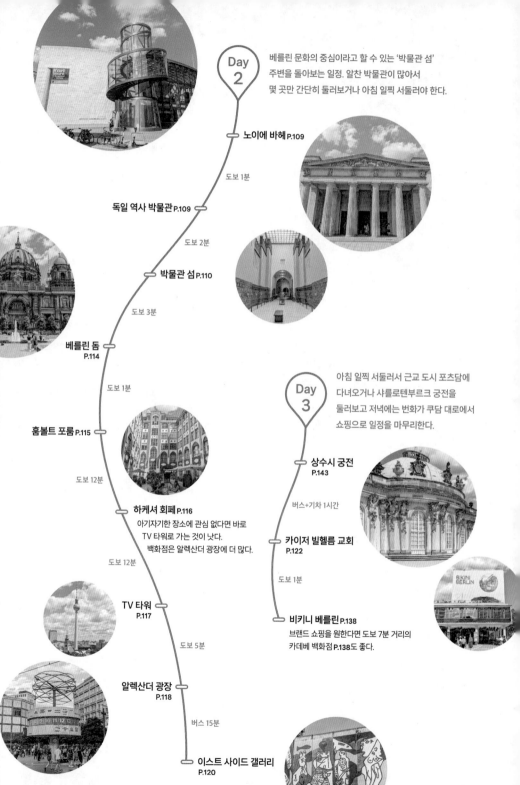

Day 2

베를린 문화의 중심이라고 할 수 있는 '박물관 섬' 주변을 돌아보는 일정. 알찬 박물관이 많아서 몇 곳만 간단히 둘러보거나 아침 일찍 서둘러야 한다.

노이에 바헤 P.109

도보 1분

독일 역사 박물관 P.109

도보 2분

박물관 섬 P.110

도보 3분

베를린 돔 P.114

도보 1분

홈볼트 포룸 P.115

도보 12분

하케셔 회페 P.116
아기자기한 장소에 관심 없다면 바로 TV 타워로 가는 것이 낫다. 백화점은 알렉산더 광장에 더 많다.

도보 12분

TV 타워 P.117

도보 5분

알렉산더 광장 P.118

버스 15분

이스트 사이드 갤러리 P.120

Day 3

아침 일찍 서둘러서 근교 도시 포츠담에 다녀오거나 샤를로텐부르크 궁전을 둘러보고 저녁에는 번화가 쿠담 대로에서 쇼핑으로 일정을 마무리한다.

상수시 궁전 P.143

버스+기차 1시간

카이저 빌헬름 교회 P.122

도보 1분

비키니 베를린 P.138
브랜드 쇼핑을 원한다면 도보 7분 거리의 카데베 백화점 P.138도 좋다.

베를린
상세 지도

Schiller Pk

Volkspark
Rehberge

seilgarten
enheide

100

31 샤를로텐부르크 궁전

테하우스 임 엥글리셴 가르텐

12

승전기념탑 29

28

티어가르텐

Hardenbergstraße

2

Kantstraße

베를린
동물원역
🚇 Ⓤ Ⓢ
• 커리 36

Zoologischer
Garten Berlin

Budapester Str.

Kurfürstendamm

카페 임 리터라투르하우스 11

08 카데베

07 비키니 베를린

Lietzenburger Str.

• 베당

30 카이저 빌헬름 교회

115

100

Paulsborner Str.

Preußenpark

N
W E
S
0   500m

1

098

Mauerpark

Schönhauser Allee

96a

109

6

2

• 코놉케스 임비스
• 뤼얌 게뮈제 케밥

16 문화 양조장

96a

23 장벽 기념관

Chauseestraße

Torstraße

Volkspark Friedrichshain

96a

베를린 중심부 P.100

🚉Ⓢ 베를린 중앙역

• 연방의회 의사당

• 알렉산더 광장

• 박물관 섬

• 브란덴부르크 문

Gartenstraße

1

1

96a

• 포츠담 광장

체크포인트 찰리

🚉Ⓢ 베를린 동역

07 테러의 토포그래피

09

이스트 사이드 갤러리

24 서울키친

• 국립 회화관

06 쿨투어포룸

• 신 국립 미술관

26 유대인 박물관

Lindenstraße

Wilhelmstraße

Stresemannstraße

18

Köpenicker Str.

Mühlenstraße

마르크트할레 노인 20

오버바움 다리 25

96

27 독일 과학기술 박물관

Gitschiner Str.

Oranienstraße

김치공주 19

Skalitzer Str.

쉬어스 슈니첼 17

Wiener Straße

Park am Gleisdreieck

Garten Berlin

96

베를린 중심부
상세 지도

Oranienburger Straße

슈프레강

Kapelle Ufer

Reinhardtstraße

Lusenstraße

Friedrichstraße

Am

U Bundestag

슈프레강

Reichstagufer

03 블록 하우스

🚉 S U Berlin Friedrichstraße station

02 플라밍고

01 연방의회 의사당

Dorotheenstraße

01 두스만

홈볼트 대학교 **11**

아인슈타인 운터 덴 린덴 **01** Unter den Linden

프리드리히 2세 동상

U

S U Brandenburger Tor

운터 덴 린덴 **12**

02 브란덴부르크 문

Friedrichstraße

Charlottenstraße

리터 초콜릿월드 **04**

Franz. Str.

프랑스 돔 •

03 홀로코스트 추모비

콘체르트하우스 •

젠다르멘마르크트 **08**

Franz. Str.

크바티어 **02**

독일 돔 •

05 스틸 빈티지 바이크 카페

Taubenstraße

라우쉬 초콜릿하우스

노이하우스 **05**

03

히틀러 지하벙커 •

Wilhelmstraße

• 테라스 U Mohrenstr.

Stadtmitte U

Charlottenstraße

Friedrichstraße

06 몰 오브 베를린

U Potsdamer Platz

04 린덴브로이

04 포츠담 광장

05 파노라마풍크트

🚉 S Potsdamer Platz

09 파더 카펜터

16 하우스 슈바르첸베르크

브라미발스 도넛 15   14 로스테리아

하케셔 마르크트 15

Dircksenstraße

S 🏛 Hackescher Markt

갈레리아 10

알렉산더 광장 21

10 에덴   U Alexanderplatz

보데 박물관   🏛 S 🚌 Berlin Alexanderplatz Bahnhof

페르가몬 박물관   18 TV 타워

페르가몬 파노라마   성모 마리아 교회 20   버거마이스터

구 국립 미술관   알렉사 09

08 졸리

쿠 29 07   신 박물관

제임스 시몬 갤러리

구 박물관   17 동독 박물관

베를린 돔   U Rotes Rathaus

루스트가르텐   마르크스 엥겔스 동상

독일 역사 박물관 14   19 붉은 시청

13 노이에   U Klosterstraße
   바헤

비스트로 레벤스벨텐   니콜라이 지구 22

훔볼트 포룸 06 훔볼트 포룸 13 본 비 베를린

U Museumsinsel

박물관 섬

10 바벨 광장

Schloßplatz

U Hausvogteiplatz

Niederwallstraße

슈프레강

Str

U Märkisches Museum

enstraße

nenstraße

U Spittelmarkt

Heinrich-Heine-Straße U

N
W   E
S

0   100m

101

독일 민주주의의 상징 ⸺ ①

연방의회 의사당

Reichstag

📍 Platz der Republik 1, 11011 Berlin
🚶 버스 100번 승차 후 Reichstag/
Bundestag 정류장 하차, 바로 앞 💶 무료
🕐 08:00~24:00(마지막 입장은 21:45)
📞 +49 30 22732152
🏠 www.bundestag.de

독일이 통일된 1990년에 첫 연방의회가 열린 곳으로 이제는 베를린의 중요한 랜드마크다. 1871년 독일 제국이 통일되면서 새롭게 지은 것으로, 바이마르 공화국과 나치를 거쳐 제2차 세계 대전으로 상당 부분이 파괴되었다. 통독 후 첫 의회가 열리고 베를린이 수도로 결정되자 재건축에 들어가 1999년 새로운 모습으로 거듭났다. 고풍스러운 건물 꼭대기의 유리 돔은 세계적인 하이테크 건축가 노먼 포스터가 설계한 것으로, 태양열 에너지를 이용하는 독일의 친환경 이미지를 잘 표현했다. 투명하게 내려다 보이는 의회의 모습은 독일 민주 정치의 투명성을 강조하는 것이다. 꼭대기 유리 돔에 오르면 옥상으로 나가 360도 파노라마 전경을 즐길 수 있으며 레스토랑도 있다.

★ 반드시 예약해야 하며 입구에서 보안 검색이 있다. 의회 업무나 악천후, 보안상 문제 등으로 예고 없이 폐쇄될 수 있다.

도시의 랜드마크이자
문화의 장소 ······ ②

브란덴부르크 문
Brandenburger Tor

18세기 강성했던 프로이센을 상징하는 문으로 1788~1791년 사이에 건축되었으나 정작이 문을 처음 지나간 것은 1806년 나폴레옹이었다. 문 위의 마차상은 파리로 옮겨졌다가 1814년 나폴레옹의 몰락과 독립의 물결 속에다시 제자리로 옮겨왔다. 동서독 분단 당시베를린 장벽이 문 양쪽을 둘러싸고 있어 냉전의 상징이었지만, 1990년 통일과 더불어 장벽은 역사 저편으로 사라지고 이제는 도시의 랜드마크이자 공연이 열리기도 하는 문화의 장소가 되었다.

📍 Pariser Platz, 10117 Berlin 🏃 S1·2·25·26, U5, 버스 100번 Brandenburger Tor역/정류장 하차, 도보 1분

유대인 추모의 공간 ······ ③

홀로코스트 추모비 Holocaust-Mahnmal

나치에 학살된 유럽 유대인 희생자들을 기리는 추모 공원. 크기가 각기 다른 2,711개의 콘크리트가 석관처럼 세워져 있다. 높은 비석 사이로 들어가면 폭이 좁고 미로와 같아 긴장과 불안이 느껴지기도 한다. 역사에 대한 반성과 화해의 의미를 담고 있으며, 지하에는 희생자들의 이야기와 당시 상황을 보여주는 자료를 전시하는 방문자 센터가 있다.

📍 Cora-Berliner-Str. 1, 10117 Berlin 🏃 브란덴부르크 문에서 도보 5분
📞 +49 30 2639430 🏠 www.stiftung-denkmal.de
🔎 학살된 유럽 유대인을 위한 기념물

히틀러 지하 벙커 Führerbunker

홀로코스트 추모비 부근에 히틀러가 죽기 직전머물렀던 지하 벙커가 있었다. 그는 1945년 1월이곳에 은신했고, 4월 29일 연인 에바 브라운과결혼식을 올린 다음 날 동반 자살했다. 벙커는완전히 파괴되었고 현재는 표지판만 남았다.

📍 In den Ministergärten, 10117 Berlin

베를린 현대 건축의 중심 ······ ④

포츠담 광장 Potsdamer Platz

현재는 번화한 광장이지만 원래는 제2차 세계 대전으로 파괴
되어 분단 후 미국, 영국, 소련의 군대가 주둔하던 곳이었다.
1993~1998년 세계적인 건축가 렌초 피아노가 이끄는 재건 프
로젝트를 통해 리처드 로저스 등 유명 건축가들이 설계한 현대
적인 건물들로 채워졌다. 가장 눈에 띄는 것은 헬무트 얀이 설
계한 소니 센터Sony Center로 7채의 건물로 둘러싸여 있다. 광장
주변에는 상점, 식당, 영화관, 박물관 등이 있으며 베를린 장벽
도 일부 남아 있다.

📍 Potsdamer Platz, 10785 Berlin 🚶 S1·2·25·26, U2,
버스 200·300번 Potsdamer Platz역/정류장 하차, 도보 1분
🏠 www.potsdamerplatz.de

라이프치히 광장을 한눈에 ······ ⑤

파노라마풍크트
Panoramapunkt

1999년에 완공된 콜호프 타워Kollhoff-Towers 25층에 베를린 시내를 360도로 내
려다볼 수 있는 전망대가 있다. 건물 안쪽에서는 포츠담 광장과 그 주변에 대한
역사를 전시하고 있으며, 전망대에서는 건물 전체가 통유리로 된 DB 사무실을
비롯해 8각형의 라이프치히 광장, 브란덴부르크 문, 홀로코스트 추모비와 함께
멀리 TV 타워, 베를린 돔, 거대한 녹지 공원 티어가르텐을 볼 수 있다. 24층에는
카페가 있어 잠시 쉬어 가기 좋다.

📍 Kollhoff-Tower, Potsdamer Platz 1, 10785 Berlin 🚶 포츠담 광장에서 소니 센터
가는 길 왼쪽 💶 성인 €9 🕐 여름 10:00~20:00, 겨울 10:00~18:00
📞 +49 30 25937080 🏠 www.panoramapunkt.de

베를린 필하모니

서베를린의 예술 지구 ⑥
쿨투어포룸 Kulturforum

포츠담 광장 뒤편에 자리한 쿨투어포룸(문화단지)은 통독 이전 서베를린의 문화 지구로, 세계적으로 명성을 떨친 베를린 필하모니 오케스트라 콘서트홀과 심포니홀이 있으며, 훌륭한 미술관과 다양한 박물관이 모여 있다. 장식예술 박물관Kunstgewerbemuseum, 악기 박물관 Musikinstrumenten-Museum, 주립 도서관Staatsbibliothekm 등 다양한 문화 시설이 있는데, 모두 보려면 하루로는 부족하니 가장 중요한 국립 회화관과 신 국립 미술관을 추천한다.

📍 Matthäikirchplatz, 10785 Berlin 🚶 버스 200번 Philharmonie 정류장 바로 앞 또는 포츠담 광장에서 도보 10분 💶 쿨투어포룸 티켓(6개 박물관 통합권) €20 📞 +49 30 266424242 🏠 www. kulturforum-berlin.de

한스 홀바인 〈상인의 초상〉

고전 회화 가득한 보물창고
국립 회화관 Gemäldegalerie

중세부터 19세기까지의 명화들로 가득한 이곳은 통일 이전 서베를린의 미술창고 같은 곳이었다. 홀바인, 카라바조, 루벤스, 렘브란트, 브뤼겔, 베르메르, 보티첼리 등 이름만으로도 유명한 화가들의 작품이 모여 있어 시간을 가지고 차분히 돌아보기에 좋다.

📍 Matthäikirchplatz, 10785 Berlin 💶 €16
🕐 화~일 10:00~18:00 ❌ 월요일 🏠 www.smb.museum

건물 자체가 예술
신 국립 미술관 Neue Nationalgalerie

수평의 낮고 투명한 모습이 인상적인 이 건물은 모더니즘 건축의 거장 미스 반 데어 로에가 모국에서 선보인 또 하나의 걸작이다. 반지하 느낌의 조각 정원을 포함한 건물 자체가 이미 작품이지만, 갤러리 곳곳에 있는 그의 유명한 바르셀로나 의자에 앉아 감상할 수 있는 것도 소소한 기쁨이다. 독일 표현주의 컬렉션도 많다.

📍 Potsdamer Straße 50, 10785 Berlin 💶 성인 €14
🕐 화·수·금~일 10:00~18:00, 목 10:00~20:00
❌ 월요일 🏠 www.smb.museum

나치 시대 공포의 재현 ····· ⑦
테러의 토포그래피 Topographie des Terrors

1933년부터 1945년까지 나치의 비밀 경찰 게슈타포와 히틀러 친위대 SS의 본부가 있었던 장소로, 제2차 세계 대전 때 완전히 파괴되어 연합군에게 점령당하면서 미국과 소련의 경계선이 던 자리다. 2010년에 박물관을 세워 나치의 잔혹하고 공포스러운 역사를 전시하고 있다. 건물 바로 앞에 베를린 장벽이 원형 그대로 보존되어 있는 것도 눈에 띈다. 동서를 갈라놓았던 베를린 장벽은 지금도 베를린 곳곳에 흔적이 남아 있는데 시내 중심에서 가장 쉽게 볼 수 있는 곳이다.

📍 Niederkirchnerstraße 8, 10963 Berlin
🚶 버스 M29번 Wilhelmstr./Kochstr.
정류장 하차, 도보 2분 💶 무료
🕙 10:00~20:00 📞 +49 30 25450950
🏠 www.topographie.de

야경이 더 아름다운 광장 ····· ⑧
젠다르멘마르크트
Gendarmenmarkt

시내 중심에 자리한 이곳은 중앙에 콘체르트하우스와 독일의 시인 프리드리히 실러Friedrich Schiller의 동상이 있고, 양옆에는 데칼코마니처럼 2개의 돔이 자리한 아름다운 광장이다. 1688년에 처음 조성되어 수차례 이름이 바뀌다가 18세기에 기병들이 마구간으로 사용한 데서 지금의 이름이 되었다. 겨울철 크리스마스 마켓이 열리면 화려하면서도 아늑한 광장으로 바뀐다.

📍 Gendarmenmarkt, 10117 Berlin
🚶 U2 Hausvogteiplatz역에서 도보 1분, 또는 체크포인트 찰리에서 도보 10분

독일 돔

독일 돔 Deutscher Dom

프랑스 돔을 짓고 3년 뒤인 1708년에 지었다. 본래 명칭은 신교회Neue Kirche였고, 이후 독일 교회Deutsche Kirche로 바뀌었다. 독일 돔이라 불린 것은 1785년에 프랑스 돔과 같이 돔 부분을 추가하면서부터다. 제2차 세계 대전 당시 화재로 소실된 것을 복원해 역사 박물관으로 사용하고 있다.

🏠 www.bundestag.de/deutscherdom

찰리 박물관

동서 분단의 현장 ⋯⋯⑨
체크포인트 찰리 Checkpoint Charlie(검문소 C)

분단 독일의 검문소였던 곳이다. 동쪽으로는 소련군, 서쪽으로는 미군이 점령하고 있었으며 지금은 소련군과 미군의 사진이 붙은 표지판이 있다. 당시 미국 측에서는 검문소를 A(알파), B(베타), C(찰리)로 나누어 이곳으로 고위 관리, 외교관, 기자들이 지나다녔는데 소련 측에서는 길 이름을 따서 프리드리히 검문소라 불렀다. 바로 옆 박물관Haus am Checkpoint Charlie에서는 분단 시절 동독 주민들의 탈출과 관련된 각종 전시를 볼 수 있다. 자유를 갈망하는 동독 주민들의 처절하고 절박했던 심정을 그대로 느낄 수 있다.

📍 Friedrichstraße 43-45, 10969 Berlin
🚶 U6 Kochstr./Checkpoint Charlie역 하차, 도보 1분 💶 무료 🕐 24시간
🏠 www.mauermuseum.de

콘체르트하우스
프랑스 돔

콘체르트하우스 Konzerthaus

1821년에 극장으로 지은 웅장한 모습의 고전주의 건물로, 제2차 세계 대전 때 파괴되어 1984년에 복원했다. 베를린 장벽이 무너진 해에 이를 기념하기 위해 베토벤의 〈합창〉 교향곡을 연주한 곳이기도 하다.

🏠 www.konzerthaus.de

프랑스 돔 Französischer Dom

17세기에 프랑스에서 추방된 위그노 교도들이 독일로 이주하면서 독일의 루터 교도들과 대립했는데, 프리드리히 1세가 이들 모두에게 교회를 허락해 광장 양쪽에 프랑스 교회와 독일 교회가 나란히 세워졌다. 현재 건물 안에는 교회, 박물관, 전망대, 레스토랑이 있다.

🏠 http://franzoesischer-dom.de

바벨 광장 Babelplatz

1743년에 국립 오페라 극장Staatsoper Unter den Linden이 들어서면서 오페라 하우스 광장으로 조성한 곳이다. 바로 옆에는 녹색 돔이 웅장한 성 헤드비히 대성당이 있다. 지금은 평화로운 광장이지만 1933년에 나치의 분서 사건이 벌어진 장소로, 당시의 비통함을 기억하기 위해 광장 바닥에 작지만 강렬한 미술품을 설치했다. 작품명은 〈분서의 기억Erinnerung an die Bücherverbrennung〉(또는 〈빈 서가Empty Library〉)로 2만여 권이 불타버린 텅 빈 서고의 모습이다.

📍 Unter den Linden 7, 10117 Berlin 🚶 버스 100·300번 Staatsoper 정류장 바로 앞

나치의 분서 사건
Nazi book burnings

1933년 5월 10일 나치의 악명 높은 선전장관 괴벨스의 주도로 어용 학생 단체에서 광장에 수많은 책을 쌓아 불태운 사건이다. 국민의 정신 교육과 세뇌, 언론 통제를 위해 나치에 비판적이거나 비독일적인 책들을 없애버린 광기의 역사 중 하나이다.

분서의 기억

훔볼트 대학교 Humbolt Universität

1810년에 빌헬름 훔볼트가 설립한 베를린에서 가장 오래된 대학이다. 비스마르크, 아인슈타인, 그림 형제, 헤겔, 마르크스 등 수많은 지성인이 이곳을 거쳐갔으며, 55명의 노벨상 수상자를 배출한 세계적인 명문 대학으로 19세기 현대 대학의 모델이 되었다. 입구 양옆으로 언어학자이자 설립자인 빌헬름 훔볼트와 과학자였던 그의 동생 알렉산더 훔볼트의 동상이 나란히 서 있다.

📍 Unter den Linden 6, 10117 Berlin 🚶 바벨 광장 건너편
📞 +49 30 209370333 🏠 www.hu-berlin.de

운터 덴 린덴 Unter den Linden

브란덴부르크 문과 박물관 섬을 잇는 베를린의 중심 대로. 베를린 시내를 동서로 관통하는 이 길은 제2차 세계 대전 당시 완전히 파괴되었는데 전후에 동독 정부에서 복구했다. 이 거리를 따라 베를린 오페라 극장, 훔볼트 대학교, 독일 역사 박물관 등이 이어진다. 도로 중앙의 웅장한 기마상 주인공은 유럽의 계몽 군주로 불리는 프리드리히 2세다.

♥ Unter den Linden, 10117 Berlin 🏃 브란덴부르크 문 바로 앞

프리드리히 2세
Friedrich II von Hohenzollern
(1740~1786년 재위)

프로이센의 세 번째 왕이다. 선대 왕들이 쌓아놓은 군사력을 바탕으로 오스트리아 왕위 계승 전쟁에서 승리해 영토를 넓혔으며, 7년 전쟁으로 피폐해진 나라를 일으켰다. 문학과 예술을 사랑하고 종교적 관용을 베풀어 국민들에게 존경받았으며, 부강한 국가를 만들어 독일 통일의 기초를 세웠다. 우리나라의 세종대왕처럼 독일에서 프리드리히 대왕Friedrich der Große으로 불린다.

노이에 바헤 Neue Wache

1816년에 지은 이 건물은 동독 시절에는 파시즘과 군국주의 희생자를 위한 기념관이었다가 통일 후에는 추모관이 되면서 독일 조각가 케테 콜비츠의 작품 《죽은 아들을 안은 어머니》가 놓였다. 실제 그녀는 전쟁으로 아들과 손자를 잃었기에 비가 오는 날이면 뚫린 천장을 통해 비를 맞고 있는 동상이 더욱 서글프게 느껴진다.

♥ Unter den Linden 4, 10117 Berlin 🏃 버스 100·300번 Staatsoper 정류장 하차, 도보 1분 ⑤ 무료 ⏱ 10:00~18:00

독일 역사 박물관 Deutsches Historisches Museum

17세기 말에 지은 훌륭한 독일 바로크 양식 건물이다. 무기고로 사용하다 19세기에는 군사 박물관이 되어 지금까지도 많은 무기를 소장하고 있으며, 독일 역사에 관한 내용을 폭넓게 전시하고 있다. 건물 뒤쪽의 유리로 지은 별관도 놓치지 말자.

✱ 현재 본관은 공사 중이며 뒤쪽 별관만 운영한다.

♥ Unter den Linden 2, 10117 Berlin ⑤ €7 ⏱ 10:00~18:00
🏠 www.dhm.de

베를린 보물의 섬, 박물관 섬

Museum Insel

박물관 섬은 말 그대로 박물관들이 밀집되어 있는 섬이다. 베를린을 관통하는 슈프레강에 떠 있는 섬으로 북쪽 지역에 5개의 박물관이 있다. 1999년에 박물관 섬 전체가 유네스코 세계 문화유산으로 지정되었다. 박물관을 모두 둘러볼 시간적 여유가 없다면, 특히 페르가몬 박물관은 세계적인 박물관으로 꼽히는 곳이니 꼭 들러보길 권한다. 박물관 섬 곳곳에서 공사가 진행되고 있어 가끔 입구가 바뀌므로 안내판을 참조하자.

🏠 국립 박물관 통합 사이트 www.smb.museum
📞 박물관 섬 통합 전화번호 +49 30 992118989

① 박물관들의 교차로
제임스 시몬 갤러리 James-Simon-Galerie

박물관 섬의 유일한 현대적 건물로 226개의 기둥이 늘어서 있는 모습이 인상적이다. 신 박물관을 리노베이션한 영국의 건축가 데이비드 치퍼필드의 작품이며, 고고학 후원자 헨리 제임스 시몬에서 이름을 따왔다. 방문자 센터와 매표소, 미디어 센터를 겸하고 있으며, 지하의 고고학 산책로를 통해 다른 박물관들과 연결된다.

📍 Bodestraße, 10178 Berlin 💶 전시에 따라 무료 또는 유료
🕙 화~일 10:00~18:00 ❌ 월요일

박물관 할인 패스

박물관 패스 Museumspass
베를린의 30개가 넘는 박물관을 3일간 입장할 수 있는 티켓으로 특별 전시는 포함되지 않는다. 각 박물관 매표소나 관광 안내소에서 판매한다.

💶 성인 €32

박물관 섬 지역 카드
Bereichskarte Museuminsel
박물관 섬에 있는 5개의 박물관을 하루 동안 입장할 수 있는 티켓이다. 두 곳 이상만 가도 저렴하다. 박물관 매표소에서 판매한다.

💶 성인 €24

Hackescher Markt

⑥ 보데 박물관
② 페르가몬 박물관
• 페르가몬 파노라마
④ 구 국립 미술관
③ 신 박물관
제임스 시몬 갤러리 ①
⑤ 구 박물관
⑦ 베를린 돔
⑧ 훔볼트 포룸
Museumsinsel U

② 베를린 최고의 박물관
페르가몬 박물관 Pergamon Museum

세계적으로 유명한 고고학 박물관으로 고대 그리스, 로마, 바빌로니아 시대의 건축물을 볼 수 있다. 특히 우리가 보기 힘든 중동 지역의 유적들을 현지에서 통째로 옮겨오거나 분해해서 가져와 재조립한 것이 많다. 소유권 분쟁으로 논란의 여지는 있지만 대단한 볼거리인 것은 사실이다. 가장 유명한 것은 이 박물관의 이름에서 알 수 있듯이 '페르가몬 제단'이며, 그 밖에도 고대 도시의 기념비적인 석조 건축물들이 훌륭한 모습으로 재현되어 있다. 현재는 장기간의 공사로 2027년에 재개관 예정이다. 아쉽지만 그때까지는 건너편의 페르가몬 파노라마를 이용해보자.

페르가몬 파노라마
Pergamon Panorama

슈프레강 건너편에 자리한 별관으로 컴퓨터 그래픽을 통해 재현한 고대 도시를 볼 수 있다. 페르가몬 박물관에 전시된 건축물들이 시간을 뛰어넘어 과거에 존재하는 모습을 상상해볼 수 있다.

📍 Am Kupfergraben 2, 10117 Berlin
💶 €14 🕐 화~일 10:00~18:00
❌ 월요일

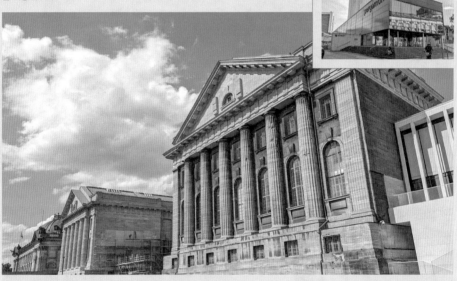

페르가몬 제단 Pergamonaltar

장엄함이 느껴지는 이 제단은 기원전 180~160년 사이에 지은 것으로 페르가몬 왕국(고대 그리스/지금의 튀르키예)에서 제우스를 모시던 제단이다. 거대한 규모임에도 불구하고 전체 제단의 일부라고 한다.

밀레투스 시장의 문 Das Markttor von Milet

튀르키예의 고대 도시 밀레투스의 시장 입구에 있었던 대리석 문이다. 2세기경 세워졌다가 10~11세기에 지진으로 파괴된 것으로 추정된다.

이슈타르 문 Ischtar-Tor

고대 바빌론의 도성에 있던(현재 이라크 지역) 여덟 번째 문으로 기원전 575년경에 지어졌다. 보존 상태가 훌륭한 데다 고고학적 고증을 거쳐 복원까지 한 것으로 문과 연결된 '행렬의 길Prozessionstraße'도 함께 전시되어 있다.

므샤타 궁전 외벽 Mshatta Façade

요르단 지역의 우마이야 왕조의 므샤타 궁전은 미완성 상태로 남아 있었는데, 오스만 제국 당시 그 일부를 독일 제국에 선물한 것이다.

③ 고대 이집트의 신비로움
신 박물관(노이에스 무제움) Neues Museum

19세기에 지은 건물이 제2차 세계 대전 때 폭격으로 파괴되어 2009년에 재건축하면서 신 박물관이라 부른다. 하지만 이름과는 달리 전시물 중에는 고대 이집트의 오래된 유물이 많다. 특히 베를린의 모나리자로 알려진 〈네페르티티의 흉상 Büste der Nofretete〉이 최고의 명성을 자랑하며, 천문학적 수수께끼로 알려진 〈황금 모자Berliner Goldhut〉도 유명하다.

📍 Bodestraße 1-3, 10178 Berlin
🚶 구 박물관 바로 뒤 💶 성인 €14
🕐 화~일 10:00~18:00 ❌ 월요일

황금 모자

네페르티티의 흉상

④ 웅장하면서도 우아한 미술관
구 국립 미술관 Alte Nationalgalerie

그리스 신전 모양을 코린트식 기둥들이 떠받들고 있는 이 건물은 국립 미술관이라는 이름에 걸맞게 우아한 모습이다. 양쪽으로 이어진 계단을 오르면 바로 이 미술관을 건립한 프리드리히 빌헬름 4세의 기마상이 서 있다. 미술관에는 프랑스 인상주의 화가로 잘 알려진 마네, 모네, 르누아르를 비롯해 많은 화가의 작품이 전시되어 있지만, 특히 유명한 것은 19세기 독일 회화 작품이다.

📍 Bodestraße 1-3, 10178 Berlin 🚶 신 박물관 뒤쪽
💶 성인 €12 🕐 화~일 10:00~18:00 ❌ 월요일

⑤ 그리스 로마 유물이 가득
구 박물관(알테스 무제움) Altes Museum

코린트식 기둥들이 떠받치고 있는 이 웅장한 건물은 보기에도 오래된 느낌이
든다. 1830년에 완성한 것으로 당대의 유명한 건축가 카를 싱켈이 설계했으며,
신고전주의 시대의 중요한 건물로 꼽힌다. 내부로 들어가면 1층은 그리스 시대,
2층은 로마 시대 작품이 많으며 재미난 주제를 다룬 조각상들도 있다.

📍 Am Lustgarten, 10178 Berlin　🚶 베를린 돔 바로 옆　€ 성인 €12
🕐 수~금 10:00~17:00, 토·일 10:00~18:00　❌ 월·화요일

⑥ 강변의 아름다운 박물관
보데 박물관 Bode Museum

박물관 섬의 북쪽 끝자락에 자리하고 있다. 원형 건물 위 돔 지붕 주변에는 아
름다운 조각상들이 있으며, 건물 양쪽으로 다리가 놓여 운치 있다. 1904년 카
이저 프리드리히 박물관이라는 이름으로 개장했다가 1956년 독일 박물관에
큰 공을 세운 보데를 기리기 위해 보데 박물관으로 개명했다. 2006년에 재개
장하면서 소장품이 더 많아졌는데, 네오 바로크 양식의 우아한 건물 안에는 이
집트 파피루스, 조각, 동전 컬렉션과 비잔틴 미술, 중세부터 로코코 시대까지의
유럽 회화와 조각 등을 전시하고 있다. 분위기 좋은 카페도 있다.

📍 Am Kupfergraben 1, 10117 Berlin
🚶 박물관 섬 북쪽 끝　€ 성인 €12
🕐 수~금 10:00~17:00, 토·일 10:00~18:00
❌ 월·화요일

베를린 돔 Berliner Dom

르네상스 양식의 건축물로 베를린에서 가장 규모가 큰 교회다. 제2차 세계 대전 때 파괴되어 폐허인 채로 방치되던 것을 1993년에 복원했다. 외관도 웅장하지만 내부는 화려한 빅토리아풍으로 다시 꾸몄으며, 독일에서 가장 큰 파이프 오르간이 있다. 개신교회답게 루터와 칼뱅의 동상도 보인다. 지하 납골당에는 90여 개의 정교한 석조로 장식한 호엔촐레른 왕가의 석관이 있으며, 270개의 좁은 계단을 오르면 베를린 섬을 내려다볼 수 있는 멋진 전망대가 있다.

📍 Am Lustgarten, 10178 Berlin 🚶 버스 100·300번 Lustgarten 정류장 앞
💶 성인 €10 🕐 월~금 09:00~18:00, 토 09:00~17:00, 일 12:00~17:00
📞 +49 30 20269136 🏠 www.berlinerdom.de

루스트가르텐 Lustgarten

베를린 돔 앞에 펼쳐진 잔디공원으로 박물관 섬을 둘러싼 건물들을 바라보며 휴식을 취할 수 있어 시민들에게 인기가 많다.

⑧ 문화 센터로 거듭난 프로이센 왕궁
훔볼트 포룸 Humboldt Forum(베를린 왕궁 Berliner Schloss)

과거의 왕궁에서 복합 문화 공간으로 재탄생한 곳이다. 원래는 베를린 왕궁으로 15~20세기에 걸쳐 브란덴부르크 선제후, 프로이센 왕, 독일 황제가 살았다. 제1차 세계 대전 이후 박물관으로 이용되었고, 제2차 세계 대전 당시 처참하게 파괴되었다. 전후 동독에서 공산당 건물로 지어 사용하던 것을 통독 후 대규모 복원사업을 통해 시민을 위한 공간으로 재탄생시켰다. 복원 과정에서 수차례의 공청회와 철저한 고증을 거치며 원형을 살리되 미래지향적인 공간이 될 수 있도록 고심한 끝에 생겨난 것이 바로 훔볼트 포룸이다.

이처럼 과거의 왕궁에서 복합 문화 공간으로 다시 태어난 훔볼트 포룸은 팬데믹 기간인 2020년 온라인으로 첫선을 보였고, 2021년에 오프라인에서 개관했다. 정면과 측면에 과거의 바로크 양식을 재현하고 북쪽 뒷면은 현대 건축으로 마무리해 시간을 아우르는 문화유산으로 거듭났다. 내부에는 다양한 갤러리와 공연장이 있으며, 현대식 중정에는 카페테리아도 있다. 또한 30m 높이의 루프톱으로 올라가면 탁 트인 전망을 볼 수 있다.

📍 Schloßpl. 10178 Berlin 🚶 베를린 돔에서 길 건너편
€ 전시에 따라 무료 또는 유료 🕐 수~월 10:30~18:30 ❌ 화요일
📞 +49 30 992118989 🏠 www.humboldtforum.org

가장 베를린다운 장소 ······ ⑮

하케셔 마르크트 Hackescher Markt

현재 베를린의 트렌드를 읽을 수 있는 이곳은 18세기에 광장으로 조성되어 동베를린 시절 쇼핑의 중심지이기도 했다. 주변에 박물관 섬과 알렉산더 광장이 있어 입지가 좋다 보니 중요한 문화와 상업의 중심지로 발전했다. 역 주변으로 시장이 종종 열리며, 근처에 신진 디자이너의 편집 숍을 비롯해 브랜드 상점, 레스토랑, 바, 카페가 모여 있다. 가장 유명한 곳은 하케셔 회페Hackesche Höfe다. 회페는 안뜰이라는 뜻인데, 1906년에 지은 유겐트 양식(독일 아르누보)의 건물 안에 8개의 안뜰이 이어져 있다.

📍 하케셔 회페 Rosenthaler Str. 40, 10178 Berlin
🚶 S3·5·7·9, 트램 M1·4·5·6, 버스 M1·N42 Hackescher Markt역/정류장 하차, 도보 3분
🏠 www.hackeschermarktberlin.de

그라피티의 천국 ······ ⑯

하우스 슈바르첸베르크 Haus Schwarzenberg

과거 버려진 공장 지대이자 낡은 거주지였으나 가난한 예술가들이 모여들면서 예술가협회가 생기고, 이제는 활기 넘치는 예술 공간으로 거듭났다. 그라피티로 가득한 이 지역에는 소형 갤러리, 영화관 등이 옹기종기 모여 있으며, 과거 유대인들이 숨어 살았던 지역인 만큼 유대인 관련 박물관도 있다. 끊임없이 덧칠해지는 그라피티들은 예술적인 것도 있고 유머러스하게 현실을 풍자하는 것도 있어 구경하는 재미에 더해 인증샷 장소로도 인기다.

📍 Rosenthaler Str. 39, 10178 Berlin 🚶 하케셔 회페 바로 옆
🏠 https://haus-schwarzenberg.org

슈톨퍼슈타인 Stolperstein

길을 걷다 보면 가끔 바닥에 눈에 띄는 동판이 있다. 우리말로 걸림돌이라는 뜻의 이 표석은 나치에 희생된 사람들을 추모하기 위해 만든 것이다. 무심코 지나는 수많은 장소를 한 번쯤 돌아보게 한다.

동독을 엿보는 재미 ······ ⑰

동독 박물관 DDR Museum

분단 시절 동독의 생활상을 엿볼 수 있게 전시한 박물관으로 2006년에 개관했다. DDR은 독일 민주 공화국Deutsche Democratic Republik의 약자로 동독을 의미한다. 패션, 비밀 경찰, 주거, 자동차 등 다양한 주제로 나뉘어 있으며, 관람객들이 직접 체험해볼 수 있어 인기가 많다. 동독 대표 자동차인 트라비Trabi 직접 타보기, 옷장의 옛날 옷 꺼내 입기, 가정집 체험 등 직접 보고 만질 수 있는 전시 형태로 규모는 작지만 알차고 흥미롭다.

마르크스 엥겔스 동상
Marx-Engels-Forum

동독 박물관이 자리한 곳은 과거에 동독 지역이었다는 것을 말해주듯 부근에 마르크스와 엥겔스의 동상이 있다. 당시엔 공산주의자들의 정신적 지주였으나 지금은 쿨한 인증샷 장소가 되었다.

- Karl-Liebknecht-Str. 1, 10178 Berlin
- 베를린 돔 뒤로 강 건너 바로
- 성인 €13.5 09:00~21:00
- +49 30 847123731
- www.ddr-museum.de

베를린 최고층 전망대 ······ ⑱

TV 타워 Fernsehturm

368m 높이의 방송 송수신용 타워로 베를린은 물론 독일에서 가장 높은 구조물이다. 1969년에 지은 것으로 203m 지점에 일반인이 올라갈 수 있는 전망대가 있고, 207m 지점에는 회전 레스토랑이 있다. 전망대에 올라가면 360도 파노라마로 베를린 전체를 한눈에 내려다볼 수 있다.

Panoramastr. 1, 10178 Berlin S3·5·7·9 Alexanderplatz Bahnhof역 하차, 도보 2분 일반 티켓 기준 성인 €28.5(날짜별 온라인 할인) 3~10월 09:00~23:00, 11~2월 10:00~23:00 +49 30 247575875 www.tv-turm.de

아름다운 베를린 시청사 ┈┈┈ ⑲

붉은 시청 Rotes Rathaus

붉은 벽돌이 인상적인 이 건물은 1861~1869년에 네오 르네상스 양식으로 지었다. 제2차 세계 대전으로 파괴되었지만 복원해 다시 사용하고 있다. 중앙의 시계탑 꼭대기에는 베를린시의 상징인 곰이 그려진 깃발이 걸려 있다.

📍 Rathausstraße 15, 10178 Berlin 🚶 TV 타워 옆
🕐 월~금 09:00~18:00 ✖ 토·일요일 📞 +49 30 90260

베를린의 오래된 교회 ┈┈┈ ⑳

성모 마리아 교회 St. Marienkirche

TV 타워 옆쪽에 자리한 지붕이 붉은 교회다. 넓은 광장에서 눈에 띄어 이정표 역할도 한다. 정확한 시기는 알 수 없지만 13세기부터 있었다는 기록이 있어 니콜라이 교회만큼이나 오래된 교회로 꼽는다. 1817년에 프로이센 교회연합으로 개신교가 되었으며, 교회 건물 옆에 마르틴 루터의 기념 동상이 있다.

📍 Karl-Liebknecht-Straße 8, 10178 Berlin
🚶 TV 타워 옆 🕐 10:00~16:00 📞 +49 30 24759510
🏠 https://marienkirche-berlin.de/

이동 인구가 가장 많은 곳 ┈┈┈ ㉑

알렉산더 광장 Alexanderplatz

베를린 시내 동쪽의 중심 광장이자 수많은 지하철과 버스가 지나가는 교통의 요지다. 1805년 러시아 황제 알렉산더 1세가 방문하면서 알렉산더 광장으로 불리기 시작했으며, 현지에서는 보통 '알렉스'라고 부른다. 제2차 세계 대전 때 광장 일대가 파괴되어 1965년 이후 복구했다. 광장의 명물인 만국시계Weltzeituhr는 1969년에 동독 정부에서 만든 것으로 만남의 장소로 이용하곤 한다. 겨울에는 크리스마스 마켓이 열린다.

📍 Alexander Platz, 10178 Berlin 🚶 U2·5·8
Alexanderplatz역 앞 또는 S3·5·7·9 Alexanderplatz
Bahnhof역에서 하차, 도보 2분

베를린 역사가 시작된 곳 ──── ㉒
니콜라이 지구 Nikolaiviertel

베를린에서 가장 오래된 지역으로 제2차 세계 대전 때 파괴되었지만 옛 모습으로 재건해 아기자기한 중세 골목의 분위기를 띤다. 이 지역의 중심인 니콜라이 광장Nikolaikirchplatz에 자리한 니콜라이 교회Nikolaikirche는 13세기 초반에 지은, 베를린에서 가장 오래된 교회. 현재 내부는 박물관과 연주회장으로 이용하고 있다. 교회 주변에 전통 레스토랑들이 있어 관광객들에게 인기다.

📍 Rathausstraße 21, 10178 Berlin
🚶 버스 200·300번 Berliner Rathaus 정류장 하차, 도보 2분

독일 현대사의 현장 ──── ㉓
장벽 기념관
Gedenkstätte Berliner Mauer

베를린 장벽이 무너진 지 30년이 지났지만 아직도 베를린 곳곳에는 장벽의 흔적들이 남아 있다. 이를 제대로 보존하기 위해 지은 기념관으로 상세한 자료와 영상 등을 볼 수 있다. 특히 기념관 위에 전망대가 있어 장벽을 가까이 내려다볼 수 있다. 동독 쪽에는 주민들의 탈출을 막기 위해 설치한 이중 벽과 철조망으로 상당히 간격이 떨어져 있고 감시탑도 있다. 주변에 이어진 장벽을 따라 걸을 수 있도록 공원으로 조성했으며, 바닥에는 장벽을 넘다 희생된 사람들을 추모하는 비석도 있다.

📍 Bernauer Str. 111, 13355 Berlin 🚶 트램 M10번 Gedenkstätte Berliner Mauer 정류장 하차, 도보 1분 💶 무료 🕐 공원 08:00~22:00, 기념관 10:00~18:00
❌ 월요일(기념관) 📞 +49 30 213085123 🏠 https://stiftung-berliner-mauer.de/

이스트 사이드 갤러리 East Side Gallery

베를린 장벽의 흔적이 남아 있는 가장 유명한 곳은 슈프레강을 따라 강변을 두르고 있던 장벽이다. 길이가 약 1.3km에 이르는 이 장벽은 세계 각국의 미술가들이 세계 평화를 기원하며 그림들을 채워 넣기 시작해 통일 후에도 철거하지 않은 채 남게 되었다. 미술 작품뿐만 아니라 그라피티, 방문자들의 낙서까지 더해져 이제는 역사를 품은 문화의 현장이 되었다. 가장 상징적이며 인기 있는 작품은 〈형제의 키스〉다. 소련 공산당 서기장이었던 브레즈네프와 동독 서기장이었던 호네커가 열정적인 키스를 하는 장면으로, 1979년 베를린에서 이루어진 두 사람의 입맞춤 장면을 해학적으로 묘사해 수많은 패러디를 양산했다.

📍 Mühlenstraße 3-100, 10243 Berlin
🚶 버스 300번 Tamara-Danz-Straße 정류장 하차, 도보 3분
🏠 www.eastsidegallery-berlin.com

오버바움 다리 Oberbaumbrücke

슈프레강을 건너는 붉은색의 아름다운 다리다. 18세기에 처음 나무로 지었다가 19세기 말에 석조로 재건했으며, 제2차 세계 대전 막바지였던 1945년 나치가 소련군의 진격을 막기 위해 폭파했다. 냉전 시대에는 동서독을 가르는 분단의 상징으로 검문소 역할을 했지만, 이제는 해 질 녘 낭만이 느껴지는 다리가 되었다. 2개의 탑과 지붕이 있는 이중 구조로 멀리서 보면 붉은 요새 같은 느낌이 든다.

📍 Oberbaumbrücke, 10243 Berlin 🚶 버스 300번
Tamara-Danz-Straße 정류장 하차, 바로 앞

유대인 박물관 Jüdisches Museum Berlin

유럽에서 가장 규모가 크고 건축학적으로도 뛰어난 박물관이다. 특히 건물의 형태나 설치 미술 등을 통해 유대인의 역사를 더욱 효과적으로 전달하고 있다. 박물관 곳곳에 유대인들의 참상을 고발하고 추모하는 전시들로 가득한데, 특히 독특한 설치를 통해 고통과 혼란의 느낌을 직접 느껴볼 수 있는 '추방의 정원'이 매우 인상적이며, 희생자의 절규가 느껴지는 작품 〈낙엽〉도 유명하다.

📍 Lindenstraße 9-14, 10969 Berlin
🚶 버스 248번 Jüdisches Museum
정류장 하차, 도보 1분
💶 전시에 따라 무료 또는 €10
🕐 10:00~18:00 📞 +49 30 25993300
🏠 www.jmberlin.de

독일 과학기술 박물관
Deutsches Technikmuseum

기술 강국으로서의 독일의 모습을 볼 수 있는 박물관으로 기술관과 과학관으로 나뉘어 있다. 건물 옥상에 실제 항공기를 얹어 놓은 기술관에는 내부에도 항공기와 전투기가 가득하고, 컴퓨터의 역사 등 다양한 과학기술 관련 자료가 전시되어 있다. 별관에는 오래된 내연기관차부터 U반 열차 등이 있으며, 본관에서 별관 가는 길에는 풍차도 있다. 건너편에 위치한 과학관Science Center Spectrum은 크게 두 부분으로 나뉜다. 어린이를 위한 다양한 체험학습장과 자동차 애호가들이 좋아할 만한 클래식 카 컬렉션이다.

📍 (기술관) Trebbiner Str. 9, 10963 Berlin,
(과학관) Möckernstraße 26, 10963 Berlin
🚶 U1·3·7 Möckernbrücke역 또는 U1·2·3 Gleisdreieck역에서 하차,
도보 4분 💶 성인 €12(매월 첫째 일요일 무료, 18세 미만 무료)
🕐 화~금 09:00~17:30, 토·일·공휴일 10:00~18:00 ❌ 월요일
📞 +49 30 902540 🏠 https://technikmuseum.berlin

베를린 최고의 녹지대 ·······28
티어가르텐 Tiergarten

베를린 지도를 펼쳐보면 가장 눈에
띄는 거대한 공원이다. 시내 한복판
에 이렇게 넓은 녹지대와 동물원까지
있다는 사실이 놀라울 뿐이다. 공원 안에는 곳곳에 분
수, 연못, 호수, 운하, 그리고 다양한 기념물과 카페가
있어 든든한 시민들의 휴식처가 되고 있다. 프로이센과
독일 제국의 수상이자 철의 재상으로 잘 알려진 비스
마르크의 동상도 있다.

📍 Straße des 17. Juni, 10785 Berlin 🏃 100번 버스가
공원을 관통하고, 200번 버스는 공원 남쪽 입구를 지난다.

프로이센 승리의 상징 ·······29
승전기념탑 Siegessäule

1864년 프로이센 제국이 덴마크와의 전쟁에서 승리한 것을 기념
해 1873년에 세운 것으로, 이후 오스트리아-헝가리, 프랑스와의
전쟁에서도 승리했다. 꼭대기의 황금색 조각은 승리의 여신 빅토
리아Viktoria이며, 내부 계단으로 전망대에 오르면 티어가르텐 주변
과 브란덴부르크 문, 연방의회 의사당과 멀리 TV 타워가 보인다.

📍 Großer Stern 1, 10557 Berlin 🏃 버스 100·106·187번
Großer Stern 정류장 하차, 도보 2분 💶 성인 €4(전망대)
🕐 09:30~17:30

전쟁의 상흔이 그대로 ·······30
카이저 빌헬름 교회
Kaiser-Wilhelm-Gedächtniskirche

1895년에 독일의 첫 번째 황제인 빌헬름 1세를 기리며 건축한 교
회다. 제2차 세계 대전 당시 공습으로 교회가 처참하게 파괴되어
재건축, 철거 의견이 분분했지만 전쟁의 참상을 알린다는 취지로
보존했고, 그 대신 교회 옆에 예배당과 벨타워를 세웠다. 부서진 옛
교회와 현대식 교회 빌딩이 나란히 서 있는 모습이 인상적이다.

📍 Breitscheidplatz, 10789 Berlin 🏃 버스 100·200번
Breitscheidplatz 정류장에서 도보 1분, 또는 U1·9 Kurfürstendamm
역에서 하차, 도보 3분 💶 무료 🕐 10:00~18:00 📞 +49 30 2185023
🏠 www.gedaechtniskirche-berlin.de

샤를로텐부르크 궁전 Schloss Charlottenburg

프로이센의 첫 번째 왕비(프리드리히 1세의 부인) 조피 샤를로테를 위해 지은 것으로 궁전 이름도 그녀의 이름에서 따왔다. 17세기 말에 지었으나 18세기 내내 증축을 거듭해 현재의 모습을 갖추었다. 궁전 내부는 화려하게 복원해 여러 유물을 전시하고 있는데, 바로크 양식의 구 궁전(알테 슐로스Alte Schloss)에는 화려한 보석과 함께 왕비가 좋아했던 동양의 도자기가 많으며, 신관(노이어 플뤼겔Neuer Flügel)에는 로코코 양식으로 화려하게 장식한 방들이 있다. 궁전 앞에는 넓은 정원이 조성되어 있으며, 안쪽으로 호엔촐레른 왕가의 웅장한 묘지 마우솔레움Mausoleum, 여름 별관이었던 노이엔 파빌론Neuen Pavillon, 왕가의 티 하우스였던 벨베데레Belvedere 등이 있다.

★ 궁전 일부 폐관

◉ Spandauer Damm 20-24, 14059 Berlin 🚶 버스 309번·M45번 Schloss Charlottenburg 정류장 바로 앞(출발지에 따라 Klausenerplatz 정류장 하차, 도보 3분), 또는 U7 Richard-Wagner-Platz역 하차, 도보 10분 ⑤ 구관/신관 각 €12, 통합 €19, 가족권 €45, 정원 무료 ⏱ 4~10월 화~일 10:00~17:30, 11~3월 화~일 10:00~16:30 (매표소는 30분 전 폐장) ❌ 월요일 📞 +49 331 9694200 🏠 www.spsg.de

베를린의 대표 음식

베를린은 20세기 후반부터 발전한 도시이기 때문에 음식도 독일의 전통 색채보다는 국제적 다양성을 띠고 있다.
특히 이민자들이 늘어나면서 여러 나라의 일부 메뉴는 이제 베를린의 대표 음식으로 자리 잡았다.

케밥 Kebab

이민자가 많은 베를린에서 유난히 눈에 띄는 음식이다. 중동과 터키 음식이지만 현지화되어 채소와 치즈, 고기, 소스 등이 우리 입맛에도 잘 맞는다. 가격대도 보통 €6~12로 가성비도 뛰어나다.

뤼얌 게뮈제 케밥 Rüyam Gemüse Kebab

프렌츠라우어베르크 지역의 인기 케밥집으로 시내 중심에서는 멀지만 위치가 편리해 많은 사람이 멀리서도 찾아가는 맛집이다. 신선하고 푸짐한 재료와 바삭한 빵이 일품이며, 셀프로 이용하는 따끈한 차도 무료로 마실 수 있다.

📍 Schönhauser Allee 44A, 10435 Berlin 🚶 U2 Eberswalder Str역에서 하차, 도보 1분 🕐 일~목 11:00~24:00, 금·토 11:00~02:00 📞 +49 30 41717017 🏠 https://rueyam.de

테라스 TERAS

포츠담 광장 부근에 위치한 인기 케밥집으로 의회 의사당에서도 멀지 않아 메르켈 총리도 방문했던 곳. 야외 좌석도 있어 항상 사람들로 붐비며 피자와 파스타, 오믈렛, 라마쿤 등 메뉴가 다양하다.

📍 Wilhelmstraße 45, 10117 Berlin 🚶 U2 Mohrenstr역에서 하차, 도보 1분 🕐 10:00~24:00 📞 +49 1630024999 🏠 https://terasrestaurant.de

커리부르스트
Curryburst

베를린의 대표 간식거리로 소시지를 토마토 페이스트와 케첩으로 양념한 후 카레 가루를 뿌린 것이다. 감자튀김과 함께 맥주와 잘 어울리는 안주다. 베를린 곳곳에 간이 매대가 있어 쉽게 찾을 수 있다. 가격대는 보통 €3~7 정도.

커리 36 Curry 36

베를린에서 유명한 커리부르스트 체인점. 항상 대기 줄이 길고 새벽까지 영업해 늦은 시간에도 야식을 찾는 젊은이들을 쉽게 볼 수 있다. 동물원역 앞에도 지점이 있지만 좌석이 없어 테이크아웃하거나 서서 먹어야 한다.

📍 (동물원역 지점) Hardenbergplatz 9, 10623 Berlin
🚶 U2·3·9, S3·5·7·9, 버스 100·200번 Bahnhof Zoologischer Garten역/정류장에서 하차, 도보 1분 🕐 08:00~05:00
📞 +49 30 31992992 🏠 www.curry36.de

코놉케스 임비스 Konnopke's Imbiss

프렌츠라우어베르크에 위치하며, 1930년부터 명맥을 이어오고 있는 만큼 방송에도 소개되고 2009년, 2011년 미식 대회에서 상을 받았다. 지하철이 지나가는 철교 아래쪽에 있지만 스탠딩 테이블이 항상 붐빈다.

📍 Schönhauser Allee 44b, 10435 Berlin 🚶 U2 Eberswalder Straße역 아래 🕐 화~금 11:00~18:00, 토 12:00~18:00 ❌ 일·월요일 📞 +49 30 4427765 🏠 www.konnopke-imbiss.de

햄버거
Hamburger

미국만큼이나 일상적인 메뉴로 수많은 체인점과 수제 버거점이 있다. 가장 유명한 곳은 버거마이스터이며 최근에는 비건 버거도 인기다. 가격대는 보통 €5~10 정도로 맥도날드보다는 비싸지만 더 신선하고 맛있다.

버거마이스터 Burgermeister

오버바움 다리 근처 철교 아래 오래된 공중화장실 자리에 오픈해 큰 인기를 누리면서 9개의 지점까지 생겼다. 버거는 물론 할라피뇨를 곁들여 매콤한 감자튀김도 인기.

📍 (알렉산더 광장 지점) Dircksenstraße 113, 10178 Berlin
🚶 S3·5·7·9, U2·5·8 Alexanderplatz역에서 하차, 도보 1분
🕐 월~목·일 11:00~24:00, 금·토 11:00~02:00
📞 +49 3067826820 🏠 https://burger-meister.de

베당 Vedang

주로 대형 쇼핑센터의 푸드 코트에 입점해 있는 채식 버거점으로 건강은 물론 맛까지 챙겨 마니아층이 생길 만큼 인기다. 식물성 고기로 유명한 비욘드미트 버거도 있다.

📍 (비키니몰 지점) Budapester Str. 38-50 Bikini Kantini, 10787 Berlin 🚶 카이저 빌헬름 교회 건너편 비키니몰 1층
🕐 월~토 11:30~20:00 ❌ 일요일 📞 +49 30 25358086
🏠 https://edang.de

대로변에 자리한 클래식 맛집 ······· ①
아인슈타인 운터 덴 린덴
Einstein Unter den Linden

베를린의 중심가 운터 덴 린덴에 자리한 오래된 카페 겸 레스토랑이다. 번화한 중심부에 위치해 가격대가 좀 센 편이지만 워낙 입지가 좋아서 항상 붐비는 곳. 슈니첼 과 소시지, 샌드위치 등이 있으며 특히 평일 아침 식사와 주말 브런치 메뉴가 유명하다. 아침 식사는 2인 세트로 €42, 브런치는 메뉴별로 다양하게 선택할 수 있는데 에그 베네딕트가 €15 정도. 디저트와 애프터눈 티, 그리고 진 한 커피도 인기다. 하지만 메인 요리는 제법 비싼 편이다.

📍 Unter den Linden 42, 10117 Berlin
🚶 브란덴부르크 문에서 도보 5분
🕐 월~금 08:00~22:00,
토 10:00~22:00, 일 10:00~18:00
📞 +49 30 2043632
🏠 http://einstein-udl.com

분위기 좋은 건강 맛집 ······· ②
플라밍고 Flamingo

프리드리히역 부근에 위치한 깔끔한 분위기의 카페로 간단한 베이커리와 커피가 기본이지만 가성비 좋은 런치 스페셜 메뉴 가 있어 인기다. 매일 바뀌는 런치 메뉴는 수프와 샐러드, 그리 고 다양한 건강식을 선보이는데, 신선하면서도 몸에 좋은 재료 로 겨울에는 따뜻한 요리, 여름에는 샌드위치가 종종 나온다. 세트 메뉴가 €15 정도다.

📍 Neustädtische Kirchstraße 8, 10117 Berlin
🚶 U6, S1·2·3·5·7·9·25·26 Friedrichstraße역에서 하차, 도보 1분
🕐 월~금 07:30~18:00 ❌ 토·일요일 📞 +49 30 83218865
🏠 https://flamingo-freshfood.de

독일의 유명한 스테이크 체인점 ······ ③
블록 하우스 Block House

독일의 스테이크 전문 레스토랑 체인점이다. 대도시마다 주로 관광지 주변에 있으며, 무난한 가격대에 스테이크를 맛볼 수 있어 많은 사람이 찾는다. 세트 메뉴에 빵과 샐러드, 구운 감자 등이 포함되어 가성비가 좋다. 베를린에도 지점이 많은데 특히 프리드리히 거리와 동물원역, 알렉산더 광장 등 번화한 곳들이라 찾아가기도 쉽다. 세트 메뉴 가격대는 €23~43 정도다.

📍 (프리드리히 지점) Friedrichstraße 100, 10117 Berlin
🚶 U6, S1·2·3·5·7·9·25·26 Friedrichstraße역에서 하차, 도보 1분
🕐 월~토 12:00~23:00, 일 12:00~22:00 📞 +49 30 20074377
🏠 https://block-house.de

현대적인 분위기에서 전통 음식을 ······ ④
린덴브로이 Lindenbräu

포츠담 광장의 소니 센터에 있는 유명한 맥줏집이다. 슈바인스학세 맛집이자 1m 맥주로 유명하다. 1m의 널빤지에 총 여덟 잔의 맥주가 나오고, 4가지 종류의 200cc 맥주가 꽂혀 있다. 다양한 종류의 맥주를 맛볼 수 있으며, 2층 규모지만 식사 시간에는 매우 붐빈다. 소시지 종류는 €8~15, 슈바인스학세나 슈니첼 같은 요리는 €22~25 정도다.

📍 Bellevuestr. 3-5, 10785 Berlin 🚶 S1·2·25·26 Potsdamer Platz역에서 도보 5분 🕐 11:30~01:00 📞 +49 30 25751280
🏠 www.bier-genuss.berlin

바이커들이 애정하는 브런치 맛집 ······ ⑤
스틸 빈티지 바이크 카페
Steel Vintage Bikes Café

브란덴부르크 문과 포츠담 광장 중간쯤 위치해 잠시 들러가기 좋은 곳이다. 바이크점과 함께 운영하는 카페인데, 힙한 분위기에 음식도 맛있어 항상 사람들로 붐빈다. 카페 내부 곳곳에 매달린 자전거가 왠지 재미나게 느껴진다. 프렌치토스트나 아보카도 샌드위치 등 브런치 메뉴가 €10~15 정도인데 대부분의 메뉴가 맛있다.

📍 Wilhelmstraße 91, 10117 Berlin 🚶 U2 Mohrenstr역에서 하차, 도보 2분 🕐 10:00~16:00 📞 +49 30 200065931
🏠 https://steel-vintage.com

문화 공간에서 쉬어 가는 카페테리아 ┄┄┄ ⑥

비스트로 레벤스벨텐 훔볼트 포룸
Bistro Lebenswelten - Humboldt Forum

훔볼트 포룸이 생기면서 함께 오픈한 현대적인 분위기의 카페테리아다. 식당이 많지 않은 박물관 섬 안에 자리해 박물관을 구경하다 들르기 좋으며, 매일 달라지는 오늘의 메뉴에는 사이드가 포함된다. 샐러드 바도 있어 원하는 것을 골라 계산대에서 선불 결제하고 테이블에서 먹으면 된다. 키슈, 햄버거, 슈니첼, 커리 등이 €10~15 정도다.

📍 Schloßpl. 1, 10178 Berlin 🏃 훔볼트 포룸 중정에 위치
🕐 10:00~19:00 📞 +49 30 555705881
🏠 https://humboldtforum-lebenswelten.de

슈프레강이 보이는 테라스 카페 ┄┄┄ ⑦

쿠 29 Cu 29

제임스 시몬 갤러리에 자리한 카페로 맛집이라기보다는 박물관을 관람하다가 들르기 좋은 곳이다. 내부는 좁고 긴 공간이지만 야외 테라스에서는 슈프레강이 보여 날씨가 좋은 날은 좌석을 얻기 어렵다. 소시지나 샌드위치 같은 간단한 식사 메뉴도 있다. 커피 €3~5.

📍 Bodestraße 1-3, 10178 Berlin 🏃 제임스 시몬 갤러리 내부
🕐 화~일 10:00~18:00 ❌ 월요일 📞 +49 30 959985772
🏠 https://cu-berlin.de

박물관 섬이 보이는 중식당 ┄┄┄ ⑧

졸리 Jolly

페르가몬 박물관 바로 건너편, 박물관 섬에서 다리만 건너면 나오는 중식당이다. 고급스러운 분위기의 요릿집으로 페킹덕이나 교자가 주 메뉴지만 다른 메뉴도 종류가 다양하며 푸짐한 밥과 매콤한 요리들이 우리 입에도 잘 맞는 편이다. 볶음밥 등 간단한 메뉴는 €15~22, 일반 코스 요리는 1인 €39, 2인 €58 정도다.

📍 Am Kupfergraben 4/4a, 10117 Berlin 🏃 페르가몬 박물관 정문 건너편 🕐 화~일 12:00~21:00 ❌ 월요일 📞 +49 30 20059500
🏠 https://restaurant-jolly.de

도심 속 뜻밖의 녹색 공간 ⋯⋯ ⑨
파더 카펜터 Father Carpenter

아늑한 회랑에 자리한 인기 브런치 맛집이다. 작고 평범한 입구를 통해
건물로 들어가면 밖에서 볼 때와는 전혀 다른 분위기의 공간이 펼쳐진
다. 카페 내부는 작은 편이지만 정원이 보이는 야외 테이블이 있어 항
상 대기 줄이 긴 편이며 음식과 커피도 맛있다. 아보카도 토스트, 프렌
치토스트, 에그 로열 등 인기 있는 브런치 메뉴는 €15~17 정도다.

📍 Münzstraße 21, 10178 Berlin
🚶 U8 Weinmeisterstr역에서 하차, 도보 1분
🕐 월~금 09:00~16:00, 토 10:00~17:00,
일 12:00~16:00, 공휴일 10:00~16:00
🏠 https://fathercarpenter.com

현지인이 좋아하는 베트남 식당 ⋯⋯ ⑩
에덴 Eden

복합 쇼핑몰 하케셔 회페에서 TV 타워 쪽으로 가는 길에 위치한
베트남 식당이다. 서양식이 가미된 퓨전 스타일이라 메뉴에 따라
호불호가 있지만, 맛이나 분위기가 대체로 깔끔하며 현지인이 주
로 찾는 곳이다. 특히 주말 저녁 시간에는 반주를 곁들여 식사를
하는 사람들로 늦게까지 붐빈다. 낮에는 조금 저렴한 메뉴가 있고,
저녁에는 다양한 요리가 €15~20 정도다.

📍 Rosenstraße 19, 10178 Berlin
🚶 S3·5·7·9 Hackescher Markt역에서
하차, 도보 3분 🕐 11:30~22:30
📞 +49 30 76953284
🏠 https://eden-foodgarden.com

윈터 가든에서 즐기는 평온한 식사 ······ ⑪
카페 임 리터라투르하우스
Café im Literaturhaus – Wintergarten

오래된 저택을 개조한 카페로 정원의 야외 테라스와 유리로 지은 윈터 가든이 아름답다. 1층에 출판사가 있어 정기적으로 다양한 독서 토론과 강연이 이루어져 '문학의 집Literaturhaus'으로 불린다. 카페의 분위기도 좋고 음식도 맛있다.

★ 2025년 5월 현재 공사 중으로 멀리 떨어진 베를린 서부의 인터내셔널 클럽 베를린 International Club Berlin(주소 Thüringerallee 5-11, 14052 Berlin)에서 임시 운영한다.

📍 Fasanenstraße 23, 10719 Berlin
🏃 U1 Uhlandstraße역에서 하차, 도보 2분
🕐 09:00~24:00 📞 +49 30 8825414
🏠 cafe-im-literaturhaus.de

영국식 정원에서 애프터눈 티를 ······ ⑫
테하우스 임 엥글리셴 가르텐
Teehaus im Englischen Garten

베를린의 녹지대 티어가르텐의 북쪽 끝에 자리한 조용한 분위기의 티 하우스다. 공원 깊숙한 곳에 있지만 버스로 어렵지 않게 연결된다. 커피, 차, 케이크는 물론 슈니첼 같은 식사 메뉴도 있어 아름다운 정원에서 한가롭게 애프터눈 티를 즐기며 여유를 누려볼 수 있는 곳이다.

★ 2024년 9월 큰 화재를 입어 2025년 5월 현재 공사로 임시 휴업 중

📍 Altonaer Straße 2, 10557 Berlin 🏃 버스 100번 Großer Stern
정류장에서 하차, 도보 4분 🕐 화~토 12:00~22:00,
(조식) 10:00~13:00, (비어가든) 10:00~24:00 ❌ 일·월요일
📞 +49 30 39480400

수제 쿠키 가득한 귀여운 카페 ⋯⋯ ⑬
본 비 베를린 Bonne Vie Berlin

아기자기한 장식품들을 파는 상점
과 함께 운영하는 베이커리 카페.
야외 테이블이 있으며 내부도 귀엽
고 아늑한 분위기다. 간단한 수프와
샌드위치가 있으며, 홈메이드 쿠키와 케이크도 인기다. 커
피와 쿠키 세트 €5, 간단한 식사 메뉴 €5~8.

📍 Propststraße 1, 10178 Berlin 🚶 U5 Rotes Rathaus
역에서 하차, 도보 3분 🕐 목~화 11:00~19:00
❌ 수요일 📞 +49 30 71532460
🏠 https://cafe-bonne-vie.eatbu.com

독일 전역으로 퍼진 이탤리언 체인 레스토랑 ⋯⋯ ⑭
로스테리아 L'Osteria Berlin

독일의 주요 도시에 지점이 있는 이탤리언 체인 레스토랑이
다. 베를린에도 지점이 여러 개지만 시내에서 가장 가까운
곳은 알렉산더 광장 부근이다. 다양한 메뉴에 넉넉한 양, 그
리고 가격대도 무난해서 맥주나 와인과 함께 식사하기 좋다.
파스타나 피자가 €10~16 정도다.

📍 (알렉산더 광장 지점) Memhardstraße 3, 10178 Berlin
🚶 알렉산더 광장에서 도보 4분 🕐 월~토 11:30~24:00,
일 12:00~23:00 📞 +49 30 28043240 🏠 https://losteria.net

빠르게 성장한 도넛 맛집 ⋯⋯ ⑮
브라미발스 도넛 Brammibal's Donuts

베를린에서 인기 있는 도넛 맛집으로 고급 식료품으로 유명
한 카데베 백화점에도 입점했다. 다양한 맛이 있지만 가장
인기 있는 것은 비넨슈티히(꿀맛)Bienenstich와 레드 벨벳이
다. 특히 레드 벨벳은 너무 달지 않고 새콤달콤한 맛이 난다.
도넛 가격은 €3.8~4.8.

📍 (알렉산더 광장 지점) Rosa-Luxemburg-Straße 5, 10178
Berlin 🚶 알렉산더 광장에서 도보 5분
🕐 월~수·일·공휴일 10:00~20:00, 목~토 10:00~21:00
🏠 https://brammibalsdonuts.com

활기찬 일요일 푸드 마켓 ⑯
문화 양조장 KulturBrauerei

프렌츠라우어베르크는 과거 동베를린 지역으로 동독의 향수가 묻어나는 공간과 현대적으로 탈바꿈한 공간이 공존하는 재미있는 동네다. 특히 일요일이면 이곳에 스트리트 푸드 마켓이 열려 다양한 세계 음식을 만날 수 있다. 19세기부터 양조장이었던 곳을 대대적으로 개조해 현재는 극장, 레스토랑, 클럽, 전시 공간, 공연장 등이 들어선 복합 문화 공간으로 다양한 이벤트가 열린다.

📍 Schönhauser Allee 36, 10435 Berlin 🚶 U2 Eberswalder Str. 역에서 하차, 도보 2분 🕐 (푸드 마켓) 일요일 12:00~18:00
📞 +49 30 44352170 🏠 www.kulturbrauerei.de

베를린 동부

가성비로 유명한 슈니첼 맛집 ⑰
쉬어스 슈니첼 Scheers schnitzel

오버바움 다리를 지나는 철교 아래 자리한 슈니첼 가게로 낡은 간이식당 분위기지만 가성비가 뛰어나 인기인 곳이다. 메뉴가 단순하며 선결제 셀프 주문이라 시간이 절약되고 팁 걱정도 없어 편리하다. 슈니첼은 일반 사이즈 기준 종류별로 €8~15 정도.

📍 Warschauer Pl. 18, 10245 Berlin 🚶 오버바움 다리에서 도보 1분
🕐 수~일 12:00~22:00 ❌ 월·화요일 📞 +49 15788948011
🏠 https://scheers-schnitzel.de

아담하지만 항상 붐비는 한식당 ⑱
서울키친 Seoulkitchen

오버바움 다리 근처에 자리한 한식당. 어두운 바 분위기이며, 단품 식사보다는 불판을 얹어서 요리하는 구이나 찌개류를 안주 삼아 맥주나 와인을 즐기기 좋은 곳이다. 런치 메뉴인 비빔밥 같은 단품도 많이 먹는다. 불고기나 닭갈비 등이 €20~30 정도, 런치 메뉴는 좀더 저렴하다.

📍 Warschauer Str. 46, 10243 Berlin
🚶 오버바움 다리에서 도보 2분
🕐 12:00~23:00 📞 +49 30 65214130

베를린에서 가장 유명한 한식당 ····· ⑲
김치공주 Kimchi Princess

K푸드의 인기를 타고 베를린에 상당수의 한식당이 생겼는데, 그중 가장 큰 인기를 누리고 있는 가게다. 꽤 큰 규모로 좌석도 많고 메뉴가 다양한 편이며 가격대도 무난하다. 어느 정도 퓨전화된 독일의 여느 한식당과 달라 현지인과 한국 관광객 모두에게 인정받는 곳이다. 소주 €3.5, 돌솥비빔밥, 김치찌개, 오징어볶음, 된장찌개 등이 €17~20, 갈비, 불고기, 삼겹살, 닭갈비 등이 €22~28.

📍 Skalitzer Straße 36, 10999 Berlin 🚶 U1·3 Görlitzer역에서 하차, 도보 2분 🕐 화~금 12:00~16:00, 17:00~23:00, 토·일 15:00~23:00 ❌ 월요일 📞 +49 1634580203 🏠 https://kimchiprincess.com

목요일이면 세계 음식 가득한 재래시장 ····· ⑳
마르크트할레 노인 Markthalle Neun

지붕이 있는 재래시장으로 규모는 크지 않지만 푸드 코트 공간에 식당들이 있으며, 특히 직접 반죽해서 생면으로 요리하는 파스타집과 베를린 특유의 미트볼집이 인기다. 바로 옆 유기농 재료로 만드는 수제 아이스크림 가게도 많이 찾는다. 매주 목요일에 펼쳐지는 국제 음식전Street Food Thursday은 늦게까지 활기찬 분위기를 띤다.

📍 Eisenbahnstraße 42/43, 10997 Berlin 🚶 U1·3 Görlitzer Bahnhof역에서 하차, 도보 5분 🕐 월~수·금 12:00~18:00, 목 12:00~22:00, 토 10:00~18:00 *매장마다 상이
❌ 일요일 📞 +49 30 61073473
🏠 https://markthalleneun.de/

●

베를린 대표 기념품

도시마다 특징을 담은 기념품은 많지만, 베를린에서만 살 수 있는 기념품을 소개한다.
베를린의 과거와 현재를 알 수 있는 소품이다.

베를린 장벽 조각

독일 통일의 상징인 베를린 장벽 붕괴를 기념해 장벽의 조각들을 기념품으로 팔고 있다. 장벽은 한정적인데 해마다 끊임없이 나오는 기념품을 보면 사실 진짜 베를린 장벽인지는 알 수 없지만, 그 의미를 되새길 수 있는 아이템이다.

암펠만 Ampelmann

독일어로 교통 신호를 뜻하는 암펠Ampel과 사람을 뜻하는 만Mann이 합쳐진 암펠만Ampelmann은 과거 동독의 교통 신호 캐릭터였고, 현재도 베를린 여행 중 신호등에서 볼 수 있는 도시의 상징이 되었다. 직관적으로 디자인해 기능성이 뛰어나면서도 귀여운 캐릭터로, 동독에 대한 향수까지 자극하면서 독일 사람들은 물론 관광객들에게도 인기 있는 기념품이다. 베를린 시내 주요 관광지에 매장이 있는데, 대표적인 곳이 운터 덴 린덴과 프리드리히 거리가 만나는 곳이며 원조 격인 하케셔 회페점이나 위치가 편리한 중앙역점도 많이 찾는다.

버디 베어 Buddy Bear

2002년 베를린에서 시작된 버디 베어 프로젝트는 전 세계를 돌며 전시를 열어 서울에서도 2005년에 개최된 바 있다. 이를 통한 기부와 후원이 자선 단체에 전달되고 있으며, 현재도 베를린의 여러 상점에서 굿즈를 판매하고 있다. 두 팔을 들고 서 있는 곰들이 손을 잡고 있는 모습은 이해와 신뢰를 바탕으로 한 인류의 단합과 평화를 상징하며 톨레랑스 예술로 불린다. 열쇠고리, 머그잔, 가방, 문구 등 다양한 가격대의 굿즈가 있다.

📍 **운터 덴 린덴 지점** Unter den Linden 35, 10117 Berlin
하케셔 회페 지점 Rosenthaler Straße 40-41, 10178 Berlin
중앙역 지점 Europaplatz 1, 10557 Berlin
🏠 www.ampelmann.de

대학가의 대형 서점 ······ ①
두스만 Dussmann das KulturKaufhaus

홈볼트 대학교 부근에 자리한 대형 서점이다. 높은 유리 천장 구조라 쾌적하며, 층별로 섹션이 나뉘어 있는데 음반 섹션도 잘되어 있고 문구류와 선물용품도 있다. 또한 위층의 여행 서적 섹션에는 여행용품도 있으며 영어 서적을 모아놓은 별관도 있다.

📍 Friedrichstraße 90, 10117 Berlin
🚶 U6, S1·2·3·5·7·9·25·26 Friedrichstraß
역에서 하차, 도보 2분
🕐 월~금 09:00~24:00, 토 09:00~23:30
❌ 일요일 📞 +49 30 20251111
🏠 www.kulturkaufhaus.de

관광지 중심에 자리한 쇼핑몰 ······ ②
크바티어 Quartier 205 & 206

시내 중심에 자리한 곳으로 쇼핑몰이라고 할 만큼 상점이 많지는 않지만, 프리드리히 거리에 있어서 접근성이 좋다. 바로 옆에는 저명한 건축가 장 누벨이 지은 백화점이 있었으나 현재는 공사 중이다. 이곳 크바티어는 205동, 206동 두 개의 건물이 지하상가로 연결되는데, 특히 206동은 세계적인 건축가 아이엠 페이의 디자인이 돋보이는 곳이다.

📍 Friedrichstraße 71, 10117 Berlin
🚶 U2·6 Stadtmitte역에서 도보 2분
🕐 월~토 10:00~19:00
❌ 일요일 📞 +49 30 20946500

베를린이 자랑하는 고급 초콜릿 ······ ③
라우쉬 초콜릿하우스 Rausch Schokoladenhaus

베를린의 대표적인 초콜릿 하우스로 1918년에 문을 열어 오랜 전통을 자랑한다. 매장 안에는 초콜릿으로 만든 카이저 빌헬름 교회, 베를린 장벽, 독일 의사당, 브란덴부르크 문 등 베를린의 랜드마크들이 가득하다. 위층은 맞춤형 초콜릿을 주문 받는 곳과 카페 등으로 운영한다.

📍 Charlottenstraße 60, 10117 Berlin
🚶 U2·6 Stadtmitte역에서 하차, 도보 1분
🕐 월~토 10:00~20:00, 일 12:00~20:00
📞 +49 8000301918 🏠 www.rausch.de

독일 대표 마트 초콜릿 ······ ④
리터 초콜릿월드 Ritter Sport Bunte Schokowelt

역시 젠다르멘마르크트 광장 근처에 있으며, 1912년에 탄생해 세계로 수출하는 유명 초콜릿 브랜드다. 독일에서만 맛볼 수 있는 한정판이나 선물하기도 좋은 미니 초콜릿도 있다. 위층에는 카페와 작은 박물관이 있고, 입구에는 내가 선택한 재료로 초콜릿을 만들어주는 공간이 있다.

📍 Französische Straße 24, 10117 Berlin
🚶 U6 Französische Straße역에서 하차, 도보 1분
🕐 월~토 10:00~18:00 ❌ 일요일
📞 +49 30 20095080 🏠 www.ritter-sport.de

세계적인 명품 초콜릿 ······ ⑤
노이하우스 Neuhaus Berlin

독일 브랜드는 아니지만, 초콜릿 매장들이 모여 있는 곳에 벨기에의 세계적인 초콜릿 회사 노이하우스 매장이 빠질 리가. 160년이 넘는 역사와 전통, 그리고 진한 카카오 맛을 자랑하는 노이하우스는 가격대는 좀 높지만 인기 있는 선물 아이템이다.

📍 Friedrichstraße 63, 10117 Berlin 🚶 U2·6 Stadtmitte역에서 하차, 도보 1분 🕐 월~토 10:00~19:00 ❌ 일요일
📞 +49 30 20633070 🏠 https://neuhauschocolates.com

넓고 쾌적한 대형 쇼핑몰 ...... ⑥
몰 오브 베를린 Mall of Berlin

포츠담 광장 주변에 자리한 대형 쇼핑몰이다. 시내 중심이자 관광지 부근이고 교통도 편리해 이용하기 좋으며 매장도 넓고 쾌적하다. 대형 전자제품점과 슈퍼마켓, 드러그스토어, 약국 등 다양한 편의시설과 대형 푸드 코트가 있어 종일 시간을 보내기에도 좋다. 명품 브랜드보다는 다양한 대중 브랜드가 주를 이루는 것이 특징이다.

📍 Leipziger Pl. 12, 10117 Berlin
🚶 U2 Potsdamer Platz역에서 하차,
도보 1분 🕐 월~토 10:00~20:00
✖ 일요일 📞 +49 30 20621770

쇼핑몰 선택 팁	① 비키니 베를린을 제외하면 크게 차이 나지는 않으니 자신의 동선에 맞게 한두 곳만 선택하자.
	② 특별히 찾는 브랜드가 있다면 미리 홈페이지에서 입점 확인을 한다.
	③ 푸드 코트는 모두 잘되어 있는 편이지만 일찍 닫는 곳이 많으니 점심때 이용하자.

쇼핑몰	지역	특징
몰 오브 베를린 ☆★★	베를린 중심(포츠담 광장)	위치 편리. 쾌적한 분위기. 다양한 브랜드
비키니 베를린 ★★★	베를린 서부(초역 주변)	한국에서 보기 드문 개성
카데베 ☆★★	베를린 서부(초역 주변)	큰 규모. 명품 브랜드가 많음
알렉사 ☆★★	베를린 동부(알렉산더 광장)	큰 규모. 다양한 브랜드
갈레리아 ☆☆★	베를린 동부(알렉산더 광장)	교통 편리. 적당한 규모

☆☆★ 지나가다 들를 만함. ☆★★ 하루 날 잡아 갈 만함.(셋 중 하나만 가도 된다. 특히 몰 오브 베를린과 알렉사는 비슷함.) ★★★ 일부러 찾아갈 만함.

개성 넘치는 콘셉트 쇼핑몰 ⋯⋯ ⑦
비키니 베를린 Bikini Berlin

개성 있는 편집 숍과 빈티지 숍, 그리고 일부 브랜드 상점이 자리한 쇼핑몰. 티어가르텐 남쪽 끝 동물원 옆에 위치해 쇼핑몰 안에서도 창문 너머로 원숭이가 보이는 재미있는 곳이다. 매장 수는 많지 않지만 일반 백화점이나 쇼핑몰에서 보기 드문 독립 브랜드나 소규모 브랜드가 많은 것이 특징이다. 갤러리와 쇼룸도 있고 자주 바뀌는 팝업 매장이 많아 베를린의 유행을 읽기 좋은 곳이기도 하다. 독일의 소상공인들이 제작한 디자인용품점 Promobo 매장이 큰 편이고, 베를린에서 탄생한 스트리트 패션 브랜드 Look54 The Hauptstadtrockers 매장이 커서 인기다. 또한 휴식 공간이 잘 갖추어져 조금은 색다른 분위기의 쇼핑을 원할 때 가볼 만하다. 위층에 야외 테라스가 있고, 실내 푸드 코트에서는 인터내셔널 푸드를 맛볼 수 있으며, 창가 쪽 좌석에서 티어가르텐의 녹지대가 보여 분위기도 좋다.

📍 Budapester Straße 38-50, 10787 Berlin
🏃 카이저 빌헬름 교회 건너편 🕐 월~토 10:00~20:00
(매장마다 1시간 정도 차이가 남) ✖ 일요일
📞 +49 30 55496455 🏠 www.bikiniberlin.de

베를린의 최고급 백화점 ⋯⋯ ⑧
카데베 Kaufhaus des Westens

1907년에 문을 연 대형 백화점으로 현재 베를린에서 가장 고급스러운 백화점이다. 굳이 명품 거리인 쿠담 거리 Kurfürstendamm까지 가지 않아도 웬만한 명품 브랜드는 대부분 입점해 있어 돌아보기 편리하다. 또한 규모가 크고 중고급 브랜드도 많아 한 번에 폭넓은 쇼핑을 하기에 좋다. 꼭대기 층에는 밝은 분위기의 카페테리아와 와인 바가 있으며, 바로 아래층에 일부 레스토랑과 함께 고급 식료품 매장이 있다. 선물용으로도 좋은 명품 디저트나 초콜릿 등이 가득해 구경할 만하다.

📍 Tauentzienstraße 21-24, 10789 Berlin
🏃 U1·2·3 Wittenbergplatz역에서 하차, 도보 1분
🕐 월~목·토 10:00~20:00, 금 10:00~21:00 ✖ 일요일
📞 +49 30 21210 🏠 https://kadewe.de

베를린 동부의 대형 쇼핑몰 ····· ⑨

알렉사 ALEXA Berlin

몰 오브 베를린과 비슷한 분위기의 쇼핑몰로 알렉산더 광장에 대규모로 자리한다. 수많은 중고급 브랜드 매장이 들어서 있으며 대형 슈퍼마켓도 있다. 독일어권 국가에 200여 개의 매장을 가진 대형 체인 서점 탈리아Thalia가 3개 층에 넓게 입점해 있으며, 맨 위층 대형 푸드 코트에서는 다양한 메뉴를 즐길 수 있다.

📍 Grunerstraße 20, 10179 Berlin 🚶 알렉산더 광장에서 도보 2분 🕐 월~토 10:00~20:00 ❌ 일요일
📞 +49 30 269340121 🏠 https://alexacentre.com

독일 최대의 백화점 체인 브랜드 ····· ⑩

갈레리아 Galeria Berlin Alexanderplatz

알렉산더 광장에 자리한 대형 백화점이다. 독일의 유명한 백화점 체인답게 베를린 곳곳에 지점이 있는데, 쿠담 거리에 있는 지점과 이곳 알렉산더 광장 지점이 가장 잘 알려져 있다. 오래된 건물을 리노베이션해 쾌적한 분위기에 다양한 브랜드가 입점해 있고 위층에 카페테리아도 있다.

📍 Alexanderplatz 9, 10178 Berlin 🚶 알렉산더 광장에서 도보 1분 🕐 월~토 10:00~20:00 ❌ 일요일
📞 +49 30 247430
🏠 https://galeria.de

독일 최고의 별궁이
자리한 도시

포츠담
POTSDAM

베를린 근교에 자리한 작은 도시로 오랜 역사를 품은 아름다운 궁전들이
있어 세계적으로 유명한 관광지다. 도심 서쪽 상수시 공원 안에는
18세기에 지은 로코코 양식의 상수시 궁전을 비롯해 여러 아름다운 궁전이
있어 공원 전체가 유네스코 세계문화유산으로 지정되었다.

	🔴 명소
	🔴 식당/카페

<table>
</table>

가는 방법

베를린에서 전철이나 근교 열차로 연결되어 당일치기로 다녀오기 좋다. 특히 S7 노선은 베를린 중앙역이나 동물원역, 알렉산더 광장역 등을 지나 편리하다. 포츠담은 베를린 외곽의 C구역에 있으며 A·B·C구역 1일권을 구입하면 베를린뿐 아니라 포츠담 시내 교통도 모두 이용할 수 있다.

베를린 중앙역/동물원역/ 알렉산더 광장역 등	포츠담역	상수시 궁전
S7 ⏱ 30~40분	614·695·X15번 버스 ⏱ 10~15분	

지도 내 표시

- ✕ 드래곤 하우스
- 오랑게리 궁전
- 뫼벤피크 레스토랑
- 상수시 궁전
- ☕ 카페 레핀
- 상수시 노이에 카먼(뉴 챔버스)
- 상수시 갤러리
- 상수시 공원
- ✖ 신 궁전
- 브란덴부르크 문
- 포츠담역 🚉 Ⓢ

273

Amundsenstraße
Leo Palais
Maulbeerallee
Voltaireweg
Zimmerstraße
Am Neuen Palais

N
W E
S
0 — 100m

추천 코스

반나절

- ⭕ 상수시 궁전 P.143
  - 도보 2분
- ⭕ 신 궁전 P.145

한나절

- ⭕ 상수시 궁전 P.143
  - 도보 2분
- ⭕ 상수시 갤러리 P.144
  - 도보 7분
- ⭕ 상수시 노이에 카먼(뉴 챔버스) P.144
  - 도보 7분
- ⭕ 오랑게리 궁전 P.144
  - 도보 20분 또는 버스 8분
- ⭕ 신 궁전 P.145

궁전 가득한 아름다운 공원
상수시 공원 Sanssouci Park

포츠담 시내 서쪽에 위치한 거대한 공원으로 내부에 수많은 유적지와 궁전들이 자리하고 있다. 공원 동쪽에는 상수시 궁전, 서쪽 끝에는 신 궁전이 있는데, 양쪽 끝에서 직선거리로만 걸어도 2km 정도 되므로 시간을 여유 있게 잡는 것이 좋다. 프리드리히 2세(프리드리히 대왕)의 명령으로 18세기에 조성한 공원으로 계단식 포도밭을 비롯해 수천 그루의 과실수로 가득하다. 그가 가장 좋아했던 과일이 체리였기 때문에 여름철에는 체리가 주렁주렁 열린 나무들도 볼 수 있다. 당시 유행했던 바로크 스타일의 반듯한 조경에 더해 곳곳에 아름다운 조각과 분수가 배치되어 있다. 공원 내에서 가장 유명한 건물은 단연 상수시 궁전이며, 바로 옆에 2개의 별궁이 있고 멀리 공원 서쪽 끝에 신 궁전이 있다. 신 궁전이 규모가 훨씬 크고 왕이 주로 거주했던 곳이라서 내부에 볼거리가 많다.

📍 Maulbeerallee, 14469 Potsdam
📞 +49 331 9694200 🏠 www.spsg.de

	요금(성인)	시간(아래 기간 외에는 단축 운영)	휴무
상수시 공원	무료	연중무휴	–
상수시 궁전	€14	4~10월 10:00~17:30, 11~3월 10:00~16:30	월
상수시 갤러리	€8	5~10월 10:00~17:30	월
상수시 노이에 카먼	€8	4~10월 10:00~17:30	월
오랑게리 궁전	–	현재 공사 중	–
신 궁전	€8~16	4~10월 10:00~17:30, 11~3월 10:00~16:30	화
상수시 플러스 티켓 통합권	€22		

상수시 궁전 Schloss Sanssouci

프로이센의 국왕 프리드리히 2세가 애용한 아름다운 여름 궁전이다. 1747년에 지은 로코코 양식의 궁전으로, 예술에 관심이 많았던 프리드리히 2세의 취향이 상당 부분 반영되어 "프리드리히식 로코코" 양식으로 불리기도 한다. 상수시Sanssouci란 프랑스어로 '근심이 없는'이란 뜻으로, 프리드리히 2세는 철학, 문학, 예술에 전념하고 싶어 왕궁을 소규모로 지었다고 한다. 그는 이곳 정원에서 산책을 즐기면서 사색에 잠기는 걸 좋아했고 지식인들과 토론을 즐기기도 했다. 또한 음악에도 조예가 깊어 왕궁 악단들과 연주를 하거나 작곡도 했다고 한다. 궁전 앞 정원은 프랑스의 베르사유 궁전 정원을 모델로 삼아 조성했고, 6단의 테라스 위에 궁전을 건축했다.

그림으로 채운 벽면이 인상적인 별궁
상수시 갤러리
Bildergalerie von Sanssouci(Picture Gallery)

상수시 궁전 옆에 자리한 이 별궁은 프리드리히 2세가 소장했던 그림들을 전시하기 위해 지었다. 180여 점에 달하는 아름다운 회화들은 대부분 이탈리아 르네상스 시대, 바로크 시대의 작품들이며 기다란 홀을 가득 메운 모습이 매우 인상적이다.

재스퍼홀

오비드 갤러리

아름다운 연회장이 있는 또 하나의 별궁
상수시 노이에 카먼(뉴 챔버스)
Neue Kammern von Sanssouci(New Chambers)

갤러리와 마찬가지로 상수시 궁전 양쪽에 자리한 별궁이다. 프리드리히 2세의 명으로 1747년부터 지은 건물로 연회장이나 콘서트홀로 사용하다 1771년 이후 무도회장과 손님들을 위한 객실로 개조했다. 건물 중앙의 재스퍼(벽옥)로 가득한 재스퍼홀Jaspersaal이 유명하며, 로마 시인 오비드의 변신 이야기를 묘사한 금박의 벽 부조가 아름다운 오비드 갤러리Ovidgalerie도 인기다.

마지막으로 지은 온실 궁전
오랑게리 궁전 Orangerieschloss

프리드리히 빌헬름 4세 때인 1851~1864년에 이탈리아 르네상스 양식으로 지었다. 중앙에 자리한 조각상은 프리드리히 빌헬름 4세 사후에 그를 기리기 위해 1861년에 그의 부인 엘리자베스의 명령으로 지었다. 건물 내부에는 바티칸을 본떠서 만든 라파엘 홀Der Raffaelsaal이 있는데, 붉은 실크로 된 벽에 50점이 넘는 작품이 전시되어 있다.

웅장함과 화려함을 모두 가진 궁전

신 궁전 Neues Palais

붉은색 벽돌과 중앙의 청동 돔 지붕이 매우 인상적인 궁전이다. 7년 전쟁이 프로이센의 승리로 끝난 것을 기념하기 위해 1763~1769년에 지었으며, 상수시 궁전을 지은 지 20여 년이 지나서 지어 신 궁전으로 불린다. 유명한 조각가들이 만든 400개가 넘는 조각상이 궁전의 화려함을 더하고 있다. 3층 건물에 200개가 넘는 방으로 이루어진 궁전의 내부는 상수시 궁전보다 더 화려하다(주요 방들 중일부는 공사로 임시 폐관).

포츠담 시내도 둘러보세요!

상수시 공원을 돌아보고 베를린으로 돌아갈 때 시간 여유가 있다면 시내를 둘러보자. 기차역으로 가는 길이라 잠시 들르기도 좋은 위치다. 포츠담 시내의 중심인 번화가는 브란덴부르크 거리Brandenburger Straße로 상점과 카페, 레스토랑이 모여 있다. 차가 다니지 않는 보행자 전용 도로이며, 서쪽 끝의 브란덴부르크 문Brandenburger Tor에서부터 동쪽 끝의 성 페터와 파울 교회St.Peter und Paul Kirche까지 1km가 되지 않아 천천히 걸으며 구경하기 좋다.

숲속의 우아함을 지닌 레스토랑
뫼벤피크 레스토랑 Mövenpick Restaurant

상수시 궁전 뒤편 숲속에 자리한 분위기 좋은 야외 카페 겸 레스토랑이다. 본관 건물이 규모가 큰 편이며 유리로 지은 윈터 가든에는 뷔페 메뉴도 있다. 식사하는 사람도 많지만 케이크와 아이스크림 같은 디저트 종류가 특히 인기다.

📍 Zur Historischen Mühle 2, 14469 Potsdam
🏃 상수시 궁전 뒤편 숲속 🕐 화~일 10:30~21:00
(겨울철 휴무) ❌ 월요일 📞 +49 331 281493
🏠 http://moevenpick-restaurants.com

숲속 언덕에 자리한 아늑한 레스토랑
드래곤 하우스
Dragon House(Drachenhaus)

오랑게리 궁전에서 조금 더 가서 숲속의 계단을 따라 올라가면 나오는 아늑한 카페 겸 레스토랑이다. 200년이 넘은 오래된 건물을 1935년에 확장했으며, 1996년부터 레스토랑으로 운영하고 있다. 무난한 독일 메뉴들이 있으며 케이크도 맛있다.

📍 Maulbeerallee 4, 14469 Potsdam
🏃 버스 695번 Drachenhaus 정류장에서 하차, 도보 2분
🕐 4~10월 11:00~19:00, 11·12·3월 화~목 12:00~18:00,
금~일 12:00~19:30, 1·2월 주말만 12:00~18:00
📞 +49 331 5053808 🏠 http://drachenhaus.de

귀여운 건물을 개조한 카페
카페 레핀 Café Repin

상수시 궁전 뒤쪽 교차로에 자리한 주택처럼 보이는 건물이다. 1888년에 처음 지어 세금 관리 업무를 보던 곳이었으나 지금은 카페가 되었다. 뒤뜰에 야외 테이블도 있으며 내부가 작지만 아늑하다.

📍 Gregor-Mendel-Straße 24, 14469 Potsdam
🏃 버스 614·650번 Bornstedter Str. 정류장에서 하차, 도보 1분
🕐 13:00~18:00(비수기는 비정기 휴무) 📞 +49 174 6525180
🏠 www.cafe-repin.de

엘베강이 흐르는 보석 같은 도시
드레스덴 DRESDEN

#독일의 피렌체 #엘베강 #유럽의 발코니 #작센 왕국

18세기 작센 왕국의 수도였던 드레스덴은 유서 깊은 도시로
바로크풍의 고색창연한 모습을 하고 있다. 특히 엘베강을
끼고 있는 구시가지는 아름답고 우아하며 당대 유명한 이탈리아
장인들의 손길을 거친 곳이 많아 "북쪽의 피렌체"라 불렸다.
제2차 세계 대전 당시 연합군의 폭격으로 처참하게
파괴되어 전후 동독의 조용한 도시로 남아 있다가 통일 후
빠른 속도로 재건되면서 과거의 찬란했던 위용을 되찾은 곳이다.

🏠 관광 안내 www.dresden.de

· 항공 한국에서 직항 편이 없으며 경유 편으로 15~18시간 정도 소요된다. 드레스덴 공항Flughafen Dresden(DRS)은 작은 규모의 국제공항으로 도심에서 북쪽으로 10km 정도 떨어진 곳에 있다. S반 노선이 연결되어 중앙역까지 20여 분 정도 걸린다.

🏠 www.mdf-ag.com

· 기차 베를린 중앙역에서 IC 또는 EC 기차로 2시간이면 드레스덴 중앙역에 도착한다. 드레스덴의 기차역은 도심 남쪽에 위치한 중앙역Dresden Hauptbahnhof과 동쪽의 드레스덴 노이슈타트역Dresden-Neustadt인데, 대부분의 열차는 중앙역에 내린다. 중앙역에는 관광 안내소와 상점, 짐 보관소 등의 부대시설이 있다.

시내 교통

중앙역에서 구시가지 초입까지 1.5km 정도라 도보로는 15분쯤 걸리는 애매한 거리다. 보행자 도로로 연결되어 걸어갈 만하지만 목적지에 따라 다양한 노선의 트램을 이용하면 2~3 정거장 만에 도착한다. 트램 1·2·4번이 모이는 Altmarkt 정류장과 트램 7·8·9·11·12번이 모이는 Prager Straße 정류장이 구시가지 교통의 중심지다. 구시가지 안에서는 대부분 걸어서 다닐 수 있다.

💶 **트램 요금** 1회권 €3.2, 단거리권(4정거장) 4장 묶음 €7.5, 1일권 €8.6

추천 코스

드레스덴은 주요 볼거리가 구시가지에 모여 있다. 구시가지는 간단히 본다면 하루면 가능하지만 궁전 내부와 박물관까지 보려면 이틀 정도 잡는 것이 좋다.

○ 크로이츠 교회 P.150

도보 5분

○ 프라우엔 교회 P.150

도보 1분

○ 알베르티눔 P.151

도보 2분

○ 브륄셰 테라스 P.151

도보 2분

○ 호프 교회 P.152

도보 2분

○ 젬퍼 오페라 극장 P.152

도보 3분

○ 츠빙거 궁전 P.153

도보 1분

○ 레지덴츠 궁전 P.154

드레스덴
상세 지도

06 젬퍼 오페라 극장

엘베강

Terrassenufer

05 호프 교회

04 브륄셰 테라스

07 츠빙거 궁전

• 군주의 행렬 벽화

08 레지덴츠 궁전

01 코젤팔레

QF 파사주 드레스덴 02

03 알베르티눔

02 소피엔켈러

02 프라우엔 교회

• 노이마르크트

Freiberger Str.

Freiberger Str.

Wilsdruffer Str.

170

• 알트마르크트

01 알트마르크트 갈레리 드레스덴

01 크로이츠 교회

Dr.-Külz-Ring

Dr.-Külz-Ring

170

03 갈레리아 카르슈타트

170

명소

식당/카페

상점

드레스덴 중앙역

N
W E
S

0   100m

149

십자가의 전설이 있는 교회 ······ ①
크로이츠 교회 Kreuzkirche

구시가지가 시작되는 알트마르크트 부근에 있는 교회다. 13세기에 축조되었으나 18세기에 개축하면서 바로크 양식과 아르누보 양식이 혼합된 독특한 건물이라 눈에 띈다. 원래 이름은 니콜라이 교회Nikolai Kirche였는데, 어느 날 한 어부가 엘베강에 떠 있는 십자가Kreuz를 발견하면서 이름이 바뀌었다고 한다. 이 교회의 크로이츠 코어Kreuzchor라는 소년 합창단도 유명하다. 내부 촬영은 금지.

📍 An d. Kreuzkirche 6, 01067 Dresden 🚶 트램 1·2·4번 Altmarkt 정류장에서 하차, 도보 2분(마르크트 광장에서 골목 안쪽으로 보인다.)
🕐 월~토 10:00~18:00, 일 12:00~18:00(예배나 공연 중 입장 불가)
📞 +49 351 4393920 🏠 www.kreuzkirche-dresden.de

드레스덴의 랜드마크 ······ ②
프라우엔 교회 Frauenkirche

노르스름한 사암으로 지어 독특함을 더하는 이 교회는 육중한 몸집과 거대한 높이로 드레스덴의 중요한 랜드마크가 되었다. 성모 교회라는 뜻의 프라우엔 교회는 18세기에 지은 바로크 양식의 루터 교회다. 제2차 세계 대전 때 연합군의 공습으로 처참하게 파괴되었다가 드레스덴 800주년을 기념하는 2005년에 지금의 모습으로 완성되었다. 내부에는 바흐가 연주했다는 오르간이 있으며, 교회 밖 광장에는 마르틴 루터의 동상이 있다.

📍 Neumarkt, 01067 Dresden 🚶 트램 1·2·4번 Altmarkt 정류장에서 하차, 도보 3분 🕐 월~금 10:00~11:30, 13:00~17:30(행사 시 변경) *토·일 운영 시간 자주 변경됨 📞 +49 351 65606100 🏠 www.frauenkirche-dresden.org

알트마르크트와 노이마르크트

드레스덴 구시가지에는 두 곳의 시장 광장이 있다. 크로이츠 교회가 있는 알트마르크트Altmarkt는 '오래된 시장', 프라우엔 교회가 있는 노이마르크트Neumarkt는 '새로운 시장'이란 뜻이다. 평소에는 노이마르크트가 더 돋보이지만 겨울이면 크리스마스 마켓이 들어서는 알트마르크트가 화려해진다.

드레스덴의 예술 창고 ⸻ ③
알베르티눔 Albertinum

16세기에 무기고였던 건물을 19세기에 네오르네상스 스타일로 웅장하게 개축해 왕궁의 조각품들을 보관하던 곳이다. 제2차 세계 대전 때 폭격으로 일부 파괴되었다가 복원되었다. 현재도 조각품들이 전시된 조각관Skulpturensammlung이 있으며, 근대 거장 갤러리Galerie Neue Meister가 추가되면서 로댕의 조각부터 고흐, 고갱, 오토 딕스, 그리고 21세기 게르하르트 리히터에 이르는 폭넓은 작품들을 전시하고 있다.

📍 Tzschirnerpl. 2, 01067 Dresden   🚶 프라우엔 교회에서 도보 1분   💶 성인 €14
🕐 화·수·금~일 11:00~17:00, 목 11:00~20:00   ❌ 월요일   📞 +49 351 49142000
🏠 http://albertinum.skd.museum

엘베강이 한눈에 ⸻ ④
브륄셰 테라스
Bruehlsche Terrasse

드레스덴을 관통하는 엘베강을 내려다 볼 수 있는 강변의 테라스로 "유럽의 발코니"라고 불렸다. 유유히 흐르는 엘베강을 따라 움직이는 증기유람선과 강 건너 멀리 신시가지의 모습을 볼 수 있다. 왼쪽으로 아우구스투스 다리Augustusbrücke 가 있는데, 여기서 구시가지 쪽을 바라보면 브륄셰 테라스와 함께 왕궁과 성당이 모두 보여 풍경이 더욱 아름다우며 사진을 찍기에도 좋다.

📍 Georg-Treu-Platz 1, 01067 Dresden
🚶 프라우엔 교회에서 도보 3분

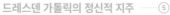

드레스덴 가톨릭의 정신적 지주 ⑤

호프 교회 Hofkirche

1739~1751년에 지은 이 오래된 건물은 드레스덴의 랜드마크 중 하나이자 드레스덴에 거주하는 가톨릭 신자들의 소중한 성당이다. 꼭대기의 연녹색 청동 탑, 각 층의 지붕마다 성경에 등장하는 38명의 성인의 조각이 있는 아름다운 바로크 양식의 교회. 아우구스투스 3세가 지었으며, 이 교회 안 납골당에 그의 아버지이자 선왕이었던 아우구스투스 2세의 심장이 보관되어 있는 것으로도 유명하다.

📍 Schloßstraße 24, 01067 Dresden
🚶 트램 4·8·9번 Theaterplatz 정류장 앞
🕐 월~목·토 10:00~17:00, 금 13:00~17:00, 일·공휴일 12:00~16:00 📞 +49 351 31563138

강건왕 아우구스투스(아우구스트) 2세
Augustus II(1670~1733)

드레스덴 여행에서 끊임없이 등장하는 중요한 왕이다. 현재 드레스덴에 남겨진 화려한 건물과 유물이 존재하게 만든 왕으로, 당시 유럽 전역, 특히 이탈리아의 예술가들을 불러 모아 궁전과 주변의 아름다움을 갖추었다. 아우구스투스 2세와 그의 아들 3세가 통치하던 18세기가 드레스덴의 문화적 전성기였다. 명칭상 폴란드와 작센의 왕으로서 아우구스투스 2세이며 선제후로는 아우구스투스 1세이다.

오페라의 전통이 그대로 ⑥

젬퍼 오페라 극장 Semperoper

호프 교회 옆 넓은 광장에 웅장한 모습으로 서 있는 건물은 오페라 극장이다. 제2차 세계 대전 때 파괴된 것을 지금의 화려한 네오르네상스 양식으로 재건축했다. 드레스덴 오페라의 전통은 350여 년 전부터 시작되었으며, 이 극장에서는 바그너 등 당대의 유명한 음악가들이 공연했다. 건물의 이름은 오페라 하우스를 설계한 유명한 건축가 고트프리트 젬퍼의 이름에서 따왔다.

📍 Theaterplatz 2, 01067 Dresden 🚶 트램 4·8·9번 Theaterplatz 정류장 앞 📞 +49 351 4911705 🏠 www.semperoper.de

독일 바로크의 진수 ····· ⑦

츠빙거 궁전 Zwinger

독일 바로크 양식의 걸작으로 꼽히는 츠빙거 궁전은 고풍스러우면서도 아름다운 건물로, 궁전의 외관 못지않게 내부 정원도 우아한 바로크식 조각과 분수들로 꾸며져 있다. 화재로 소실되었던 것을 강건왕 아우구스투스의 명령으로 화려한 여름 별장으로 지은 것이다. 현재의 모습은 제2차 세계 대전 당시 파괴된 것을 1963년에 재건축한 것으로 다양한 갤러리로 이용되고 있다. 정원 안의 계단을 따라 테라스로 올라가면 정원과 궁전의 전경을 내려다볼 수 있다.

📍 Sophienstraße, 01067 Dresden 🚶 트램 4·8·9번 Theaterplatz 정류장에서 하차, 도보 1분 💶 공원은 무료, 내부 박물관 €16(일부 전시 제외) 🕐 계절별, 박물관별 상이 ❌ 월요일 🏠 www.skd.museum

고대 거장 갤러리
Gemäldegalerie Alte Meister

라파엘로의 명작 〈시스티나의 성모〉가 유명하다. 아기 예수를 안고 있는 성모 마리아의 발 아래 그린 두 아기 천사의 귀여운 모습은 부분화로 많이 애용되는데, 성화 전체를 볼 때의 모습은 사뭇 다르다.

글로켄슈필 파빌리온
Glockenspielpavillon

마이센 도자기로 만든 40개의 종이 매달려 있어 차임벨이 울릴 때면 청명한 소리가 난다.

도자기 컬렉션 Porzellansammlung

아우구스투스가 광적으로 모은 도자기로 가득한 갤러리. 그의 집착으로 생겨난 유럽 최초의 경질 도자기 마이센과 중국, 일본 도자기들을 모두 볼 수 있다.

왕관의 문 Kronentor Dresden

출입구를 왕관 모양으로 장식해 왕관을 쓰고 있는 것처럼 인증샷을 찍기 좋은 곳이다.

님프의 목욕탕 Nymphenbad

물과 바다의 요정 조각들로 가득한 이곳은 노천 욕장이지만 은밀한 구석에 위치해 운치를 더한다.

작센 왕실의 거주지 ······⑧

레지덴츠 궁전 Residenzschloss

호프 교회 바로 뒤에 구름다리로 연결된 건물로 드레스덴 궁전Dresdner Residenzschloss, Dresdner Schloss이라 부르기도 한다. 약 400년에 걸쳐 작센의 선제후들과 왕들이 거주했던 곳이다. 1945년 영국의 공습으로 파괴된 것을 재건해 현재 박물관과 보물실로 꾸며놓았다. 궁전 내부만도 열 곳이 넘는 구역으로 나뉘어 있어 시간을 여유 있게 잡고 둘러보자. 가장 화려한 방인 히스토릭 그린 볼트는 궁전과 별도로 티켓을 구매해야하며 인원 제한이 있으니 일찍 예약하는 것이 좋다.

📍 Taschenberg 2, 01067 Dresden
🚶 트램 4·8·9번 Theaterplatz 정류장에서 하차, 도보 1분
💶 궁전 €15, 히스토릭 그린 볼트 €16, 탑 €5
🕐 수~월 10:00~17:00 ❌ 화요일
🏠 www.skd.museum

히스토릭 그린 볼트(그뤼네스 게뷜베)
Historic Green Vault(Historisches Grünes Gewölbe)

궁전의 하이라이트로 진귀한 보물이 가득한 8개의 화려한 방이다. 극히 일부 귀족들만 구경할 수 있었던 18세기 당시에도 왕이 깨끗한 옷을 입고 오라고 했을 만큼 아끼던 곳이었다. 현재도 사진 촬영이 엄격히 금지되어 있다.

히스토릭 그린 볼트를 관람하려면

① 궁전과 별도로 입장권을 사야 하며, 인원 제한이 있어 입장 시간을 예약해야 한다.
② 위층에 자리한 뉴 그린 볼트는 현대에 지은 보물실로 예약이 필요 없으며 추가 요금도 없으니 헷갈리지 말자.
③ 사진 촬영이 금지되며 가방은 로커에 맡겨야 한다.

뉴 그린 볼트
New Green Vault(Neues Grünes Gewölbe)

히스토릭 그린 볼트가 인테리어와 하나가 된 장식물을 보는 것이라면, 그 위층에 자리한 이곳은 세밀하고 아름다운 장식품들을 모아둔 박물관 같은 곳이다. 아우구스투스가 소장했던 화려한 물품이 가득하며 한국에서도 전시회가 열린 바 있다. 40캐럿이 넘는 세계 최대의 녹색 다이아몬드가 유명하다.

왕실 거주지 Die Königlichen Paraderäume

뉴 그린 볼트 위층에 자리한 이곳에선 강건왕 아우구스투스가 살았던 왕궁 내부의 홀과 방들을 볼 수 있다. 30년이 넘는 장기 공사 끝에 과거의 화려했던 모습을 재현했다.

작은 무도장 Kleiner Ballsaal

작지만 화사한 금빛으로 꾸민 무도장이다. 젬퍼의 제자였던 궁정 건축가 크뤼거가 1865년에 설계한 것으로 슈탈호프가 내려다보이는 전망도 멋스럽다.

하우스만 탑 Hausmannsturm

궁전 꼭대기의 탑으로 올라가면 엘베강이 흐르는 드레스덴 시내를 조망할 수 있다. 단, 탑에 오르려면 222개의 계단을 걸어야 한다.

군주의 행렬 Fürstenzug 벽화

궁전 외벽을 따라 이어진 아우구스투스 거리Augustusstr. 100m에 달하는 긴 벽면의 타일에 그린 거대한 벽화다. 아우구스투스 2세를 비롯한 역대 군주들과 주요 인물들이 새겨져 있으며, 전쟁의 포화 속에서도 기적처럼 파괴되지 않았다. 이 벽화는 궁전 입장료를 내지 않아도 밖에서 볼 수 있다.

슈탈호프 Stallhof

벽화의 안쪽에 자리한 이곳은 모래 바닥 옆으로 기다란 회랑이 이어져 있다. 궁정의 마상 경기가 열리던 곳으로 16세기에 지은 건물을 수차례 개축한 것이다.

아름다운 저택이 레스토랑으로 ⋯⋯ ①
코젤팔레 Coselpalais - Restaurant & Grand Café

프라우엔 교회 바로 뒤에 자리한 이곳은 1765년에 지은 바로크 양식의 건물로 전쟁으로 파괴된 것을 재건했다. 내부 공간도 넓고 야외 테이블도 있다. 드레스덴의 전통 요리인 슈트린트베르크Strindberg(달걀을 입힌 스테이크)를 맛볼 수 있으며 가격은 €29.4다. 케이크와 디저트도 인기다.

📍 An d. Frauenkirche 12, 01067 Dresden　🏃 프라우엔 교회 바로 옆
🕐 월~금 12:00~23:00, 토·일 11:00~23:00
📞 +49 351 4962444
🏠 http://coselpalais-dresden.de

오래된 전통 비어홀 ⋯⋯ ②
소피엔켈러 Sophienkeller im Taschenbergpalais

작센 지방의 맥주와 와인을 즐길 수 있는 전통 레스토랑으로 츠빙거 궁전 바로 옆에 위치한다. 1층 좌석은 평범해 보이지만 야외 테이블에서는 츠빙거 궁전을 바라볼 수 있고, 지하층에는 중앙 홀 외에도 미로처럼 이어진 주제별 여러 방이 있다. 저녁에는 독일 전통 음악 공연을 하기도 한다. 소시지가 들어간 작센 전통의 감자수프와 새콤매콤한 러시안 토마토수프 솔랸카도 맛있다. 수프는 €7.5~12.5, 메인 요리는 €14~35 정도.

📍 Taschenberg 3, 01067 Dresden
🏃 츠빙거 궁전 바로 앞
🕐 화~토 11:00~23:00, 일 11:00~22:00
❌ 월요일　📞 +49 351 497260
🏠 http://sophienkeller-dresden.de

구시가지 입구에 자리한 대형 쇼핑몰 …… ①

알트마르크트 갈레리 드레스덴

Altmarkt-Galerie Dresden

구시가지에서 가장 큰 쇼핑몰로 오래된 광장 시장인 알트
마르크트 옆에 있다. 패스트푸드점과 카페, 그리고 의류
매장, 애플 스토어, 슈퍼마켓, 드러그스토어 등 수많은 상
점이 들어서 있다.

📍 Webergasse 1, 01067 Dresden
🚶 트램 1·2·4번 Altmarkt 정류장에서 하차, 도보 3분
🕐 월~토 10:00~20:00(매장별로 상이)
❌ 일요일 📞 +49 351 482040
🏠 http://altmarkt-galerie-dresden.de

마르크트 광장의 작은 쇼핑몰 …… ②

QF 파사주 드레스덴 QF Passage Dresden

노이마르크트의 프라우엔 교회 옆에 자리한 쇼핑몰로 규
모는 작지만 환상적인 위치를 자랑하며, 관광 안내소와
마이센 매장이 있어 한 번쯤 들러볼 만하다. 브랜드 매장
은 아니지만 일부 상점과 식당이 있으며, 마이센 매장은
3개 층에 걸쳐 있어 제법 규모가 크고 지하에 아웃렛도
있다.

📍 Neumarkt 2, 01067 Dresden 🚶 프라우엔 교회 바로 옆
🕐 월~토 10:00~19:00 ❌ 일요일 📞 +49 351 4843389755
🏠 http://qf-passage.com

시내에 위치한 백화점 …… ③

갈레리아 카르슈타트

GALERIA KARSTADT

중앙역에서 구시가지로 가는 길에 위치한 백화점으로 트
램 정류장 바로 앞에 있어 편리하며, 맨 위층에 뷔페식 레
스토랑이 있다.

📍 Prager Straße 12, 01069 Dresden
🚶 트램 7·8·9·11·12번 Prager Str. 정류장 앞
🕐 월~토 10:00~20:00 ❌ 일요일
📞 +49 351 8610 🏠 http://galeria.de

음악의 도시를 만나다

라이프치히 LEIPZIG

**#바흐 #멘델스존 #파우스트 #월요 데모
#성 토마스 합창단**

바흐와 바그너, 멘델스존, 슈만 등이 오랫동안 활동한
'음악의 도시'로 유명한 라이프치히. 대문호 괴테가
대학을 다니며 〈파우스트〉 속 무대로 도시를 그려냈고,
통일 전 민주화 운동의 주도적인 역할을 함으로써
베를린 장벽을 무너뜨리는 데 큰 역할을 한 의식 있는
도시이기도 하다. 비록 재통일 후 경제가 침체되었지만
과거 이 도시의 영광을 이어가기 위해 노력하고 있다.

가는 방법

라이프치히는 독일 동부의 작센주에서 가장 큰 도시답게 교통이 편리하다. 항공, 기차, 버스 등 다양한 교통수단을 이용해 독일의 주요 도시로 이동할 수 있다.

- **항공** 우리나라에서 최소 1회 경유해야 한다. 라이프치히 할레 공항Flughafen Leipzig/Halle은 도심에서 북서쪽으로 16km 떨어졌고 라이프치히 중앙역까지 S5로 약 14분 걸린다.

  🏠 www.mdf-ag.com

- **기차** 인근 도시들과 연결이 잘되어 있으며, 프랑크푸르트와 뮌헨 등 주요 도시도 기차 이용이 편리하다. 바이마르는 RE로 1시간 20분, 베를린과 드레스덴은 ICE로 1시간 10분 정도. 프랑크푸르트는 ICE로 3시간, 뮌헨에서는 ICE로 3시간 30분 걸린다. 드레스덴과 바이마르로 이동할 때는 작센 티켓Sachsen-Ticket을 사용할 수 있다.

- **버스** 기차보다는 시간이 더 걸리고 운행 횟수도 적지만 상대적으로 요금이 저렴하다. 라이프치히 버스 터미널Leipzig ZOB은 중앙역 옆 건물에 위치한다.

시내 교통

주요 교통수단은 S반, 트램, 버스가 있다. 중앙역과 중심지까지는 도보 이동이 가능하고, 구시가지 내에서도 도보로 여행할 수 있다. 단, 라이프치히 전승 기념비로 이동한다면 트램을 이용해야 한다. 티켓은 자동 발매기나 교통수단 내에서 구입할 수 있다.

€ 단거리권 €2.3(4정거장 이내), 1시간권 €3.5, 1일권 €9.8

추천 코스

라이프치히의 주요 볼거리는 구시가지에 모여 있다. 가볍게 둘러본다면 반나절이면 충분하지만, 박물관 관람 계획이 있거나 시내 중심에서 떨어진 라이프치히 전승 기념비까지 다녀온다면 여유롭게 일정을 잡는 것이 좋다.

라이프치히 카드
Leipzig Card

도시 내 교통수단이나 박물관 이용 시 최대 50% 할인, 공연 관람이나 레스토랑 등에서 할인 받을 수 있는 여행객을 위한 시티 카드다. 1일권과 3일권이 있으며 개인과 그룹으로 나뉜다. 온라인과 여행 안내소에서 구입할 수 있다.

€ 1일권 €9.9, 3일권 €24.9

라이프치히 상세 지도

87

87

87

🚉 라이프치히 중앙역

01 프로메나덴 하우프트반호프 라이프치히

02 회페 암 브륄

02 조형예술 박물관

03 아우구스티너 암 마르크트

01 구 시청사

05 니콜라이 교회

07 오페라 하우스

01 카페 센트럴

성 토마스 교회 03

03 메들러 파사주

바흐 박물관 04

02 카페 칸들러

라이프치히 대학교 08

06 아우구스투스 광장

04 한스 임 글뤽

09 멘델스존 하우스

Roßpl.

Dittrichring

Reichsstraße

Goethestraße

Georgiring

Augustuspl.

Thomaskirchhof

Neumarkt

Martin-Luther-Ring

Augustuspl.

Grimmaischer Steinweg

Harkortstraße

Windmühlenstraße

Brüderstraße

Windmühlenstraße

대학병원 H

● 명소

● 식당/카페

● 상점

N
W   E
S

0   100m

바이에리셔 반호프 05

라이프치히 전승 기념비 10

구 시청사 Altes Rathaus

마르크트 광장Marktplatz 동쪽에 자리한 구 시청사는
독일에서 중요한 르네상스 양식 건물 중 하나로 손꼽
힌다. 1557년에 기존의 고딕 양식 시청사가 파괴되자
시장은 이른 시일 내에 새로운 건물을 지으라고 지시
했고, 당시 기술로는 믿기지 않을 만큼 짧은 9개월 만
에 완공했다. 폭이 좁고 기다란 직사각형이며, 기존 건
물 위에 지어 구조가 독특해졌다. 관공서가 신 시청사
로 옮겨간 이후 건물을 개조해 라이프치히 역사 박물
관Stadtgeschichtliches Museum으로 사용하고 있다.

📍 Markt 1, 04109 Leipzig 🚶 중앙역에서 도보 10분,
S2·3·4·5 Markt역 💶 성인 €7 🕐 화~일 10:00~18:00
❌ 월요일 📞 +49 341 9651340

라이프치히의 중심 광장, 마르크트 광장

- **재래시장으로 바뀌는 광장** 일주일에 두 번 마르크트 광장에 장이 선다.
  마트보다 훨씬 저렴하고 신선한 채소와 과일을 맛볼 수 있다.

  🕐 화·금 09:00~17:00

- **구 시청사가 한눈에!** 광장 남서쪽 브로이닝거Breuninger 쇼핑 센터 3층
  으로 올라가면 광장을 한눈에 조망할 수 있는 숨은 스폿이 있다.

조형예술 박물관
Museum der bildenden Künste

1848년에 개관했는데 이때 예술 수집가들의 작품 기증이 뒷받침되었다. 이후
나치가 퇴폐 예술이라는 낙인을 찍어 약 400점의 회화를 몰수하고, 제2차 세계
대전 때 영국군의 공습으로 건물이 파괴되기도 했으나 재건해 지금의 모습이 되
었다. 3,500여 점의 회화와 1,000여 점의 조각, 그리고 6만여 점에 달하는 그래
픽 작품 등 방대한 작품을 전시하고 있으며, 중세 후기부터 현대 미술까지 그 범
위가 다양하다. 독일의 르네상스 화가 루카스 크라나흐를 비롯해 뒤러, 루벤스,
렘브란트 등의 작품도 전시하고 있다.

📍 Katharinenstraße 10, 04109 Leipzig 🚶 중앙역에서 도보 7분 💶 성인 €10
🕐 화·목~일 10:00~18:00, 수 12:00~20:00 ❌ 월요일
📞 +49 341 216990 🏠 https://mdbk.de

바흐의 혼과 숨결이 배어든 곳 ····· ③

성 토마스 교회 Thomaskirche

세계적으로 유명한 소년 합창단 성 토마스 합창단Thomanerchor의 근거지이자 1539년 마르틴 루터가 종신 서원을 한 유서 깊은 곳이다. 무엇보다 음악의 아버지라 불린 바흐가 25년 간 지휘자로 활동하며 일생을 바친 곳이다. 바흐의 유명한 작품들이 이 교회에서 탄생했으며 그의 유해도 이곳에 잠 들어 있다. 1950년 바흐 서거 200주년을 기념하고 업적 을 기리기 위해 이곳으로 옮겨왔다. 교회 안에 그가 재직 하면서 연주했던 악기가 전시되어 있다. 교회 앞에는 1843 년에 멘델스존이 건립을 추진했다는 바흐의 동상이 있다.

📍 Thomaskirchhof 18, 04109 Leipzig 🚶 구 시청사 광장에서 도보 3분
🕐 월~목 10:00~18:00, 금 12:00~16:00, 토 10:00~18:00, 일 11:30~17:30
📞 +49 3412 22240 🏠 www.thomaskirche.org

성 토마스 합창단

소년들의 청아한 목소리는 금요일 혹은 토요일에 들을 수 있다. 공연은 사전 예약이 불가하고 시작 45분 전에 현장에서 티켓을 구입해야 한다. 자세한 일정은 홈페이지에서 확인할 것.

€ €3 🏠 www.thomanerchor.de

바흐의 일생을 만나다 ····· ④

바흐 박물관 Bach Museum

성 토마스 교회 앞 바흐 동상 맞은편에 있다. 바흐와 그의 가족들이 살던 교회 옆 부속 학 교 건물이 1902년에 철거되자 그와 절친했던 상인 보제의 집을 개조해 1985년 에 박물관으로 개관했다. 18세기 초 건물을 증축하면서 연회장과 콘서트홀을 갖추었는데 이곳에서 바흐도 종종 연주하며 시간을 보냈다. 박물관에는 바흐 가 사용한 악보, 악기, 편지, 초상화 등 유품이 전시되어 있으며, 그의 음악을 들 을 수 있는 감상실도 마련되어 있다. 한국어 오디오 가이드를 지원한다.

📍 Thomaskirchhof 15/16, 04109 Leipzig 🚶 구 시청사 광장에서 도보 3분
€ 성인 €10 🕐 화~일 10:00~18:00 ❌ 월요일 📞 +49 341 9137202
🏠 www.bachmuseumleipzig.de

독일 재통일의 도화선 ⑤
니콜라이 교회 Nikolaikirche

1165년에 로마네스크 양식으로 처음 건축했고 16세기를 지나며 고딕 양식으로 완성했다. 이곳은 단순히 교회 이상의 의미를 지닌 역사적인 장소다. 동독의 민주화와 통일을 기원하던 소수의 신자들이 매주 월요일 오후 5시에 작은 기도 모임을 했는데, 오늘날 "월요 데모 Montagsdemonstrationen"라 불리는 이것이 동독 정부의 압력을 받을 만큼 대규모 평화 시위로 번져 1989년 독일 통일이라는 결과를 끌어냈다. 내부에는 월요 데모를 기념해 만든 평화의 상징 종려나무 기둥이 천장을 받치고 있다. 18세기에는 바흐가 파이프오르간 연주자로 활동했다.

📍 Nikolaikirchhof 3, 04109 Leipzig 🚶 구 시청사 광장에서 도보 3분
🕐 10:00~18:00 📞 +49 341 1245380 🏠 www.nikolaikirche.de

라이프치히 문화의 중심지 ⑥
아우구스투스 광장
Augustusplatz

도시에서 가장 큰 광장으로 시내 중심에 있다. 광장의 북쪽과 남쪽엔 오페라 극장과 독일 최초의 오케스트라인 게반트 하우스가 마주 보고 있고, 서쪽에는 라이프치히 대학교와 크로흐호흐 하우스가 있다. 크로흐호흐 하우스는 라이프치히 최초의 마천루로 12층 높이이며, 베네치아의 시계탑을 모방해 건설했다. 대학의 부속 건물인 이집트 박물관이 속해 있다.

📍 Augustusplatz 04109 Leipzig 🚶 구 시청사 광장에서 도보 4분 또는 트램
4·7·8·10·11·12·14·15·16·51번 승차 후, Augustusplatz 정류장 하차

촛불로 어둠을 밝히는
빛의 축제 Lichtfest

매년 10월 9일이면 촛불을 든 시민들이 광장으로 모여든다. 1989년 10월 9일 동독 수립 40주년이 되던 날, 7만여 명의 시민이 무기 대신 촛불을 들고 민주화를 외치며 대규모 행진을 했고, 결국 한 달 만에 동독 정부가 항복했다. 자유와 평화를 염원했던 역사를 기억하기 위해 매년 이 날을 기념하고 있다. 5시 예배, 강연, 다채로운 공연, 행진 등이 이어진다.

수준 높은 공연을 즐길 수 있는 공연장 ······ ⑦
오페라 하우스 Oper Leipzig

이탈리아 베네치아와 독일 함부르크의 오페라 하우스처럼 유럽의 오래된 오페라 공연장 중 하나다. 1693년에 첫 오페라 공연이 열린 이래 오늘날까지 발레와 뮤지컬 등 다양한 공연이 펼쳐진다. 제2차 세계 대전에는 대규모 공습으로 건물 일부가 파괴되었고 새로운 극장은 1960년에 완공했다. 재개관 기념으로 리하르트 바그너의 〈뉘른베르크의 명가수〉를 공연했다.

📍 Augustusplatz 12, 04109 Leipzig
🚶 아우구스투스 광장   📞 +49 341 1261261
🏠 www.oper-leipzig.de

독일에서 세 번째로 오래된 대학 ······ ⑧
라이프치히 대학교 Universität Leipzig

아우구스투스 광장 서쪽의 푸른 유리로 외관을 꾸민 현대적인 건물이 유독 눈에 띈다. 파울리눔Paulinum이라 불리는 대학 건물의 일부로 강당과 교회로 사용 중이다. 1968년 동독 정권 당시 붕괴되었던 옛 대학 교회인 파울리너 교회Paulinerkirche를 현대적인 디자인으로 탈바꿈시켜 2007년 재건축했다. 라이프치히 대학은 하이델베르크 대학교와 쾰른 대학교에 이어 독일에서 오랜 역사를 자랑하는 대학으로 1409년 설립되었으며 명문 대학답게 노벨상 수상자를 9명이나 배출했다. 이 학교 출신으로는 괴테, 바그너, 니체 그리고 독일 최초의 여성 총리였던 앙겔라 메르켈이 있다.

📍 Augustusplatz 10, 04109 Leipzig
🚶 아우구스투스 광장   📞 +49 341 97108
🏠 www.uni-leipzig.de

멘델스존이 여생을 보낸 곳 ······ ⑨
멘델스존 하우스 Mendelssohn-Haus

낭만주의 시대의 대표적인 음악가 펠릭스 멘델스존 서거 150주년을 맞아 1997년에 박물관을 개관했다. 멘델스존은 1845년부터 그의 가족들과 함께 살다가 1847년 이곳에서 생을 마감했다. 친필 악보, 초상화, 편지, 그림, 피아노 등 부유한 가정환경에서 자란 그의 생활을 엿볼 수 있고, 멘델스존의 음악과 교감할 수 있는 전시실도 있다. 매주 일요일 오전 11시에는 실내악 연주 홀에서 콘서트가 열리는데, 비교적 저렴한 가격으로 즐길 수 있다. 건물 3층은 라이프치히 대학교의 음악 연구소 사무실로 이용 중이다.

📍 Goldschmidtstraße 12, 04103 Leipzig
🚶 아우구스투스 광장에서 도보 5분 🕙 10:00~18:00 💶 성인 €10 📞 +49 341 9628820
🏠 www.mendelssohn-stiftung.de

라이프치히 전투 승리 100주년 ······ ⑩
라이프치히 전승 기념비 Leipzig Völkerschlachtdenkmal

1813년 연합군이 나폴레옹을 격파한 라이프치히 전투를 기념하기 위해 세웠다. 전쟁의 승리와 희생자를 추모하기 위해 1898년 초석을 놓았고 승리 100주년이 되던 해에 기념비를 완공했다. 높이는 약 91m로, 기념비 앞에 희생자들을 기리는 눈물의 호수See der Tränen가 있다. 히틀러가 기념비의 상징적 의미를 이용해 연설 장소로 자주 선택한 곳이라고도 알려져 있다. 전망대에 오르면 시내를 조망할 수 있다.

📍 Straße des 18. Oktober 100, 04299 Leipzig 🚶 트램 2·5번 Leipzig Völkerschlachtdenkmal 정류장에서 하차, 도보 7분 💶 성인 €10 🕙 4~10월 10:00~18:00, 11~3월 10:00~16:00
📞 +49 341 2416870 🏠 www.stiftung-voelkerschlachtdenkmal-leipzig.de

아침 식사가 가능한 브런치 카페 ...... ①

카페 센트럴 Café Central

라이프치히 시내 중심에 있는 카페. 비교적 일찍 문을 열
어 아침 식사를 할 수 있으며, 조식 메뉴도 7가지에 달
한다. 와플, 아이스크림, 타르트, 케이크 같은 디저트
는 물론 정오가 지나면 샐러드, 파스타, 스테이크 같
은 메뉴도 제공한다. 커피는 €3~5, 조식은 €10~15
이내다. 채식주의자를 위한 메뉴도 다양하다.

📍 Reichsstraße 2, 04109 Leipzig 🚶 구 시청사 광장에서
도보 2분 🕐 월~목 09:00~20:00, 금·토 09:00~21:00,
일 09:00~19:00 📞 +49 341 1492370
🏠 www.cafecentral-leipzig.de

라이프치히의 전통 디저트가 있는 곳 ...... ②

카페 칸들러 Café Kandler

성 토마스 교회와 니콜라이 교회 부근에도 지점이 있는 카페로
고풍스러운 인테리어가 돋보인다. 이곳은 라이프치히의 유명한
디저트인 레어셰Lerche(€3)가 있어 더욱 특별하다. 종달새라는
뜻의 레어셰는 과거에 종달새와 허브, 달걀을 구운 과자로 유명
했다. 1876년부터 사냥 금지령으로 이를 대신해 만든 디저트가
지금의 모습으로 바뀌었다. 바흐 얼굴이 들어간 초콜릿 과자 바
흐탈러Bachtaler도 있다.

📍 Thomaskirchhof 11, 04109 Leipzig 🚶 구 시청사 광장에서
도보 2분 🕐 월~금 10:00~18:00, 토·일 09:00~18:00
📞 +49 341 2132181 🏠 https://cafekandler.de

구 시청사 광장에 자리한 유명한 비어홀 ...... ③

아우구스티너 암 마르크트

Augustiner Am Markt

1328년 뮌헨에 처음 문을 연 유명한 바이에른 식
당으로 라이프치히에도 지점이 있다. 시내 중심에
있어 활기찬 분위기를 몸소 느낄 수 있다. 슈바
인스학세 같은 전형적인 독일 음식부터 맥주와
함께 가볍게 즐길 수 있는 메뉴가 있으며, 점심에는 가성비 좋
은 메뉴도 제공한다. 대부분 €10~20 정도. 밤에는 평일에도 넓
은 공간에 사람이 꽉 들어찰 정도로 붐빈다.

📍 Markt 5-6, 04109 Leipzig 🚶 구 시청사 광장 🕐 10:00~24:00
📞 +49 341 24770177 🏠 www.augustiner-leipzig.de

수제 버거를 맛보고 싶다면 ······ ④
한스 임 글뤽 Hans im Glück

뮌헨에 본점을 둔 햄버거 체인점으로 독일 곳곳에 매장이 있으며 라이
프치히점은 아우구스투스 광장에 있다. 자작나무로 꾸민 인테리어는
도심 한가운데서 자연 속에 있는 듯한 느낌을 받게 한다. 수제 버거답
게 가격대는 조금 있는 편이지만 호불호가 거의 없는 햄버거 맛집이다.
런치와 디너 메뉴는 우리나라의 햄버거 세트와 개념이 비슷하며, 추가
하는 햄버거의 종류에 따라 가격이 달라진다. 세트 메뉴는 €20 정도.

📍 Augustusplatz 14, 04109 Leipzig 🏃 아우구스투스 광장
🕐 일~목 12:00~23:00, 금·토 12:00~24:00 📞 +49 341 44293066
🏠 https://hansimglueck-burgergrill.de

기차역을 개조한 레스토랑 ······ ⑤
바이에리셔 반호프
Bayerischer Bahnhof

옛 라이프치히 기차역을 개조한 곳이다. 레스토랑 이름도 역사 이름 그대로 사용
하며 실내 인테리어 역시 대합실을 연상시킨다. 시내에서는 떨어져 있지만 가격
이 저렴하고 간단하게는 수프, 샐러드, 파스타를 비롯해 슈바인스학세, 립과 같
은 메인 메뉴도 있다. 가격은 €20 이내. 이곳이 특별한 이유는 독일 내에서도 희
귀한 맥주인 고제gose 맥주를 양조하고 판매하기 때문이다. 샘플러(€6)를 주문
하면 이곳에서 제공하는 4가지 맥주를 모두 맛볼 수 있다. 관광객보다도 현지인
이 많이 찾는 곳이니 식사 시간에 방문할 예정이라면 예약하는 것이 좋다.

📍 Bayrischer Platz 1, 04107 Leipzig 🏃 트램 2·9·16번 또는 S2·3·4·5 Leipzig
Bayerischer Bahnhof 정류장/역에서 하차, 도보 3분 🕐 월~금 12:00~22:00,
토·일 11:00~22:00 📞 +49 341 1245760 🏠 www.bayerischer-bahnhof.de

중앙역에서 만나는 거대한 쇼핑몰 ······ ①
프로메나덴 하우프트반호프 라이프치히
Promenaden Hauptbahnhof Leipzig

라이프치히 중앙역에 형성된 쇼핑몰로 역사의 규모만큼
많은 상점이 입점해 있다. 패션, 가전제품, 식료품점과 같
은 상점 85곳, 음식점 40곳이 3개 층에 걸쳐 들어서 있다.
상점마다 다르지만 대부분 일요일에 문을 닫는 시내의 상
점들과 달리 여긴 문을 여는 곳이 많다.

📍 Willy-Brandt-Platz 7, 04109 Leipzig
🚶 라이프치히 중앙역 🕐 월~토 10:00~20:00,
일 13:00~18:00 📞 +49 341 141270
🏠 www.promenaden-hauptbahnhof-leipzig.de

라이프치히의 대표 쇼핑몰 ······ ②
회페 암 브륄 Höfe am Brühl

중앙역이나 구시가지 광장에서 각각 4분 거리에 있는 현
대적인 쇼핑몰로 중앙역 쇼핑몰만큼이나 많은 상점이 입
점해 있다. 3층 규모에 걸쳐 100여 개의 상점이 들어서 있
는데 패션 브랜드가 주를 이룬다. 19세기 독일의 작곡가
리하르트 바그너의 생가가 있던 곳이기도 한데, 당시 생가
외벽을 유리창에 그려 넣어 찾아보는 재미도 있다.

📍 Brühl 1, 04109 Leipzig 🚶 라이프치히 중앙역에서 도보 4분
🕐 월~토 10:00~20:00 ❌ 일요일 📞 +49 341 4623400
🏠 www.westfield.com

유서 깊은 양조장이 있는 쇼핑 아케이드 ······ ③
메들러 파사주 Mädler-Passage

웅장하고 아름다운 아케이드가 돋보이는 쇼핑 아케이드
로 패션, 주얼리, 뷰티, 디자인 브랜드가 들어서 있다. 괴테
의 작품 〈파우스트〉의 배경이 되는 양조장 아우어바흐 켈
러Auerbachs Keller가 지하에 있어 여행객이 유독 많이 찾는
다. 레스토랑 입구에는 〈파우스트〉의 등장인물 동상이 있
으며 신발을 만지면 행운이 깃든다는 이야기가 전해온다.

📍 Grimmaische Straße 2-4, 04109 Leipzig
🚶 구 시청사 광장에서 도보 1분 🕐 월~금 10:00~19:00,
토 10:00~18:00 ❌ 일요일 📞 +49 341 216340
🏠 www.maedlerpassage.de

독일 문화의 중심지로 향하다

바이마르 WEIMAR

Hasko Weber u Mitarbe

#괴테 #실러 #고전주의 #바우하우스

인구 약 6만 5,000명의 작은 도시에 불과한 바이마르가 갖는
위상은 실로 대단하다. 1918년까지는 작센 바이마르 아이제나흐
대공국의 수도였으며, 그 다음 해에는 현대 민주주의의
헌법 제정 모델이 된 바이마르 헌법이 바로 이곳에서 탄생했다.
또한 괴테와 실러를 비롯한 많은 지성인을 통해
고전주의의 꽃을 피웠고, 이 시기에 지은 건축물 역시
통일적이고 정형적인 고전주의 양식을 따랐다. 그 가치를
인정받아 고전주의 바이마르 지역이라는 명칭으로
유네스코 세계문화유산에 등재되었다.

가는 방법·시내 교통

라이프치히에서 기차를 타고 당일치기로 다녀오는 것이 편하다. 라이프치히는 작센주에 속하고, 바이마르는 튀링겐주로 주는 서로 다르지만, 두 도시를 오갈 땐 작센 티켓Sachsen-Ticket이라는 랜더 티켓을 사용할 수 있다. RE가 1시간에 2대 운행하며, 약 1시간 20분 소요된다.

명소

- 바이마르역
- 08 바우하우스 박물관
- Friedensstraße
- • 야콥 교회
- Schwanseestrasse
- 헤르더 교회 01
- 02 바이마르 궁전
- 07 비툼 궁전
- 독일 국립 극장
- 실러 하우스 06
- 04 마르크트 광장
- 03 안나 아말리아 도서관
- Puschkinstraße
- 05 국립 괴테 박물관
- Ackerwand
- • 괴테 가든하우스
- Park an der Ilm
- • 대공가의 묘지
- Erfurter Str.
- Trierer Str.
- 0   100m

추천 코스

바이마르 구시가지는 '고전주의 바이마르 지역'으로 지정되어 있어 산책하듯 천천히 둘러보기 좋다. 반나절이면 둘러볼 수 있으나 바이마르 궁전, 안나 아말리아 도서관, 국립 괴테 박물관, 바우하우스 박물관 등을 관람한다면 하루가 꼬박 걸린다.

- 기차역
  - 도보 17분
- 헤르더 교회 P.171
  - 도보 4분
- 바이마르 궁전 P.171
  - 도보 2분
- 안나 아말리아 도서관 P.172
  - 도보 2분
- 마르크트 광장 P.173
  - 도보 2분
- 국립 괴테 박물관 P.174

바이마르에서 가장 중요한 교회 ····· ①

헤르더 교회 Herderkirche 유네스코

정식 명칭은 성 페터와 파울 교회Stadtkirche St. Peter und Paul이지만, 독일의 철학자이자 교회의 교구 책임자였던 신학자 요한 고트프리트 헤르더의 이름에서 따 헤르더 교회로 더 많이 부른다. 본래는 가톨릭 성당이었으나 종교 개혁 이후 개신교 교회가 되었다. 마르틴 루터도 이곳에서 설교한 적이 있다. 내부의 성화 제단은 독일 르네상스 화가 루카스 크라나흐의 작품으로 16세기 튀링겐주의 주요예술 작품으로 여겨진다.

📍 Herderplatz 8 99423 Weimar
🚶 기차역에서 도보 20분 ⓔ 무료(가이드 투어 €4) 🕐 11~3월 월~토 11:00~16:00, 일 11:00~12:00, 14:00~16:00, 4~10월 월~토 10:00~18:00, 일 11:00~12:00, 14:00~16:00 📞 +49 3643 8058411
🏠 https://weimar-evangelisch.de

아름다운 실내 건축이 돋보이는 궁전 ····· ②

바이마르 궁전 유네스코
Stadtschloss Weimar

작센 바이마르 아이제나흐 대공국의 영주들이 살던 곳으로 레지덴츠 궁전Residenzschloss이라고도 불린다. 궁전은 이후 여러 차례 공사를 하며 르네상스 양식과 바로크 양식 등이 다양하게 혼재됐으며 덕분에 시대별 건축 양식을 잘 반영하고 있다. 궁전 안에서 가장 아름다운 공간인 예배당은 1708년부터 1717년까지 바흐가 파이프오르간 연주자로 일한 곳이기도 하다. 1923년부터는 궁전 박물관Schlossmuseum으로 사용 중이며, 15~16세기 바이마르와 관련된 회화 작품을 포함한 유럽 각국의 예술품을 전시하고 있다.

✱ 2030년까지 보수공사로 휴관 예정(시인의 방, 예배당은 가이드 투어로 방문 가능)

📍 Burgplatz 4, 99423 Weimar
🚶 헤르더 교회에서 도보 4분 📞 +49 3643 545400
🏠 www.klassik-stiftung.de/stadtschloss-weimar

안나 아말리아 도서관 유네스코

Herzogin Anna Amalia Bibliothek

1691년 바이마르의 대공 빌헬름 에른스트가 자신이 소장한 1,400여 권의 도서를 기증한 것이 도서관 설립의 시초가 되었으며, 1766년 안나 아말리아Anna Amalia의 이름을 딴 도서관으로 명칭이 바뀌었다. 안나 아말리아는 에른스트 아우구스트 2세의 부인이자 아들을 대신해 바이마르를 섭정한 인물로, 16세기에 지은 녹색 궁전Grünes Schloss을 도서관으로 개조하고 왕궁의 많은 도서를 이곳으로 옮겼다. 1797년부터 35년간 대문호 괴테가 도서관 관장직을 역임하면서 괴테의 대작 〈파우스트〉, 1만 권에 이르는 셰익스피어 작품, 16세기 마르틴 루터 성서 초판본 등 귀중본을 비롯해 오늘날 85만여 권의 도서를 소장하는 토대를 다졌다. 2004년에 화재가 발생해 고서적 5만 권이 전소되고 6만 2,000권이 소실되었지만, 4,000명의 시민이 인간 띠를 이뤄 14분 만에 서적과 문화재를 옮겨 더 큰 피해를 줄일 수 있었다.

📍 Platz der Demokratie 1, 99423 Weimar 🚶 바이마르 궁전에서 도보 2분 💶 성인 €8
🕐 11~3월 화~일 09:30~16:00, 4~10월 화~일 09:30~18:00 ❌ 월요일 📞 +49 3643
545400 🏠 www.klassik-stiftung.de/herzogin-anna-amalia-bibliothek

헛걸음하지 않으려면?!

하루 입장객이 제한되어 있으므로 홈페이지에서 사전에 예매한다. 현장 판매도 1일 50매 한정이라 조기 매진될 수 있다.

고전주의를 꽃피운 도시, 바이마르

작은 도시에 불과한 바이마르가 정치적 수도 베를린, 경제의 수도 프랑크푸르트에 버금갈 정도로 영향력 있는 문화의 수도라는 것은 잘 알려지지 않은 사실이다. 안나 아말리아 대공비와 그녀의 아들 카를 아우구스트 대공이 통치하던 1800년을 전후로 독일은 고전주의의 황금기를 맞는다. 바이마르 공국을 유럽 최고의 문화 강국으로 만들고 싶었던 대공비는 괴테, 실러, 니체, 리스트, 헤르더 등 당대 제일의 지성인을 초청하고 지원하며 예술과 학문을 융성시키는 데 힘썼다. 그 결과 단기간에 문화와 예술이 크게 발전했고 유럽 문화의 중심지가 될 수 있었다. 이 시기에 지어진 건물과 공원 역시 고전주의 양식에 따라 통일적이고 정형적인 것이 특색이다.

시민들의 삶의 터전 ⋯⋯⋯ ④

마르크트 광장 Marktplatz

상업이 발달하던 16세기부터 물건을 사고파는 장소였던 이곳은 지금도 일요일을 제외하고 장이 열린다. 광장을 둘러싼 아름다운 건물들은 대부분 제2차 세계대전을 치르며 파괴되었고, 후기 고딕 양식으로 지은 서쪽의 시청사 역시 재건한 것이다. 시계탑 안에는 1987년에 마이센 자기로 만든 35개의 종이 있으며 10시, 12시, 15시, 17시, 하루에 네 번 종이 울린다. 광장 북쪽에 자리한 500년의 긴 역사를 가진 호프 약국Hofapotheke은 완벽하게 복원된 유일한 건물이다. 동쪽에는 화가 루카스 크라나흐의 집Cranachhaus이 있다.

📍 Markt 20, 99423 Weimar　🚶 안나 아말리아 도서관에서 도보 2분

바이마르의 소소한 볼거리

광장 남쪽에는 1969년에 지은, 바이마르에서 가장 유명한 호텔 엘리펀트Hotel Elephant가 있다. 괴테, 실러, 헤르더, 리스트 등 유명인들이 이곳에 머물렀고, 호텔 발코니에는 기념으로 투숙객의 동상을 세워두고 있는데, 수시로 교체하며 전시한다.

🍴 마르크트 광장에서 만날 수 있는 바이마르의 소소한 군것질거리

튀링거 부르스트
Thüringer Wurst

독일 어디에서나 쉽게 볼 수 있는 간식이지만 바이마르에서는 향신료가 가미된 튀링겐 지방의 소시지가 있다. 삶거나 구워 먹기도 하며, 대부분 빵에 끼워 간식으로 먹는다. 마르크트 광장이나 국립 괴테 박물관 앞 넓은 공터에서 많이 판다.

튀링거 블레히쿠헨
Thüringer Blechkuchen

오븐용 트레이에 구운 네모지고 납작한 디저트다. 튀링겐주의 전통 케이크로 지역 축제, 크리스마스, 결혼식 등 다양한 행사에서 쉽게 접할 수 있으며 만드는 방식이나 재료에 따라 여러 종류로 나뉜다.

바이마르 츠비벨쿠헨
Weimarer Zwiebelkuchen

10월 둘째 주 주말이면 370년 역사의 튀링겐주에서 가장 큰 축제인 양파 축제가 열린다. 바이마르 츠비벨쿠헨은 이 시기에 맛볼 수 있는 디저트로, 일명 양파 케이크 혹은 양파 타르트라고 불리는데 짭조름해서 와인과 잘 어울린다.

괴테가 말년을 보낸 집 ······ ⑤

국립 괴테 박물관 Goethes-Nationalmuseum 유네스코

괴테가 살았던 집을 개조해 1885년에 박
물관으로 개관했다. 괴테는 1709년 바로
크 양식으로 지은 이 집에 1782년부터 세
들어 살았고, 결혼 후 가족이 늘어나면서
더 많은 공간을 빌려 사용하며 지냈다. 두
터운 관계를 유지했던 작센 바이마르의 대

공 카를 아우구스트로부터 건물 전체를 선물로 받아 1801년부터는 괴테 소유가
되었다. 이후 괴테는 생을 마감한 1832년까지 이곳에서 50년간 살았으며, 그의
사후에는 손자들이 살다 마지막 후손이 죽은 뒤엔 바이마르시에서 건물을 매입
해 관리하고 있다. 2층 건물 3채가 이어져 있는 거대한 건물에는 약 40개의 방이
있다. 괴테의 침실과 서재, 응접실을 비롯해 그가 소유했던 6,500권의 책이 있는
개인 도서관, 괴테가 그린 2,000여 점의 회화, 그 외 도자기 및 광물 등 5만여 점
이 전시되어 있다.

📍 Frauenplan 1, 99423 Weimar 🏃 마르크트 광장에서 도보 2분 💶 성인 €13, 학생 €9
🕐 여름 화~일 09:30~18:00, 겨울 화~일 09:30~16:00 ❌ 월요일
📞 +49 3643 545400 🏠 www.klassik-stiftung.de/goethe-nationalmuseum

독일의 가장 위대한 문인, 괴테의 흔적을 따라 걷다

괴테의 고향인 프랑크푸르트 못지않게 바이마르 곳곳에 그의 흔적이 남아 있다. 1775년부터 1832년까지 무려 50년 넘게 바이마르에서 머물렀으니 도시 전체가 괴테를 기억하고 있다고 해도 과언이 아니다.

야콥 교회 Jakobskirche

1806년 크리스티아네 불피우스와 결혼식을 올린 장소이며, 교회 앞 묘지에는 그녀가 잠들어 있다.

📍 Am Jakobskirchhof 4, 99423 Weimar

독일 국립 극장 Deutsches Nationaltheater

괴테가 감독으로 활동하며 독일 문화를 꽃피운 곳. 극장 앞에는 괴테와 실러의 동상이 서 있으며, 이는 바이마르의 전성기를 상징한다.

📍 Theaterplatz 2, 99423 Weimar

괴테 가든하우스 Goethes Gartenhaus

괴테가 박물관 건물로 이사하기 전까지 살았던 소박한 저택으로 일름강 공원Park an der Ilm 중앙에 있다.

📍 Goethes Gartenhaus Park an der Ilm, 99425 Weimar

대공가의 묘지 Fürstengruft

카를 아우구스트 대공이 왕실 무덤 이전을 위해 세운 건물. 1832년에 괴테의 유해도 이곳에 안치되었다.

📍 Am Poseckschen Garten, 99423 Weimar

실러 하우스 Schillers Wohnhaus 유네스코

독일의 극작가 프리드리히 실러가 살았던 집이다. 1777년에 지은 바로크 양식의 3층 건물로 1802년에 실러가 이 집을 매입해 가족들과 함께 살다 1805년에 생을 마감했다. 1847년 바이마르시에서 매입해 기념관으로 조성하며 당시 모습을 복원했다. 부엌과 침실이 있는 거주 공간, 작업실로 사용하던 다락방엔 실러의 유품이 남아 있다. 건물 뒤편에는 실러 박물관이 있다.

📍 Schillerstraße 12, 99423 Weimar
🚶 국립 괴테 박물관에서 도보 3분 🕐 화~일 09:30~18:00
❌ 월요일 💶 성인 €6, 학생 €4 📞 +49 364 3545400
🏠 https://www.klassik-stiftung.de/schillers-wohnhaus/

비툼 궁전 Wittumspalais 유네스코

1774년 바이마르 궁전 화재로 이곳으로 거처를 옮긴 안나 아말리아 대공비는 1807년 세상을 떠날 때까지 이곳에서 생을 보냈다. 단조로운 외관과 달리 내부는 아름답게 꾸며져 있으며 침실, 응접실, 식당 등 그녀가 사용하던 공간이 보존되어 있다. 매주 월요일엔 헤르더, 괴테, 실러 등 당대 최고의 지성인이 모여 독서와 토론 그리고 만찬을 즐겼다.

* 2025년 7월부터 보수공사로 휴관

📍 Am Palais 3, 99423 Weimar 🚶 실러 하우스에서 도보 2분
🕐 (여름) 화~일 10:00~18:00, (겨울) 화~일 10:00~16:00 ❌ 월요일
💶 성인 €7, 학생 €5 🏠 www.klassik-stiftung.de/wittumspalais

바우하우스 박물관 Bauhaus Museum

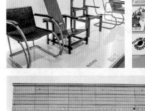

네모반듯한 외관에서 실용주의를 강조한 바우하우스의 정신이 느껴진다. 1919년 독일의 건축가 발터 그로피우스가 세운 건축 학교로 기존 건축 패러다임을 뒤엎고 건물, 실내 디자인, 가구 디자인, 응용미술 등 전 분야에 실용성을 불어넣으며 현대 건축에 위대한 영향을 끼쳤다. 현재 건물은 바우하우스 설립 100주년을 기념해 2019년에 이곳으로 이전했고 많은 양의 작품을 전시하고 있다.

📍 Stéphane-Hessel-Platz 1, 99423 Weimar 🚶 비툼 궁전에서 도보 9분 🕐 수~월 09:30~18:00 ❌ 화요일 💶 성인 €10, 학생 €7 📞 +49 364 3545400 🏠 www.klassik-stiftung.de/bauhaus-museum-weimar

루터의 발자취가 남겨진 곳

아이제나흐 EISENACH

#루터의 길 #종교 개혁 #성지순례 #바흐 생가

독일 중부 산속의 이 작은 시골 마을이 유명해진 것은 바로
종교 개혁을 이끈 신학자 마르틴 루터 덕분이다.
15세기 말 마르틴 루터가 소년 시절을 보낸 것을 시작으로
16세기 유럽의 종교 개혁에 앞장선 까닭에 숨어 다녀야
했던 루터는 아이제나흐 외곽의 바르트부르크성에 피신해
있으면서 독일어로 성서를 번역했다. 개신교의 성지이자
세계사에 큰 획을 그은 역사의 현장으로 떠나보자.

가는 방법·시내 교통

바이마르에서 기차로 1시간 정도(RB 열차 1시간 10분, RE+ICE 열차 47분)면 이를 수 있어 당일치기 여행이 가능하다. 고속 열차인 ICE 직행 열차를 이용하면 라이프치히에서 1시간 10분, 프랑크푸르트에서 1시간 50분, 베를린에서 2시간 30분 소요된다.

01 카를스 광장
02 마르크트 광장
03 루터 하우스
04 바흐 하우스
05 바르트부르크성

아이제나흐 중앙역

Katharinenstraße
Alexanderstraße
Goldschmiedenstraße
Lutherstraße
Frauenberg
Marienstraße
Au/d. Wartburg
Wartburgallee

명소

0   100m

추천 코스

바르트부르크성을 제외하면 명소들이 모두 구시가지에 모여 있어 걸어 다니며 볼 수 있다. 성을 오르내리는 버스는 배차 간격이 크므로 아침 일찍 성에 다녀온 후 오후에는 여유 있게 시내를 구경하자.

○ 중앙역
  도보 7분
○ 카를스 광장 P.179
  버스 20분
○ 바르트부르크성 P.181
  버스 20분
○ 바흐 하우스 P.180
  도보 2분
○ 루터 하우스 P.180
  도보 1분
○ 마르크트 광장 P.179

카를스 광장 Karlsplatz

아이제나흐 교통의 중심지로 대부분의 버스가 이곳에서 만난다. 바르트부르크로 올라가는 버스 역시 중앙역과 이곳을 지난다. 작은 광장이지만 마을의 상징인 마르틴 루터의 동상이 있으며, 동상 아래쪽에는 루터의 아이제나흐 시절 모습이 조각되어 있다. 여기서부터 마을의 중심 광장인 마르크트 광장Marktplatz까지 카를스 거리Karlstraße가 이어진다. 짧은 구간이지만 상점과 카페가 모여 있고 보행자 전용 도로라서 걷기 좋다.

📍 Karlsplatz, 99817 Eisenach 🚶 중앙역에서 도보 5분

마르크트 광장 Marktplatz

아이제나흐의 중심 광장으로 과거 큰 시장이 열렸던 곳이다. 지금은 작은 마을이지만 당시 교통의 요지였던 도시의 면모를 엿볼 수 있다. 주변의 아름다운 건물들은 대부분 관공서이며 관광 안내소도 있다. 중앙에는 게오르크 분수, 건너편에는 게오르크 교회가 있다. 이 소박한 교회에서 1521년 마르틴 루터가 종교 개혁 시기에 설교를 한 바 있으며, 훗날 바흐가 세례를 받기도 했다.

📍 Markt, 99817 Eisenach 🚶 카를스 광장에서 도보 5분

루터가 머물렀던 집 ······③
루터 하우스 Lutherhaus

마르틴 루터가 게오르크 학교를 다니던 시절 머물렀던 집이다. 오래된 건물이지만 일부는 현대적으로 꾸며 다양한 전시를 하고 있는데, 루터의 학창 시절에 관한 내용부터 종교 개혁에 관한 내용까지 시대별, 주제별로 정리되어 있다.

📍 Lutherplatz 8, 99817 Eisenach
🚶 중앙역 옆에서 버스 3번 승차 후 Lutherhaus 정류장 하차, 바로 앞
💶 성인 €11 🕐 화~일 10:00~17:00
✖ 월요일, 12월 24일~1월 31일
📞 +49 3691 29830
🏠 www.lutherhaus-eisenach.com

연주회가 열리는
바흐의 기념관 ······④
바흐 하우스 Bachhaus

아이제나흐는 음악의 아버지로 불리는 요한 세바스티안 바흐의 고향이다. 1685년에 태어나서 자란 그의 생가가 주변에 남아 있으며, 그의 친척 집이었던 곳을 박물관으로 꾸며놓았다. 바로 옆에 현대적인 건물의 기념관이 있어 바흐 전시는 물론 그의 음악을 직접 들어볼 수 있는 감상실도 있다. 또한 바흐 시대의 여러 악기를 직접 연주하며 설명해주는 코너도 있다. 하지만 바흐가 대부분의 생애를 보내고 잠든 곳은 라이프치히이기 때문에 라이프치히에 있는 바흐 박물관Bach-Museum P.162에 볼거리가 더욱 풍성하다.

📍 Frauenplan 21, 99817 Eisenach 🚶 루터 하우스에서 도보 3분 💶 성인 €14
🕐 10:00~18:00 📞 +49 3691 79340 🏠 http://bachhaus.de

바르트부르크성 Wartburg

1521~1522년 마르틴 루터가 가톨릭의 박해를 피해 숨어 지내면서 독일어로 성서를 번역한 바로 그 장소다. 바르트 부르크는 웅장한 성채지만 루터는 이곳 관리인 건물 안쪽의 작은 은신처에 머물렀는데, 지금도 이 소박한 방을 보기 위해 수많은 사람이 모여든다. 루터는 번역을 통해 당시 복잡하고 다양했던 독일어를 통일시키는 역할을 하는데, 이는 근대 독일어의 위대한 업적으로 불린다. 바르트 부르크는 11세기에 짓기 시작한 중세 시대 성으로 루트비히 2세가 노이슈반슈타인성을 지을 당시 상당 부분 영감을 받았다고 한다. 실제로 두 성을 비교해보면 비슷한 곳이 많다. 1999년 이 성은 역사적, 종교적 중요성을 인정받아 유네스코 세계문화유산으로 등재되었다.

📍 Auf d. Wartburg 1, 99817 Eisenach
🚶 중앙역이나 카를스 광장, 또는 바흐 하우스에서 버스 3번을 타고 Wartburg 정류장 하차, 도보 8분 💶 성인 €13
🕐 09:00~17:00(비수기 단축 운영) 📞 +49 3691 2500
🏠 www.wartburg.de

루터의 방

종교 개혁의 역사적 현장

마르틴 루터의 종교 개혁 500주년이었던 2017년을 기점으로 수많은 개신교도가 마르틴 루터의 발자취를 따르는 성지 순례에 참여하고 있다. 독일에서는 약 50%의 기독교인 중 가톨릭과 개신교가 각각 절반 정도 차지하는데, 가톨릭은 주로 독일 남부 지역, 개신교는 북부 지역에 많다. 이처럼 정작 종교 개혁을 이룬 독일에서는 의외로 개신교도 수가 많지는 않다. 개신교 교회를 중심으로 단체 투어를 하는 한국인이 많아서인지 공식 홈페이지에는 한국어 안내도 있다.

🏠 루터의 길 www.wege-zu-luther.de

아이제나흐 Eisenach

마르틴 루터가 수학했던 곳으로 그가 머물렀던 곳에 루터 하우스가 남아 있다. P.177

바르트부르크성 Wartburg

보름스를 빠져나온 루터가 선제후 프리드리히 3세의 도움으로 피신해 있었던 곳이다. 이 성에 머물면서 루터는 독일어로 성서를 번역했다. P.181

바이마르 Weimar

루터가 자주 방문한 도시. 특히 헤르더 교회(성 페터와 파울 교회) P.171에서 자주 설교했다. 헤르더 교회 안에는 루터의 교리를 표현한 16세기 작품이 있다. 그 밖에도 루터가 15세기 말에 살았던 장소를 '루터의 뜰'로 기념하고 있으며, 그가 설교했던 프란치스카너 수도원에도 기념 현판이 있다. P.169

비텐베르크 Wittenberg

종교 개혁의 서막을 알린 역사적인 장소. 1517년 비텐베르크 대학의 신학 교수였던 루터가 95개조 반박문을 붙였던 성 교회Schlosskirche 정문에 95개조 반박문을 청동으로 새겨놓았다. 루터가 35년이나 활동한 도시로 공식 명칭도 루터시 비텐베르크Lutherstadt Wittenberg로 칭할 만큼 중요한 루터의 도시. 루터가 살았던 곳을 박물관으로 보존한 루터 하우스Lutherhaus 등의 명소가 유네스코 세계문화유산으로 지정되었다.

라이프치히 Leipzig

1519년 종교 개혁의 분위기가 확산되면서 마르틴 루터와 요한 에크의 신학 논쟁이 벌어졌던 곳이다. 논쟁이 벌어졌던 성의 자리에는 현재 시청사가 들어서 있어 주변 도로는 마르틴 루터 길Martin-Luther-Ring으로 불린다. 논쟁 이후 루터는 파문당하고 그의 책들이 불태워졌다. P.158

베를린 ·

· 비텐베르크

라이프치히 ·
· 아이슬레벤

아이제나흐 ·
· 바이마르

프랑크푸르트 ·

· 보름스

뮌헨 ·

아이슬레벤 Eisleben

루터가 태어나고 죽은 곳이다. 1483년 루터가 태어난 생가와 1546년 루터가 사망한 집이 남아 있다. 다만 루터의 유해는 그가 활동했던 비텐베르크로 옮겨져 성 교회에 안치되어 있다.

보름스 Worms

루터의 종교 재판이 열렸던 곳. 1521년 루터는 교황에게 파문되고 신변이 위험한 상태에서 소집된 제국의회에 참석했다. 보름스 대성당 안에는 루터가 재판을 받던 자리에 기념비가 있으며, 시내 중심의 루터 광장에는 종교 개혁 기념 동상이 있다.

독일 대문호
괴테의 발자취

괴테 가도
Goethe Straße

명칭에서 알 수 있듯 독일의 시인 요한 볼프강 폰 괴테의 생애와 밀접한 연관이 있다.
괴테가 태어난 프랑크푸르트, 대학에서 공부한 라이프치히, 생애의 약 60년을 보냈다는
바이마르, 여러 번 방문했다는 도시들까지 괴테의 발자취가 짙게 남은 곳을
연결한다. 괴테와 관련된 도시로 묶여 있긴 하나 독일의 작곡가 바흐, 슈만, 멘델스존,
바그너와도 깊은 관련이 있어 음악의 가도라고도 불린다.
덕분에 수많은 문화유산이 있고 매년 다채로운 축제가 열려 볼거리가 많다.

가는 방법

괴테 가도의 도시들은 지리적 위치와 교통이 아주 편리하다. 렌터카를 이용해 편하게 이동하며 둘러볼 수도 있지만, 철도가 발달한 독일에서는 기차 여행이 제격이다. 350km에 달하는 수많은 도시 모두 기차로 쉽게 닿는다.

추천 코스

독일의 동서를 연결하는 가도로 크고 작은 도시가 많아 모든 도시를 여행하기에는 현실적으로 힘들다. 꼭 가고 싶은 대표 도시를 정한 다음 거점 도시를 선택해 당일치기로 소도시를 다녀오는 일정이 좋다.

프랑크푸르트
기차 1시간
풀다
기차 50분
아이제나흐
기차 30분
에어푸르트
기차 15분
바이마르
기차 1시간 10분
라이프치히

베를린

라이프치히
에어푸르트
아이제나흐
바이마르
프랑크푸르트
풀다

뮌헨

프랑크푸르트 Frankfurt

독일의 관문이자 교통과 무역의 중심지, 독일 최고의 금융 도시다. 문호 괴테가 태어나고 유년기 시절을 보낸 괴테 하우스 P.262가 있으며, 그의 이름을 딴 괴테 거리는 프랑크푸르트의 유명한 쇼핑 거리다.

풀다 Fulda

괴테가 가장 좋아했던 체류지로 알려진 풀다는 바로크 건축 양식이 잘 보존된 아름다운 도시. 괴테는 이곳에서 가장 많은 작품을 집필했으며, 그가 머물렀다는 숙소 골데너 가르펜은 지금도 영업 중이다.

아이제나흐 Eisenach

괴테가 자주 방문했던 도시로 그가 근무했던 장소, 머물렀던 목조 건축이 그대로 남아 있다. 또한 이곳은 바흐가 태어난 도시이자 마르틴 루터가 학교를 다닌 곳이기도 하다.

에어푸르트 Erfurt

튀링겐주의 주도인 에어푸르트는 괴테가 여행 차 자주 방문한 도시로 알려졌는데, 그는 이 도시를 "튀링겐의 로마"라고 불렀다고 한다. 지금도 구시가지는 중세 시대의 자취가 짙게 남아 있다.

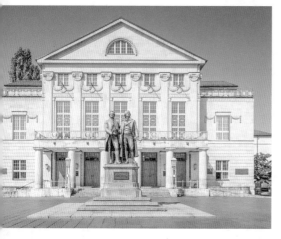

바이마르 Weimar

16개의 유네스코 세계문화유산을 보유한 이 도시는 괴테가 반평생을 보낸 괴테 가도의 핵심 도시다. 괴테와 실러를 비롯한 많은 지성인이 머무르며 고전주의의 꽃을 피웠다.

라이프치히 Leipzig

괴테가 다닌 라이프치히 대학, 그의 작품 〈파우스트〉에 등장한 레스토랑이 그대로 남아 있는 곳이다. 음악의 도시로 알려진 곳답게 바흐가 25년간 지휘자로 활동한 교회가 남아 있고, 멘델스존과 슈만의 흔적도 찾아볼 수 있다.

함부르크 지역
함부르크와 주변 도시

독일에서 두 번째로 큰 도시이자 북해로 이어지는 엘베강 하류에 자리한 함부르크. 이러한 지리적 이점으로 13세기부터 한자 동맹의 중심지가 되었고, 지금까지 활발하게 무역을 이어올 수 있었다. 독일의 북쪽에 있어 여행객이 많이 찾는 도시는 아니지만 항공과 기차로 독일 전역을 연결하고 있다. 대도시 함부르크를 방문한다면 중세의 흔적이 남아 있고 낭만이 숨 쉬는 그림 형제의 배경 브레멘, 박람회의 도시 하노버, 대학 도시 괴팅겐도 함께 여행하면 좋다.

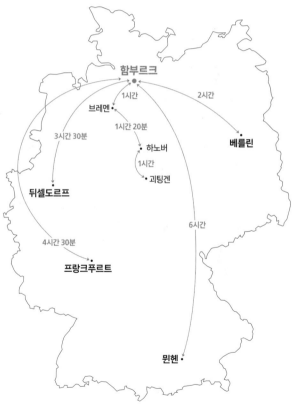

함부르크

1시간 — 브레멘

2시간 — 베를린

3시간 30분

1시간 20분 — 하노버

1시간 — 괴팅겐

뒤셀도르프

4시간 30분

6시간

프랑크푸르트

뮌헨

★ 기차 소요시간 기준이며 열차 종류나 스케줄에 따라 차이가 있다.

**일정 짜기
Tip**

함부르크와 주변 도시는 4박 5일이면 둘러볼 수 있다. 함부르크에서 2일, 나머지 도시는 각각 하루를 잡으면 된다. 잦은 이동이 힘들다면 하노버를 거점 도시로 두고 브레멘과 괴팅겐을 당일치기로 다녀올 수도 있다.

독일의 최대 무역항

함부르크 HAMBURG

**#부유한 도시 #자유 도시 #하펜시티
#햄버거 #프리츠 콜라**

독일의 가장 큰 항구 도시이자 수도 베를린 다음으로 큰
독일 제2의 도시다. 9세기로 거슬러 올라갈 만큼
유서 깊은 역사와 문화 자원을 가졌다. 중세 시대에 상업을
목적으로 결성한 한자 동맹의 중심지로 번영해
탄탄한 경제를 자랑해서인지 "독일 최고의 부자 도시"로 통한다.
제2차 세계 대전 이후 도시 대부분이 파괴되어 역사적
건축물이 많이 남아 있지는 않지만, 현대적이고 세련된 멋의
도시임은 분명하다.

함부르크
가는 방법

독일 대도시 중 한 곳이자 대표 항구 도시인 함부르크는 비행기와 기차를 통해 드나들 수 있다. 우리나라에서는 최소 1회 경유를 통해 비행기로 이동을 할 수 있으며, 유럽 도시 간 이동은 더욱 편리하다. 기차로 이동할 경우 중북부 지역은 물론 독일 남부까지 비교적 빠르게 연결하고 있다.

① 항공
🏠 www.hamburg-airport.de

함부르크는 대도시지만 아쉽게도 우리나라에서 출발하는 직항 편은 없다. 최소 1회 이상 경유해야 하며, 아시아나항공, 루프트한자, KLM, 핀에어, 러시아항공 등을 이용할 수 있다. 유럽 내 도시에서의 이동은 편리하다. 공항은 시내에서 북쪽으로 약 11km 떨어진 **함부르크 공항**Flughafen Hamburg을 이용한다. 함부르크 공항은 독일 내에서 다섯 번째로 이용자 수가 많은 공항으로 꼽힌다. 2개의 터미널이 있으며 1터미널은 원 월드와 스카이팀 회원사가, 2터미널은 스타얼라이언스 회원사가 이용하고 있다.

함부르크 공항에서 시내로 이동

❶ **S반** 함부르크 중앙역Hamburg Hbf까지 S반을 이용하는 것이 가장 편리하다. S1은 함부르크 공항역Flughafen Hamburg에서 중앙역까지 24분 소요된다. 티켓은 자동 발매기에서 구입할 수 있다(€3.9).

❷ **택시** 도착 층에 대기 중인 택시로 시내까지 이동할 수 있다. 약 30분 정도 소요되며 요금은 중앙역까지 €35 안팎이다.

② 기차

함부르크는 독일의 대도시답게 기차로 쉽게 연결된다. 브레멘, 하노버, 베를린 이 세 도시는 1시간에 1~2대가 운행하며, 함부르크에서 비교적 거리가 먼 프랑크푸르트, 슈투트가르트, 뮌헨 등 대도시까지도 열차 운행이 활발하다. 브레멘과 같이 함부르크는 자유도시에 속하지만 랜더 티켓인 니더작센 티켓Niedersachsen-Ticket 사용이 가능해 브레멘을 포함해 하노버와 괴팅겐까지 이동할 수 있다.

함부르크 중앙역Hamburg Hbf은 독일 전역을 연결하는 기차는 물론 S반, U반이 모두 오가는 함부르크 교통의 중심지다. 1906년에 지었으며 규모가 상당해 레스토랑, 카페, 패스트푸드점, 약국, 여행 안내소 등 없는 게 없어 큰 쇼핑 센터를 연상시킨다. 시내 방향은 남쪽 출구로 나가야 한다.

함부르크 안에서
이동하는 방법

S반, U반, 버스, 유람선 등 교통수단이 있으며 함부르크 교통국(HVV)에서 담당한다. 중앙역부터 시청사 주변의 명소 모두 도보 이동이 가능하다. 다만, 시내에 있으나 중앙역에서 거리가 먼 브람스 박물관이나 엘베강 주변의 란둥스브뤼켄에 갈 경우 대중교통을 이용하는 것이 낫다. 티켓은 자동 발매기에서 구입할 수 있다.

€ 단거리권 €2.1, 1회권 €3.9, 1일권 €7.8 🏠 www.hvv.de

함부르크 주요 교통 노선도

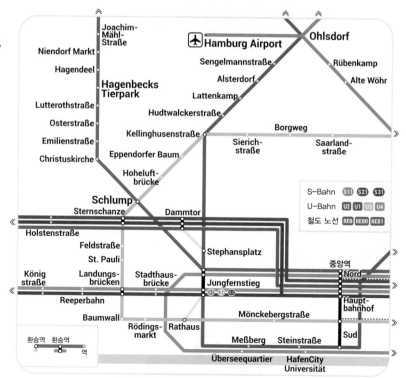

함부르크
추천 코스

대도시인 함부르크는 크고 작은 볼거리가 많다.
대부분 시청사를 중심으로 모여 있으나
함부르크를 제대로 보려면 최소 이틀은 잡아야 한다.
첫날은 시청사와 하펜시티 위주로 둘러보고,
둘째 날은 란둥스브뤼켄 부근을 둘러보면
알차게 여행할 수 있다.

Day 1

함부르크 여행 첫날은 성 야콥 교회에서 시작해
하펜시티를 둘러보는 일정이다.

성 야콥 교회 P.198

도보 5분

성 페터 교회 P.198

도보 4분

시청사 P.199

도보 4분

알스터 호수 P.199

도보 10분

성 니콜라이 기념관 P.200

도보 13분

하펜시티 P.201

도보 15분

칠레 하우스 P.204

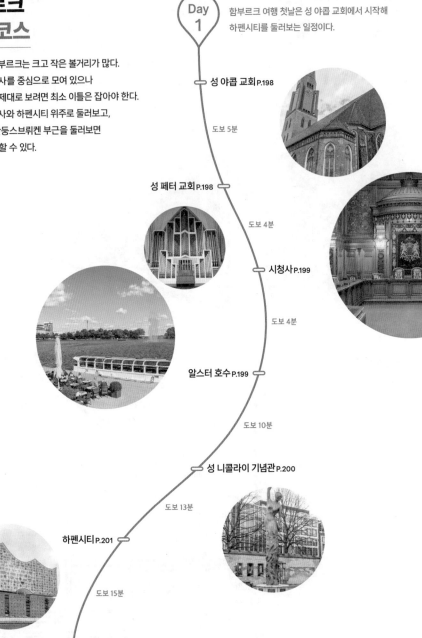

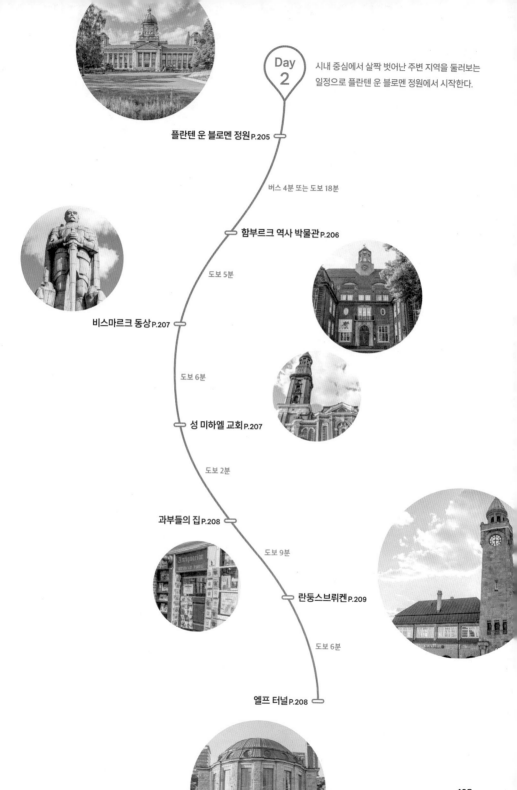

Day 2

시내 중심에서 살짝 벗어난 주변 지역을 둘러보는 일정으로 플란텐 운 블로멘 정원에서 시작한다.

플란텐 운 블로멘 정원 P.205

버스 4분 또는 도보 18분

함부르크 역사 박물관 P.206

도보 5분

비스마르크 동상 P.207

도보 6분

성 미하엘 교회 P.207

도보 2분

과부들의 집 P.208

도보 9분

란둥스브뤼켄 P.209

도보 6분

엘프 터널 P.208

함부르크
상세 지도

Große Wallanlagen

함부르크 역사 박물관 ⑪

⑫ 브람스 박물관

Reeperbahn

⑬ 비스마르크 동상

⑭ 성 미하엘 교회
⑮ 과부들의 집

Böhmkenstraße

엘프 터널 ⑯

Ⓢ Ⓤ Landungsbrücken
⑰ 란둥스브뤼켄

• 리크머 리크머스

Baumwall Ⓤ
(Elbhilharmonie)

• 캡 샌 디에고

Norderelbe

엘프필하모니 홀 •

0   100m

10 플란텐 운 블로멘 정원

04 알스터 호수

명소
식당/카페
상점

Stephansplatz (Oper/CCH)

Kennedybrücke

Gänsemarkt

09 함부르크 미술관

05 니베아 하우스

03 융페른슈티크

10 브뤼베르크

05 콴 도 하우프트반호프

Hauptbahnhof Nord

Jungfernstieg

함부르크 중앙역

02 오이로파 파사주

09 리스봄

Hauptbahnhof Süd

04 노이어 발

짐 블록 01

뫼케베르크 거리

01

03 시청사

Rathaus

02 성 페터 교회

02 시소 버거 함부르크

01 성 야콥 교회

06 마마 트라토리아 시티

04 버거리히

Steinstraße

03 라우프아우프

Steinstraße

08 칠레 하우스

05 성 니콜라이 기념관

4

하펜시티

07 노드 코스트 커피 로스터리

• 창고 지구

06 성 카타리나 교회

Brooktorkai

슈파이허슈타트 커피 로스터리

08 • 미니어처 원더랜드

Am Sandtorkai

07 하펜시티

Überseeallee

Überseequartier

HafenCity Universität

현대식 첨탑이 돋보이는 교회 ...... ①
성 야콥 교회 Hauptkirche Sankt Jacobi

함부르크 시내에는 첨탑이 높은 교회가 여럿 있어 이정표, 랜드마크 같은 역할을 한다. 그중 처음으로 만나게 되는 이곳은 함부르크 5대 복음 교회 중 하나로 13세기에 지었다. 아득한 과거에 지은 붉은 벽돌의 외벽과 달리 하늘로 치솟은 첨탑은 현대적인데 제2차 세계 대전 이후 재건한 결과다. 교회 내부에는 3개의 중앙 제단과 1693년에 제작한 오르간이 있는데 4,000개의 파이프로 이루어진 북부 유럽에서 가장 큰 바로크 양식의 오르간이다. 화려한 스테인드글라스도 볼거리다.

📍 Jakobikirchhof 22, 20095 Hamburg 🚶 중앙역에서 도보 6분
🕐 4~9월 10:00~17:00, 10~3월 11:00~17:00 📞 +49 40 3037370
🏠 https://jacobus.de

함부르크에서 가장 오래된 교구 교회 ...... ②
성 페터 교회 Hauptkirche Sankt Petri

성 야콥 교회보다 1세기 앞선 시기에 지은 성 페터 교회 역시 함부르크의 5대 복음 교회에 속한다. 오랜 시간을 견뎌온 만큼 훼손되고 재건하는 과정을 겪기는 했지만, 제2차 세계 대전 중에도 큰 피해 없이 지금의 자리를 지킨 얼마 되지 않는 중요한 건축물이다. 서쪽 입구의 청동 사자 머리 손잡이는 함부르크에서 가장 오래된 예술 작품으로 탑을 세우던 1342년에 제작했다. 함부르크의 초대 대주교 안스가를 의미하는 북쪽의 벽화도 유명하다. 544개의 계단을 오르면 함부르크를 한눈에 내려다볼 수 있다.

📍 Bei der Petrikirche 2, 20095 Hamburg
🚶 U3 Rathaus역에서 하차, 도보 3분
🕐 월·화·목·금 10:00~18:00, 수 10:00~19:00,
토 10:00~17:00, 일 09:00~20:00
📞 +49 40 3257400 🏠 www.sankt-petri.de

시청사 Rathaus

구 시청사가 대화재로 소실돼 1897년에 완공한 네오르네상스 양식의 신 시청사다. 112m 높이의 시계탑과 화려한 장식으로 꾸민 외관이 궁전처럼 보인다. 웅장한 사암 건물의 시청사는 무역의 전성기를 누릴 당시 부와 영향력을 건축에 반영한 것이라 할 수 있다. 로비는 전시회를 위해 개방하고 있으며, 안뜰로 들어서면 1892년 함부르크 지역에서 발생한 콜레라 희생자를 추모하기 위해 만든 히기에이아 분수Hygieia Brunnen를 볼 수 있다. 시청사 앞쪽으로는 이벤트와 축제가 열리는 시청사 광장, 뒤쪽엔 함부르크 증권 거래소Handelskammer가 있다.

📍 Rathausmarkt 1, 20095 Hamburg   🚶 U3 Rathaus역에서 하차, 도보 2분
📞 +49 40 428312064   🏠 www.hamburg.de/rathaus

> ### 시청사 가이드 투어
>
> 647개의 방으로 이루어진 시청사를 둘러볼 수 있다. 시장처럼 차려입은 가이드가 함부르크의 흥미로운 역사에 대해 들려준다. 투어는 영어와 독일어로 진행되며, 시청사 내부 안내 데스크에서 예약할 수 있다.
>
> 🕐 (영어) 11:15, 13:15, 15:15   💶 €7

알스터 호수 Außenalster

함부르크 시내 중심에 있는 대형 호수다. 호수 중앙의 롬바르트 다리Lombardsbrücke와 케네디 다리Kennedybrücke를 경계로 도시 안쪽의 내호Binnenalster와 도시 바깥 쪽의 외호Außenalster로 나뉜다. 함부르크 시청사와 가까운 내호 주변으로는 멋진 레스토랑과 휴식 공간이 있고, 유람선을 탈 수 있어 시민과 여행객의 쉼터다. 북쪽의 외호에서는 카약이나 보트 등을 즐길 수 있다. 하얀 백조가 우아한 자태를 뽐내며 떠다니는 함부르크의 상징과도 같은 호수에서 여행 중 여유를 찾아 찾아보는 건 어떨까.

📍 20148 Hamburg   🚶 U2·4, S1~3 Jungfernstieg역에서 하차, 도보 1분

희생자를 추모하는 기념물 ……… ⑤
성 니콜라이 기념관 Mahnmal St. Nikolai

12세기 말에 지은 교회로 대화재로 소실돼 1863년에 재건했다. 높이 147m의 인상적인 첨탑은 교회를 지을 당시 전 세계에서 가장 높은 건축물이었으며, 현재는 독일에서 세 번째로 높은 교회 첨탑이다. 성 니콜라이 교회라고 부르기도 하지만 기념관이란 명칭이 붙은 것은 제2차 세계 대전 때 공습으로 본당은 붕괴되고 첨탑만 남았기 때문이다. 전쟁의 참상을 알리기 위해 복원하지 않았으며, 2005년에 첨탑에 엘리베이터를 설치해 함부르크 시내 파노라마를 즐길 수 있다. 함부르크의 5대 복음 교회 중 하나다.

📍 Willy-Brandt-Straße 60, 20457 Hamburg 🚶 U3 Rathaus역에서 하차, 도보 7분 💶 박물관+탑 €6 🕐 10:00~18:00
📞 +49 40 46898040 🏠 www.mahnmal-st-nikolai.de

희생자를 추모하는 기념비, 시련 Prüfung

함부르크에서 서쪽으로 60km 떨어진 잔트보스텔Sandbostel 강제 수용소에서 희생당한 사람들을 추모하기 위함이며, 붉은 벽돌은 실제 수용소에서 나온 것을 이용했다.

바흐가 오르간을 연주했던 ……… ⑥
성 카타리나 교회 Hauptkirche St. Katharinen

항구와 가까워서인지 엘베강 유역의 어부들이 많이 찾은 곳으로, 붉은 벽돌의 교회는 13세기에 건립했다. 함부르크의 5대 복음 교회이기도 하지만 성 카타리나 교회가 유명한 것은 다름 아닌 오르간 때문이다. 15세기부터 명성을 이어온 오르간은 열여섯 살이었던 바흐가 오르간 소리를 듣기 위해 교회에 방문해 연주도 했다고 전해진다. 아쉽게도 당시의 오르간은 제2차 세계 대전 중 파괴되었고, 지금의 것은 2013년에 만들었다.

📍 Katharinenkirchhof 1, 20457 Hamburg 🚶 성 니콜라이 기념관에서 도보 7분 🕐 월~금 10:00~17:00, 토·일 11:00~17:00
📞 +49 40 30374750 🏠 www.katharinen-hamburg.de

하펜시티 Hafencity

항구 도시로서 중요한 역할을 한 장소였으나 무역항이 쇠퇴하고 낙후되자 프로젝트의 일환으로 재개발을 시작했고, 현재도 진행 중이다. 2008년 엘베강의 섬들로 이루어진 함부르크 미테 지구Hamburg-Mitte가 행정구역으로 지정된 이후 옛 항구의 창고들을 사무실, 상점, 호텔, 박물관으로 변모시킨 결과 함부르크의 핫스폿으로 떠올랐다. 창고 지구를 비롯해 국제 해양 박물관, 세관 박물관, 모형 자동차 박물관, IF 디자인 전시관 등 많은 박물관이 있고 55m 높이의 주거용 건물 마르코 폴로 타워 등 수많은 건물이 들어섰다.

📍 20457 Hamburg 🚶 U3 Baumwall(Elbphilharmonie)역에서 하차, 도보 3분

함부르크에서 만나는 대한민국

국제 해양 박물관으로 이어지는 다리의 명칭은 다름 아닌 '부산교Busanbrücke'다. 항구 도시라는 공통점이 있는 함부르크 시와 부산시는 두 도시 간의 협력과 지속적인 교류의 의미로 2010년 하펜시티에 교량을 설치하고 그 이름을 부산교로 지정했다. 다리와 이어지는 길은 한국 거리 Koreastraße다.

이곳만은 꼭 가보기!
하펜시티 하이라이트

쇠퇴한 옛 항만이 문화와 관광의 거점이 되었다. 오래된 창고에는 상업 시설과 오피스 건물이 들어서고,
버려진 부두와 공장은 거주 공간과 문화가 어우러진 새로운 복합 도시를 만들어냈다.
유럽의 주요 무역항이었던 곳답게 규모도 크다. 이곳에서 놓치지 말고 봐야 할 몇 곳을 소개한다.

세계에서 가장 큰 항만 창고 시설
창고 지구 Speicherstadt 유네스코

네오고딕 양식으로 지은 붉은 벽돌 건물들이 1.5km
가량 이어져 있다. 슈파이허슈타트Speicherstadt는
'창고 도시'라는 뜻으로, 항구 도시인 함부르크는 드
나드는 배가 많아 창고 시설이 필요한 것은 당연했
다. 19세기 말부터 20세기 초까지 창고 건물을 건설
하면서 해로와 육로의 이동이 쉽도록 한쪽은 물가,
다른 한쪽은 도로에 닿도록 설계했다. 이 지역은 독
일 관세 동맹 이후 세금을 부과하지 않았다는 것이
특징이다. 2015년에 역사적인 창고 지구의 가치를
인정받아 유네스코 세계문화유산으로 지정되었다.

📍 20457 Hamburg

세계의 축소판

미니어처 원더랜드 Miniatur Wunderland

2001년 문을 연 이곳은 쌍둥이 형제 프레데릭 브라운과 게릿 브라운이 세계 최대 미니어처 박물관에 도전한 것이 시초가 되었고, 실제로 현재 세계 최대 규모를 자랑한다. 독일, 오스트리아 알프스, 함부르크, 미국, 스칸디나비아, 스위스, 이탈리아 등으로 구역을 나누어 전시하고 있다. 단순히 규모만 큰 게 아니라 아주 작은 사람 모형에 눈, 코, 입을 넣고 표정과 행동을 재현할 정도의 섬세함 때문에 감탄을 넘어 존경심을 불러일으킬 정도. 15분 간격으로 조명을 바꿔 밤낮을 표현하며 좀 더 생동감을 주기도 한다.

📍 Kehrwieder 2/Block D, 20457 Hamburg 💶 성인 €20 🕐 09:30~18:00(날짜, 요일, 시간대별로 운영시간이 달라 홈페이지 참고) 🏠 www. miniatur-wunderland.de

하펜시티의 랜드마크

엘프필하모니 홀 Elbphilharmonie

10년 공사 끝에 2017년 개관한 초현대식 건물이다. 2,100명을 수용할 수 있는 콘서트홀과 호텔, 고급 아파트먼트, 카페가 들어서 있으며 시민들에게는 엘피Elphi라는 애칭으로 불린다. 붉은 벽돌의 옛 창고 위에 지은 건물이 이질적인 느낌이 든다는 평을 받기도 했지만, 전통과 현대성을 잘 살렸다는 점에 의의가 있다. 건물 중앙의 37m 높이 플라자 전망대에 오르면 하펜시티와 항구가 내려다보인다. 입장은 무료지만 티켓 부스에서 시간이 지정된 티켓을 받아야 입장할 수 있다.

📍 Platz der Deutschen Einheit 2, 20457 Hamburg 🕐 10:00~24:00 🏠 www.elbphilharmonie.de

거대한 뱃머리가 연상되는 ……⑧
칠레 하우스 Chilehaus 유네스코

칠레 초석으로 부를 축적한 선박 부호 헨리 슬로만의 의뢰로 건축가 프리츠 회거가 1924년에 완공한 건물이다. 독일 표현주의 건축의 상징으로 알려진 칠레 하우스의 측면은 부드럽게 곡선을 이루고, 동쪽은 매우 뾰족해 바라보는 방향에 따라 다른 느낌을 받는다. 위에서 바라보면 뱃머리를 연상시킨다. 엘베강 근처 불안정한 지대에 건설해야 했기 때문에 길이가 16m인 콘크리트 말뚝을 박았고, 홍수에도 따로 대비했다.

📍 Fischertwiete 2A, 20095 Hamburg
🚶 U1 Steinstraße역에서 하차, 도보 5분
🕐 10:00~19:00 📞 +49 40 349190
🏠 www.chilehaus.de

부의 도시 명성에 걸맞은 방대한 컬렉션 ……⑨
함부르크 미술관 Hamburger Kunsthalle

중세부터 현대에 이르는 회화 작품을 수집한 미술관이다. 1869년에 본관 건축 이후 쿠페 홀과 게겐바르트 미술관을 지어 총 3채의 건물이 되었다. 북부 독일 회화, 플랑드르, 이탈리아, 근현대 미술까지 7세기에 걸친 유럽 예술 작품을 다루고 있어 실로 그 규모가 대단하다. 우리에게 비교적 친숙한 칼 블레헨, 아르놀트 뵈클린, 귀스타브 쿠르베, 에드가 드가, 클로드 모네 등의 작품도 전시하고 있다.

📍 Glockengießerwall 5, 20095 Hamburg 🚶 중앙역에서 도보 5분
💶 성인 €16 🕐 화·수, 금~일 10:00~18:00, 목 10:00~21:00 ❌ 월요일
📞 +49 40 428131200 🏠 www.hamburger-kunsthalle.de

플란텐 운 블로멘 정원 Planten un Blomen

'식물과 꽃'이라는 뜻을 가진 정원으로 규모가 47만㎡에 달한다. 1821년 독일의 식물학자 요한 게오르크 크리스티안 레흐만이 이곳에 처음으로 플라타너스를 심은 것이 시초다. 도시 한가운데서 푸른 녹지와 호수, 일렁이는 꽃 물결을 만날 수 있어 날씨가 좋은 날은 나들이 나온 시민들의 모습을 쉽게 볼 수 있다. 정원 근처의 지베킹 광장Sievekingplatz을 중앙에 두고 3채의 건물이 둘러싸고 있다. 중앙은 고등법원, 왼쪽은 민사법원, 오른쪽은 형사법원으로 19세기 말에서 20세기 초에 지어졌다. 엄숙하고 딱딱한 이미지가 떠오르는 법원답지 않게 고풍스럽고 웅장한 건물들이 시민들의 휴식처가 되어주는 광장과 잘 어우러진다. 고등법원 뒤쪽에는 러시아 정교회 그나덴 교회Gnadenkirche도 있다.

📍 Marseiller Promenade, 20355 Hamburg
🚶 U1 Stephansplatz역에서 하차, 도보 2분 또는 S11·21·31 Bahnhof Dammtor역에서 하차, 도보 3분 🕐 4월 07:00~22:00, 5~9월 07:00~23:00, 10~3월 07:00~20:00
🏠 https://plantenunblomen.hamburg.de

일 년에 세 번 열리는 축제, 함부르거 돔 Hamburger Dom

독일 축제 하면 뮌헨의 옥토버페스트를 떠올리지만, 함부르크에는 독일에서 가장 크고 긴 축제 돔이 있다. 1329년 대성당 앞에서 크리스마스 마켓이 열린 것이 축제 이름의 기원이 되었으며, 인기가 많아져 횟수가 늘어났다. 3월, 7월, 11월에 열리며 한 달 내내 진행된다. 계절마다 프로그램이 달라지며, 축제 기간의 매주 금요일에는 불꽃놀이가 밤하늘을 꽃피운다.

🏠 www.hamburg.de/dom

도시의 역사를 살펴볼 수 있는 기회 ⑪

함부르크 역사 박물관
Museum für Hamburgische Geschichte

함부르크 박물관Hamburg Museum이라고 부르기도 하며 1908년에 개관했다. 독일 최대의 항구 도시답게 각종 범선 모형과 옛 도시를 재현한 모형 등 한자 동맹 도시로서 번영했던 화려한 역사를 살펴볼 수 있는 자료가 가득하다. 오늘날 함부르크를 만든 역사적인 사건도 만나볼 수 있으며, 주민들의 삶을 엿볼 수 있는 가구, 의복, 사진 등 수많은 전시물을 소장하고 있다.

* 2027년까지 보수공사로 휴관

📍 Holstenwall 24, 20355 Hamburg 🚶 U3 St. Pauli역에서 하차, 도보 5분 📞 +49 40 428132100 🏠 https://shmh.de/de/museum-fuer-hamburgische-geschichte

낭만주의 음악 거장의 삶 속으로 ⑫

브람스 박물관 Brahms Museum

함부르크 출신 작곡가인 요하네스 브람스의 관련 자료를 전시하고 있다. 1943년 제2차 세계 대전으로 파괴된 브람스 생가 대신 근처 건물을 박물관으로 개관했다. 사진, 악보, 피아노, 흉상 등 오스트리아 빈으로 이주하기 전까지 29년 동안 살아온 그의 생애와 음악과 관련된 흔적을 전시하고 있으며, 그의 작품들도 들어볼 수 있다.

📍 Peterstraße 39, 20355 Hamburg 🚶 U3 St. Pauli역에서 하차, 도보 7분 💶 성인 €7 🕐 화~일 10:00~17:00 ❌ 월요일 📞 +49 40 41913086 🏠 https://brahms-hamburg.de

함부르크 음악의 역사를 한 번에, 작곡가 지구 Komponistenquartier

함부르크 출신이거나 이 도시에서 활동했던 작곡가들을 기념하기 위해 조성했다. 요하네스 브람스를 시작으로 게오르크 필리프 텔레만, 카를 필리프 에마뉘엘 바흐, 요한 아돌프 하세, 파니 멘델스존·펠릭스 멘델스존, 구스타프 말러 총 6개의 기념관을 세웠다. 작곡가들의 삶과 음악 세계를 엿볼 수 있는 악보, 편지, 사진 등이 전시되어 있다. 브람스 박물관은 독립된 건물이고 나머지 전시실은 하나의 건물에 있다. 한 장의 티켓으로 모두 입장 가능하다.

📍 Peterstraße 31, 20355 Hamburg
🚶 U3 St. Pauli역에서 하차, 도보 7분
🕐 화~일 10:00~17:00 ❌ 월요일
💶 성인 €11 🏠 www.komponistenquartier.de

독일에서 가장 큰 비스마르크의 동상 ······ ⑬
비스마르크 동상 Bismarck Denkmal

철혈 재상이라 불리는 독일의 정치가이자 독일 통일을 완성한 오토 폰 비스마르크의 동상이다. 비스마르크는 프로이센의 수상으로 군사력을 쌓아 독일 통일을 이끌었고, 통일 후에는 독일 제국의 재상이 된 인물이다. 1906년에 제작한 이 기념비의 높이는 35m이며, 석상 크기만 약 15m이다. 비스마르크 동상은 독일에만 수백 개가 있다고 알려졌는데 그중 이곳 알터 엘프 공원Alter Elbpark에 있는 것이 가장 크다.

📍 Seewartenstraße 4, 20459 Hamburg
🚶 U3 St. Pauli역에서 하차, 도보 6분

대천사 미하엘에게 헌정한 교회 ······ ⑭
성 미하엘 교회 Hauptkirche St. Michaelis

함부르크의 5대 복음 교회 중 하나이자 1833년에 브람스가 세례를 받은 곳이다. 함부르크에서 가장 큰 교회답게 약 2,500명을 수용할 수 있다. 1669년에 바로크 양식의 가톨릭 성당으로 지었으나 종교 개혁 이후 개신교로 바뀌었다. 교회 입구에는 대천사 미하엘이 사탄을 무찌르는 청동상이 있으며, 내부로 들어가면 흰색과 금색으로 이루어진 밝은 분위기가 느껴진다. 높이 20m의 제단과 6,674개의 파이프 오르간이 볼 만하며 정오에는 15분간 연주도 펼쳐진다. 성 미하엘 교회의 하이라이트는 높이 132m의 전망대다. 엘리베이터를 타고 올라가면 함부르크 시내를 한눈에 내려다볼 수 있다.

📍 Englische Planke 1, 20459 Hamburg
🚶 U3 St. Pauli역에서 하차, 도보 8분
💶 탑 €8, 지하 박물관 €6, 탑+지하 박물관 €10 🕐 5~9월 09:00~19:30, 10월·4월 09:00~18:30, 11~3월 10:00~17:30 📞 +49 40 376780
🏠 www.st-michaelis.de

과부들이 모여 살던 동네 ⑮

과부들의 집
Krameramtsstuben

좁은 골목을 사이에 두고 상점, 갤러리, 레스토랑이 자리한 이 골목은 원래 과부들을 위한 공간이었다. 항구 도시인 함부르크에는 배를 타는 사람이 많았고, 바다에서 돌아오지 못한 선원 남편을 둔 여인들이 있었다. 함부르크시는 1620년부터 1700년대까지 약 20채의 목조 건물을 짓고 남편과 사별한 후 갈 곳이 없는 그녀들에게 안식처로 제공했다. 현재 한 채는 박물관으로 개관해 당시 생활상을 엿볼 수 있게 전시하고 있는데, 한 공간에 침실, 거실, 주방이 마련된 단출한 모습이다.

📍 Krayenkamp 10, 20459 Hamburg
🚶 성 미하엘 교회에서 도보 2분
€ 성인 €4   🕐 월·수~일 10:00~17:00
❌ 화요일   🌐 www.shmh.de/kramer-widows-apartment

남북을 연결하는 해저 터널 ⑯

엘프 터널 St. Pauli Elbtunnel

1975년에 서쪽으로 약 3.5km 지점에 신 엘프 터널Neuer Elbtunnel을 지어 이곳은 구 엘프 터널Alter Elbtunnel이라 불리고 있다. 지하 24m에서 두 항구를 연결하는 426.5m 길이의 터널로 1911년 당시 기술로는 매우 획기적이었다. 보행자와 자전거는 24시간 통행할 수 있지만 차량의 경우 시간 제한을 두고 있으며, 터널 폭이 좁아 경차만 가능하다. 벽에는 엘베강과 관련한 물고기, 게와 같은 테라코타 장식이 있다. 터널 자체만 본다면 특별할 것 없지만, 당시 기술 혁신과 그 덕에 지금까지도 관광 자원으로 활용된다는 점이 놀랍게 느껴진다. 터널 지하로는 계단이나 승강기를 통해 내려가볼 수 있다.

📍 Bei den St. Pauli-Landungsbrücken, 20359 Hamburg
🚶 U3, S1~3 Landungsbrücken역에서 하차, 도보 4분

란둥스브뤼켄 Landungsbrücken

리크머 리크머스

장크트 파울리 지구St. Pauli에 있는 선착장을 의미한다. 첫 선착장은 1839년 항구 모서리에 증기선 선착을 위해 지었고, 점차 늘려나가다 1907년에 이르러서야 총 10개의 선착장이 되었다. 함부르크가 엘베강을 통해 유럽의 주요 항구 도시로 성장하자 선착장을 만들었고, 항구와 도심을 연결하는 철도도 놓은 것이다. 현재는 관광지의 역할을 하며 약 668m에 달하는 길에 레스토랑과 카페, 바가 들어서 있다. 1번 선착장 부근에 박물관으로 이용하는 범선 리크머 리크머스 Rickmer Rickmers와 캡 샌 디에고Cap San Diego가 있다.

캡 샌 디에고

리크머 리크머스 📍 Bei den St. Pauli-Landungsbrücken 1a, 20359 Hamburg
🚶 U3, S1·2·3 Landungsbrücken역에서 하차, 도보 3분 🕐 10:00~18:00 💶 성인 €7
🏠 www.rickmer-rickmers.de

캡 샌 디에고 📍 Überseebrücke, 20459 Hamburg 🚶 U3 Baumwall역에서 하차,
도보 7분 🕐 10:00~18:00 💶 성인 €12 🏠 www.capsandiego.de

재래시장이 궁금하다면, 피쉬마르크트 Fischmarkt

엘프 터널에서 걸어서 15분 거리에 위치하며, 1703년부터 생선을 팔던 곳으로 함부르크의 전통 시장으로 자리 잡았다. 어시장이라고 부르고 있지만, 생선은 물론 옷, 식물, 꽃, 잡화 등을 판매하고 있어 현지인과 여행객이 많이 찾는 곳이다. 생선만큼이나 이곳에서 유명한 것은 과일 바구니다. 바나나, 파인애플, 청포도, 오렌지 등을 넣은 과일 바구니를 저렴하게 판매한다. 일요일 새벽에만 장이 열리며, 일찍 가야만 활기찬 분위기를 느낄 수 있다.

📍 Fischmarkt 2,22767 Hamburg 🚶 S1·3 Reeperbahn역에서
도보 13분 또는 U3, S1·2·3 Landungsbrücken역에서 도보 15분
🕐 4~10월 일 05:00~09:30, 11~3월 일 07:00~09:30
🏠 www.hamburg.de/fischmarkt

함부르크의 유명한 햄버거 프랜차이즈 ……… ①

짐 블록 Jim Block

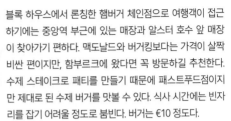

블록 하우스에서 론칭한 햄버거 체인점으로 여행객이 접근하기에는 중앙역 부근에 있는 매장과 알스터 호수 앞 매장이 찾아가기 편하다. 맥도날드와 버거킹보다는 가격이 살짝 비싼 편이지만, 함부르크에 왔다면 꼭 방문하길 추천한다. 수제 스테이크로 패티를 만들기 때문에 패스트푸드점이지만 제대로 된 수제 버거를 맛볼 수 있다. 식사 시간에는 빈자리를 잡기 어려울 정도로 붐빈다. 버거는 €10 정도다.

📍 Jungfernstieg 1-3, 20095 Hamburg 🚶 알스터 호수 근처
🕐 일~목 11:00~22:00, 금·토 11:00~23:00
📞 +49 40 30382217 🏠 www.jim-block.de

깔끔한 일본풍 인테리어가
돋보이는 햄버거 맛집 ……… ②

시소 버거 함부르크 Shiso Burger Hamburg

아시아 퓨전 버거집으로 유럽 전역에 체인을 두고 있다. 이곳의 시그니처 메뉴는 참치가 들어간 시소 버거(€14)이며, 육류와 해산물, 채식을 패티로 한 총 10가지 버거 메뉴가 있다. 사이드로는 감자튀김과 고구마튀김 그리고 김치가 있다. 건강을 중요시하는 곳인 만큼 일반 버거보다는 건강하게 느껴진다. 유럽식 햄버거 대신 우리에게 친숙한 햄버거를 맛보고 싶다면 들러볼 만하다.

📍 Bugenhagenstraße 23, 20095 Hamburg
🚶 함부르크 중앙역에서 도보 6분 🕐 월~목 12:00~21:00,
금·토 12:00~21:30, 일 14:30~20:30
📞 +49 40 74304110 🏠 www.shisoburger.com

함부르크 Hamburg와 햄버거 Hamburger

14세기 몽골계 타타르족이 먹던 다진 생고기는 러시아와 교역하던 독일의 항구도시 함부르크에 전파되었고 함부르크 사람들은 이것을 날것 그대로 먹기도 했지만, 양파와 빵가루를 섞어 불에 구워 먹는 스테이크로 먹기도 했다. 19세기 미국으로 이주한 독일인들에 의해 알려진 이 음식은 '함부르크 사람'이라는 뜻의 햄버거로 불리게 되고, 뜨거운 스테이크를 빵 사이에 끼워 넣는 변화를 거치게 되는데 이것이 오늘날 햄버거의 시초가 되었다. 빠르게 상업화되고 있던 패스트푸드 시장을 장악한 햄버거는 미국에서 성공을 거두었는데 그 뿌리는 함부르크에 있다고 볼 수 있다.

분위기 좋은 곳에서 해산물 요리를 맛보고 싶다면 ⋯⋯⋯ ③
라우프아우프 Laufauf

중심부에 있지만 관광객보다는 현지인이 더 많은 숨겨진 맛집이다. 전형적인 독일 음식점이지만 강과 인접한 함부르크 도시 특성상 해산물 요리도 쉽게 접할 수 있다. 생선을 좋아한다면 함부르거 팬피쉬Hamburger Panfisch를 추천한다. 얇게 튀긴 생선에 감자가 곁들여 나온다. 메뉴 선택이 어렵다면 매일 바뀌는 런치 메뉴를 추천한다. 메인 메뉴는 약 €25 정도다.

📍 Kattrepel 2, 20095 Hamburg 🏃 U3 Rathaus역에서 하차, 도보 5분 🕐 월~금 11:30~22:00, 토 13:00~22:00 ❌ 일요일 📞 +49 40 326626 🏠 https://laufauf.de

함부르크의 햄버거 대표 맛집 ⋯⋯⋯ ④
버거리히 Burgerlich

함부르크에서 손꼽히는 수제 버거 맛집으로 시내에 3개의 지점이 있다. 주문 방법은 독일답지 않게 아주 빠르고 효율적이다. 테이블에 있는 네모난 틈을 누르면 태블릿이 나오는데, 메뉴 선택 후 입장할 때 받은 카드를 대면 주문 내역이 저장된다. 나가기 전에 계산대에서 결제하면 끝. 버거 메뉴는 6개이며 기본 패티는 2장이다. 내용물을 빼거나 더 첨가할 수 있다. 갓 튀겨 따뜻하고, 바삭하면서도 안은 포슬포슬한 감자튀김도 인기다. 버거는 €10~13, 사이드는 €5 정도다.

📍 Speersort 1, 20095 Hamburg 🏃 U3 Rathaus역에서 하차, 도보 5분 🕐 일~목 11:30~20:30, 금·토 11:30~22:30 📞 +49 40 35715632 🏠 www.burgerlich.com

함부르크에는 특별한 콜라가 있다! 프리츠 콜라 Fritz kola

2002년 함부르크 출신인 로렌츠 함플, 미르코 볼프 비거트 두 청년이 자신들만의 독특한 콜라를 만들겠다는 일념으로 프리츠 콜라를 탄생시켰다. 두 창립자의 얼굴 도장이 찍히고 흑백 조화의 세련된 디자인에 맛에서도 기존 콜라와는 확연히 다른 맛을 만들어냈다. 처음 프리츠 콜라를 맛본 사람은 다소 심심하다고 느낄 수 있는데, 그 이유는 기존 콜라보다 많은 카페인을 함유하고 단맛을 줄였기 때문이다. 함부르크뿐만 아니라 독일 전역에서 볼 수 있지만, 함부르크에 왔으니 이곳만의 독특한 콜라를 마셔보는 것은 어떨까.

가성비 좋은 한 끼 식사 ······⑤

콴 도 하우프트반호프 Quan Do Hauptbahnhof

따뜻한 국물이 그리운 날 제격이다. 다른 베트남 식당보다 양은 많고 가격은 저렴한 편이지만 함부르크 번화가에 자리 잡은 만큼 대기 줄은 감안해야 한다. 대표 메뉴는 역시 쌀국수 (€14.3)이며 분짜, 춘권 등 메뉴도 다양하다. 고수는 기본적으로 포함되어 있으니 원치 않으면 주문할 때 미리 말해야 한다.

📍 Georgsplatz 16, 20099 Hamburg 🚶 중앙역에서 도보 3분
🕐 월~목 12:00~21:30, 금·토 12:00~22:00 ❌ 일요일
📞 +49 40 32901737 🏠 www.quan-do.com

이탈리아식 피자를 맛보다 ······⑥

마마 트라토리아 시티 mama trattoria City

시청사에서 도보 3분 거리에 있다. 이탈리아 체인 레스토랑으로 함부르크에 2개의 지점이 있고 베를린과 쾰른을 포함해 독일에 총 10개의 지점이 있다. 함부르크에서는 시청사에 있는 지점이 가장 찾기 쉽다. 샐러드, 피자, 파스타 등 이탈리언 요리가 주를 이룬다. 아늑한 매장 분위기와 아기자기한 소품의 인테리어가 돋보인다. 피자는 €13~19, 파스타는 €10~18 정도.

📍 Schauenburgerstraße 44, 20095 Hamburg 🚶 함부르크
시청사에서 도보 3분 🕐 일~화 12:00~21:30, 수~토 12:00~22:00
📞 +49 40 36099993 🏠 https://mama.eu

브런치 즐기기 좋은 카페 ······⑦

노드 코스트 커피 로스터리
Nord Coast Coffee Roastery

주중에도 대기가 있는 핫플레이스다. 매장에 들어서는 순간 커피 향이 가득 풍기고 운하가 보이는 창가 좌석 풍경이 시선을 사로잡는다. 이곳은 브런치 메뉴가 유명한데 팬케이크, 파니니, 와플, 요거트볼 등 종류가 다양하다. 맛뿐 아니라 모양새도 훌륭하다. 원하는 경우 원두도 구입할 수 있다. 브런치 메뉴는 €10~16, 커피는 €5 이내다.

📍 Deichstraße 9, 20459 Hamburg 🚶 U3 Baumwall역에서 하차,
도보 7분 🕐 09:00~17:00 📞 +49 40 36093499
🏠 www.nordcoast-coffee.de

하펜시티의 유명한 로스팅 카페 ⑧
슈파이허슈타트 커피 로스터리
Speicherstadt Coffee Roastery

오래된 항구의 창고형 건물을 개조한 덕에 클래식한 외관이 매력적으로 다가온다. 중앙에 큰 로스팅 기계가 있어 넓은 카페를 향긋한 커피 향으로 가득 채운다. 대부분 커피는 €5 이내로 규모가 큰 편임에도 유명한 카페답게 대기 줄이 있지만 분업화되어 있어 회전율은 비교적 높은 편이다. 오전 10시부터 12시 30분까지는 브런치 메뉴도 제공한다.

📍 Kehrwieder 5, 20457 Hamburg 🚶 U3 Baumwall역에서 하차, 도보 8분 🕐 10:00~18:00 📞 +49 40 537998510
🏠 https://speicherstadt-kaffee.de

포르투갈식 에그타르트를 맛볼 수 있는 곳 ⑨
리스봄 LIS'BOM

오이로파 파사주Europa Passage 쇼핑몰 안에 있는 포르투갈 베이커리 전문점이다. 크루아상, 샌드위치, 조각 케이크 등 다양한 디저트가 있지만 가장 유명한 것은 포르투갈 전통 디저트인 에그타르트다.(€2.7) 치즈, 캐러멜, 라즈베리, 피스타치오 등 다양한 맛이 있으며 오리지널이 가장 깔끔하고 인기 있다.

📍 Ballindamm, Europa Passage 40, 20095 Hamburg
🚶 U2·4, S1~3 Jungfernstieg역에서 하차, 도보 3분
🕐 월~금 08:00~20:00, 토 09:00~20:30, 일 12:00~18:00
📞 +49 40 36933877 🏠 www.lisbom.de

머물고 싶은 편안한 분위기의 카페 ⑩
브뤼베르크 Brühwerk

골목에 있어 다소 숨겨진 듯하나 알 만한 사람은 다 아는 힙한 카페다. 통유리로 둘러싸인 카페에 들어서면 은은한 커피 향이 느껴지고 모던하면서도 스타일리시한 인테리어가 눈에 들어온다. 여느 카페처럼 다양한 커피와 베이커리가 있다. 이곳의 시그니처는 씁쓸한 맛 없이 적당히 진하면서 풍미가 있는 말차라테다.(€5.5)

📍 Ferdinandstraße 40a, 20095 Hamburg
🚶 중앙역에서 도보 7분 🕐 월~금 07:30~17:00, 토 09:00~17:00, 일 10:00~17:00 🏠 www.bruehwerk.com

함부르크의 최대 번화가 ······ ①
묀케베르크 거리 Mönckebergstraße

중앙역에서 시청사까지 850m에 달하는 함부르크의 최대 쇼핑 거리. 유명 백화점을 비롯해 유명 브랜드의 매장과 전자제품 쇼핑몰, 슈퍼마켓 등 모든 쇼핑 명소가 모여 있다. 번화가인 만큼 거리의 악사도 많이 보이고 분위기도 활기차다.

📍 Mönckebergstraße 20095 Hamburg
🚶 중앙역에서 도보 1분

식사와 쇼핑을 한 번에 ······ ②
오이로파 파사주 Europa Passage

알스터 호수 주변에 있는 함부르크에서 가장 유명한 쇼핑몰로 5층 건물에 120개가 넘는 매장이 있다. 패션 및 라이프스타일 브랜드와 슈퍼마켓, 드러그스토어, 약국, 푸드 코트까지 한 공간에서 모든 것을 해결할 수 있다.

📍 Ballindamm 40, 20095 Hamburg
🚶 시청사에서 도보 4분 🕐 월~토 10:00~20:00
❌ 일요일 📞 +49 40 30092640
🏠 www.europa-passage.de

주요 백화점이 모여 있는 쇼핑 거리 ······ ③
융페른슈티크 Jungfernstieg

도시의 남서쪽을 잇는 약 600m에 달하는 거리로 함부르크의 심장부라고 할 수 있다. 북쪽으로는 알스터 호수가 있고, 남쪽으로는 알스터하우스Alsterhaus, 함부르거 호프 파사주Hamburger Hof Passage와 같은 백화점, 애플 스토어, 레스토랑, 은행이 들어서 있다.

📍 Jungfernstieg 22767 Hamburg
🚶 U2-4, S1~3 Jungfernstieg역에서 하차

명품 브랜드가 한자리에 ····· ④
노이어 발 Neuer Wall

유럽에서도 손꼽히는 명품 거리로 호화
롭고 세련된 명품 매장이 약 1km 거리에
늘어서 있다. 구찌, 루이 비통, 몽블랑, 불
가리, 에스까다, 에르메스, 티파니앤코,
보테가 베네타 등 고급 브랜드 상점들이
길 양쪽으로 가득하다.

📍 Neuer Wall 20354 Hamburg
🚶 U2·4, S1~3 Jungfernstieg역에서 하차,
도보 1분

세계 최초의 니베아 하우스 ····· ⑤
니베아 하우스 NIVEA Haus

파란 통의 핸드크림으로 유명한 독일 화장품 브랜드 니베아 매장이 알스터 호수
근처에 위치한다. 쉽게 접할 수 있는 브랜드지만 본고장답게 매장 규모가 크고
쾌적해서 구경하기 좋다. 한국에는 없는 제품도 있고, 선물용으로도 좋은 여러
제품이 포장되어 있다. 함부르크 사진이 들어간 핸드크림은 기념용이나 가벼운
선물로 좋다.

📍 Jungfernstieg 51, 20354 Hamburg
🚶 시청사에서 도보 8분
🕐 월~토 10:00~19:00
❌ 일요일 📞 +49 40 49092109
🏠 www.nivea.de/nivea-haus

동화가 현실이 되는 도시
브레멘 BREMEN

#브레멘 음악대 #한자 동맹 도시 #베저 르네상스
#롤란트 동상 #벡스

그림 형제의 동화 〈브레멘 음악대〉와 독일 대표 맥주
벡스Beck's의 원산지로 알려졌기 때문일까. 브레멘은 우리에게
친숙하게 다가온다. 독일에서 가장 면적이 작은
브레멘주의 주도이나, 중세 시대에 상업을 목적으로 결성한
한자 동맹의 주요 도시로 막대한 부를 축적했다.
지금도 구시가지에는 당시 번영했던 옛 모습이 남아 있어
동화 속 풍경처럼 아른거리는 브레멘을 만날 수 있다.

가는 방법·시내 교통

함부르크와 하노버에서 당일치기로 다녀올 수 있다. 각각 두 도시에서 기차는 매시간 2대씩 운행하며, 소요시간도 1시간 안팎으로 비슷하다. 지역 열차 RE를 이용한다면 니더작센 티켓Niedersachsen-Ticket을 사용할 수 있다.

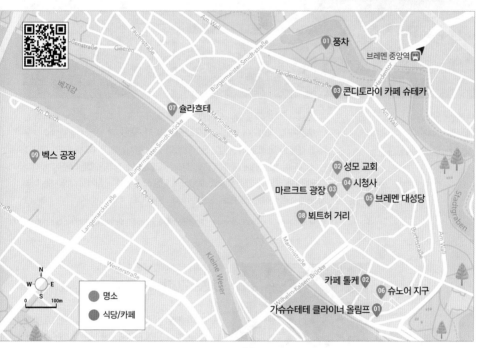

01 풍차

브레멘 중앙역

03 콘디토라이 카페 슈테카

07 슐라흐테

09 벡스 공장

02 성모 교회

04 시청사

마르크트 광장 03

05 브레멘 대성당

08 뵈트허 거리

카페 톨케 02

06 슈노어 지구

가슈슈테테 클라이너 올림프 01

N
W E
S
0   100m

● 명소
● 식당/카페

추천 코스

함부르크 다음가는 독일 제2의 무역항이 있는 큰 도시지만, 대부분의 볼거리는 구시가지에 모여 있어 소도시를 여행하는 느낌이 든다. 게다가 구시가는 중앙역에서 도보 10분 거리라 대중교통을 이용할 일도 드물다.

브레멘에서 만나는 네덜란드식 풍차 ...... ①
풍차 Mühle am Wall

17세기 구시가지를 둘러싼 성벽이 있던 자리에 공원을 조성했다. 호수를 따라 산책로가 잘 정비되어 있고 우거진 나무와 잘 가꾼 화단은 보는 사람들의 기분을 즐겁게 한다. 바로 이 공원에 풍차가 있다. 처음 설치된 것은 1699년이며, 화재로 소실되어 1898년에 재건했다. 과거에는 여러 개의 풍차가 있었는데 현재는 하나만 남아 있으며, 카페 및 레스토랑으로 이용하고 있다. 구시가로 이어지는 다리 위에서 감상하는 것만으로도 충분하다.

📍 Am Wall 212, 28195 Bremen 🚶 중앙역에서 도보 8분 🏠 www.muehle-bremen.de

높낮이가 다른 2개의 첨탑 ...... ②
성모 교회 Kirche Unser Lieben Frauen

브레멘에서 두 번째로 오래된 교회로 마르크트 광장 북쪽에 자리하고 있다. 11세기에 세운 교회는 여러 번의 증축을 거쳐 지금의 모습이 되었다. 1220년 성모 마리아에게 헌정한 이 교회에는 2개의 탑이 있는데, 하늘을 찌를 듯 우뚝 솟은 북쪽 첨탑의 높이는 84.2m인데 반해 남쪽 첨탑은 높이가 30.5m로 평이한 모습이라 마치 탑이 하나인 것처럼 보인다. 내부의 화려한 스테인드글라스는 제2차 세계 대전 때 파괴된 19개의 창을 프랑스 화가 알프레드 마네시에가 재설계한 것이다. 그의 트레이드 마크인 섬세한 색조로 성서 구절을 잘 표현하고 있다.

📍 Unser Lieben Frauen Kirchhof 27-29, 28195 Bremen
🚶 풍차에서 도보 5분 💶 무료 🕐 월~토 11:00~16:00,
일 11:00~13:00 📞 +49 421 34669956
🏠 www.kirche-bremen.de

마르크트 광장 Marktplatz

명실상부한 브레멘의 중심지로 광장 북쪽으로는 시청사와 롤란트 동상이 있고, 남쪽으로는 화려한 금색 칠을 한 상인들의 길드홀인 쉬팅Schütting이 있다. 후기 고딕 양식과 르네상스 양식이 어우러져 아름다움을 뽐내는 이 건물은 상인 연합 건물로 사용되기 전에는 상인의 개인 저택이었다. 동쪽의 현대적인 건물은 브레멘 시의회 청사로 1966년 건설 당시 현대적으로 짓되 옛 건물들과 어우러지도록 설계했다. 브레멘 구시가지의 중심답게 현지인과 여행객으로 늘 붐비며, 북부 독일에서 가장 큰 프라이마르크트 축제Freimarkt Fair나 크리스마스 마켓이 열릴 때면 어느 때보다 더 활기를 띤다.

📍 Am Markt, 28195 Bremen 🚶 시청사에서 도보 1분

브레멘 음악대의 감사 인사

마르크트 광장에 브레멘 맨홀Bremer Loch이 있는데 이곳에 동전을 넣으면 브레멘 음악대 중 한 명이 고맙다는 의미로 동물 울음소리를 낸다. 실제 맨홀은 아니지만 여행객에게 즐거움을 주는 요소다. 돈은 자선 단체에 기부한다.

브레멘 음악대 동상
Bremer Stadtmusikanten

브레멘이라는 도시가 친숙하게 느껴지는 것은 바로 그림 형제의 동화 〈브레멘 음악대〉 덕이다. 늙고 병들어 쫓겨난 당나귀, 개, 고양이, 수탉이 모여 브레멘 음악대원이 되고자 여행길에 오르는 이야기를 담은 이 동화는 동물을 의인화해 냉혹한 지배 계급을 비판하고, 고난과 역경을 극복할 수 있다는 교훈을 준다. 브레멘 도심 어디에서나 쉽게 볼 수 있지만, 시청사 측면에 있는 동상이 가장 유명하다. 당나귀 앞발을 잡고 소원을 빌면 이루어진다고 하니 재미 삼아 소원을 빌어보자.

도시의 자치와 주권을 상징하는 건축물 ⋯⋯⋯ ④

시청사 Rathaus 유네스코

브레멘이 한자 동맹에 합류한 후 1405년부터 1409년 사이에 지은 고딕 양식의 건물이다. 다양한 양식이 뒤섞여 보는 방향에 따라 다른 느낌을 준다. 시청사는 17세기에 개조했는데 이는 북부 독일 베저 르네상스 양식 건축물의 걸작이라는 결과를 낳았다. 20세기 초에 이르러 바로 옆에 신 시청사를 세우면서 네오르네상스 양식으로 증축했다. 얼마 후 제2차 세계 대전으로 도시의 60%가 파괴되었음에도 시청사만큼은 살아남을 수 있었다. 오랜 세월 동안 견고하게 형태를 유지한 덕분에 시청사 앞 롤란트 동상과 함께 2004년 유네스코 세계문화유산으로 등재되었다.

📍 Am Markt 21, 28195 Bremen   🚶 마르크트 광장
📞 +49 421 3616132   🏠 www.rathaus.bremen.de

브레멘의 권리와 자유를 상징하는 롤란트 Roland 동상

시청사를 지을 때 함께 세운 동상으로 2004년 세계문화유산으로 등재되었다. 롤란트는 중세 유럽 최대 서사시 《롤란트의 노래》의 주인공이자 프랑스 왕 샤를 대제의 조카다. 이 동상은 자유 제국 도시 브레멘의 권리와 자유를 염원하는 의미를 담고 있다. 1366년에 처음 제작할 때는 나무로 만들었으나 방화로 소실되자 1404년에 브레멘 대주교가 사암으로 재건했다. 높이는 약 5.5m에 달하며 오른손에는 칼을 들고, 왼쪽 가슴에는 쌍두 독수리가 새겨진 방패가 있다. 브레멘 시내에서 볼 수 있는 4개의 동상 중 가장 잘 알려져 있을 뿐만 아니라 독일에서 가장 오래된 동상으로 여겨진다.

웅장함에 감춰진 슬픈 역사 ⋯⋯ ⑤

브레멘 대성당 Bremer Dom

화려함과 세련된 절제미가 돋보이는 대성당은 고딕 양식과 로마네스크 양식이
혼재되어 있다. 정식 명칭은 성 페트리 대성당St. Petri Dom으로 789년 목조 건물
로 세웠으나 불에 타 전소되었고, 이후 그 자리에 세운 것이 지금의 성당이다. 웅
장하고 멋진 대성당이지만 16세기에 종교 개혁이 일어나면서 브레멘 시민들에
게 가톨릭 권한 남용의 대상으로 비난을 받으며 강제 폐쇄되는 씁쓸한 이면을
간직한 곳이기도 하다. 제2차 세계 대전 때 완파되었고 30년이 지나서야 복원되
었으니 이 또한 브레멘 역사와 무관하지 않을 것이다. 성당 내부에는 회화 및 조
각 등 종교 예술품을 전시하고 있으며, 높이 92.31m의 전망대에 오르면 구시가
를 내려다볼 수 있다.

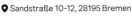

📍 Sandstraße 10-12, 28195 Bremen
🚶 마르크트 광장에서 도보 1분
🕐 10:00~17:00 📞 +49 421 365040
🏠 www.stpetridom.de

브레멘에서 가장
사랑스러운 장소 ⋯⋯ ⑥

슈노어 지구 Schnoorviertel

아기자기한 골목길에 고풍스러운 간판이 걸려 있고, 곳곳에 설치 미술품이 있다.
10세기에 어부들이 정착하면서 주변 지역이 발달하기 시작했다. 마치 성냥갑으
로 만든 장난감 집처럼 개성 넘치는 주택이 모여 있다. 14세기에는 프란체스코
수도사들이 정착하면서 성 요한 교회Propsteikirche St. Johann가 세워졌다. 제2차
세계 대전 때 피해를 입었지만, 브레멘시의 재정 지원으로 복원되었다. 대부분의
건물이 17~18세기 모습인데, 그중에서도 해운업자의 집Schifferhaus이 원형 그
대로 보존되어 유명하다. 좁은 골목 사이에 레스토랑, 카페, 상점 등이 모여 있고,
걷는 것만으로도 충분히 즐거움을 느낄 수 있다.

📍 Schnoor, 28195 Bremen
🚶 브레멘 대성당에서 도보 5분
🏠 www.bremen-schnoor.de

산책하기 좋은 베저 강변 ····· ⑦
슐라흐테 Schlachte

📍 Schlachte, 28195 Bremen
🚶 슈노어 지구에서 도보 10분

베저강을 따라 난 길이다. 브레멘에서 오래된 교회 중 하나인 성 마르티니 교회 St. Martini Kirche를 시작으로 약 650m에 이르는 슐라흐테 거리는 노천카페와 레스토랑이 즐비한 활기찬 곳이다. 매주 토요일 오전 10시부터 오후 2시까지는 벼룩시장이 열리고, 조정 경기나 크리스마스 마켓도 열린다. 베저강과 클라이네 베저강 사이에 섬처럼 보이는 곳은 주거용 건물과 베저부르크 현대 미술관 Weserburg Museum für moderne Kunst이 들어서 있다.

붉은 벽돌의 건물들이 늘어선 거리 ····· ⑧
뵈트허 거리 Böttcherstraße

'빛의 수호자'라는 뜻을 가진 거대한 황금 부조 리히트브링거가 뵈트허 거리의 시작을 알린다. 마르크트 광장에서 베저강까지 연결된 약 100m 거리는 중세에는 상업용 연결 통로 역할을 했다. 20세기에 들어서면서 한 커피 상인이 주변 일대를 상업 지구로 만들고자 했으며, 자신의 이름을 딴 박물관을 비롯해 갤러리, 공예품 상점, 레스토랑, 호텔 등 다양한 볼거리가 있는 복합 문화 공간을 탄생시켰다. 하루 세 번 30개의 종이 울리는 글로켄슈필 하우스 Haus des Glockenspiels도 뵈트허 거리에서 놓칠 수 없는 볼거리다.

📍 Böttcherstraße 4, 28195 Bremen 🚶 슐라흐테에서 도보 10분
🏠 www.boettcherstrasse.de

독일 정통 라거 맥주를
마실 수 있는 투어 ⑨

벡스 공장 Beck's Brauerei

독일 맥주 브랜드 중 하나인 벡스는
1873년 브레멘에 회사를 설립해 맥
주 생산을 시작했다. 브레멘을 대표
하는 맥주 회사답게 공장 규모가 크
다. 3시간 동안의 투어를 통해 벡스
와 맥주의 역사, 제조 방법에 대해
알아보고 마지막에 투어의 목적이라
고도 할 수 있는 시음을 한다. 흔히
알고 있는 초록색 벡스 외에 하케벡
Haake Beck이라는 로컬 맥주도 마셔
볼 수 있다. 투어는 온라인 사전 예
약을 통해 이루어지며, 16세 이상만
가능하다.

📍 Am Deich 20, 28199 Bremen
🏃 뵈트허 거리에서 도보 14분
🕐 투어 시간은 매번 달라지므로,
홈페이지에서 예약 시 확정
❌ 일요일 💶 성인 €22.5
🏠 www.becks.de

아늑한 공간에서 즐기는 브레멘 요리 ······ ①

가슈슈테테 클라이너 올림프
Gaststätte Kleiner Olymp

브레멘에서 오래된 지역 중 하나인 슈노어 지구에 위치한다.
1963년에 문을 열었으며 수프, 샐러드, 생선 및 고기 요리, 파스타, 디저트 그리고 시즌 메뉴를 제공한다. 항구 도시답게 다양한 생선 요리 및 브레멘 지역 음식을 맛볼 수 있는 것이 특징이며, 자체 맥주인 슈노어 브로이Schnoor Bräu도 즐길 수 있다. 현지인도 많이 찾는 만큼 오픈 시간에 맞춰 가거나 예약하고 가는 것을 추천한다. 메인 메뉴는 약 €23 정도.

📍 Hinter d. Holzpforte 20, 28195 Bremen
🏃 슈노어 지구 🕐 12:30~23:30 📞 +49 421 326667
🏠 www.kleiner-olymp.de

오스트리아 디저트를 맛날 수 있는 곳 ······ ②

카페 톨케 Cafe Tölke

아기자기한 슈노어 지구에서 잠시 쉬어가고 싶을 때 들르면 좋은 카페다. 진열된 케이크를 보면 이곳이 빈 스타일의 카페라는 것을 알 수 있다. 오스트리아를 대표하는 초콜릿 케이크인 자허토르테Sachertorte를 비롯한 다양한 케이크와 비엔나커피를 맛볼 수 있다. 테이블 간격이 좁아 비좁은 느낌은 있지만 그만큼 아늑하다. 고전적인 내부도 좋지만 날씨가 좋은 날은 작은 광장이 보이는 야외 테이블을 추천한다. 커피는 €5 이내다.

📍 Schnoor 23 A, 28195 Bremen 🏃 슈노어 지구
🕐 10:00~19:00 📞 +49 421 324330

브레멘의 역사적 기념물에서 즐기는 커피 ······ ③

콘디토라이 카페 슈테카
Konditorei Café Stecker

16세기에 지은 건물에 로코코 양식을 더한 건물 외관에서 오래된 흔적이 느껴진다. 건물의 역사만큼은 아니어도 1908년에 문을 연 브레멘의 유명한 카페지만 마르크트 광장에서는 다소 떨어져 있어 여행객보다는 현지인이 많이 찾는다. 내부로 들어서면 외관만큼이나 고풍스러운 실내가 펼쳐지고, 쇼케이스에 다양한 케이크와 초콜릿이 진열되어 있다. 커피 €3~6 선.

📍 Knochenhauerstraße 14, 28195 Bremen
🏃 중앙역에서 도보 8분 🕐 월~토 09:00~18:00, 일 13:00~18:00
📞 +49 421 12593 🏠 https://konditorei-stecker.de

역사가 살아 숨 쉬는 상업 도시

하노버 HANNOVER

#박람회 도시 #바로크 정원 #신 시청사
#나나 #하노버 왕가

11세기부터 역사에 등장하기 시작한 하노버는 제2차 세계
대전 당시 연합군의 대공습으로 도시의 80% 이상이 파괴되는
비극을 겪기 전까지 번영을 누렸으며, 재건 후 현재의
모습에 이르렀다. 하노버는 박람회의 도시라 해도 과언이 아닐
정도로 독일에서 손꼽는 박람회가 일 년 내내 활발하게
열린다. 박람회에서 벌어들이는 수익이 도시의 주요한 재정
수입원이라고 하니 그 규모를 짐작할 만하다.

가는 방법

독일 북서쪽의 대도시이자 니더작센주의 주도답게 교통이 편리하다. 항공, 기차, 버스 등 다양한 교통수단이 독일뿐 아니라 유럽의 주요 도시 곳곳을 연결한다.

• **항공** 우리나라에서 직항 편은 없고 최소 1회 경유하는 항공 편을 이용해야 한다. 하노버 랑엔하겐 공항Flughafen Hannover-Langenhagen에서 하노버 중앙역까지 S5로 17분 소요되며, 30분 간격으로 운행한다.

🏠 www.hannover-airport.de

• **기차** 독일 주요 도시와 기차로 쉽게 연결된다. 특히 프랑크푸르트에서 ICE로 1시간, 베를린에서 ICE로 1시간 40분 소요되며, 모두 1시간에 1~3대 운행한다. 같은 주에 해당하는 괴팅겐(RE로 1시간 10분)과 자유 도시 함부르크(ICE로 1시간 20분), 브레멘(RE로 1시간 20분)까지도 니더작센 티켓Niedersachsen-Ticket을 사용할 수 있다.

시내 교통

S반, U반, 버스, 트램 등의 교통수단이 있으며, 구시가지에서는 대중교통 없이 도보 여행이 가능하다. 하지만 헤렌하우젠 궁전&정원으로 이동할 계획이라면 대중교통을 이용해야 한다. 티켓은 자동 발매기나 교통수단 내에서 구입할 수 있다.

€ 1회권 €3.6(2시간 유효), 1일권 €7.2　🏠 www.gvh.de

추천 코스

하노버 구시가지의 주요 명소는 반나절이면 도보로 충분히 둘러볼 수 있다. 당일치기 여행이라면 시 외곽에 있는 헤렌하우젠 궁전&정원을 먼저 다녀오고, 박물관 관람 계획이 있다면 일정을 하루 더 늘려 외곽과 구시가를 구분해서 여행하는 것이 좋다.

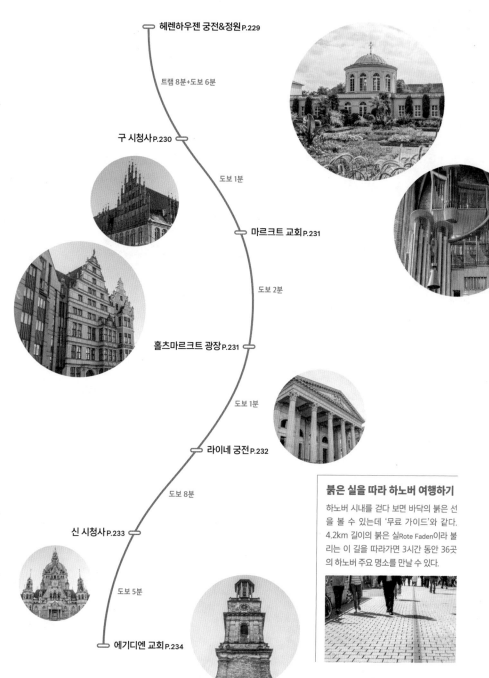

헤렌하우젠 궁전&정원 P.229

트램 8분+도보 6분

구 시청사 P.230

도보 1분

마르크트 교회 P.231

도보 2분

홀츠마르크트 광장 P.231

도보 1분

라이네 궁전 P.232

도보 8분

신 시청사 P.233

도보 5분

에기디엔 교회 P.234

붉은 실을 따라 하노버 여행하기

하노버 시내를 걷다 보면 바닥의 붉은 선을 볼 수 있는데 '무료 가이드'와 같다. 4.2km 길이의 붉은 실Rote Faden이라 불리는 이 길을 따라가면 3시간 동안 36곳의 하노버 주요 명소를 만날 수 있다.

하노버
상세 지도

U Hauptbahnhof/ZOB   Berliner Allee

01 헤렌하우젠 궁전&정원

01 에른스트 아우구스트 갈레리

U Hauptbahnhof

Celler Str.

Volgersweg

Kurt-Schumacher-straße

U Hauptbahnhof /Rosenstraße

하노버 중앙역

02 니카 드 생팔 프로메나데

Georgstraße

Joachimstraße

조반니 L 03

03 크뢰프케

Am Marstall

Schmiedestraße

Kröpcke U

Karmarschstraße

Georgstraße

Theaterstraße

Prinzenstraße

02 국립 오페라 극장

05 알렉산더

프란체스카&프라텔리 01

홀랜디셰 카카오 슈투베 02

Burgstraße

Leibnizufer

04 바바리움

Schiffgraben

04 마르크트 교회

Osterstraße

05 홀츠마르크트 광장   03 구 시청사

Georgspl.

06 라이네 궁전

10 마르크트할레

Karmarschstraße

Leinstraße

09 에기디엔 교회

Aegidentorplatz U

Marienstraße

Lavesallee

Friedrichswall

Culemannstraße

07 신 시청사

Willy-Brandt-Allee

Plancktraße

N
W   E
S

0   100m

Culemannstraße

Gneiststraße

08 슈프렝겔 박물관

Arthur-Menge-Ufer

명소

식당/카페

상점

228

세계에서 인정받는
바로크식 정원 ····· ①

헤렌하우젠 궁전&정원

Schloss Herrenhausen&
Herrenhäuser Gärten

하노버 왕가의 여름 별궁으로 제2차 세계 대전 당시 큰 피해를 입었으나 2013년 복원 후 대중에게 개방하고 있다. 궁전 일부에서는 17~18세기 하노버 왕가와 관련한 회화 및 조각 등 500여 점의 귀중한 유물을 전시한다. 궁전보다 더 유명한 것은 3개의 정원이다. 1666년부터 오랜 시간에 걸쳐 조성한 정원들은 하노버가 자랑하는 바로크 양식의 정원으로 대규모를 자랑한다. 중심이 되는 그로서 가르텐Großer Garten은 궁전 바로 앞에 있으며, 기하학적으로 조성한 화단과 조각, 80m에 달하는 분수가 어우러져 아름다움을 뽐낸다. 궁전 뒷마당의 베르크 가르텐Berggarten은 온실 정원을 두어 선인장과 같은 열대 식물을 볼 수 있다는 것이 특징이다. 또한 이 두 공원과 달리 게오르겐가르텐Georgengarten은 일반 시민들도 이용할 수 있도록 개방하고 있다.

📍 Alte Herrenhäuser Straße 3, 30419 Hannover 🚶 U4·5·11 Herrenhäuser Gärten역에서 하차, 도보 1분 🕐 박물관 11:00~18:00, 정원 09:00~18:00 ※계절 및 요일에 따라 다름. 홈페이지 참고 💶 정원 €5, 통합권(박물관+정원) 4~10월 €10, 11~3월 €6 ※박물관은 2025년 초여름까지 보수공사로 휴관 📞 +49 511 16834000 🏠 www.hannover.de/Herrenhausen

국립 오페라 극장 Staatsoper

라이네 궁전 **P.232**의 극장이 좁다고 느낀 하노버 국왕 에른스트 아우구스트 1세가 후기 고전주의 양식으로 지은 극장. 제2차 세계 대전 중에 크게 파손되어 1948년에 재건했다. 후기 고전주의 양식에 따른 극장은 신전 느낌이 강하게 든다. 삼각형 박공 아래쪽엔 건축을 지시한 왕의 이름이 새겨져 있고, 2층 난간은 셰익스피어, 실러, 괴테, 베토벤, 모차르트 등의 조각상이 있다. 극장을 개관하던 해에 모차르트의 오페라 〈피가로의 결혼〉이 초연되었다.

하노버에서 희생된 유대인 추모비

국립 오페라 극장 옆에 두 사람이 마주 앉을 수 있는 형태의 홀로코스트 추모비 Holocaust Mahnmal가 세워져 있다. 1933년부터 1945년까지 하노버에서 희생된 1,935명의 유대인을 추모하는 기념비를 세운 것. 그들의 이름과 출생 연도, 당시 나이가 기록되어 있다.

📍 Opernplatz 1, 30159 Hannover
🚶 중앙역에서 도보 6분 📞 +49 511 99991111 🏠 https://staatstheater-hannover.de

구 시청사 Altes Rathaus

붉은빛 벽돌이 인상적인 외관과 뾰족하게 솟아오른 화려한 첨탑은 전형적인 북부 독일의 고딕 양식이다. 1410년부터 짓기 시작한 구 시청사는 수차례 확장과 보수 공사를 거듭했다. 사면으로 이루어진 건물에서 슈미에데 거리 Schmiedestraße와 맞닿은 면에서 가장 오래된 곳을 발견할 수 있다. 20세기 초 신 시청사가 세워지면서 철거 위기에 처하기도 했으나 시민 단체의 노력으로 보존할 수 있게 되었는데, 그 가치를 높이 사 하노버에서 중요한 건축물로 여겨진다. 대부분의 관공서를 신 시청사로 옮겨 이곳은 상업 건물로 활용하고 있다.

📍 Köbelingerstraße 4, 30159 Hannover 🚶 U3·7·9·12·13 Markthalle/Landtag역에서 하차, 도보 1분 📞 +49 511 3008040 🏠 www.visit-hannover.com

북부 독일 네오고딕 양식의 표본 ······ ④
마르크트 교회 Marktkirche

구시가지의 중심인 마르크트 광장에 있는 교회로 상인들이 사는 지역에 세웠다. 14세기에 건축되었으나 그 이전인 1125년부터 이 자리에 로마 가톨릭 교회가 있었다고 전해진다. 교회에서 가장 눈에 띄는 첨탑의 높이는 약 98m로 현재 니더작센에서 가장 높은 탑을 자랑하지만, 재정 부족으로 원래 계획했던 높이의 절반으로 지었다. 교회로 들어서는 독특한 청동 문에는 독일의 역사적 장면이 담겨 있다. 내부에서는 15세기에 만든 바로크식 제단과 서쪽 탑 부분에 있는 19세기 오르간이 볼 만하다.

📍 Hanns-Lilje-Platz 2, 30159 Hannover
🏃 구 시청사 앞
🕐 10:00~18:00
📞 +49 511 364370
🏠 http://marktkirche-hannover.de

가장 예스러운 하노버를
만날 수 있는 곳 ······ ⑤
홀츠마르크트 광장 Holzmarkt

독일의 철학자이자 수학자 그리고 미적분학의 창시자인 고트프리트 빌헬름 라이프니츠가 평생을 살며 연구에 매진했던 장소가 있는 광장이다. 분수 뒤로 보이는 건물 3채 중 가운데가 라이프니츠 하우스Leibnizhaus로, 1698년부터 생을 마감하던 1716년까지 살았다. 그 옆에는 하노버의 역사와 관련된 자료를 전시하는 역사 박물관이 있고, 광장과 이어지는 크라메르 거리Kramerstraße에는 다양한 상점과 레스토랑이 즐비하다.

📍 Holzmarkt, 30159 Hannover
🏃 마르크트 교회에서 도보 2분

예쁜 구시가지 길 발견하기

광장에서 라이네 궁전 반대쪽으로 뻗은 부르크 거리Burgstraße는 약 100m 정도의 짧은 길이지만, 하프팀버 양식의 집들이 빼곡히 들어서 수백 년 전 마을 풍경을 담고 있다.

라이네 궁전 Leineschloss

그리스 신전을 떠올리게 하는 정면과 달리 반대쪽에서는 바로크 양식의 궁전을 볼 수 있다. 마치 다른 건물을 보고 있는 듯하다. 이곳은 13세기에 프란체스코 수도회로 지었는데 17세기로 들어서면서 하노버 왕가의 궁전으로 이용했다. 현재는 하노버가 속한 니더작센주 의회 건물로 사용하고 있다.

📍 Hannah-Arendt-Platz 1, 30159 Hannover 🚶 홀츠마르크트 광장에서 도보 1분
📞 +49 511 30300 🏠 www.landtag-niedersachsen.de

하노버의 마스코트 나나 NaNas

라이네 강변의 거대하고 풍만한 여성 조각품들은 프랑스의 누보 리얼리즘의 예술가 니키 드 생팔이 1974년에 만들었다. 설치 당시에는 흉물로 여겼으나 지금은 시민들의 큰 사랑을 받고 있으며, 니키 드 생팔은 2000년에 하노버 명예시민으로 위촉되었다. 3점의 조각에는 각각 이름이 있으며, 시내 곳곳의 기념품 상점에서도 쉽게 볼 수 있다. 매주 토요일이면 나나가 있는 부근에서 벼룩시장도 열린다.

📍 Leibnizufer, 30159 Hannover
🚶 홀츠마르크트 광장에서 도보 4분

라이네 궁전보다 유명한 조형물, 괴팅겐 7교수 기념비 Die Göttingen Sieben

하노버 국왕 에른스트 아우구스트 1세는 자유주의적 헌법을 폐지하고 기존 헌법을 부활시키려 했다. 이에 괴팅겐 대학의 교수 7명이 부당한 헌법 개정에 이의를 제기하며 항의하자 왕은 이들을 모두 파면하고 추방했다. 이 일은 일명 "괴팅겐 7교수 사건"이라 불리며 대중의 관심과 지지를 받았으며, 독일 자유주의에 크게 기여했다. 추방된 교수 중에는 우리가 잘 아는 그림 형제도 있다.

📍 Platz der Göttinger Sieben, 30159 Hannover

하노버의 랜드마크 ····· ⑦
신 시청사 Neues Rathaus

세계 유일의 엘리베이터
돔 전망대로 향하는 엘리베이터는 5명 정원으로 수직이 아닌 17° 기운 각도로 올라가며, 바닥까지 투명해 아찔함이 느껴진다.

1913년에 절충주의 양식으로 완공했다. 시청사보다는 궁전처럼 보이며 내부 역시 화려하고 아름답다. 로비에는 중세부터 오늘날까지의 청사진을 만들어 전시하고 있는데, 제2차 세계 대전 당시 도시의 피해 규모와 재건한 모습도 한눈에 들어온다. 100m 높이의 돔 전망대에 오르면 하노버 시내는 물론 신 시청사 앞의 마쉬 공원과 마쉬 연못, 80㎡에 달하는 거대한 인공호수인 마쉬 호수와 하노버 96의 홈구장인 HDI 아레나HDI Arena까지 파노라마로 풍경을 즐길 수 있다.

📍 Trammplatz 2, 30159 Hannover 🚶 버스 100·120·200·800번 Neues Rathaus 정류장 앞, U3·7·9·12·13 Markthalle/Landtag역에서 하차, 도보 7분 🕐 월~금 09:30~17:30, 토·일 10:00~19:30 💶 성인 €4(전망대) 📞 +49 511 1680 🏠 www.hannover.de

독일에서 손꼽히는 현대 미술관 ····· ⑧
슈프렝겔 박물관 Sprengel Museum

1969년 초콜릿 제조업자였던 슈프렝겔 박사가 하노버시에 자신의 방대한 수집품을 기부하고 박물관 설립에 재정적으로 지원한 것이 토대가 되어 설립되었다. 피카소, 샤갈, 칸딘스키 등 유명 화가들의 작품을 소장하고 있으며, 독일 표현주의 작품과 프랑스 입체파 작품도 전시하고 있다. 하노버의 마스코트 나나로 유명한 니키 드 생팔의 작품 300점도 소장하고 있다.

📍 Kurt-Schwitters-Platz 1, 30169 Hannover 🚶 U1·2·4·5·6·8·11 Aegidientorplatz역에서 하차, 도보 10분 또는 버스 800번 승차 후 Maschsee/Sprengel Museum 정류장에서 하차, 바로 앞 🕐 화 10:00~20:00, 수~일 10:00~18:00 ❌ 월요일 💶 성인 €7 📞 +49 511 16843875 🏠 www.sprengel-museum.de

전쟁의 참상 그리고 상흔 ⋯⋯⑨
에기디엔 교회
Aegidienkirche

1943년 연합군의 공습으로 파괴돼 뼈대만 남은 이 교회는 전쟁의 참상을 알리고 교훈을 주기 위해 보존하고 있다. 지붕은 없고 외벽만 세워져 있으며, 제단에는 희생자의 넋을 위로하기 위해 헌화한 꽃이 있다. 18세기 초에 바로크 양식으로 증축한 탑 안에는 평화의 종Friedensglocke이 있다. 하노버와 자매결연을 맺은 일본 히로시마에서 두 도시의 평화를 기원하며 보낸 종으로, 히로시마에 원자폭탄이 떨어졌던 8월 6일 오전 8시 15분에 타종 행사를 한다.

📍 Aegidienkirchhof 1, 30159 Hannover 🏃 U1·2·4·5·6·8·11 Aegidientorplatz 역에서 하차, 도보 4분 🕐 월~금 10:00~18:00, 토 10:00~17:00, 일 09:30~18:00
🏠 http://marktkirche-hannover.de

구경과 식사를 한 번에 ⋯⋯⑩
마르크트할레 Markthalle

1892년에 문을 연 재래시장으로 구 시청사 맞은편에 있다. 과일, 채소, 빵, 생선, 고기, 와인 등을 구입할 수 있으며, 현지인들이 자주 이용한다. 식재료를 판매하는 곳이지만 여행객이 가볍게 식사를 해결하기에도 좋다. 이탈리아, 스페인 등 유럽 각국의 음식은 물론 중식과 일식을 다룬다. 한쪽 벽이 유리창으로 되어 있는 곳에는 카페 겸 바가 있으며 식사 시간에는 늘 붐비는 편.

📍 Karmarschstraße 49, 30159 Hannover
🏃 U3·7·9·12·13 Markthalle/Landtag역에서 하차, 도보 1분
🕐 월·수 07:00~20:00, 목·금 07:00~22:00,
토 07:00~16:00 ❌ 일요일 📞 +49 511 341410
🏠 www.markthalle-in-hannover.de

갓 구운 따끈한 피자를 맛보다 ······ ①
프란체스카&프라텔리 Francesca&Fratelli

하노버에서 유명한 이탈리아 피자집으로 구시가에만 2개
의 분점을 두고 있다. 메뉴판, 의자, 피자 박스까지 핑
크색으로 메인 포인트 컬러를 준 인테리어만큼 분
위기도 좋고 생동감이 넘친다. 피자 맛집답게 화덕
에 구운 얇고 쫄깃한 도우가 일품. 피자 외에 파스
타와 디저트가 있으며 채식주의자를 위한 메뉴도 있
다. 피자 가격도 €15 이내로 착한 편.

📍 Ständehausstraße 2, 30159 Hannover 🏃 U1·2·3·4·5·6·7·8·9·
11·12·13 Kröpcke역에서 하차, 도보 1분 🕐 월~토 12:00~22:00,
일 14:00~21:00 📞 +49 511 72720277 🏠 www.francesca-fratelli.de

거품이 고소한 카푸치노 한잔과 케이크 한 조각 ······ ②
홀랜디셰 카카오 슈투베
Holländische Kakao-Stube

'네덜란드 초콜릿의 집'은 1895
년에 문을 연 카페로, 내부로 들어서
면 100년이 훌쩍 넘은 역사를 가진 만큼 고풍스러운 분위기가 느
껴진다. 오래된 가게답게 단골손님도 많고 연령대도 넓은 편. 쇼케
이스에서 원하는 디저트를 선택하고 받은 번호표를 가지고 자리로
돌아와 서버에게 커피를 주문하면 된다. 카푸치노는 €4.5다.

📍 Ständehausstraße 2-3, 30159 Hannover 🏃 U1·2·3·4·5·6·7·8·9·11·
12·13 Kröpcke역에서 하차, 도보 1분 🕐 월~토 10:00~18:30 ❌ 일요일
📞 +49 511 304100 🏠 www.hollaendische-kakao-stube.de

스파게티가 아니라 아이스크림! ······ ③
조반니 L Giovanni L.

한겨울에도 북적이는 아이스크림 카페로 하노버 시내에만
2개, 독일 전역에 500여 개의 매장을 두고 있는 프랜
차이즈다. 많은 아이스크림 메뉴 중 가장 인기 있
는 것은 스파게티 아이스Spaghettieis라 불리는
독일 전통 디저트다. 1960년 이탈리아계 독일인
에 의해 탄생한 것으로 아이스크림을 면발 모양으
로 뽑아 각종 소스와 토핑을 얹어 먹는다. 딸기 소스는
토마토소스 스파게티를 연상케 한다. 가격은 €10.

📍 Georgstraße 26, 30159 Hannover 🏃 U1·2·3·4·5·6·7·8·9·11·12·13 Kröpcke역에서 하차, 도보 1분
🕐 월~토 10:00~20:00 ❌ 일요일 📞 +49 511 26173030 🏠 www.giovannil.com

하노버의 소문난 맛집 ····· ④
바바리움 Bavarium

바이에른 전통 음식을 먹을 수 있는 하노버의 유명 맛집이다. 따뜻하고 아늑한 분위기의 레스토랑에서 슈바인스학세, 슈니첼 부르스트, 립(€21.9) 등 우리가 흔히 아는 독일 음식을 맛볼 수 있다. 넓은 실내와 근사한 야외 공간도 있지만, 식사 시간에 맞춰 간다면 대기해야 할 정도로 현지인과 관광객 모두에게 인기다. 일요일과 공휴일에는 아침 식사 메뉴도 있다.

📍 Windmühlenstraße 6, 30159 Hannover
🚶 U1·2·3·4·5·6·7·8·9·11·12·13 Kröpcke역에서 하차, 도보 3분 🕐 월~토 12:00~23:00, 일 09:30~22:00 📞 +49 511 323600
🏠 www.bavarium.de

펍과 레스토랑이 같이 있는 숨겨진 맛집 ····· ⑤
알렉산더 Alexander

맥주 라벨로 장식한 외관의 빈티지한 분위기가 돋보인다. 샐러드와 파스타를 비롯해 맥주와 곁들여 먹기 좋은 음식들을 선보이는데, 이곳의 주요 메뉴는 학스테이크 Hacksteaks다.(€12.6) 소고기 패티와 비슷한 음식으로 감자튀김과 함께 먹는다. 평일 낮에는 브런치 메뉴가 따로 있다.

📍 Prinzenstraße 10, 30159 Hannover
🚶 중앙역에서 도보 5분 🕐 월 16:00~24:00, 화~목 16:00~01:00, 금·토 16:00~15:00 ❌ 일요일 📞 +49 511 323600
🏠 www.alexander-hannover.de

규모는 크지 않아도 있을 건 다 있다 ······ ①

에른스트 아우구스트 갈레리

Ernst-August-Galerie

하노버 시내에서 손꼽히는 대형 쇼핑몰이다. 중앙역 바로 옆에 있어 이용하기 편리하며 규모도 커서 쾌적하다. 3층에 걸쳐 대중적인 패션 브랜드가 들어서 있으며 드러그스토어, 슈퍼마켓, 레스토랑 등 다양한 편의시설을 갖추고 있다.

📍 Herschelstraße 5, 30159 Hannover
🚶 중앙역에서 도보 3분 🕙 월~토 10:00~20:00
❌ 일요일 📞 +49 511 1699680
🏠 www.ernst-august-galerie.de

시내로 연결되는 길이 모두 구경거리 ······ ②

니키 드 생팔 프로메나데

Niki-de-Saint-Phalle-Promenade

하노버 중앙역부터 크뢰프케까지 지하로 연결되는 보행자 쇼핑 거리다. 하노버 명예시민인 니키 드 생팔을 기리는 의미로 이와 같은 이름을 붙였다. 650m에 달하는 거리에는 의류 상점, 카페, 꽃집, 슈퍼마켓 등 현지인들이 이용할 만한 소규모의 상점이 늘어서 있다. 하노버에서 보행자 통행량이 많은 거리 중 하나답게 활기찬 분위기를 띤다.

📍 Niki-de-Saint-Phalle-Promenade, 30159 Hannover
🚶 중앙역에서 도보 3분 🏠 www.niki-promenade.de

하노버 시내의 중심 ······ ③

크뢰프케 Kröpcke

하노버 시민들의 만남의 광장으로 통하는 곳이다. 대형 백화점을 비롯해 가전 매장, 의류 상점, 드러그스토어, 약국, 레스토랑 등이 대부분 이곳에 모여 있다. 최대 번화가이자 보행자 전용 거리라 걷기도 좋을뿐더러 쉴 수 있는 벤치가 있고 거리 공연을 즐기기도 좋다.

📍 30159 Hannover
🚶 중앙역에서 도보 4분

독일의 유명한 대학 도시

괴팅겐 GÖTTINGEN

#대학 도시 #그림 형제 #거위 소녀 #겐젤리젤 축제

라이네강Leine 연안 도시인 괴팅겐은 메르헨 가도
중간 기착지이자 그림 형제가 대학 교수 생활을 시작한 곳이다.
14세기에는 한자 동맹의 상업 도시로 번영했으며 종교 개혁
이후 종교 전쟁으로 큰 피해를 보기도 했다. 18세기에
이르러 세계적으로 손꼽히는 명문 대학 괴팅겐 대학교가
설립되면서 학문 도시로 발전했고, 무려 45명 이상의
노벨상 수상자를 배출한 대학 도시로도 유명하다.

가는 방법·시내 교통

하노버에서 기차가 1시간에 2~4대 운행한다. ICE, IC, RE 등 열차 종류에 따라 소요 시간과 요금이 조금씩 다르며 40분~1시간 10분이 소요된다. 하노버-괴팅겐 구간은 니더작센 티켓Niedersachsen-Ticket을 이용해 지역 열차 RE로 이동하는 것이 가장 보편적이다.

● 명소

27
Nikolausberger Weg
• 괴팅겐 대학교 미술관
06 괴팅겐 대학교 식물원

🚉 괴팅겐 중앙역

27

Judenstraße
Ritterplan

05 성 야콥 교회

파울리너 교회
01
04 융케른생케

성 요한 교회
03 마르크트 광장

N
W-E
S
0   100m

27

Groner Str.

추천 코스

괴팅겐은 다른 도시와 비교하면 구시가의 규모가 작아 둘러보는 데 반나절도 채 걸리지 않는다. 내부 관람이 적은 도시이기에 조용하고 한가로운 거리 풍경을 산책하듯 둘러보는 것이 여행의 포인트.

○ 중앙역
┊ 도보 8분
○ 파울리너 교회 P.240
┊ 도보 2분
○ 성 요한 교회 P.240
┊ 도보 1분
○ 마르크트 광장 P.241
┊ 도보 1분
○ 성 야콥 교회 P.242
┊ 도보 6분
○ 괴팅겐 대학교 식물원 P.243

파울리너 교회 Paulinerkirche

1304년에 고딕 양식으로 완공한 도미니크 수도회의 건물이다. 1331년에는 성 페터와 바울에게 헌정되었고, 두 성인의 이름을 따서 지금의 명칭으로 부르게 됐다. 1586년부터 교육 목적으로 사용했으며, 18세기부터는 괴팅겐 대학의 핵심 건물이 되면서 교회의 일부는 지금까지도 주립 도서관으로 사용하고 있다. 제2차 세계 대전 중 연합군의 공습으로 큰 피해를 입어 이후에 재건했다. 안뜰에는 독일 괴팅겐 대학의 교수이자 물리학자 게오르크 크리스토프 리히텐베르크의 동상이 있다.

📍 Papendiek 14, 37073 Göttingen
🚶 중앙역에서 도보 8분 🕐 월~금 10:00~16:00 ❌ 토·일요일 📞 +49 551 3925784
🏠 www.sub.uni-goettingen.de

성 요한 교회 St. Johannis Kirche

괴팅겐 어디에서나 볼 수 있는 랜드마크답게 도시에서 가장 큰 규모를 자랑한다. 14세기 중반 고딕 양식으로 지었으며 2개의 탑이 우뚝 솟은 형태다. 북쪽 탑은 62m, 남쪽 탑은 56.5m로 높이가 각각 다르다. 북쪽 탑은 도시의 화재나 적의 침입을 알리는 망루 역할을 했는데, 1393년부터 528년간 탑지기가 살았다는 기록이 있다. 이후에는 도시에서 가장 높은 학생 기숙사로 이용했다. 238개의 계단을 통해 탑에 오르면 작은 예배당과 주황빛 지붕을 얹은 구시가지를 한눈에 내려다볼 수 있다.

📍 Johanniskirchhof 4, 37073 Göttingen 🚶 파울리너 교회에서 도보 2분 🕐 화~금 14:00~18:00, 토 11:00~17:00, 일 11:00~13:00 ❌ 월요일 💶 무료 📞 +49 551 789660
🏠 https://johannis-goettingen.wir-e.de/aktuelles

괴팅겐 도시 전망을 즐기는 방법

도시의 전망대 역할을 하는 성 요한 교회의 탑은 매주 토요일 12시 30분에만 유료로 개방하고 있다.

💶 성인 €5

괴팅겐의 중심 광장 ⋯⋯ ③

마르크트 광장 Marktplatz

구시가의 중심 광장으로 서쪽에는 구 시청사가 있다. 구 시청사는 1270년에 세운 이래 여러 차례 보수공사를 진행해 다양한 건축 양식이 혼재됐다. 1978년에 구시가지 남쪽에 신 시청사가 들어서면서 관공서를 옮겼고, 구 시청사는 전시회와 행사를 위한 공간이 되어 상징적인 의미로 남았다. 광장 중심에는 겐젤리젤Gänseliesel이라 부르는 거위를 안고 있는 소녀 동상이 있으며, 남쪽에는 관광 안내소가 자리한다.

📍 Marktplatz 37073 Göttingen 🚶 성 요한 교회에서 도보 1분

괴팅겐에서 가장 많은 키스를 받는 소녀 겐젤리젤 Gänseliesel

괴팅겐 대학의 교수로 재직한 바 있는 그림 형제를 기념하기 위해 그림 형제 동화에 등장하는 '거위 소녀' 동상을 마르크트 광장에 설치했다. 이후 괴팅겐 대학에서 박사 학위를 취득한 졸업생들이 소녀에게 키스하고 꽃을 바치는 독특한 전통이 생겼다. 다만 고성방가와 과도한 음주가 동반되다 보니 1926년에는 금지령까지 내려졌는데, 확고한 전통을 이길 수 없어 현재까지도 이어지고 있다. 1901년 세운 초기 동상은 훼손 문제로 시립 박물관에 전시하고 있다. 매년 9월 말이면 겐젤리젤 축제Gänselieselfest가 열리며, 이때 1년 동안 도시를 대표하는 역할을 할 괴팅겐 출신의 젊은 여성을 선발한다.

성서 속 장면을 그린 건물 ⋯⋯ ④
융케른섕케 Junkernschänke

바르퓌서 거리에서 유독 눈에 띄는 건물 한 채가 있다. 15세기 르네상스 양식으로 지은 이 건물에 조각가, 이후에는 시장, 사업가가 거주하며 수세기에 걸쳐 소유권이 변경되었고, 그 용도도 상점, 와인 바로 변하다가 현재는 레스토랑이 되었다. 유서 깊은 건물이라는 자체만으로도 충분히 의미 있지만, 더 특별한 점은 건물 외벽에 수많은 조각과 성서 속 장면이 그려져 있다는 점이다.

📍 Barfüßerstraße 5, 37073 Göttingen 🚶 마르크트 광장에서 도보 2분

매년 약 100회의 콘서트가 열리는 교회 ⋯⋯ ⑤
성 야콥 교회 St. Jacobi-Kirche

높이 72m의 탑이 우뚝 솟은 성 야콥 교회는 1361년부터 1459년 사이에 고딕 양식으로 지었다. 구시가지에서 두 번째로 큰 교회라는 말이 무색하게 규모는 크지 않고 내부 역시 화려함과는 거리가 멀지만, 1402년에 만든 황금빛 중앙 제단과 스테인드글라스가 눈길을 끈다. 좌우 양쪽 문짝을 열어젖힌 형태의 제단은 성모 마리아의 대관식을 포함한 성서 속 주요 장면을 담고 있다.

📍 Jacobikirchhof 2, 37073 Göttingen
🚶 융케른섕케에서 도보 2분 🕐 11:00~15:00
💶 무료 📞 +49 551 43163
🏠 https://jacobikirche.wir-e.de

> ### 금요일 방문의 혜택
> 3월부터 12월까지 매주 금요일 오후 6시부터 30분간 오르간 연주 공연을 볼 수 있으며, 입장료는 없다.

괴팅겐 대학교 식물원 Alter Botanischer Garten

1736년에 조성한 괴팅겐 대학의 식물원으로 구시가지 성벽을 따라 조성되었으며 그 규모는 약 14만 평에 달한다. 규모가 큰 식물원답게 개체 수가 약 19만 개에 달하며, 독일에서 보기 힘든 식물들도 포함되어 있다. 교육과 연구를 위한 장소지만 일반인에게 개방되어 있다.

📍 u. Karspüle 2, 37073 Göttingen 🚶 성 야콥 교회에서 도보 6분
🕐 3~10월 08:00~18:00, 11~2월 08:00~16:00 💶 무료
📞 +49 551 3925755 🏠 www.uni-goettingen.de

일요일에만 입장이 허용되는 괴팅겐 대학교 미술관 Kunstsammlung der Universität

괴팅겐 대학교의 미술사학과에 부속된 미술관으로, 독일에서 연구를 목적으로 수집한 컬렉션을 전시한 곳으로는 가장 오래되었다. 1769년에 수집품을 기증받은 것이 토대가 되어 현재 300여 점의 회화, 100점의 조각, 1만 5,000점의 판화, 국제 비디오 예술가들의 작품 등을 소장하고 있다. 그뿐 아니라 알브레히트 뒤러, 산드로 보티첼리, 렘브란트 판 레인, 얀 반 호이엔 등 미술 거장들의 작품도 볼 수 있다. 특정 목적으로 설립한 곳인 만큼 평소에는 일반인의 입장이 제한되지만 일요일은 가능하다.

📍 Weender Landstraße 2, 37073 Göttingen
🚶 성 야콥 교회에서 도보 9분 🕐 일 11:00~16:00
💶 성인 €3, 학생 €1.5 📞 +49 551 395092
🏠 www.uni-goettingen.de

동화의 무대를
찾아가는 여정

메르헨 가도
Märchen Straße

그림 형제의 고향인 하나우를 시작으로 〈브레멘 음악대〉로 친숙한 도시
브레멘까지 약 600km에 달하는 구간을 메르헨 가도라고 부른다.
메르헨Marchen은 독일어로 동화라는 뜻이다. 그림 형제와 동화, 그렇다.
이 가도는 그림 형제와 관련이 있는 도시이자 동화 속 무대가 되었던 곳을 여행하는 루트다.
〈빨간 모자〉의 무대 알스펠트, 〈잠자는 숲속의 공주〉의 배경지인 자바부르크성,
〈라푼젤〉이 갇혔던 망루가 있는 트렌델부르크성 등 동화의 무대가 된
도시에서 주인공에게 가까이 다가갈 수 있다니, 생각만으로도 짜릿해진다.
동화라는 주제를 가지고 있어 그와 관련된 많은 이벤트와 축제, 전시도 열린다.

<table>
<tr><td>

가는 방법

</td><td>

기차와 렌터카를 이용할 수 있다. 기차를 이용한다면 거점 도시에 숙박하면서 주변 도시를 당일치기로 다녀온다. 독일은 운전하기 편한 나라여서 자동차로 여행해도 큰 어려움이 없지만, 메르헨 가도는 다른 가도와 달리 도시 간 이동 시 특별한 풍경이 없어 다소 심심할 수 있다. 다만 도시 간 이동 거리가 멀지 않다는 것이 장점이다.

</td></tr>
</table>

추천 코스

메르헨 가도는 독일 중북부를 세로축으로 연결한다. 크고 작은 도시가 많아 모든 도시를 여행하기는 힘들고 대중교통으로 찾아가기 어려운 곳도 있으니, 가보고 싶은 도시를 먼저 선택한 후 출발 지점에 따라 북쪽에서 남쪽 혹은 남쪽에서 북쪽으로 이동한다.

브레멘
기차 1시간 10분
괴팅겐
기차 1시간
카셀
기차 1시간 30분
마르부르크
버스 1시간
알스펠트
기차 1시간 45분
슈타이나우
기차 30분
하나우

함부르크
브레멘
베를린
괴팅겐
카셀
마르부르크 · 알스펠트
슈타이나우
프랑크푸르트 · 하나우
뮌헨 ·

괴팅겐 Göttingen

동화 〈거위 치는 소녀〉의 무대로 마르크트 광장에 소녀의 동상이 세워져 있다. 이 동상은 괴팅겐에서 가장 많은 키스를 받는 소녀로 알려져 있다.

브레멘 Bremen

늙고 병들어 쫓겨난 당나귀, 개, 고양이, 수탉이 모여 브레멘 음악대원이 되고자 여행길에 오르는 이야기를 담은 동화 〈브레멘 음악대〉의 배경이 된 도시다. 시내 곳곳에서 브레멘 음악대 동상을 만날 수 있다.

카셀 Kassel

독일 민담을 수집해서 편집한 그림 형제의 동화 〈어린이와 가정을 위한 메르헨〉을 집필한 장소가 카셀에 남아 있다. 현재 박물관으로 운영하고 있으며, 그림 형제의 일생과 관련된 자료들을 전시하고 있다.

마르부르크 Marburg

그림 형제가 졸업한 대학이 있는 도시로 마르부르크 곳곳에서 그림 형제의 흔적을 찾을 수 있다. 백설 공주의 거울, 신데렐라의 구두 등 동화 속 분위기를 자아내는 조형물이 숨어 있어 여행을 더욱 즐겁게 한다.

알스펠트 Alsfeld

그림 형제의 명작 중 하나인 〈빨간 모자〉의 배경이 된 곳이다. 주인공이 입고 있는 옷은 이 지역의 전통 의상으로 축제 기간이 되면 동화 속 의상을 입은 많은 사람을 만나게 된다.

슈타이나우 Steinau

그림 형제가 유년 시절을 보낸 곳이다. 그림 형제가 살았던 집은 박물관으로 개조해 공개하고 있다. 〈백설 공주〉, 〈헨젤과 그레텔〉, 〈개구리 왕자〉 등 동화 속 등장인물들로 뜰을 꾸며 놓았다.

그 밖의 동화 속 배경이 된 도시
- 하멜른Hamelin 〈피리 부는 사나이〉
- 보덴베르더Bodenwerder 〈허풍선 남작의 모험〉
- 폴레Polle 〈신데렐라〉
- 트렌델부르크Trendelburg 〈라푼젤〉
- 자바부르크Sababurg 〈잠자는 숲속의 공주〉
- 슈발름슈타트Schwalmstadt 〈헨젤과 그레텔〉

하나우 Hanau

프랑크푸르트에서 기차로 불과 15분 거리에 있는 하나우는 메르헨 가도의 시작점이자 그림 형제가 태어나고 자란 고향이다. 그림 형제가 태어난 도시답게 하나우 곳곳에서 그림 형제의 동상을 볼 수 있다.

프랑크푸르트 지역
프랑크푸르트와 주변 도시

독일의 관문이자 교통의 중심지 프랑크푸르트는 독일 최고의 상업과 금융의 도시다. 웬만한 도시들은 다 연결될 정도로 편리한 교통망을 갖추고 있어 도시를 옮겨 다니며 여행하는 것보다는 프랑크푸르트를 거점지로 삼아 주변 도시들을 당일치기로 다녀오는 것이 편하다. 사실 대도시 분위기의 프랑크푸르트보다는 중세의 정취를 품고 있는 주변의 중소 도시들이 유럽의 매력을 느끼기에는 좋다.

함부르크

베를린

뒤셀도르프
3시간 40분
퀼른
2시간
1시간 10분
코블렌츠
1시간 30분
프랑크푸르트
4시간
40분
1시간
마인츠
1시간 10분
뷔르츠부르크
1시간 10분
2시간
하이델베르크
로텐부르크
슈투트가르트
트리어
튀빙겐
1시간
3시간 40분
1시간 30분
뮌헨

★ 기차 소요시간 기준이며 열차 종류나 스케줄에 따라 차이가 있다.

일정 짜기
Tip
프랑크푸르트는 하루만 잡아서 구시가지 중심으로 돌아보고, 나머지 일정에는 하이델베르크, 뷔르츠부르크, 퀼른 등에 각 하루씩 다녀올 것을 권한다.

유럽의 경제를 이끄는
독일 최고의 금융 도시

프랑크푸르트
FRANKFURT

**#독일 경제의 중심 #독일의 관문 #금융 도시 #괴테
#마인강 #뢰머 광장 #슈테델 미술관 #헤센주**

독일의 최대 상공업 도시로서 사통팔달 교통의 요지다.
독일은 물론 유럽 내 어디에서든 쉽게 갈 수 있을 만큼 교통이
편리하다. 또한 유럽중앙은행 및 독일연방은행이 있으며
독일에서 영업하는 외국 은행 대부분이 이곳에 위치해
뱅크푸르트Bankfurt라 불리는 금융의 도시다. 제2차 세계 대전
당시 폭격으로 폐허가 되었으나 전후에 역사적인 건축물을
비롯해 도시 전체를 완벽하게 복구했다.

🏠 관광 안내 www.frankfurt-tourismus.de

프랑크푸르트
가는 방법

프랑크푸르트는 오래전부터 상업 도시로서 물류와 교통이 발달했으며, 지리적으로도 독일의 중간에 자리해 국내선은 물론 국제선 열차와 항공편까지 편리하게 연결된다.

① 항공

🏠 www.frankfurt-airport.com

한국에서 프랑크푸르트까지 대한항공, 아시아나항공, 티웨이항공, 루프트한자가 직항 노선을 운항한다. 거의 대부분의 국제 노선이 프랑크푸르트 암 마인 공항에 도착하며, 유럽 내 저가 항공 일부는 프랑크푸르트 한 공항을 이용하기도 한다.

프랑크푸르트 암 마인 공항 Flughafen Frankfurt-am-Main

독일의 관문으로 이용되는 국제공항으로 프랑크푸르트 시내에서 16km 정도 거리로 가깝다. 공항에서 바로 열차를 이용해 10분 정도면 프랑크푸르트 중앙역까지 이동할 수 있으며, 환승을 통해 시내 곳곳과 연결된다.

공항은 2개의 터미널로 나뉘어 있고 셔틀버스와 모노레일인 스카이 라인Sky line으로 연결된다. 각 터미널에 약국, 환전소, 슈퍼마켓, 편의점은 물론 쇼핑을 즐길 만한 상점과 다양한 식당이 있어 편리하다. 공항에 도착해 입국 심사를 마치고 짐을 찾은 후 1터미널 지하에 위치한 DB 기차역 1번 홈에서 S반 열차를 이용해 프랑크푸르트 시내로 들어가면 된다. 2터미널에 도착했다면 스카이 라인을 이용해 1터미널의 Hall B에서 하차 후 지하로 내려간다. 공항 내에서는 무료 와이파이를 이용할 수 있다.

터미널별 주요 항공사

- **Terminal 1** 아시아나항공, 루프트한자 등 스타얼라이언스 항공사
- **Terminal 2** 대한항공 등 스카이팀 항공사, 티웨이항공, 원월드 항공사

시내로 이동

🚶 S8·9 프랑크푸르트 중앙역까지 10분 소요
€ 편도 성인 €6.6(철도 패스 개시 후 무료, 프랑크푸르트 카드로 무료)

휴일에는 중앙역

주말이나 공휴일에는 대부분 상점이 문을 닫지만 중앙역 안에는 그나마 영업하는 곳이 있다. 미니 슈퍼마켓 스파르Spar와 깔끔한 푸드 홀 프랑크푸르터 마르크트할레 Frankfurter Markthalle에서 간단한 식사를 할 수 있다. 평소에는 일찍 문을 열기 때문에 교외로 나가기 전에 들르기도 좋다. 햄버거, 피자 등 패스트푸드와 커피숍도 있어 픽업해서 기차에 오르는 사람이 많다.

② 기차

프랑크푸르트 교통의 중심인 **중앙역**Frankfurt (Main) Hauptbahnhof은 큰 규모에 걸맞게 각종 부대시설이 잘 갖추어져 있다. 중앙의 홀 양쪽으로 식당, 환전소, 서점, 유료 화장실, 코인 로커 등의 편의 시설이 있고 맥도날드, 스타벅스, 슈퍼마켓도 있다. 지하철인 S반, U반 역이 지하로 연결되며 수많은 노선이 지난다. 중앙 홀 출입구 쪽에는 예매 창구와 DB 철도 안내소, 관광 안내소, 그리고 렌터카 사무실이 있고, 역 앞에는 버스와 트램 정류장이 있다. 관광의 중심인 구시가지까지는 도보 20분 정도(1.4km) 걸린다.

프랑크푸르트 안에서
이동하는 방법

프랑크푸르트 교통국이 일괄적으로 관리해 U반, S반, 트램, 버스를 티켓 하나로 이용한다. 하지만 시내 중심부는 대부분 걸어서 다닐 수 있기 때문에 숙소의 위치가 멀지 않다면 굳이 교통수단을 이용할 필요 없다. 교통 티켓은 기차역, 지하철역, 버스 정류장 등에 있는 자동 발매기에서 구입할 수 있다. 거의 모든 자동 발매기에서 영어를 선택하면 어렵지 않게 구매할 수 있으며, 영문이 없는 경우 다음 독일어를 참조하자.

🏠 www.rmv.de

종류	특징	요금
단거리권 Kurzstrecken	2km 이내의 단거리 구간(구시가지)에 쓸 수 있는 티켓	€2.35
1회권 Einzelfahrt	프랑크푸르트 시내 대부분을 커버하는 1회용 티켓	€3.8
1일권 Tageskarte	하루 종일 무제한으로 쓸 수 있는 티켓	€7.4
그룹 티켓 Gruppentageskarte	5명까지 하루 종일 사용할 수 있는 티켓(여러 명이 사용하면 매우 저렴)	€14.1

프랑크푸르트 교통 앱

RMVgo
실시간 대중교통 검색과 티켓 구매

프랑크푸르트 카드 Frankfurt Card

관광객을 위한 카드로 시티 투어와 유람선 투어, 박물관 할인 등의 혜택이 있다. 기본 카드에는 대중교통이 포함되어 있고 'Basic' 카드는 교통이 포함되지 않는다. 투어나 박물관을 많이 이용한다면 경제적이다. 특히 단체권은 5명까지 함께 이용할 수 있어 매우 저렴하다. 관광 안내소, 공항, 기차역, 일부 호텔 등에서 구입할 수 있다.

©visitfrankfurt

€ 1일권 €12/2일권 €19/단체권 1일권 €24, 2일권 €36 🏠 www.frankfurt-tourismus.de

시티 투어 City Tour

프랑크푸르트 시내의 주요 관광지를 순환하는 2층 버스로 원하는 정류장에서 타고 내릴 수 있다. 여러 투어 회사에서 운행하며 대부분 한국어 오디오 가이드가 가능하다. 요금은 보통 €18~30 정도이며 프랑크푸르트 카드는 할인된다.

🏠 www.frankfurt-sightseeing.com 🏠 www.ets-frankfurt.de

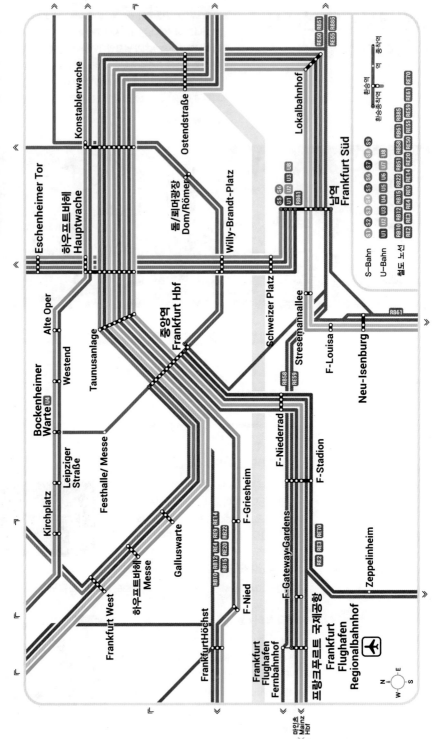

프랑크푸르트 주요 교통 노선도

Eschenheimer Tor

Konstablerwache

하우프트바헤 Hauptwache

Ostendstraße

돔/뢰머광장 Dom/Römer

Willy-Brandt-Platz

Lokalbahnhof

Alte Oper

Bockenheimer Warte U4

Westend

Taunusanlage

중앙역 Frankfurt Hbf

Schweizer Platz

Stresemannallee

남역 Frankfurt Süd

F-Louisa

Neu-Isenburg

RB61

RB58
RE59

Kirchplatz

Leipziger Straße

Festhalle/ Messe

F-Griesheim

F-Niederrad

F-Stadion

Galluswarte

하우프트바헤 Messe

RB10 RB12 RE4 RE9 RE14
RB15 RE20 RB22

F-Nied

Frankfurt West

FrankfurtHöchst

F=Gateway-Gardens

RE2 RE3 RE70

Zeppelinheim

Frankfurt Flughafen Fernbahnhof

프랑크푸르트 국제공항 Frankfurt Flughafen Regionalbahnhof ✈

RE50 RB51
RE55 RB85

환승 역
환승중심역   일반역
중심역

S-Bahn   S1 S2 S3 S4 S5 S6 S7 S8 S9

U-Bahn   U1 U2 U3 U4 U5 U6 U7 U8

철도 노선   RB10 RB12 RB15 RB22 RB51 RB58 RB61 RB85
RE2 RE3 RE4 RE9 RE14 RE20 RE50 RE55 RE59 RE61 RE70

S5 S6
U1 U2 U3 U8
RB51

마인츠 Mainz Hbf

N E S W

254

프랑크푸르트
추천 코스

프랑크푸르트는 큰 도시지만 여행자들이
다니는 시내 중심부는 도보로 이동 가능하기
때문에 하루 정도면 간단히 돌아볼 수 있다.
박물관이나 미술관에 관심이 많다면
하루 이상 머물며 둘러보는 것이 좋다.

Day 1

돔(대성당) P.258

도보 3분

뢰머 광장 P.258

도보 2분

장크트 파울 교회 P.260

도보 5분

괴테 하우스 P.262

도보 3분

하우프트바헤 P.261

도보 2분

차일 거리 P.274

도보 10분

마인 타워 P.263

Day 2

프랑크푸르트 역사 박물관 P.260

도보 1분

아이젤너 다리

도보 3분

마인 테라스 P.272

슈테델 미술관 P.266

도보 10분

트램 15분

작센하우젠 P.273

프랑크푸르트
상세 지도

U Frankfurt (Main) Westend

U Alte Oper

Frankfurt (Main) S
Taunusanlage

Taunusanlage

Taunusanlage

마인 타워 10

Neue Mainzer Str.

Taunusstrasse

Gallusanlage

유로 타워 11

Taunusstrasse

Hafenstraße

Gutleutstraße

S 🅿 U 프랑크푸르트 중앙역

Wilhelm-Leuschner-Straße

Untermainkai

44

홀바인 다리 •

슈테델 미술관 •

● 명소
● 식당/카페
● 상점

리비크 하우스 시립 미술관 •

Untermainkai

마인강

시내 전경이 한눈에 ⋯⋯ ①

돔(대성당) Dom

프랑크푸르트 시내 중심에 우뚝 서 있는 95m 높이의 뾰족한 고딕 양식 돔이다. 정식 명칭은 성 바르톨로메오 카이저 돔Kaiserdom Sankt Bartholomäus이며, 간단히 카이저 돔이라 부른다. 신성 로마 제국의 황제들이 1562~1792년 사이에 대관식을 거행했던 매우 중요한 곳이다. 지금의 모습은 19세기 대화재와 20세기 제2차 세계 대전 등을 겪고 재건한 것이다. 성당 내부에는 아름다운 목조 성가대, 십자가에 매달린 예수 등이 있으며 박물관에는 여러 귀중품을 전시해놓았다. 나선형의 좁은 계단을 걸어서 탑에 오르면 360도 전망대가 있어 프랑크푸르트 시내를 한눈에 조망할 수 있다.

📍 Domplatz 1, 60311 Frankfurt am Main
🚶 U4·5 Dom/Römer역 하차, 도보 1분
€ (전망대) €3 🕐 성당 09:00~20:00
박물관 화~금 10:00~17:00, 토·일 11:00~
17:00(성수기에는 1시간 연장)
❌ (박물관) 월요일 📞 +49 69 2970320
🏠 www.dom-frankfurt.de/dompfarrei-
st-bartholomaeus

구시가지의 중심 광장 ⋯⋯ ②

뢰머 광장 Römerberg

프랑크푸르트를 대표하는 구시가지로 현대적인 프랑크푸르트와는 매우 대조되는 모습이다. 독일 최초의 박람회를 개최한 장소이기도 하며, 현재는 각종 문화 행사가 열리는 시민 광장이다. 여름철에는 관광객들로 가득하지만 겨울이 되면 광장을 화려하게 장식하는 크리스마스 마켓이 열린다. 광장 가운데 있는 분수는 '정의의 분수Gerechtigkeitbrunnen'이며 중앙에 있는 정의의 여신 '유스티티아Justitia' 청동상은 오른손에 검, 왼손에 저울을 들고 있다. 다른 곳에 묘사되는 정의의 여신과는 달리 눈을 가리지 않은 것이 특징이다.

📍 Römerberg 60311 Frankfurt am Main 🚶 U4·5 Dom/Römer역 하차

258

뢰머 Römer

광장 한쪽에 나란히 서 있는 독특한 모습의 건물로 현재 프랑크푸르트의 시청사다. 뢰머는 로마인을 뜻하는데, 이 광장을 조성할 당시에는 로마인들이 거주했다. 1405년 시의회에서 당시 로마 상인의 저택이었던 가운데 건물 뢰머를 사들여 600년이 넘는 지금까지 시청사로 이용하고 있다. 나머지 건물들도 시에서 매입해 관공서로 사용한다. 뢰머는 역대 황제들이 연회를 열었던 장소로도 유명하다. 근처에 자리한 돔에서 신성 로마 제국 황제의 대관식이 열리면 이곳 2층의 '황제의 홀Kaisersaal'에서는 축하 연회가 이어졌다고 한다. 현재 황제의 홀에는 19세기에 그린 신성 로마 제국의 황제 52명의 초상화가 전시되어 있다.

황제의 홀

구 니콜라이 교회 Alte Nikolaikirche

시청사 옆쪽의 흰색 벽면에 붉은색 장식을 한 교회다. 13세기에 지은 고딕 양식의 교회로 규모는 크지 않지만 아름다운 스테인드글라스와 카리용 연주 때문에 시민들이 많이 찾는다.

오스트차일레 Ostzeile

시청사 건너편에 빼곡히 서 있는 건물군을 오스트차일레라 부른다. 과거 상인들의 저택이었는데, 뾰족한 지붕에 수많은 창문 그리고 외벽에 나무 골조가 드러난 반목조Half-timbered 양식의 건물들

이 중세 독일의 분위기를 품고 있다. 반목조 양식은 목재를 기둥과 틀로 사용하면서 그 사이에 흙을 채우는 방식으로 중세 유럽에서 많이 사용한 건축 양식이다. 오스트차일레 앞에 있는 붉은 갈색 기둥은 '미네르바 분수Minervabrunnen'로 1894년에 만들었는데 제2차 세계 대전 때 파괴되어 복구했다.

프랑크푸르트 역사 박물관 아이와 함께

Historisches Museum Frankfurt

뢰머 광장에서 마인 강변으로 이어진 곳에 자리한 박물관으로 프랑크푸르트의 역사를 한눈에 볼 수 있다. 자칫 지루할 수 있는 역사를 다양한 시각 자료를 이용해 재미있게 전시해 아이들 교육용으로도 인기다. 지하에서 발견된 실제 유적지부터 시작해 프랑크푸르트의 현재와 미래의 모습까지 담고 있다.

📍 Saalhof 1, 60311 Frankfurt am Main
🚶 뢰머 광장에서 도보 1분 💶 상설전 성인 €8
🕐 화~일 11:00~18:00 ❌ 월요일 📞 +49 69 21235154
🏠 www.historisches-museum-frankfurt.de

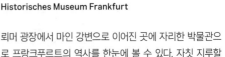

쉬른 미술관 Schirn Kunsthalle 마니아

뢰머 광장과 돔 사이에 길게 자리한 미술관으로 특별 전시가 활발하게 이루어지는 복합 문화 공간이다. 미술 관련 여러 행사가 열리며 아이들을 위한 공간도 있다. 기간에 따라 훌륭한 전시가 열리기도 하니 방문 시기의 전시 내용을 확인하고 가자.

📍 Römerberg, 60311 Frankfurt am Main
🚶 뢰머 광장에서 도보 1분 💶 전시별 상이
🕐 화·금~일 10:00~19:00, 수·목 10:00~22:00 ❌ 월요일
📞 +49 69 2998820 🏠 www.schirn.de

장크트 파울 교회 St. Paulkirche

파울 광장Paulsplatz에 자리한 둥근 원통 모양이 독특한 네오 고딕 양식의 교회다. 1786년에 짓기 시작했으나 프랑스와의 계속되는 전쟁으로 1833년에야 완성했다. 1848년 최초의 독일 국민회의를 개최한 곳으로 독일 민주주의 정치사의 역사적인 장소다. 현재는 교회가 아닌 독일 민주주의 발전에 관한 자료들이 전시되어 있으며, 여러 행사가 열리는데 특히 '프랑크푸르트 국제 도서전'의 평화상 수상식이 이곳에서 열린다.

📍 Paulsplatz 11, 60311 Frankfurt am Main
🚶 뢰머 광장에서 도보 1분 🕐 10:00~17:00 📞 +49 69 21234920

프랑크푸르트 시내의 중심 ······ ⑥

하우프트바헤 Hauptwache

프랑크푸르트 시내 교통의 중심지로 대부분의 지하철 노선이 이곳을 지난다. 그만큼 거대한 환승 지역이라 항상 수많은 사람으로 붐빈다. 광장의 명칭이 된 하우프트바헤는 광장 한쪽에 자리한 작은 건물의 이름이다. 1730년에 바로크 양식으로 지어 당시 독립 도시이던 프랑크푸르트 민병대의 본부로 사용했으며, 프로이센의 통일 이후 한때는 감옥, 또 한때는 경찰서로 사용되다 현재는 카페 하우프트 바헤P.269라는 식당이 되었다.

📍 Hauptwache, 60313 Frankfurt
🚶 U1·2·3·6·7·8, S1·2·3·4·5·6·8·9 Hauptwache역 하차 후, 바로

프랑크푸르트 최대의 개신교 교회 ······ ⑦

장크트 카타리넨 교회

St. Katharinenkirche

하우프트바헤 광장에서 가장 눈에 띄는 갈색 건물이다. 1678~1681년에 바로크 양식으로 지었으며, 프랑크푸르트에서 가장 큰 루터 교회로 순교자였던 알렉산드리아의 성녀 카타리나에게 봉헌되었다. 1749년에 바로 이곳에서 독일의 대문호 괴테가 세례를 받은 것으로 유명하다.

📍 Hauptwache, 60313 Frankfurt am Main 🚶 U1·2·3·6·7·8,
S1·2·3·4·5·6·8·9 Hauptwache역에서 바로 보인다.
📞 +49 69 7706770 🏠 www.st-katharinengemeinde.de

중세의 모습이 남아 있는 탑 ······ ⑧

에셴하이머 탑 Eschenheimer Turm

1428년에 완성된 이 건물은 멀리서도 보이는 기다란 원기둥 모양의 탑이다. 47m의 높이에 5개의 첨탑이 인상적이며, 뢰머 광장과 함께 프랑크푸르트에서 중세 시대의 모습을 가장 잘 간직한 건축물로 꼽힌다. 1층은 카페 겸 레스토랑이다.P.269

📍 Eschenheimer Tor 1,
60318 Frankfurt am Main
🚶 하우프트바헤에서 도보 4분
또는 U1·2·3·8 Eschenheimer
Tor역에서 하차, 도보 1분

괴테 하우스 Goethe-Haus

독일이 낳은 세계적 문호 괴테가 태어나 어린 시절과 젊은 시절을 보낸 곳이다. 그는 아버지가 황제의 고문관이었던 덕에 부유한 환경에서 자랐다. 4층으로 된 저택이니 여유 있게 돌아보자. 괴테는 1749년 이 건물 2층에서 태어나 젊은 시절에 3층 시인의 방에서 집필 활동을 했다. 바로 이곳에서 샤를로테와의 슬픈 사랑을 경험 삼아 자전적인 소설 〈젊은 베르테르의 슬픔Leiden des jungen Werthers〉과 〈괴츠 폰 벨리힝겐Gotz von Berlichingen〉를 창작했으며 〈파우스트Faust〉에 관한 소재의 영감을 얻었다. 1795년 괴테의 가족이 이곳을 떠난 후 몇 차례 주인이 바뀌었지만 19세기 중반 괴테의 생가로 복원했고, 제2차 세계 대전 때 완전히 파괴되어 18세기 당시의 모습으로 재건했다. G층에는 당시의 부엌, 1층에는 중국 스타일의 북경 방과 오래된 피아노가 있는 음악의 방이 있다. 2층에는 어머니의 방과 괴테가 태어난 방, 갤러리, 서재가 있으며, 3층에는 인형극 방과 다락방이 있다. 삐거덕거리는 나무 마루를 거닐며 작은 창문으로 바깥 풍경을 엿보고 당시의 모습을 상상해보는 것도 재미다.

📍 Grosser Hirschgraben 23~25, 60311 Frankfurt am Main
🚶 U1·2·3·6·7, S1·2·3·4·5·6·8·9 Hauptwache역 또는 U1·2·3·4·5·8 Willy-Brandt Platz역 하차, 도보 4분 💶 성인 €12 🕐 월·수·금~일 10:00~18:00, 목 10:00~21:00
📞 +49 69 138800 🏠 www.goethehaus-frankfurt.de

괴테 박물관 Goethe-Museum

괴테 하우스 바로 옆에 있는 괴테 박물관은 규모가 작아 잠시 둘러보기 좋다. 여기에는 괴테와 그의 친구들, 당대 유명 인사의 초상화가 전시되어 있다. 괴테의 다양한 모습을 회화와 조각으로도 만날 수 있다.

마인 타워 Main Tower

높이 200m의 마인 타워는 안테나의 길이까지 더하면 240m에 달하는 초고층 빌딩이다. 54층까지 한 번에 오르는 엘리베이터로 올라간 후 한 층 더 걸어 올라가면 꼭대기 전망대가 나온다. 유리 벽면에 방향별로 주요 건물의 이름을 적어놓아 방문자들의 이해를 돕고 있다. 금융가에 자리해 주변의 고층 건물들이 가까이 보이며 중앙역, 구시가지와 마인강의 경치가 시원하게 보인다. 53층에는 레스토랑이 있어 프랑크푸르트의 경치를 보며 식사할 수 있다. 보안 검색이 있으니 참고할 것.

📍 Neue Mainzer Straße 52-58, 60311 Frankfurt am Main 🚶 S1·2·3·4·5·6·8·9 Taunusanlage역 하차, 도보 3분 💶 성인 €9 🕐 여름 10:00~21:00(금·토 23:00까지) 겨울 10:00~19:00(금·토 21:00까지) 📞 +49 69 36504740 🏠 www.maintower.de

독일 최고층 건물, 코에르츠 방크

유로 타워 Eurotower

유럽중앙은행(ECB)이 자리한 40층 건물이다. 유럽중앙은행은 1998년 유로존의 가격 안정화를 위해 창설한 기구로 통화정책, 외환관리, 재정정책 등을 수행하고 있다. 건물 내부는 일반인이 출입할 수 없지만 건물 앞에 EU의 상징인 유로마크 조형물이 있어 인증샷 장소로 인기다. 2015년에 유럽중앙은행 신청사를 마인 강변의 45층짜리 쌍둥이 빌딩에 개관했다.

📍 Kaiserstraße 29, 60311 Frankfurt am Main
🚶 U1·2·3·4·5·8 Willy-Brandt Platz역에서 하차, 도보 1분

마인 강변의
박물관 지구
Museumsufer

마인강 남쪽으로 강변을 따라 넓게 자리한
프랑크푸르트의 자랑스러운 문화 지구다. 마인
강변의 샤우마인카이Schaumainkai 거리는 예전에
빌라들이 들어서 있던 고급 주택가였는데 시에서
모두 사들여 미술관 거리로 조성한 것이다.
응용미술 박물관을 시작으로 중간에 박물관
공원Museumspark이 있고 이어서 줄줄이 박물관과
미술관이 자리하고 있다. 대부분의 박물관은
월요일에 휴관하며, 박물관 지구를 따라
매주 토요일에는 대규모 벼룩시장이 열리기도 한다.

🚶 뢰머 광장에서 도보 7분
(아이젤너 다리Eiserner Steg로 마인강을 건넌다.)

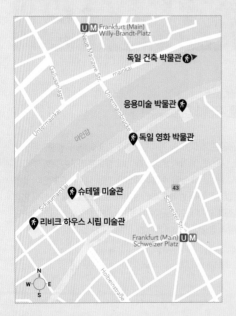

응용미술 박물관
Museum für Angewandte Kunst(MAK)

1877년 응용미술로서의 가치를 지닌 물건들을 순수미술
과 분류해서 전시하기 위해 설립했다. 처음에는 소규모
수공예품 컬렉션으로 오픈했으나 현재는 다양한 주제의
디자인 제품까지 폭넓게 전시하고 있다. 녹색 공원에 자
리한 하얀색의 현대적인 건물은 리처드 마이어의 작품으
로, 큰 창을 통해 내부와 외부를 시원하게 연결하고 측면
의 빛과 최소화된 그림자를 통해 저택 분위기에서 전시품
을 감상할 수 있는 구조로 설계했다. 고대부터 현대까지
이슬람, 극동아시아, 유럽의 가구, 도자기, 유리 제품, 회
화, 카펫 등 다양한 작품이 있으며, 특히 12~21세기 유럽
의 공예품과 디자인에 초점을 둔 전시품이 많다.

📍 Schaumainkai 17 💶 성인 €12 🕐 화·목~일 10:00~18:00,
수 10:00~20:00 ❌ 월요일 📞 +49 69 21234037
🏠 www.museumangewandtekunst.de

박물관 티켓 Museumsufer Ticket

2일 동안 프랑크푸르트 시내 39개 미술관과 박물관 입장이 가
능한 티켓으로 각 박물관에서 구입할 수 있다.(성인 €21) 프랑
크푸르트 카드Frankfurt Card P.253와 비교해보고 구입하자.

🏠 www.museumsufer.de

독일 영화 박물관 Deutsches Filmmuseum

전시와 함께 다양한 체험을 하고 영화도 직접 볼 수 있는
복합 공간. 영화, 영상 기술의 역사를 시대순으로 전시해
놓았는데, 카메라의 시초인 카메라 오브스쿠라, 뤼미에르
형제가 발명한 최초의 영사기 시네마토그래프도 있으며
각종 영화의 세트 모형과 편집, 사운드트랙, 특수 효과 등
에 대해 볼 수 있다.

📍 Schaumainkai 41 💶 (상설 전시) 성인 €8
🕐 화~일 11:00~18:00 ❌ 월요일 📞 +49 69 961220220
🏠 www.dff.film

독일 건축 박물관
Deutsches Architekturmuseum(DAM)

20세기에 이르러 집약적인 발전을 이룬 독일의 건축사를
보여주는 곳이다. 외관은 고풍스러운 18세기 건축물이나
내부로 들어가면 공간을 유기적으로 꾸며 건물 자체가 하
나의 전시품 같다. 선사 시대 모형부터 현대 독일 건축의
역사적 발전 과정까지 다양한 자료를 전시한다.

📍 Schaumainkai 43(※2025년 6월부터 기존 위치인
Schaumainkai 43에 재개관 예정)

리비크 하우스 시립 미술관 Städtische Galerie Liebieghaus

고대 그리스와 로마, 이집트, 중세, 바로크, 르네상스, 고전주의 작품까지 다양
한 조각품이 전시된 이곳은 아담하지만 나무가 많은 정원과 야외 카페도 있다.
1896년에 지은 아름다운 저택으로 1908년 프랑크푸르트시에서 매입해 조각
미술관으로 개관했다.

📍 Schaumainkai 71 💶 성인 화~금 €10, 토·일 €12 🕐 화·수 12:00~18:00, 목 10:00~
21:00, 금~일 10:00~18:00 ❌ 월요일 📞 +49 69 605098200 🏠 www.liebieghaus.de

슈테델 미술관 Städel Museum

프랑크푸르트에서 가장 유명하고 중요한 미술관으로 공식 명칭은 슈테델 시립 미술관Städelsches Kunstinstitut und Städtische Galerie이다. 1815년 프랑크푸르트의 은행가이자 상인이었던 슈테델의 기부로 세운 이곳은 르네상스 시대부터 20세기까지의 미술 작품을 전시한 독일에서 손꼽히는 미술관 중 하나로 지하층까지 포함해 4개 층에서 알차게 전시한다. 드가, 마티스, 피카소, 마네, 렘브란트, 보티첼리 등 유명 화가들의 작품이 망라되어 있다. 회화 외에 조각, 사진 작품도 보유하고 있으며 10만 권의 장서가 있는 도서관도 있다. 1층(1st Upper Level: 우리식 2층)에 1800~1945년의 근현대 작품과 2층(2nd Upper Level: 우리식 3층)에 1300~1800년의 고전 작품, 그리고 지하에 1945년 이후의 현대 미술품들이 전시되어 있다. 건물 뒤편에는 2013년 미술관을 재개장하면서 조성한 독특한 모습의 정원이 있다.

📍 Schaumainkai 63
€ 성인 화~금 €16(화요일 15시 이후 €9), 토·일·공휴일 €18
🕐 화·수·금~일 10:00~18:00, 목 10:00~21:00
✖ 월요일 📞 +49 69 605098200
🏠 www.staedelmuseum.de

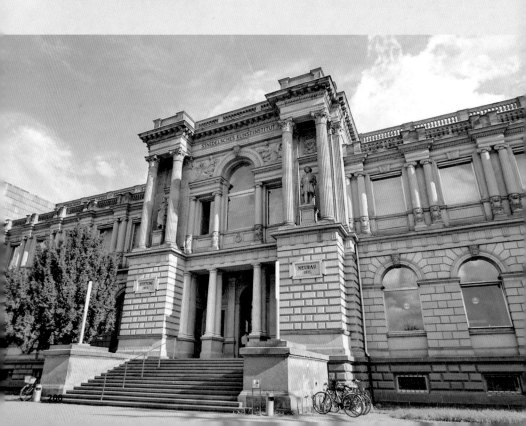

젊은 여인의 초상
Weibliches Idealbildnis

보티첼리

Sandro Botticelli, 1480

많은 예술가가 아름답다고 칭송하던 여인 시모네타를 모델로 그린 작품. 우수에 찬 눈빛으로 옆을 보는 그녀의 맑고 순수하면서도 우아한 아름다움을 잘 보여준다.

캄파냐에서의 괴테
Goethe in der Campagna

티슈바인

Johann Heinrich Wilhelm Tischbein, 1787

티슈바인은 궁정 초상화가이자 당대 신고전주의 대가였던 괴테의 친구다. 이 작품은 이탈리아를 여행하던 중 폐허가 된 로마의 캄파냐 언덕을 배경으로 비스듬히 앉아 생각에 잠긴 괴테의 모습을 그린 것이다. 괴테의 열망과 고뇌가 느껴지는 모습을 잘 나타낸 이 작품은 두 사람의 우정 때문에 더 유명해졌다.

에케 호모 Ecce Homo
보스

Hieronymus Bosch, 1480~1490

'에케 호모'는 "이 사람을 보라"라는 뜻의 라틴어로 가시 면류관을 쓰고 옷이 찢어진 채 군중 앞에 서 있는 예수에게 로마 총독 빌라도가 외친 말이다. 이에 군중들은 예수를 십자가에 매달라고 외친다. 예수의 수난을 묘사한 작품은 많지만 보스의 작품은 네덜란드 회화의 특징이 잘 나타나 있다.

율리우스 2세의 초상
Bildnis Des Papstes Julius II

라파엘로

Raffaello Sanzio da Urbino, 1511~1512

미켈란젤로 등 르네상스를 이끌었던 예술가들을 적극 후원한 교황 율리우스 2세는 직접 말을 타고 군대를 지휘하던 호전적인 교황으로도 알려져 있다. 그는 볼로냐 탈환 전투 중 사망한 병사들을 추모하기 위해 한동안 수염을 길렀는데, 라파엘로가 당시의 모습을 그린 것이다. 비단 옷과 보석 반지들을 걸치고 있지만 교황의 위엄보다는 노쇠한 노인의 모습으로 당시 교황의 이미지를 보여준다.

눈먼 삼손
Die Blendung Simsons

렘브란트

Rembrandt van Rijn, 1636

삼손의 눈이 칼에 찔리는 장면이 담긴 이 그림에는 빛의 화가로 불리는 렘브란트의 특징이 잘 나타나 있다. 삼손의 머리채를 쥐고 밖으로 도망가는 데릴라의 모습과 병사들에 둘러싸여 고통으로 몸부림치는 비참한 영웅의 말로가 빛에 의해 더욱 분명하게 보인다. 유혹에 넘어간 삼손이 치러야 했던 형벌이 얼마나 잔혹했는지 빛과 그림자의 대비로 잘 나타내고 있다.

최고의 전망을 가진 뷰 맛집 ⸺ ①
갈레리아 레스토랑
Galeria Restaurant

하우프트바헤에서 차일 거리가 시작되는 곳에 위치한 백화점 체인 갈레리아 카우프호프Galeria Kaufhof 맨 위층에 자리한 푸드 홀 같은 곳이다. 바, 레스토랑, 카페테리아가 모두 있어 메뉴와 가격대가 다양한 편이고 커피와 디저트까지 해결된다. 특히 야외의 스카이라운지는 하우프트바헤가 한눈에 내려다보이는 멋진 전망대이기도 하다. 날씨가 좋을 때는 야외 테이블의 좌석을 얻기 어려우니 붐비는 시간을 피해서 가는 것이 좋다. 프랑크푸르트 시내의 전경을 바라보며 식사나 와인, 맥주를 즐길 수 있어 매우 인기다.

📍 Zeil 116~126, 60313 Frankfurt am Main   🚶 하우프트바헤 바로 앞
🕐 월~토 09:30~20:00 ❌ 일요일 🏠 https://galeria-restaurant.de

독특한 건축이 인상적인 식당가 ⸺ ②
마이차일 MyZeil

갈레리아 건물 바로 옆에 위치한 쇼핑몰 마이차일 역시 맨 위층에 여러 식당이 모여 있다. 패스트푸드점도 입점해 갈레리아보다 메뉴와 가격대가 더 다양하며 시원한 오픈 테라스가 있다. 유리로 된 건물의 독특한 구조가 잘 보이며 높은 천장 덕에 쾌적함을 느낄 수 있다.

📍 Zeil 106, 60313 Frankfurt am Main   🚶 갈레리아 바로 옆
🕐 (Foodtopia 식당가) 월~토 10:00~22:00, 일 10:00~20:00 🏠 http://myzeil.de

●

역사적인 유적지에서 식사를

역사와 전통을 중시하는 유럽에서 오래된 유적지 안에 식당이 들어서는 것은 다소 생경한 모습이다.
지방 분권이 잘되어 있는 독일은 제2차 세계 대전 복구 과정에서 각 지방의회가 독립적인 결정을 내렸는데,
안타깝게도 프랑크푸르트는 전통보다 현대화에 초점을 맞춰 여러 유적이 사유화되거나 개발되었다.
따라서 유적지라도 일반 식당처럼 쓰이는 곳들이 있다.

얇고 바삭한 도우가 특징인 독일식 피자 플렘쿠헨Flammkuchen

카페 에셴하이머 투름 Café Eschenheimer Turm

역사적인 건물 에셴하이머 탑 1층에 자리한 카페 겸 레스
토랑이다. 노천 테이블에 자리가 많으며 탑 건물 내부에
도 일부 좌석이 있다. 재미있는 것은 레스토랑 화장실이
탑 안에 있고, 또 레스토랑에서 바로 탑으로 올라갈
수 있다는 점이다. 600년의 역사를 지닌 탑 안에서
아무렇지 않게 맥주를 마시고 흘리고 하는 모습이 낯
설게 느껴진다. 런치 스페셜 메뉴가 €10~18 정도.

📍 Eschenheimer Tor 1, 60318 Frankfurt am Main
🚶 U1·2·3·8 Eschenheimer Tor역 하차, 도보 1분
🕐 일~목 12:00~01:00, 금·토 12:00~03:00
📞 +49 69 292244 🏠 http://eschenheimer.de

카페 하우프트바헤 Café Hauptwache

300년 역사를 지닌 또 하나의 유적지 식당으로 프랑크푸
르트 시정부에서 다양한 용도로 사용하다 1905년 이후
로는 식당으로 운영하고 있다. 시내 중심의 가장 입지 좋
은 자리에서 독일 전통 레스토랑을 하고 있으니 항상 사
람들로 북적이며 건물 내부와 외부 모두 좌석이 많은 편
이다. 슈니첼이나 소시지, 맥주 등의 전형적인 독일 메뉴
(€10~18)와 커피, 아이스크림 등의 디저트가 있다.

📍 An der Hauptwache 15, 60313 Frankfurt am Main
🚶 U1·2·3·6·7·8, S1·2·3·4·5·6·8·9 Hauptwache역 하차 후
지상으로 올라가면 바로 보인다. 🕐 월~토 10:00~23:00,
일 11:00~22:00 📞 +49 69 21998627
🏠 http://cafe-hauptwache.de

269

현지인도 즐겨 찾는 재래시장 ····· ③
클라인마르크트할레 Kleinmarkthalle

뢰머 광장에서 멀지 않은 곳에 위치한 실내 재래시장으로 각종 채소, 과일, 쿠키, 빵, 치즈, 와인, 견과류, 독일 전통 소시지 등을 보다 저렴하게 구입할 수 있으며, 독일식 핫도그 등 즉석에서 먹을 수 있는 음식도 있다. 위층에는 난간 옆으로 작은 식당들이 옹기종기 모여 있어 현지인들이 식사를 하기 위해서도 많이 찾는 곳이라 간단한 식사와 함께 시장 풍경을 즐길 수 있다.

📍 Hasengasse 5, 60311 Frankfurt am Main 🏃 뢰머 광장에서 도보 2분
🕐 월~금 08:00~18:00, 토 08:00~16:00 ❌ 일요일 📞 +49 69 21233696
🏠 www.kleinmarkthalle.com

마당이 있는 브런치 카페 ····· ④
메트로폴 Metropol

돔(대성당) 바로 옆에 위치한 카페 겸 레스토랑으로 아침 일찍 오픈해 아침 식사와 브런치가 유명하며, 요일별로 다양한 음식을 즐길 수 있다. 식사 외에 커피와 음료, 케이크를 즐기기에도 좋으며 밤 늦게까지 운영해 늦은 시간에도 많은 사람이 찾는다. 입구는 평범하지만 내부 공간도 크고 안쪽으로 정원이 있어 햇살을 즐기며 식사하기에도 좋다. 성수기 주말에는 예약하는 것이 좋다. 아침 식사 €8~18, 메인 요리 €14~22.

📍 Weckmarkt 13-15, 60311 Frankfurt am Main
🏃 돔 바로 옆(남쪽) 🕐 화~금 10:00~23:00, 토 09:00~23:00,
일 09:00~22:00 ❌ 월요일
📞 +49 69 288287
🏠 www.metropolcafe.de

가성비 좋은 아침 식사 ····· ⑤
데어 베커 아이플러 Der Bäcker Eifler

시내 곳곳에 수많은 체인 베이커리가 있지만 특히 이곳은
2층에 카페처럼 분위기 좋은 좌석이 있어 아는 사람만 찾
는다. 이른 아침부터 문을 열어 아침 식사를 하기 좋으며,
가성비 좋은 아침 메뉴(€6~13 정도)가 있는 것도 장점으
로 꼽힌다.

📍 Hasengasse 15, 60311 Frankfurt am Main
🚶 돔에서 차일 거리로 가는 골목 🕐 월~토 06:00~18:00,
일 07:00~18:00 📞 +49 69 21998461
🏠 http://der-baecker-eifler.de

뉘른베르크에서 온 명물 진저 쿠키 ····· ⑥
렙쿠헨 슈미트 Lebkuchen-Schmidt

뉘른베르크의 유명한 진저 쿠키 브랜드로 크리스마스 명
물이지만 이곳에서는 일 년 내내 판매한다. 특히 프랑크
푸르트 지점에서는 아이스크림 가게를 함께 운영해 여름
에도 인기다. 이 가게의 시그니처인 진저 쿠키 토핑과 상
큼한 맛의 스프링클을 뿌려주는 딸기 맛을 많이 찾는다.

📍 Liebfrauenstraße 5, 60313 Frankfurt am Main
🚶 하우프트바헤 광장에서 도보 2분 🕐 3~9월 월~토 11:00~
20:00, 10~2월 10:00~19:00 ❌ 일요일
📞 +49 69 65009565 🏠 http://lebkuchen-schmidt.com

발길을 잡는 커피 향 ····· ⑦
바커스 카페 Wacker's Kaffee

100년이 넘는 오랜 전통을 자랑하는 유명한 커피숍이다.
괴테 하우스에서 가까운 이곳에는 실제로 괴테가 들르기
도 했다고 한다. 현재까지도 질 좋은 원두를 매일 직접 로
스팅해서 커피를 내리기 때문에 신선한 커피를 즐기려는
사람들로 항상 붐빈다. 매장으로 들어서는 순간 커피 향
이 가득하다. 박물관 지구에도 지점이 있다.

📍 Kornmarkt 9, 60311 Frankfurt am Main 🚶 하우프트바헤
광장에서 도보 2분 🕐 월~토 08:00~18:00 ❌ 일요일
📞 +49 69 287810 🏠 http://wackerskaffee.de

아담한 가성비 맛집 ……⑧
안 프랑크푸르트 An Frankfurt

차일 거리 뒷골목에 자리한 베트남 식당으로 '안'은 베트남어로 먹는다는 뜻이다. 공간이 작아 반미 샌드위치 같은 메뉴는 포장해가는 사람이 많다. 독일에 베트남 식당이 많지만 대부분 서양식 입맛에 맞게 변형된 데 반해 이곳에서는 일부 재료를 베트남에서 가져올 만큼 본연의 맛을 살리려 애쓴다. 고수를 싫어한다면 미리 빼달라고 말해야 한다. 반미(€8.5~9), 고이쿠온(€3), 차조(€5), 국수류(€14~15)와 살구나 레몬 등으로 직접 만든 음료도 인기다.

📍 Zeil 111, Holzgraben 16, 60313 Frankfurt am Main 🚶 하우프트바헤 광장에서 도보 3분 🕐 월~토 11:30~21:30, 일 11:30~21:00 📞 +49 69 21001040 🏠 http://an-frankfurt.de

마인 강변에서 시원한 맥주를 ……⑨
마인 테라스 Main Terrasse

뢰머 광장에서 남쪽으로 걸어가면 역사 박물관을 지나 마인 강변까지 이어진다. 여기서 보행자 전용 다리인 아이젤너 다리Eiserner Steg를 건너면 강변 보트 위에 식당이나 라운지 바가 보이고 도로 옆에 넓은 비어 가든이 나온다. 보트보다 더 높은 위치에서 마인강 너머 프랑크푸르트 시내를 조망할 수 있는 곳으로 간단한 식사나 가볍게 맥주 한잔 즐기기에도 좋다. 타파스 메뉴가 보통 €6~12 정도.

📍 Schaumainkai 5, 60594 Frankfurt am Main 🚶 뢰머 광장에서 도보 5분 (아이젤너 다리 건너 바로) 🕐 월~목 16:00~23:00, 금 16:00~24:00, 토 12:00~24:00, 일 13:00~22:00(*비수기 단축 영업) 🏠 http://main-terrasse.com

프랑크푸르트의 오아시스 같은 작센하우젠 Sachsenhausen

차일 거리의 화려함 대신 작은 골목길 곳곳에 맥줏집과 레스토랑, 카페들이 자리해 유흥가 분위기와 먹자 골목 분위기가 나는 곳으로 하루 일정을 마무리하기에 좋다. 또한 프랑크푸르트의 특산품인 아펠바인Apelwein을 제대로 마셔볼 수 있는 곳이기도 하다. 밤이 되면 더욱 활기찬 분위기에서 아펠바인을 마셔보자.

📍 Affentorpl., 60594 Frankfurt am Main
🚶 U1·2·3·8, S1·3·4·5·6·8·9 Südbahnhof역에서 도보 10분

아펠바인 Apfelwein

독일어로 아펠Apple은 사과, 바인Wein은 와인이다. 즉, '사과주'인 셈이다. 사과는 포도에 비해 당분이 적어 톡 쏘는 새콤한 맛이 특징이다. 사람마다 호불호가 갈리지만 어쨌든 프랑크푸르트의 유명한 술이니 한 번쯤 맛보는 것도 좋다. 아펠바인은 작센하우젠의 술집에서 쉽게 찾을 수 있으며, 공장에서 제조해 마트에서 파는 것도 있다.

최초의 아펠바인 가게로 알려진 곳 ⋯⋯ ⑩
아펠바인비르차프트 프라우 라우셔 Apfelweinwirtschaft Frau Rauscher

아펠바인을 만들어 최초로 행상을 다니며 팔았다고 전해지는 라우셔 아주머니의 가게다. 작은 입구 왼쪽에 라우셔 아주머니의 동상이 있고 물이 뿜어져 나와 재미를 더한다. 안쪽으로 계속 좌석이 이어지며, 사람이 많은 여름에는 야외에도 테이블이 놓인다. 슈니첼이나 소시지 같은 독일의 전통 메뉴(€10~20)가 있으며, 주로 라우셔 아주머니의 로고가 있는 잔에 아펠바인을 마신다.

📍 Klappergasse 8, 60594 Frankfurt am Main
🚶 트램 15·18번 Frankensteiner Platz역에서 하차 후, 도보 2분
🕐 일~목 11:00~23:00, 금·토 11:00~01:00
📞 +49 69 26957995 🏠 http://frau-rauscher.com

나무 그늘 아래 시끌벅적한 동네 술집 ⋯⋯ ⑪
아펠바인비르차프트 다우트 슈나이더 Apfelweinwirtschaft Dauth-Schneide

관광객이 많은 작센하우젠에서 현지인이 많이 찾는 곳으로 큰길에서도 가까워 위치가 편리하다. 내부 좌석도 있지만 나무 그늘 아래 야외 테이블의 활기찬 분위기가 좋다. 현지인들에겐 푸짐한 돼지고기 요리가 인기이며 맥주는 대부분 맛있다. 엉터리 번역의 한글 메뉴판도 있다. 요리는 보통 €10~22선.

📍 Neuer Wall 5-7, Klappergasse 39, 60594 Frankfurt am Main 🚶 30번 버스 탑승 후 Affentorplatz 정류장 하차 후, 바로
🕐 11:30~24:00 📞 +49 69 613533
🏠 http://dauth-schneider.de

차일 거리 Zeil

도심에 자리한 번화가로 보행자 전용 보도블록이 깔려 있어 걷기 좋다. 하우프트바헤Hauptwache 광장에서 시작해 콘스타블러바헤Konstablerwache까지 이어지며 길 양편에 수많은 상점과 식당들이 늘어서 있다. 사람이 많아 복잡하지만 분수가 있는 광장이나 그늘이 있는 벤치에 앉아서 거리 공연을 즐기거나 천천히 거닐어보자. 대형 쇼핑몰도 많다.

🚶 하우프트바헤 광장에서 시작

갈레리아 프랑크푸르트 하우프트바헤
Galeria Frankfurt an der Hauptwache

프랑크푸르트에서 가장 큰 백화점으로 하우프트바헤 광장에 있다. 차일 거리 초입에 자리해 입지가 좋으며 깔끔한 분위기 아래 수많은 브랜드가 입점해 있다. 식품점도 상당히 고급스럽게 잘 갖추어져 있고 꼭대기층에서의 전망도 뛰어나다.

📍 Zeil 116-126, 60313 Frankfurt am Main
🕐 월~토 09:30~20:00 ❌ 일요일 🏠 www.galeria.de

카르슈타트 Karstadt

갈레리아 카우프호프 백화점과 합병하면서 독일 최대 백화점 체인이 된 카르슈타트의 지점이다. 갈레리아보다는 디스플레이가 조금 떨어지지만 한때 경쟁사였던 만큼 많은 브랜드가 입점해 있으며, 지하층에 큰 규모의 아시안 마켓을 두어 갈레리아와 차별화하고 있다. 맨 위층에는 카페테리아가 있다.

📍 Zeil 90, 60313 Frankfurt am Main ⏰ 월~토 09:30~ 20:00 ❌ 일요일 📞 +49 69 929050 🏠 www.galeria.de

마이차일 MyZeil

다양한 의류 브랜드와 통신사, 그리고 대형 전자제품점 자투른Saturn 등이 입점해 있다. 위층에는 식당과 카페, 지하에는 대형 슈퍼마켓 레베REWE와 드러그스토어 데엠dm이 있다.

📍 Zeil 106, 60313 Frankfurt am Main
⏰ 월~목 10:00~20:00, 금·토 10:00~21:00 ❌ 일요일
📞 +49 69 29723970 🏠 www.myzeil.de

피크&클로펜부르크
Peek&Cloppenburg

독일의 패션 전문 백화점으로 의류와 잡화 위주의 아이템이 많다. 독일 브랜드나 유럽 브랜드가 많은 편이라 마르코 폴로Marc O'Polo 같은 한국에 잘 알려지지 않은 브랜드를 구경할 수 있다.

📍 Zeil 71-75, 60313 Frankfurt am Main
⏰ 월~토 10:00~20:00 ❌ 일요일 📞 +49 69 15340147
🏠 http://peek-cloppenburg.de

명품 거리가 시작되는
쇼핑가 ······ ②

괴테 광장 Goetheplatz

하우프트바헤 뒤쪽에 자리한 광장으로 주변에 다양한 상점이 모여 있다. 현대적인 분위기로 조성한 넓은 광장에는 심플한 분수와 나무들이 있고, 괴테 동상 뒤쪽으로는 프랑크푸르트의 고층 건물들이 대비되는 모습이 인상적이다.

🚶 하우프트바헤 광장에서 도보 1분

후겐두벨 Hugendubel

독일의 유명한 서점 체인으로 하우프트바헤 광장과 괴테 광장 중간에 위치한다. 규모가 매우 커서 영어 서적도 많으며 문구류도 갖춰 구경하는 재미가 있다.

📍 Steinweg 12, 60313 Frankfurt am Main
🕐 월~토 09:30~20:00 ❌ 일요일
📞 +49 69 80881188 🏠 http://hugendubel.de

괴테 거리 Goethestraße

괴테 광장 한쪽으로 이어진 프랑크푸르트 최고의 명품 거리다. 입구의 루이 비통을 시작으로 약 300m에 걸쳐 구찌, 프라다, 까르띠에, 아르마니, 티파니 등 고급 브랜드 상점들이 길 양쪽으로 가득하다.

🚶 괴테 광장 바로 옆

예쁜 빌리지에서 아웃렛 쇼핑을 ········ ③

베르트하임 빌리지 아웃렛 Wertheim Village

프랑크푸르트에서 1시간 거리의 소도시 베르트하임Wertheim am Main 외곽에 있는 아웃렛 매장이다. 규모는 그리 크지 않지만 프랑크푸르트에서 당일치기로 다녀올 만한 곳이라 많은 사람이 찾는다. 발리, 코치, 데시구알, 디젤, 보스, 판도라, 폴로 랄프 로렌, 샘소나이트, 태그호이어, 베르사체, 빌로이 앤 보흐, 베엠에프 WMF, 츠빌링 헹켈 등 100개가 넘는 브랜드가 입점해 있으며, 카페와 레스토랑도 있다. 뷔르츠부르크에서는 30분밖에 걸리지 않는 가까운 곳이지만 뷔르츠부르크에서 출발하는 셔틀버스는 토요일만 운행한다.

📍 Almosenberg 1, 97877 Wertheim   🕐 월~토 10:00~20:00   ❌ 일요일·일부 공휴일
📞 +49 9342 9199100   🏠 www.wertheimvillage.com

찾아가기

프랑크푸르트에서 하루 2회 출발하는 버스(Shopping Express)를 타면 아웃렛까지 직행한다. 성수기나 주말에는 자리가 없어서 못 타는 경우도 있으니 홈페이지에서 미리 예약하는 것이 좋다. 예매를 하지 않은 경우 자리가 있다면 선착순으로 버스에 승차하면서 현금으로 티켓을 살 수 있다. 출발 장소는 홈페이지에서 선택할 수 있는데 보통 시내 호텔이다.

🕐 시즌별로 주 3~4회 09:30, 13:30/ 아웃렛 출발 15:30, 19:30

💶 왕복 일반 €10, 12세 이하 무료

라인 강변에 자리한 역사 도시

마인츠 MAINZ

#구텐베르크 #활판인쇄술 #마인츠 대주교
#독일 3대 성당 #라인강 유람

마인츠는 역사적으로 매우 중요한 도시다. 원형극장을 비롯한
고대 로마 시대의 유적이 남아 있고, 중세 시대 권력의 중심이었던
마인츠 대주교의 거대한 대성당이 자리하고 있다. 그리고 근대
계몽 사회를 여는 데 큰 역할을 한 활판인쇄의 주인공 구텐베르크가
탄생한 곳으로, 구텐베르크 박물관이 있다. 또한 관광객들에게는
라인강 유람선에 오를 수 있는 곳으로도 잘 알려져 있다.

🏠 관광 안내 www.mainz-tourismus.com

가는 방법·시내 교통

프랑크푸르트에서 S반 열차로 40분이면 갈 수 있어 당일치기로 다녀오기 좋다. 구시가지 안에서는 걸어 다니기 좋으나 기차역을 오갈 때는 버스를 이용하는 것이 편리하다.

범례
- 명소
- 식당/카페
- 상점

지도 내 표기:
- 라인강
- 마인츠역
- Gartnergasse
- Große Langgasse
- Schillerstraße
- Münsterstraße
- Walpodenstraße
- Gaustraße
- Gutenbergpl
- Weißliliengasse
- Quintinsstraße
- Rheinstraße
- Fischtorstraße
- 01 뢰머파사주
- 빌마 분더 01
- 마르크트 광장 02
- 마인츠 대성당 01
- 구텐베르크 박물관 03
- 04 키르슈가르텐
- 05 성 슈테판 교회

추천 코스

마인츠의 하이라이트인 대성당과 구텐베르크 박물관을 중심으로 돌아본다면 반나절 정도 소요된다.

○ **기차역**

버스나 트램 10분

○ **마인츠 대성당** P.280

바로 앞

○ **마르크트 광장** P.280

도보 1분

○ **구텐베르크 박물관** P.281

도보 5분

○ **키르슈가르텐** P.282

279

마인츠 대성당 Mainzer Dom

중세 시대 권력의 중심에서 경제적 번영을 누렸던 마인츠의 대주교 성당답게 규모가 크다. 975년부터 짓기 시작한 성당으로 초기에는 로마네스크 양식이었으나 수차례 증·개축 과정을 거쳐 예배당과 종탑은 고딕 양식, 지붕은 바로크 양식인 독특한 모습을 하고 있다. 마인츠가 지금은 작은 도시지만 신성 로마 제국 황제의 대관식이 수차례 행해졌던 곳으로, 당시 상황에 맞게 내부는 화려하지 않고 엄숙한 분위기를 띤다.

📍 Markt 10, 55116 Mainz 🚶 버스 54·55·56·57·58·60·63·64·65·68·78번 탑승 후 Mainz Höfchen/Listmann 정류장 하차, 도보 1분 🕐 월~토 09:00~17:00, 일·공휴일 13:00~17:00 📞 +49 6131 253412 🏠 www.mainz-dom.de

마르크트 광장 Marktplatz

대성당 앞에 자리한 구시가지의 중심 광장. 10세기경부터 시장이 열려 사람들이 모여들었으며 지금도 장이 열리고 축제나 이벤트가 펼쳐지는 시민들의 공간이다. 광장 중앙에는 대성당 건축 1,000년을 기념하는 호이넨 기둥Heunensäule이 있고, 옆쪽에는 마르크트 분수Marktbrunnen가 있다. 광장 주변에 상점이 많아 쇼핑을 하기에도 좋다.

📍 Marktplatz, 55116 Mainz
🚶 대성당 바로 앞

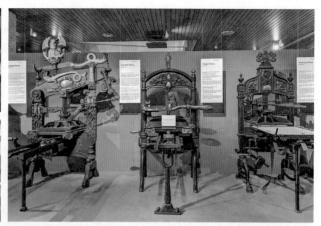

인쇄 기술의 역사가 한눈에 ····· ③

구텐베르크 박물관 Gutenberg Museum

유럽 인쇄술의 발전에 결정적인 역할을 한 구텐베르크의 탄생 500주년을 기념
해 1900년에 지은 인쇄 박물관이다. 구텐베르크는 금 세공업자로 마인츠에서
태어났는데, 정치적 상황으로 스트라스부르에서 오랜 시간을 보냈지만 다시 고
향인 마인츠로 돌아와 인쇄업을 지속했다. 사업 파산으로 말년을 힘들게 보냈지
만 그의 인쇄술이 전 유럽에 끼친 영향은 엄청났다. 그가 사용했던 인쇄용 도구
를 비롯해 인쇄 기술의 발전에 관한 다양한 내용을 전시하고 있다. 한국관에는
세계 최고의 목판 인쇄물인 '무구정광대다라니경'의 복제품 등이 전시되어 있다.

📍 Liebfrauenplatz 5, 55116 Mainz 🏃 대성당에서 도보 1분 💶 성인 €10(한국 여권
제시하면 한국어 오디오 가이드 무료) 🕐 월~수·금~일 09:00~18:00, 목 09:00~20:00
📞 +49 6131 122503 🏠 http://gutenberg-museum.de

인쇄 혁명으로 촉발된 지식 혁명

인류 역사상 인쇄술의 발명에 관한 이야
기는 많다. 하지만 본격적으로 대량 인쇄
가 가능케 했다는 점에서 구텐베르크의
활판인쇄는 역사적으로 큰 의미를 지닌
다. 1450년대 구텐베르크 성서 인쇄를 시
작으로 불과 50년 만에 수천만 권의 책이
인쇄되면서 소수의 지배계급이 독점하던
지식이 빠른 속도로 퍼졌다. 이는 루터의
종교 개혁에도 큰 힘을 실어주었고, 결국
근대 계몽 사회를 여는 데 중요한 역할을
했다. 고려의 금속활자가 세계 최초라는
자부심에도 불구하고 대중적인 인쇄 혁명
으로 이어지지 않았던 것이 못내 아쉽다.

키르슈가르텐 Kirschgarten

마인츠 대성당 뒤편의 구시가지에 자리한 아담한 골목으로 독일 중세 건축에 자주 등장하는 반목조Half-timbered 양식의 건물이 모여 있다. 초입의 작은 광장은 14세기부터 있었으며 고풍스러운 분수대는 의외로 20세기에 만든 것이다. 1500년경에 지은, 마인츠에서 가장 오래된 반목조 건물 춤 아샤펜베르크Zum Aschaffenberg를 중심으로 비슷한 양식의 중세풍 건물들이 이어진다. 주변에 카페와 상점들이 자리해 운치 있고 아기자기한 분위기를 풍긴다. 작은 공간이지만 중세 유럽의 모습을 느낄 수 있어 매력적이다.

📍 Kirschgarten, 55116 Mainz 🏃 마르크트 광장에서 도보 4분

성 슈테판 교회 Kirche St. Stephan

990년부터 짓기 시작해 14세기에 완성한 오래된 교회로 내부에 마르크 샤갈의 스테인드글라스가 있어 유명하다. 이 작품은 그가 사망한 해인 1985년까지 이어졌는데, 성경 속 이야기를 묘사한 아름다운 창문이 인상적이다. 교회 안에는 마인츠 대성당을 지은 대주교 빌리기스의 흉상과 묘지가 있으며, 오랜 역사가 느껴지는 고딕 양식의 회랑도 볼거리다.

📍 Kleine Weißgasse 12, 55116 Mainz 🏃 키르슈가르텐에서 도보 7분
🕐 3~10월 월~토 10:00~18:00, 일 12:00~18:00, 11~2월 월~토 10:00~16:30, 일 12:00~16:30 📞 +49 6131 231640 🏠 http://st-stephan-mainz.de

광장을 바라보며 ······ ①

빌마 분더 Wilma Wunder

마르크트 광장과 대성당이 눈앞에 바로 보이는 곳에 자리한 유명한 독일 식당으로 브런치 메뉴가 인기다. 입지가 워낙 뛰어나 관광객이 많이 몰리지만 이른 아침 문을 열어 현지인들도 아침 식사를 하거나 커피를 마시기 위해 많이 찾는다. 사람 구경하기 좋은 노천 좌석도 좋고 인테리어가 예쁘고 깔끔한 내부 좌석도 괜찮다. 2층 테라스에도 좌석이 있다. 가격대는 보통 €10~20.

📍 Markt 11, 55116 Mainz   🏃 대성당 바로 앞
🕐 09:00~23:00   📞 +49 6131 5401555
🏠 https://mainz.wilma-wunder.de

유적지에 자리한 쇼핑 센터 ······ ①

뢰머파사주 Römerpassage

바로 근처에 대형 체인 백화점 갈레리아가 있지만 이곳을 소개하는 이유는 장소의 독특함 때문이다. 넓고 쾌적한 쇼핑몰의 분위기도 괜찮지만, 무엇보다 지하에 고대 유적지가 남아 있어 또 하나의 볼거리를 안겨준다. 이시스와 마테르 마그나 신전Isis-und Mater Magna-Heiligtum이라 불리는 이곳은 풍요와 부활의 여신 이시스와 대모신에게 제사를 지냈던 것으로 추정되는 고대의 신전 자리로 당시의 자료와 함께 잘 보존해 놓았다.

📍 Adolf-Kolping-Straße 4, 55116 Mainz
🏃 대성당에서 도보 6분
🕐 월~토 09:30~19:30(매장별 상이)
❌ 일요일   📞 +49 6131 6007100
🏠 www.roemerpassage.com

2,000년 역사의 유서 깊은 도시

코블렌츠 KOBLENZ

#독일의 모퉁이 #천혜의 요새 #뵈르됭 조약 #와인

라인강과 모젤강이 만나는 지점에 형성된 도시 코블렌츠.
라틴어로 합류점을 뜻하는 콘플루엔테스Confluéntes라 부른
데서 이 지명이 유래되었다. 독특한 지리적 특성을 가진
도시인 만큼 옛 요새와 두 강이 어우러진 풍경은 최고의 절경과
낭만을 선사하고, 구시가를 거닐고 있으면 시간을 거슬러
돌아온 듯한 느낌을 받는다.

<table>
<tr><td>**가는 방법·시내 교통**</td><td>프랑크푸르트(IC로 1시간 30분)나 쾰른(RE로 1시간 30분)에서 이동하는 것이 보편적이지만 사용할 수 있는 랜더 티켓은 없다. 코블렌츠 중앙역Koblenz Hbf은 구시가에서 약 1.2km 떨어져 있어 도보로 15분 혹은 버스 이동이 필요하다. 슈타트미테역Koblenz Stadtmitte은 구시가에서 가깝지만, 중앙역과 달리 작은 역이라 열차 운행 편이 많지 않다. 구시가 내에서는 모두 도보 이동이 가능하다.</td></tr>
</table>

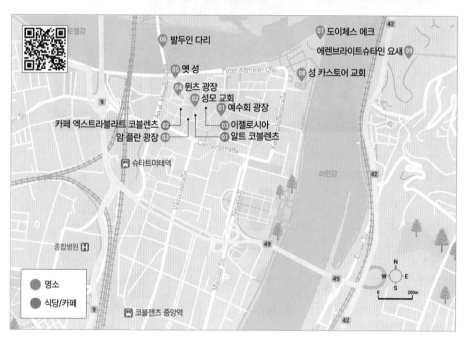

<table>
<tr><td>**추천 코스**</td><td>내부 입장이 필요 없는 볼거리가 대부분이지만, 구시가지의 규모가 크고 요새까지 왕복하려면 하루가 꼬박 걸린다. 광장을 비롯해 강변 산책로에는 쉬어 갈 수 있는 벤치가 있으니 체력을 고려해가며 틈틈이 휴식을 취하자.</td></tr>
</table>

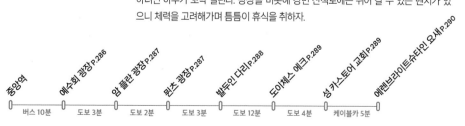

예수회 광장 Jesuitenplatz

시청사, 예수회 교회, 노천카페와 상점들이 둘러싸고 있으며 광장 남쪽에는 시청사가 있다. 르네상스 양식과 바로크 양식이 혼재된 이 건물은 1580년부터 약 200년 동안 독일 중등교육 기관이었던 김나지움Gymnasium이었다. 제2차 세계대전 때 폭격으로 피해를 입었으나 이후 1년에 걸쳐 복원했다. 광장 중앙에는 독일의 생리학자 요하네스 뮐러의 동상이 있다.

📍 Jesuitenplatz, 56068 Koblenz ⋀ 버스 1·8·11·33번 탑승 후 Koblenz Zentralplatz/Forum 정류장에서 하차, 도보 3분

쉥겔 분수 Schängelbrunnen

코블렌츠의 명물로 일명 "침 뱉는 소년"이라 불린다. 약 1분 간격으로 소년의 입에서 물이 뿜어져 나오기 때문이다. 이 재미있는 동상은 물줄기가 보기보다 멀리까지 뿜어져 나오니 구경하다가 물벼락 맞지 않도록 주의할 것!

성모 교회 Liebfrauenkirche

코블렌츠에서 가장 오랜 역사를 가진 가톨릭 교회. 1180년에 짓기 시작했는데, 초기에는 로마네스크 양식을 띠고 있었으나 팔츠 계승 전쟁과 제2차 세계 대전으로 피해를 입어 여러 차례 복구를 거치면서 다른 시대의 건축 양식과 재료가 혼재되어 이질적인 모습을 보여준다. 내부로 들어서면 붉은 아치로 이어진 본당 통로가 눈에 들어온다. 성 니콜라우스 교회의 제단은 가장 오래된 교회 제단이다.

📍 An der Liebfrauenkirche 16, 56068 Koblenz
⋀ 예수회 광장에서 도보 2분
🕐 08:30~17:00
📞 +49 261 31550
🏠 www.liebfrauen-koblenz.de

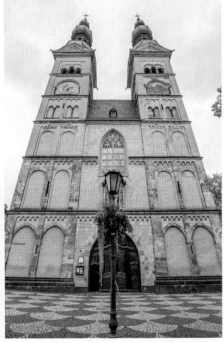

암 플란 광장 Am Plan

뮌츠 광장과 더불어 구시가에서 가장 번화한 광장이자 상업의 중심지로 시장이 열리고, 경기와 행사가 진행되던 곳이었다. 광장의 중앙에는 1806년에 세운 분수가 있고, 노천 레스토랑과 카페, 상점이 광장 주변을 둘러싸고 있다. 건물 너머로 보이는 성모 교회의 두 첨탑 풍경도 놓치지 말자.

📍 Am Plan, 56068 Koblenz 🚶 성모 교회에서 도보 2분

4개의 탑 Vier Türme

뮌츠 광장으로 가는 보행자 도로에 1608년에 세운 4개의 탑이 있다. 명칭과 달리 실제 탑 형태는 아니지만, 단조로운 외관과 달리 건물 모퉁이를 화려하게 꾸며 돌출되어 있다. 치안을 목적으로 건설했으며 각각 르네상스·바로크 양식을 보인다. 폭이 넓지 않은 도로에 있어 자칫 보지 못하고 지나칠 수 있으니 주의 깊게 살펴보자.

뮌츠 광장 Münzplatz

뮌츠Münze는 독일어로 화폐란 뜻이다. 구시가지에 있는 이 광장에는 이름에서 연상할 수 있듯 화폐를 찍어내던 건물이 모여 있었다. 코블렌츠는 14세기에 트리어와 인근 도시를 통치했던 트리어 대주교로부터 화폐 주조권을 부여받아 화폐를 발행했다. 현재 광장에는 바로크 양식의 뮌츠마이스터하우스 Münzmeisterhaus 건물이 남아 그 역사를 말해준다. 화폐를 발행하지 않게 된 1773년부터는 채소 시장으로 바뀌었다. 광장의 분수는 코블렌츠 역사가 2,000년이 되던 해를 기념하기 위해 1992년에 설치했다.

📍 Münzplatz, 56068 Koblenz 🚶 암 플란 광장에서 도보 3분

옛 성 Alte Burg

📍 Burgstraße 1, 56068 Koblenz
🏃 뮌츠 광장에서 도보 2분
📞 +49 261 36722

모젤강 부근의 옛 성은 1185년에 최초로 세워졌다. 높은 성벽 위에 지어 강변에서 바라봤을 때와 구시가에서 봤을 때의 성의 형태가 사뭇 다르고 앞뒤 높낮이도 다르다. 현재도 로마 시대의 성벽 잔해가 남아 있는 이 성은 원래 저택이었으나 트리어 선제후에 반대하며 반란을 일으킨 시민들에게 맞서기 위해 1277년 선제후의 지시로 군사 요새가 되었다. 옛 성은 1945년부터 시립 도서관으로 사용하고 있으며, 코블렌츠의 역사와 관련한 자료를 보관하는 기록 보관소의 역할도 한다.

발두인 다리 Balduinbrücke

85년에 걸친 공사 끝에 1429년에 완공했다. 코블렌츠에서 가장 오래된 다리로, 라인강과 만나기 직전의 모젤강의 마지막 다리이기도 하다. 폭 12m, 길이 475m로 자동차, 자전거, 보행자가 모두 다닐 수 있다. 제2차 세계 대전 당시 후퇴하는 독일군이 발두인 다리를 포함한 코블렌츠의 모든 교량을 폭파해 3년간의 공사 끝에 복원했다.

다리 위에서 바라본 풍경

📍 Balduinbrücke 56070 Koblenz   🏃 옛 성에서 도보 1분

도이체스 에크 Deutsche Eck

'독일의 모퉁이'라는 뜻으로 독일 통일의 상징이자 코블렌츠의 중요한 장소로 모젤강과 라인강의 합류 지점에 있다. 이곳에는 독일 연방 통일을 이룩한 프로이센의 카이저 빌헬름 1세를 기리기 위해 기마상을 세웠다. 전체 높이 37m, 기마상 자체 높이는 14m다. 기마상 주변으로는 독일 연방주들의 깃발이 펄럭이고 있다. 제2차 세계 대전 당시 폭격으로 크게 파괴되었는데 부서진 기마상의 황제 머리 잔해는 코블렌츠 중부 라인 박물관Mittelrhein-Museum에 전시되어 있다.

📍 Konrad-Adenauer-Ufer, 56068 Koblenz 🚶 뮌츠 광장에서 도보 13분

성 카스토어 교회 Basilika Sankt Kastor

9세기에 황제 루트비히 경건왕Ludwig der Fromme의 지원을 받은 트리어 대주교가 세운 교회다. 유럽 역사에서 중요한 곳으로 오늘날 독일, 이탈리아, 프랑스의 전신이라 할 수 있는 베르됭 조약이 체결된 곳이다. 전반적으로는 로마네스크 양식을 보이지만, 교회 내부 천장은 고딕 양식으로 완공되었다. 교회 앞에는 1812년 나폴레옹의 러시아 원정 때 만든 카스토어 분수Kastorbunnen가 있다.

독일, 프랑스, 이탈리아 형성의 분기점, 베르됭 조약 Vertrag von Verdun

서유럽을 통일한 카를 대제의 아들인 경건왕 루트비히 1세는 프랑크 왕국을 세 아들에게 배분했다. 상속권 문제가 불거지자 내란이 발생했고 843년 베르됭 조약을 체결하며 일단락되었다. 그 내용은 큰아들 로타르 1세에게 중프랑크(이탈리아), 루트비히 2세에게 동프랑크(독일), 그리고 막내아들 카를 2세에게 서프랑크(프랑스)를 분할한다는 것으로 지금의 이탈리아, 독일, 프랑스를 있게 했다.

📍 Kastorhof 4, 56068 Koblenz
🚶 도이체스 에크에서 도보 5분
💶 무료 ⏰ 4~10월 09:00~18:00, 11월~3월 10:00~16:00 📞 +49 261 36722
🏠 www.sankt-kastor-koblenz.de

에렌브라이트슈타인 요새

Festung Ehrenbreitstein

118m 높이의 언덕 위에 11세기 요새를 처음 지었으며, 지금의 요새는 19세기 초에 건축한 것으로 유럽에서 두 번째로 큰 규모다. 1801년 프랑스 군대에 의해 일부 손상되었지만 한 번도 점령당한 적이 없어 천혜의 요새 혹은 난공불락의 요새라고도 불린다. 요새는 유스호스텔과 코블렌츠 주립 박물관 Landesmuseum Koblenz, 전시회, 야외 콘서트, 극장 등 다양한 문화 활동의 장소다. 코블렌츠의 전경을 한눈에 내려다보기 좋다.

📍 Ehrenbreitstein Fortress 56077 Koblenz 🚶 ① 성 카스토어 교회 앞에서 케이블카 탑승 ② 중앙역에서 버스 8·33번 탑승 후 Koblenz-Ehrenbreitstein역에서 하차 후 등산 열차 탑승 💶 성인 €10, 학생 €5.5 🕐 4~10월 10:00~18:00, 11~3월 11:00~16:00 🏠 www.diefestungehrenbreitstein.de

케이블카 📍 Rheinstraße 6, 56068 Koblenz 💶 (편도) 성인 €12, 학생 €7, (왕복) 성인 €15.5, 학생 €8.5 ※(왕복) 요새+케이블카 성인 €21.9, 학생 €11.2 🕐 4~10월 10:00~18:00, 11~3월 10:00~17:00 🏠 www.seilbahn-koblenz.de

등산 열차 📍 Vor dem Sauerwassertor, 56077 Koblenz 💶 (편도) 성인 €4.1, 학생 €3.6, (왕복) 성인 €6.1, 학생 €4.6 ※(왕복) 요새+등산 열차 성인 €11, 학생 €9.5 🕐 06:00~01:00 🏠 www.koveb.de/festungsaufzug

분위기 있게 즐기는 독일 요리 ······ ①
알트 코블렌츠 Alt Coblenz

암 플란 광장 동쪽에 있는 레스토랑으로 편안하면서도 멋스러운 분위기에서 독일 전통 음식을 즐길 수 있다. 다양한 종류의 샐러드, 스테이크나 슈니첼(€26.9)과 같은 고기 요리가 대부분이다. 두 강의 합류 지점에 있는 코블렌츠답게 모젤 와인, 라인 와인 같은 다양한 독일 와인은 물론 이탈리아, 스페인 와인도 맛볼 수 있다.

📍 Am Plan 13, 56068 Koblenz 🚶 암 플란 광장
🕐 화~토 12:00~23:00, 일 12:00~22:00 ❌ 월요일
📞 +49 261 160656 🏠 https://alt-coblenz.de

가성비 좋은 곳을 찾는다면! ······ ②
카페 엑스트라블라트 코블렌츠
Cafe Extrablatt Koblenz

베를린, 프랑크푸르트, 하노버 등 독일 각 지역에 지점을 둔 이곳은 카페이자 레스토랑, 펍이기도 하다. 문을 일찍 여는 만큼 조식 뷔페를 제공하고 피자와 햄버거, 슈니첼 등 식사 메뉴가 있다. 밤에는 분위기 좋게 맥주, 와인, 위스키 등을 즐길 수 있다. 메인은 약 €20선.

📍 Marktstraße 6-8, 56068 Koblenz 🚶 암 플란 광장에서 도보 1분 🕐 09:00~24:00 📞 +49 261 1334080
🏠 https://cafe-extrablatt.de

수제 아이스크림을 먹고 싶다면 ······ ③
이젤로시아 eGeLoSla

한여름에는 줄이 길게 늘어설 정도로 유명한 수제 아이스크림 맛집이다. 시내에 3개의 지점이 있는데 성모 교회 앞이 가장 접근성이 좋다. 선명한 노란색 인테리어처럼 맛도 진하고 식감도 쫀득하다. 3가지 컵 사이즈에 따라 2~4가지 맛을 선택할 수 있다. 가격은 각각 €2.3, €4.6, €6.9다.

📍 Braugasse 6, 56068 Koblenz 🚶 성모 교회 앞
🕐 일~목 11:00~19:00, 금·토 11:00~20:00
📞 +49 261 1334264 🏠 www.egelosia.de

옛 독일 화폐
500마르크 지폐 속 장소

엘츠성
Burg Eltz

퓌센의 노이슈반슈타인성과 더불어 독일에서
아름다운 성이라고 불리는 곳이다.
여행객에게 잘 알려지지 않은 작은 규모지만
울창한 숲 사이에 자리 잡은 성은 한 폭의
그림과도 같다. 850년이 넘는 세월 동안 외세에
함락된 적 없는 난공불락의 성답게
보존 상태가 훌륭하다는 것도 자랑거리다.

엘츠성 여행 노하우

① 주차장에서 성까지 이동: 셔틀버스가 다니는 길은 경사가
   가파르나 엘츠성이 보이며(15분 소요), 숲길은 비교적 완만
   하나 별다른 풍경은 볼 수 없다(20분 소요).
② 접근성이 떨어져 겨울 시즌에는 개방하지 않는다.
③ 영어와 독일어 가이드 투어(40분 소요)로만 내부 입장이 가
   능하고 사진 촬영은 금지되어 있다.
④ 가벼운 디저트와 식사를 할 수 있는 두 곳의 음식점이 있다.

가는 방법

① **자동차** 코블렌츠에서 엘츠성 주차장Parkplatz Burg Eltz까지 약 35분 소요, 주차장에서 성까지는 1km 거리로 셔틀버스를 이용하거나 도보로 간다.

€ 주차비 €4, 셔틀버스 €2

② **기차+버스**

코블렌츠 중앙역	하첸포르트Hatzenport 기차역
기차 ⓒ 30분	

라인란트팔츠 티켓Rheinland-Pfalz-Ticket 유효(*여러 명이 아닌 1인의 경우 랜더 티켓보다는 1일권 추천)

하첸포르트Hatzenport 기차역	엘츠성
365번 버스 ⓒ 30분	

365번 버스가 기차역에서 엘츠성 주차장까지 운행(4~10월 1시간에 2대), 버스 정류장은 기차역 앞

♠ www.vrminfo.de

③ **기차+도보** 코블렌츠 중앙역에서 모젤케른Moselkern역까지 1시간에 1대 운행하는 RE를 탄다. 기차를 타고 30분 이동 후 모젤케른Moselkern역에서 하차 후 성까지 걸어가는 방법으로 거리는 4.9km다. 가장 오래 걸리는 방법이지만 가파르지 않아 부담 없이 오를 수 있다. 가볍게 산행하고 싶다면 추천.

아름다운 난공불락의 성
엘츠성

📍 Gräflich Eltz'sche Kastellanei Burg
Eltz Burg Eltz 1 D-56294 Wierschem
€ 성인 €14, 학생 €7 ○ 4~10월
09:30~17:30 ✖ 11~3월 ☎ +49 267
2950500 ♠ http://burg-eltz.de

1157년에 세운 엘츠 가문 소유의 성으로 34대손째 이어져 내려오고 있는데, 12세기부터 몇 차례 증축 과정을 거쳐 로마네스크, 고딕, 바로크 등 다양한 건축 양식을 보여준다. 높이 70m 바위 위에 자리하고 삼면이 엘츠바흐강Elzbach과 숲으로 둘러싸인 성으로 독일의 전형적인 중세 성의 형태를 뽐낸다. 외관은 동화적 상상력을 자극하듯 작고 귀엽지만, 내부를 들여다보면 화려함보다는 실용성을 추구하는 견고한 성임을 알 수 있다. 함락되지 않은 성답게 내부의 실내 장식이 그대로 보존되어 있어 당시 생활상을 엿볼 수 있다. 내부는 영어 혹은 독일어 가이드 투어로만 진행한다. 투어 후에는 보물관Schatzkammer을 개별로 둘러볼 수 있는데, 공예품, 도자기, 보석, 유리, 무기 등 500여 점의 엘츠 가문 수집품이 전시되어 있다.

독일에서 가장 오래된 도시

트리어 TRIER

#로마 유적 #신성 로마 제국 #카를 마르크스 #모젤 와인

고대 로마의 초대 황제 아우구스투스가 건설한 오랜 역사의
도시 트리어는 "독일 속의 작은 로마"라고 불릴 정도로
독일의 어느 도시보다 많은 로마 제국의 유적이 있다. 독일의 3대
성당 중 하나가 있고, 사회주의의 창시자 카를 마르크스의
생가가 있는 곳이기도 하다. 토양, 기후, 품종 그리고 장인정신을
통해 우수하고 개성 있는 모젤 와인을 만드는 생산지로도 유명하다.

가는 방법·시내 교통

코블렌츠 중앙역에서 RE가 1시간에 2대 운행하며, 일반 편도 요금보다 라인란트팔츠 티켓Rheinland-Pfalz-Ticket을 이용하는 것이 저렴하다. 작은 도시라 노선과 운행 편이 많지 않지만 플릭스 버스가 하루 1대 트리어까지 운행하며, 트리어 중앙역 근처 버스 정류장에 정차한다. 트리어 내에서는 도보로 이동한다.

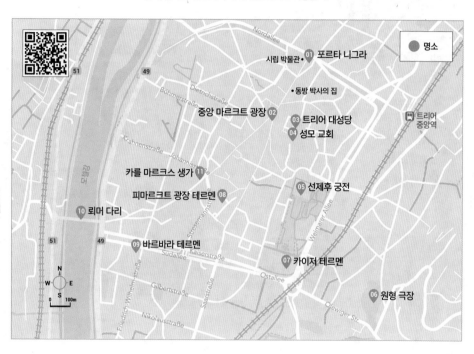

추천 코스

도시의 규모는 작지만 동선이 길어 오래 걷는 수고를 감수해야 한다. 포르타 니그라에서 시작해 시계 반대 방향으로 한 바퀴 돌아오는 원점 회귀 코스다. 만약 카를 마르크스 생가 내부 관람 계획이 있다면 입장 시간을 고려해야 한다.

○ **중앙역**
　도보 9분
○ **포르타 니그라** P.296
　도보 4분
○ **중앙 마르크트 광장** P.297
　도보 2분
○ **트리어 대성당** P.298
　도보 1분
○ **성모 교회** P.298
　버스 10분 혹은 도보 20분
○ **원형 극장** P.299
　버스 4분 혹은 도보 10분
○ **카이저 테르멘** P.300

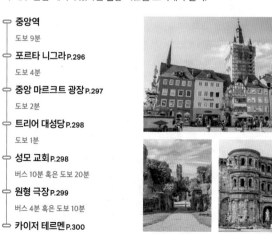

밝은 곡선, 안은 직선으로 이루어진 반전의 문 ⋯⋯ ①

포르타 니그라 Porta Nigra 유네스코

알프스 북쪽 지역에 남아 있는 로마 시대 최대 규모의 관문이다. 회색 사암의 문이 중세에 이르러 검게 변하자 '검은 문'이라는 뜻의 지금의 이름이 붙었다. 고대로마 도시를 방어하는 관문은 총 4개였으며, 시간이 흐르고 분해되어 건축 자재로 재사용한 3개의 문과 달리 포르타 니그라는 1028년 그리스 수도사 시메온 Simeon이 이곳에 은둔하며 산 덕에 보존될 수 있었다. 문 앞쪽에 설치된 계단을 따라 오르면 트리어 전경을 감상할 수 있다.

📍 Porta-Nigra-Platz, 54290 Trier
🚶 중앙역에서 도보 9분
€ 성인 €6, 학생 €5 🕐 4~9월
09:00~18:00, 3월·10월 09:00~17:00,
11~2월 09:00~16:00
📞 +49 651 4608965

포르타 니그라 옆 시립 박물관
Stadtmuseum Simeonstift

포르타 니그라 옆에 자리한 시메온 수도원은 현재 시립 박물관으로 이용 중이다. 회화, 조각, 공예품 등 트리어 중세 컬렉션을 전시하고 있다. 특히 눈에 띄는 것은 나폴레옹이 가져온 나폴레옹의 잔 Napoleonbecher(1683~1685)이다.

📍 Simeonstraße 60, 54290 Trier
€ 성인 €6, 학생 €4.5 🕐 화~일 10:00
~17:00 ❌ 월요일 📞 +49 651
7181459 🏠 https://museum-trier.de

중앙 마르크트 광장 Hauptmarkt

르네상스와 바로크 양식의 건물들로 둘러싸인 광장 가운데에는 958년에 세운 3m 높이의 마르크트 십자가Marktkreuz와 페트루스 분수Petrusbrunnen가 있다. 분수 상단에는 가톨릭 성인 페트루스(베드로)가 있고 그 아래에는 독수리, 거위, 돌고래, 원숭이, 사자 등 다양한 동물 장식이 있다. 광장의 건물들 너머로 62m 높이의 첨탑이 솟은 성 간골프 교회St. Gangolf Kirche가 보이는데 트리어에서 두 번째로 오래된 교회다. 1430년에 세운 고딕 양식의 슈테파이Steipe(구 시청사)도 볼 수 있으며 많은 성인의 동상이 건물에 장식되어 있다.

📍 Hauptmarkt 16, 54290 Trier 🚶 포르타 니그라에서 도보 4분

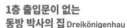

1층 출입문이 없는
동방 박사의 집 Dreikönigenhau

중앙 마르크트 광장으로 가는 길 양쪽으로 상점이 늘어선 거리에서 유독 눈에 띄는 건물이다. 1230년에 초기 고딕 양식으로 지었으며 건물 외벽에는 '동방 박사의 경배'가 그려져 있었다고 한다. 도시를 보호하는 성곽이 없던 당시에 방어 차원으로 2층 오른쪽에 문을 만들고 사다리를 두고 다녔으며, 1층 출입문은 19세기에 이르러 생겼다.

📍 Simeonstraße 20, 54290 Trier
🚶 중앙 마르크트 광장에서 도보 3분

독일 3대 성당 중 하나 ····· ③
트리어 대성당 Trierer Dom 유네스코

쾰른 대성당, 마인츠 대성당과 더불어 독일의 3대 성당이라 일컬어지는 곳이다. 4세기경에 로마 제국 콘스탄티누스 황제의 성 위에 지은 대성당은 지금보다 면적이 4배나 컸으며, 대성당 앞 화강암 기둥이 로마의 흔적을 보여주고 있다. 수 세기 동안 파괴와 복원을 반복하며 1974년 지금의 모습에 이르렀다. 회화, 조각, 장신구를 비롯한 유물을 볼 수 있는 대성당 박물관Museum am Dom은 뒤편에 있다.

📍 Liebfrauenstraße 12, 54290 Trier
🚶 중앙 마르크트 광장에서 도보 2분
🕐 4~10월 06:30~18:00, 11~3월 06:30~17:30 📞 +49 651 7181459
🏠 www.dominformation.de

대성당 박물관
📍 Bischof-Stein-Platz 1, 54290 Trier
🕐 화~토 09:00~17:00, 일 13:00~17:00
❌ 월요일 € 성인 €5 📞 +49 651 7105255
🏠 www.museum-am-dom-trier.de

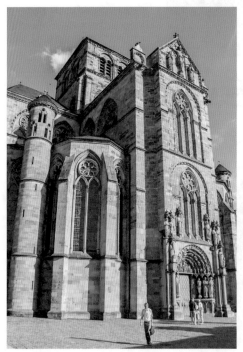

독일 최초의 고딕 양식 교회 ····· ④
성모 교회 Liebfrauenkirche 유네스코

독일을 대표하는 고딕 건축은 쾰른 대성당으로 알려져 있으나, 트리어 성모 교회 역시 독일 최초의 고딕 성당이라는 점에서 큰 의의가 있다. 13세기에 지은 것으로 추정되는 성모 교회는 기존의 고딕 교회와 다른 독특한 형태로, 기본 구조는 십자가 형태지만 확장되어 사실상 원형에 가까우며 내부는 비대칭이다. 화려한 스테인드글라스가 눈길을 사로잡는다.

📍 Liebfrauenstraße 2, 54290 Trier 🚶 대성당 옆
🕐 10:00~18:00 📞 +49 651 170790
🏠 https://liebfrauentrier.de

트리어 대주교들의 거주지 ⸺ ⑤
선제후 궁전
Kurfürstliches Palais

세계에서 가장 아름다운 르네상스와
로코코 양식의 건물 중 하나로 꼽힌다.
1615년 로마 황제가 머물던 궁전 터에 짓
기 시작했으며, 18세기 중반에 당시 로
코코 스타일에 맞춰 궁전을 확장했다.
19세기와 20세기 초에는 프로이센 군대
와 나폴레옹에 점령되었고 제2차 세계
대전 때는 피해를 입기도 했다. 오늘날은
행정기관으로 이용하고 있으며, 궁전 앞
정원은 야외 공연이 열리는 시민들의 쉼
터가 되고 있다. 날씨가 좋은 날은 일광
욕하는 모습도 종종 볼 수 있다.

● Willy-Brandt-Platz 3, 54290 Trier
🚶 대성당에서 도보 5분

로마 문명을 상징하는 건축물 ⸺ ⑥
원형 극장 Amphitheater 유네스코

2세기에 지은 고대 로마의 원형 극장이다. 주로 검투사(사형 판결을 받은 죄수,
포로 등) 경기가 열렸는데 약 2만 명을 수용할 수 있는 대규모였다. 검투사와 맹
수의 시합은 다소 잔인한 측면이 있으나 당시에는 고대 로마 시민이 가장 즐기던
스포츠의 일종이었다. 검투사와 맹수가 경기를 펼쳤던 무대의 아래로도 내려가
볼 수 있다. 예전에는 좌석이 있었던 잔디 위로 올라가 보면 원형 극장이 한눈에
들어온다. 현재는 여름 콘서트나 고대 문화 축제가 열린다.

● Olewiger Straße 25, 54295 Trier
🚶 버스 6·7·81·84번 Amphitheater
정류장에서 하차, 도보 1분 또는 대성당에서
도보 20분 ● 성인 €6, 학생 €5
● 4~9월 09:00~18:00, 3월·10월
09:00~17:00, 11~2월 09:00~16:00

콘스탄티누스 황제의 대형 목욕탕 ⑦
카이저 테르멘 유네스코
Kaiserthermen

'황제의 온천'이라는 뜻을 가진 이곳은 황제가 트리어 시민을 위한 선물로 공중 목욕탕을 계획했던 것이 시작이었다. 공사는 3세기에 잠시 중단되었다가 4세기에 재개되어 완공되었다. 상당 부분 파괴되었으나 원형이 잘 보존된 편. 물을 데우는 데 사용했던 6개의 보일러 중 4개가 남아 있고, 3개의 온탕을 볼 수 있으며, 19m 높이의 벽을 보면 상당히 큰 규모였음을 알 수 있다. 내부 입장 후에는 지하 통로도 들어가볼 수 있다.

📍 Weberbach 41, 54290 Trier 🚶 버스 2·6·7·8·14·30·31번 탑승 후 Kaiserthermen 정류장에서 하차, 도보 1분 또는 원형 극장에서 도보 10분 💶 성인 €6, 학생 €5 🕐 4~9월 09:00~18:00, 3·10월 09:00~17:00, 11~2월 09:00~16:00

트리어에서 가장 오래된 목욕탕 ⑧
피마르크트 광장 테르멘 유네스코
Thermen am Viehmarkt

가축 시장이었던 피마르크트 광장Viehmarktplatz에서 고고학적으로 중요한 유적을 발견할 수 있다. 지하 주차장 건설 공사를 하다 발견한 로마 제국의 공중목욕탕은 1998년 6월부터 일반에 공개되었다. 공중목욕탕은 로마 제국 80년경에 만든 것으로 알려졌다. 유적 보호를 위해 유리 건물이 감싸고 있으며, 건물 내부로 들어가면 온탕, 냉탕, 난방 방법, 하수 시설 등을 볼 수 있다.

📍 Viehmarktplatz, 54290 Trier 🚶 중앙 마르크트 광장에서 도보 7분 💶 성인 €6, 학생 €5 🕐 화~일 11:00~17:00 ❌ 월요일

로마 유적에서 즐기는 모젤 와인

매년 1월이면 200종의 와인을 선보이는 와인 포럼이 열린다. 입장료에는 코블렌츠 왕복 기차 요금, 트리어 내 대중교통, 입장료와 시음권이 포함된다.

🏠 www.weinforum-trier.de

로마 제국에서 두 번째로 큰
규모의 목욕탕 ……⑨
바르바라 테르멘 Barbarathermen 유네스코

도시의 규모가 커짐에 따라 더 큰 규모의 목욕탕이 필요
했고, 이 주변에 있던 교회의 이름을 따서 바르바라 테르
멘을 만들었다. 폭 172m, 길이 240m로 알프스 북쪽 지역
에서는 최대 규모를 자랑한다. 온탕과 냉탕 이외에도 사우
나, 수영장, 도서관, 레스토랑, 상점, 미용실 등 여가를 보
낼 수 있는 공간이 있었다고 한다.

📍 Südallee, 54290 Trier 🚶 버스 1·9·10·89번 탑승 후
Barbarathermen 정류장에서 하차, 도보 1분 💶 무료
🕐 4~9월 10:00~18:00, 3월·10월 10:00~17:00, 11~2월
10:00~16:00

독일에서 가장 오래된 다리 ……⑩
뢰머 다리 Römerbrücke 유네스코

오랜 시간이 흐른 지금까지도 여전히 다리로 쓰일 만큼 로
마인의 뛰어난 건축 기술을 엿볼 수 있다. 9개의 교각은 2
세기 고대 로마 시대의 것이며, 도로와 아치는 이후 재건
한 것으로 독일 서부의 아이펠 화산의 현무암으로 만들었
다. 다리 위에 서면 산꼭대기의 마리아 기념비Mariensäule
와 함께 탁 트인 풍경을 감상할 수 있다.

📍 Römerbrücke, 54290 Trier
🚶 바르바라 테르멘에서 도보 4분

1818년 5월 5일 새벽 2시
카를 마르크스 탄생 ……⑪
카를 마르크스 생가 Karl-Marx-Haus

사회주의의 창시자인 카를 마르크스가 태어난 날부터 약
15개월을 산 곳이다. 1904년 독일 사회민주당이 생가를
사들이기 전까지는 세상에 알려지지 않았다. 1933년에는
나치당이 집을 몰수해 인쇄소로 사용했으며, 1947년에
박물관으로 개관했다. 현재 그와 관련된 유물 및 자료, 사
회주의 국가에 관한 자료도 함께 전시하고 있다.

📍 Brückenstraße 10, 54290 Trier 🚶 뢰머 다리에서
도보 9분 💶 성인 €5, 학생 €3.5 🕐 10:00~18:00 📞 +49
651 970680 🏠 www.fes.de/museum-karl-marx-haus

아름답고 유서 깊은,
독일의 프라하

뷔르츠부르크
WÜRZBURG

#로만틱 가도 #레지덴츠 #독일의 프라하
#프랑켄 와인 #알테 마인교 #마리엔베르크

바이에른에 자리한 아름다운 도시로 로만틱 가도가 시작되는
곳이다. 마인강을 끼고 있는 이 도시의 역사는 문헌상으로는
8세기부터지만 기원전부터 켈트족이 살았던 것으로 전해진다.
유구한 역사를 지닌 도시답게 곳곳에 역사적 유물들이 숨어 있으며,
프랑켄 와인으로 불리는 양질의 와인 산지로도 명성이 높다.
제2차 세계 대전 후 재건돼 현대적인 모습과 과거의 고풍스러운
모습이 공존하는 조화로움을 이루고 있다.

🏠 관광 안내 www.wuerzburg.de

가는 방법·시내 교통

프랑크푸르트에서 ICE 기차로 1시간 정도 소요되어 당일치기로 다녀올 수 있다. 구시가지는 걸어서 모두 돌아볼 수 있다. 단, 마리엔베르크 요새는 언덕길을 제법 올라가야 한다. 대중교통은 레지덴츠 광장에서 출발하는 9번 버스가 요새 근처인 오버러 부르크베그Oberer Burgweg까지 간다. 다만 성수기(보통 4~10월)에만 운행하며 배차 간격도 1시간에 한 번 정도라 다소 불편하다. 버스는 구시가지 밖으로 돌아서 가므로 시간도 꽤 걸린다.

추천 코스

레지덴츠와 마리엔베르크 요새를 모두 보려면 하루가 빠듯하다.

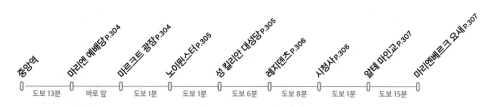

중앙역 ── 도보 13분 ── 마리엔 예배당 P.304 ── 바로 앞 ── 마르크트 광장 P.304 ── 도보 1분 ── 노이뮌스터 P.305 ── 도보 1분 ── 성 킬리안 대성당 P.305 ── 도보 6분 ── 레지덴츠 P.306 ── 도보 8분 ── 시청사 P.306 ── 도보 1분 ── 알테 마인교 P.307 ── 도보 15분 ── 마리엔베르크 요새 P.307

뷔르츠부르크의 중심 광장 ······ ①
마르크트 광장 Marktplatz

구시가지의 중심이 되는 곳으로 시장이 서고 각종 행사가 펼쳐진다. 광장으로 들어서는 초입 오른쪽에 연노란색 건물이 있는데 바로 18세기 초에 지은 팔켄하우스Falkenhaus다. 18세기에는 숙소로, 19세기에는 콘서트 홀로 사용했고 현재는 시립 도서관과 관광 안내소가 들어섰다. 광장은 안쪽에 넓게 자리하고 있는데, 교회 옆에 메이폴이 있고 광장 중앙에는 오벨리스크가 서 있다. 이 오벨리스크를 중심으로 주변에 시장이 열린다.

📍 Marktplatz, 97070 Würzburg 🚶 중앙역에서 도보 13분, 또는 중앙역에서 4번·5번 트램 탑승 후 Dom 정류장 하차, 도보 1분

마르크트 광장의 꽃 ······ ②
마리엔 예배당 Marienkapelle

팔켄하우스 바로 옆에 자리한 교회로 1377년에 착공해 100년의 공사 기간을 거친 후기 고딕 양식의 가톨릭 교회다. 흰색 벽과 붉은 기둥이 독특한 조화를 이루며 역사적으로도 가치가 있는 교회로 꼽힌다. 제2차 세계 대전 당시 폭격으로 피해를 입어 복원했다. 1680년에 요한 킬리안이 제작한 마리아상이 유명하다.

📍 Marktplatz 7, 97070 Würzburg
🚶 마르크트 광장 📞 +49 931 38662800

뷔르츠부르크 최초의 성당 ⋯⋯ ③
노이뮌스터 Neumünster

8세기 말에 세운 뷔르츠부르크 최초의 성당이다. 855년경 화재로 불타 11세기에 로마네스크 양식으로 재건했다. 바로크 양식의 외관과 커다란 돔은 18세기 초에 지은 것으로, 겉모습은 전체적으로 8각형을 이루고 있다. 문을 열고 들어가면 거대하고 화사한 흰색 내부에 압도된다. 높은 천장의 프레스코 벽화가 볼 만하며 곳곳에 섬세한 조각과 부조들이 세워져 있다. 전체적으로 자연스러운 빛과 제단만 강조되도록 설계한 것이 특징이다.

📍 Kürschnerhof 2, 97070 Würzburg
🚶 마르크트 광장에서 도보 2분 🕐 월~토 06:00~18:00, 일·공휴일 07:00~18:00 (방문객은 월~토 08:00~17:00, 일·공휴일 10:00~17:00) 📞 +49 931 38662900
🏠 www.neumuenster-wuerzburg.de

순교자에게 봉헌한 성당 ⋯⋯ ④
성 킬리안 대성당 Dom St. Kilian

2개의 첨탑이 우뚝 솟아 있는 로마네스크 양식의 대성당으로 독일에서 손꼽히는 규모를 자랑한다. 뷔르츠부르크에서 순교한 성 킬리안에게 봉헌했으며, 1040년에 건축을 시작해 마지막으로 탑이 완성되기까지 200년이나 걸렸다. 골목에서 성당의 정면만 보았을 때는 작아 보이지만 안으로 들어가면 규모가 상당히 크다. 성당 내부는 앞쪽의 제대 부분만 빛을 받아 빛나고 나머지 부분은 전체적으로 어두워 경건한 분위기를 자아낸다. 성당 뒤편으로 정원이 이어지고 성당 바로 옆에는 아담한 킬리안 광장이 있다.

📍 Domstraße 43, 97070 Würzburg 🚶 마르크트 광장에서 도보 3분
🕐 08:00~18:00 📞 +49 931 38662900 🏠 www.dom-wuerzburg.de

©Andreas Faessler 황제의 홀

아름다운 주교의 궁전 ...... ⑤

레지덴츠 Residenz 유네스코

1981년에 유네스코 세계문화유산으로 등재된 레지덴츠는 바로크 건축물의 걸작으로 꼽힌다. 1720~1744년에 걸쳐 당대 최고의 건축·회화·조각 전문가들이 지은 궁전으로 마리엔베르크 요새에 살던 주교가 이곳으로 이주해서 살았다. 건물로 들어서면 맨 처음에 나오는 것이 '정원의 방Gartensaal'이며, 왼쪽으로는 '계단의 방Treppenhaus'이 이어진다. 계단 위로는 높고 거대한 아치형 천장이 있는데, 이 천장의 화려한 프레스코화는 당시 유명했던 베네치아의 화가 조반니 바티스타 티에폴로가 그린 것으로 세계 최대 크기를 자랑한다. 2층 로코코 스타일의 '하얀 방' 등 여러 방 중에서 가장 화려한 곳은 '황제의 홀Kaisersaal'이다. 황금 장식의 가구들이 가득한 이곳에서는 여름에 음악가들을 초청해 '모차르트 음악제'를 개최한다. 안쪽으로 더 들어가면 거울이 사방에 놓인 '거울의 방Spiegelkabinett'이 나온다. 건물 밖의 호프 정원도 산책해보자.

★ 내부 사진 촬영 금지.

📍 Residenzplatz 2, 97070 Würzburg
🚶 대성당에서 도보 6분 💶 성인 €10
🕐 4~10월 09:00~18:00(마지막 입장 17:15),
11~3월 10:00~16:30(마지막 입장 16:00)
📞 +49 931 355170
🏠 www.residenz-wuerzburg.de

마인강 옆에 자리한 시계탑 건물 ...... ⑥

시청사 Rathaus

뷔르츠부르크 시청사는 성 킬리안 대성당과 알테 마인교를 직선으로 이어주는 돔 거리에 있다. 앞에 분수가 놓인 작은 광장이 있어 항상 사람들로 붐비는 곳이다. 큰길에 있는 갈색 건물이 구 시청사이며, 내부에는 독일의 대중적인 비어홀 라츠켈러Ratskeller가 있고 안쪽으로는 신 시청사와 연결된다.

📍 Rückermainstraße 2, 97070 Würzburg
🚶 마르크트 광장에서 도보 2분

낭만적인 풍경 가득 ...... ⑦
알테 마인교 Alte Mainbrücke

구시가지에서 마인강을 건너는 보행자 전용
다리로, 뷔르츠부르크의 오랜 역사를 느낄
수 있는 곳이다. 알테 마인교에서 보이는 뷔
르츠부르크의 전경과 언덕 위 마리엔베르
크 요새의 모습은 낮이나 밤이나 특별하다.
또한 다리 위 양쪽으로 12개의 조각상이 있
어 한층 더 운치 있다. 이 조각상들과 다리에
서 바라보는 풍경들 때문에 종종 프라하의
카를교와 비교되기도 하는데, 사실 카를교
에 비하면 작고 소박하다.

📍 Alte Mainbrücke, 97070 Würzburg
🚶 시청사에서 도보 2분

뷔르츠부르크 최고의 전망 포인트 ...... ⑧
마리엔베르크 요새 Festung Marienberg

마인 강변의 언덕 위 이 요새는 기원전 1000년경에 켈트족의 성채가 있었던 자
리에 세운 것이다. 레지덴츠 궁전을 짓기 전까지 뷔르츠부르크 주교의 관저로 사
용했고, 14~15세기를 거치면서 규모가 확장되었다. 이후 요새로 쓰이다가 제2
차 세계 대전 후 파괴된 부분을 보수해 오늘날에 이른다. 마리아Maria와 산Berg,
요새Festung를 합쳐 붙인 이름이다. 요새 주변의 비탈진 길에는 포도밭이 조성되
어 있으며, 요새로 올라가면 뷔르츠부르크 시내의 아름다운 전경이 한눈에 펼쳐
진다. 마인강 위에 놓인 알테 마인교와 시청사, 킬리안 성당, 노이뮌스터, 마리엔
예배당, 그리고 멀리 레지덴츠까지 하나씩 바라보며 여행을 마무리하기에 좋다.

📍 Festung Marienberg, 97082 Würzburg
🚶 9번 버스를 타고 종점에서 내려 조금만
걸어가면 성 입구다. 💶 (요새) 무료, (투어)
성인 €4 🕐 4~10월 화~일 09:00~18:00,
11~3월 화~일 10:00~16:30 ✖ 월요일
📞 +49 931 3551750 🏠 www.schloesser.
bayern.de

프랑켄 와인 Franken Wein

마인강을 따라 자리한 프랑켄 지방은 계단식 포도밭이 이어진 와인 산지다. 뷔르츠부르크는 프랑켄 지방의 중심 도시로 오랜 전통을 자랑하는 와이너리들이 있으며, 대부분의 레스토랑에서 프랑켄 와인을 마실 수 있고 슈퍼마켓에서도 쉽게 살 수 있다. 프랑켄 와인은 복스보이텔Bocksbeutel이라는 불룩한 모양의 병에 담아 파는 것이 특징이다. 프랑켄 와인 중에서 가장 품질 좋은 것으로 꼽히는 질바너Silvaner 와인을 꼭 맛보도록 하자.

율리우스슈피탈 Juliusspital

1576년 율리우스 주교가 세운 요양병원으로 1579년에 만든 대규모 와인 저장소가 있다. 웅장하면서도 아름다운 건물 자체도 볼 만하며 안쪽에 넓은 정원도 있다. 와인 바와 레스토랑(€16~30 정도), 베이커리 카페까지 운영하며 바로 근처에 별도의 와인 숍도 있다.

📍 Juliuspromenade 19, 97070 Würzburg 🚶 중앙역에서 도보 7분 🕐 일~목 11:00~23:00, 금·토 11:00~24:00 📞 +49 931 54080 🏠 https://weinstuben-juliusspital.de

뷔르거슈피탈 Bürgerspital

뷔르츠부르크에서 가장 유명한 와이너리로 1319년에 자선 병원으로 시작했다. 율리우스슈피탈과 함께 거대한 규모의 포도밭을 보유하고 있으며 품질 좋은 와인을 생산하는 것으로 알려져 있다. 레스토랑이 상당히 크며 와인과 잘 어울리는 음식을 제공한다. 음식은 €16~40 정도.

📍 Theaterstraße 19, 97070 Würzburg 🚶 마르크트 광장에서 도보 7분 🕐 11:00~24:00 📞 +49 931 352880 🏠 https://buergerspital-weinstuben.de

가스트하우스 알테 마인뮐레 Gasthaus Alte Mainmühle

마리엔베르크 요새가 한눈에 들어오는 멋진 풍경을 자랑하는 식당이다. 알테 마인교 바로 옆 마인 강변에 자리해 여름에는 테라스 자리를 잡기가 어렵다. 내부는 3층 건물로 규모가 큰 편이며, 알테 마인교 아래위에 모두 입구가 있다. 독일 전통 메뉴가 주를 이루며 음식 맛도 좋은 편이다. 뷔르츠부르크의 명물 프랑켄 와인도 다양하게 갖추고 있다. 일반 요리는 보통 €15~34 정도이며, 요일별로 달라지는 오늘의 메뉴가 가성비가 좋아 많이 먹는다.

📍 Mainkai 1, 97070 Würzburg
🚶 알테 마인교 바로 옆
🕐 11:00~23:00 📞 +49 931 16777
🏠 https://alte-mainmuehle.de

프레드 Fred

시내 중심인 마르크트 광장에서 멀지 않은 곳에 자리한 인기 브런치 카페. 규모는 크지 않지만 모던한 분위기에 신선한 재료와 깔끔한 음식으로 항상 붐비는 곳이다. 노천 테이블도 있으며 아침 식사와 샌드위치, 샐러드, 베이커리, 커피가 주 메뉴다. 아침 식사는 €8~15, 샌드위치는 €9~10이며, 관광객보다는 현지인이 많이 찾는 곳으로 인기에 힘입어 건너편에 편집 숍도 오픈했다.

📍 Herzogenstraße 4, 97070 Würzburg 🚶 마르크트 광장에서
도보 2분 🕐 월~토 08:00~19:00, 일 09:00~19:00
📞 +49 931 70526783
🏠 https://cafefred.de

중세 독일로의
시간 여행

로만틱 가도
Romantische Straße

독일 여행의 인기 코스 중 하나로 매년 수백만 명의 관광객이 찾는
로만틱 가도는 이제 너무나도 유명하다. 뷔르츠부르크에서 퓌센까지 이어지는
이 길은 프랑크푸르트나 하이델베르크에서도 쉽게 연결되어 중간 구간만
잠시 들러볼 수도 있다. 로만틱 가도 선상에 자리한 몇몇 도시는
제2차 세계 대전 중에 무참히 파괴되었지만 전후에 원래의 모습으로 완벽히 복구해
중세의 모습을 간직할 수 있게 되었다. 마치 시간이 멈춰버린 듯한 느낌을 주는
이 아름답고 작은 마을들로 여행을 떠나보자.

가는 방법

가장 편리한 교통수단은 렌터카다. 도로를 따라 작은 마을들이 이어져 있기 때문에 순서대로 자유롭게 들를 수 있어 짧은 시간에 많은 도시를 볼 수 있다. 하지만 렌터카가 여의치 않다면 대중교통도 가능은 하다. 기차의 경우 작은 마을까지는 환승을 해야 하거나 아예 기차역이 없는 마을도 있어서 이런 경우에는 로컬 버스를 이용해야 한다. 그리고 성수기(보통 4월 중순부터 10월 중순)에는 관광객들을 위한 오이로파 버스가 운행된다.

• **오이로파 버스 Europa Bus** 이 버스는 하루 만에 로만틱 가도의 주요 도시를 경유하는 루트로 짜여 있다. 루트상의 주요 도시는 프랑크푸르트-뷔르츠부르크-로텐부르크-딩켈스뷜-뇌르틀링겐-퓌센이다. 단, 버스 스케줄이 하루에 한 번밖에 없기 때문에 일단 내리면 다음 날 타야 한다. 어떤 도시에서든 자유롭게 타고 내릴 수 있지만, 제대로 보려면 각 도시에서 1박을 해야 한다. 프랑크푸르트에서 이 버스를 타려면 중앙역의 플랫폼을 등지고 오른편의 출입구로 나가 바로 오른쪽의 'Europa Bus'라고 쓰인 버스 정류장을 이용한다. 여름철과 주말에는 좌석이 없는 경우가 많으니 미리 예약해두자.

⌂ **로만틱 가도 정보** www.romantischestrasse.de
⌂ **버스 정보** www.romanticroadcoach.de

프랑크푸르트
자동차 1시간 30분
뷔르츠부르크
자동차 50분
로텐부르크
자동차 40분
딩켈스뷜
자동차 30분
뇌르틀링겐
자동차 2시간 20분
퓌센

프랑크푸르트 •

뷔르츠부르크

로텐부르크
딩켈스뷜

뇌르틀링겐

• 뮌헨

퓌센

중세 분위기 물씬 풍기는
작은 마을
딩켈스뷜 DINKELSBÜHL

1,000년의 역사를 지닌 이 마을은 수많은 전쟁에도 파괴되지 않고 보존되어 옛 중세의 성벽과 탑들로 둘러싸인 15~17세기 초의 전형적인 독일 마을의 모습을 유지하고 있다. "목조 건축의 보고"라 불릴 만큼 오래된 목조 가옥이 가득하며, 중세의 집들을 그대로 보호하기 위해 건물 색, 광고, 조명, 간판의 글씨체를 제한하는 등 건축 규제가 엄격하다.

🚶 기차가 지나가지 않는 시골 마을이라 오이로파 버스나 렌터카를 이용해야 한다. 자동차로는 프랑크푸르트에서 2시간, 뷔르츠부르크에서는 1시간 정도 걸리며, 마을이 아주 작아서 한 바퀴 돌아보는 데 반나절도 걸리지 않는다. 마을의 중심인 마르크트 광장에서 반경 200~300m 안에 볼거리가 다 모여 있다. 🏠 관광 안내 www.dinkelsbuehl.de

뵈르니츠 문 Wörnitztor

마을을 둘러싼 성벽의 동쪽에 자리한 문이다. 14세기에 지은 가장 오래된 문으로 위에는 시계가 있고 맨 꼭대기에 종탑이 있다.

게오르크 대성당 Münster St. Georg

남부 독일의 후기 고딕 양식 성당으로 내부는 복잡한 구조의 아치형 천장을 11쌍의 기둥이 지지하고 있다. 입구 쪽 로마네스크 양식의 탑은 원래 별개의 건물로 시작됐으나 교회에서 인수해 확장한 것이다.

마르크트 광장 Marktplatz

마을의 중심 광장으로 아름답고 화사한 건물들이 눈에 띈다. 가장 유명한 건물은 도이체스 하우스Deutsches Haus로 후기 르네상스 목조 건축의 훌륭한 표본으로 꼽힌다.

제그링거 거리 Segringerstraße

마르크트 광장에서부터 제그링거 문까지 이어지는 거리다. 수백 년을 견뎌온 목조 건물들이 길을 따라 나란히 늘어서 있다. 거리 중간의 주황색 건물이 시청사 Stadtverwaltung다. 주변의 골목 안쪽으로 들어가면 중세의 모습을 간직한 아기자기한 골목에 귀여운 카페와 상점들이 있다. 길 끝에는 마을의 서쪽 문에 해당하는 제그링거 문Segringer Tor이 보인다. 돔 지붕이 있는 바로크 양식의 이 성문은 오랜 세월 외부의 침입으로부터 마을을 지켜왔다.

성벽으로 동그랗게 둘러싸인 중세 마을

뇌르틀링겐 NÖRDLINGEN

로만틱 가도의 중간에 위치한 아주 작은 마을로 오래된 모습을 간직한 중세 도시다. 14세기에 지은 성벽으로 둘러싸여 있는데, 높은 곳에서 내려다보면 지름이 1km 정도 되는 둥근 원 안에 빨간 지붕을 한 목조 가옥들이 빼곡하게 차 있는 재미난 모습을 하고 있다. 898년부터 역사에 이름이 기록되어 1998년에 1,100주년 기념식을 치렀을 만큼 오랜 역사를 자랑하는 곳이다.

🏠 관광 안내 www.noerdlingen.de

🚶 기차를 이용할 경우 아우크스부르크에서 타면 도나우뵈르트Donauwörth에서 갈아타고 1시간 정도 걸린다. 프랑크푸르트나 뷔르츠부르크 방면에서 갈 때는 열차 스케줄이 좋지 않아 오이로파 버스를 이용하는 것이 낫다. 자동차로는 뷔르츠부르크에서 1시간 30분, 딩켈스뷜에서 30분, 아우크스부르크에서 1시간 정도 걸린다.

마르크트 광장 Marktplatz

뇌르틀링겐을 둘러싼 성벽에는 5개의 문이 있는데, 어느 문으로 들어가든 마을의 중심인 마르크트 광장과 연결된다. 광장을 압도하는 거대한 성당이 도시의 중심인 게오르크 성당이고, 광장 끝 크리거 분수 뒤 슈란넨 거리Schrannenstraße가 마을의 번화가다.

게오르크 성당 St.-Georgs-Kirche

딩켈스뷜의 중심지에 마르크트 광장과 게오르크 대성당이 있듯 이곳에도 마르크트 광장에 게오르크 성당이 있다. 후기 고딕 양식의 성당으로 1427년에 짓기 시작해 1505년에 완공했다.

다니엘 탑 Kirchturm Daniel

게오르크 성당에 자리한 첨탑으로 마을 중심에 우뚝 서서 외부의 적들로부터 마을을 보호했던 곳이다. 350개 계단을 올라가면 좁지만 360도로 둘러볼 수 있는 전망대가 나온다. 마을을 원형으로 둘러싼 성벽과 붉은 지붕들로 가득한 시가지, 그리고 성벽 밖의 전원 풍경을 한눈에 감상할 수 있다.

성벽 걷기

동그렇게 성벽으로 둘러싸인 뇌르틀링겐 여행의 필수 코스 중 하나다. 마을 곳곳에서 이어지는 성벽과 연결된 계단을 오르면 성벽을 따라 걸으며 마을을 내려다보는 또 다른 재미가 있다.

로만틱 가도를 대표하는
중세 도시

로텐부르크
ROTHENBURG

로만틱 가도의 여러 도시 중 가장 인기 있는 곳으로, 작은 마을이지만
연중 100만 명이 넘는 관광객이 찾는다. 도시를 둘러싸고 있는
성벽 안에 중세의 모습을 고스란히 간직한 구시가지와 그림 같은 빨간 지붕의
건물들은 이 도시를 동화 속 마을로 만들기에 충분하다.
여름철 성수기와 겨울철 크리스마스 마켓이 열릴 때면 이 작은
도시가 활기를 띠며 많은 사람으로 붐빈다.

♠ **관광 안내** www.rothenburg-tourismus.de

가는 방법	뷔르츠부르크에서 RE, RB 기차로 1시간 10분 정도 걸리며, 기차역에서 구시가지까지는 10분 정도 걸어야 한다. 또는 프랑크푸르트나 뮌헨에서 오이로파 버스를 타고 갈 수도 있다. 구시가지 안에서는 모두 걸어서 다닐 수 있다. 

추천 코스	로텐부르크는 작은 마을이라 걸어서 모두 볼 수 있다. 주요 명소는 반나절이면 둘러볼 수 있고, 성곽을 따라 걸으며 산책하다 보면 하루가 금세 지난다.

기차역 —— 도보 12분 —— 마르크트 광장 —— 바로 앞 —— 시청사 탑 —— 도보 2분 —— 성 야곱 교회 —— 도보 7분 —— 플뢴라인

로텐부르크 구시가지의 중심 광장
마르크트 광장 Marktplatz

마을 중심으로 정면에 있는 육중한 갈색 건물은 시청사이고, 그 뒤로 우뚝 솟은 흰 건물은 시청사 탑이다. 시청사 오른쪽에 시계가 있는 건물은 시의회 연회장Ratstrinkstube인데 현재는 관광 안내소가 들어서 있다. 맨 위의 천문 시계까지 3개의 시계가 있는 이 건물에서는 일정 시각이 되면 시계 양옆에 있는 인형들이 움직이는 짤막 쇼가 펼쳐진다.

📍 Marktplatz, 91541 Rothenburg ob der Tauber
🚶 기차역에서 도보 10분

술로 사람을 구한 시장
시의회 연회장에는 재미난 일화가 전해진다. 신구교 간 벌어진 30년 전쟁 중 로텐부르크를 점령한 구교도 장군은 그날 저녁 연회장에서 3L가 넘는 술 한 통을 한 번에 마시는 내기를 걸었다. 이때 시장이 술통을 들고 단숨에 들이켜 결국 장군은 신교도 의원들의 처형을 철회했다고 한다. 이 사건을 마이스터트룽크 Meistertrunk라 칭하며, 현재까지 그를 기념하는 축제와 공연을 벌이고 있다. 시계 인형의 주인공은 일화 속 장군과 시장이다.

로텐부르크 전경을 한눈에
시청사 탑 Rathausturm

광장을 채우고 있는 시청사 건물은 고딕 양식으로 지었다가 화재로 소실되어 1572~1578년 사이에 르네상스 양식으로 개축했다. 시청사 바로 뒤에 자리한 하얀색 시청사 탑은 1250~1400년에 고딕 양식으로 지었다. 220개의 계단을 따라 꼭대기의 전망대에 오르면 로텐부르크 시내의 그림 같은 풍경을 한눈에 볼 수 있다. 좁고 가파른 계단을 걸어 올라가야 하고 전망대도 상당히 좁지만 날씨가 좋은 날은 올라간 보람이 있다.

📍 Marktplatz 1, 91541 Rothenburg ob der Tauber
🚶 마르크트 광장의 시청사 바로 뒤 💶 성인 €4 🕐 4~10월 09:30~12:30, 13:00~17:00, 1~3·11월 12:00~15:00, 크리스마스 마켓 기간 10:30~18:00(주말은 19:00까지)
🏠 www.rothenburg-tourismus.de

웅장하면서도 경건한 아름다움
성 야곱 교회 Jakobskirche

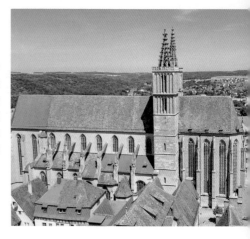

시청사 뒤쪽에 자리한 거대한 교회로 로덴부르크에서 가장 중요한 교회다. 1311~1484년에 지은 고딕 양식의 교회로 2개의 첨탑이 서로 다른 높이인 것도 독특하다. 교회 내부는 경건한 분위기에서 눈에 띄는 스테인드글라스도 아름답지만 성혈 제대가 특히 유명하다. 이것은 1499~1505년 사이에 조각된 것으로 예수님의 '최후의 만찬'을 묘사하고 있다. 금박을 입힌 화려한 중앙 제단은 12사도 제단이며 이 역시 중요하다.

📍 Klosterkasse 15, 91541 Rothenburg ob der Tauber
🚶 마르크트 광장에서 도보 1분 🕐 4~9월 10:00~18:00, 1~3·11월
11:00~12:00, 10·12월 10:00~17:00 📞 +49 9861 700620
🏠 www.rothenburg-tourismus.de

로텐부르크에서 가장 유명한 박물관
중세 범죄 박물관
Mittelalterliches Kriminalmuseum

독일 각지에서 수집한 중세의 잔인한 고문 기구들과 사형 기구들이 전시되어 있다. 원래 작은 박물관이었으나 관광객들의 인기를 끌면서 역사적인 자료들을 보강하고 체계를 갖추어 지금의 모습으로 확장했다.

📍 Burggasse 3-5, 91541 Rothenburg ob der Tauber
🚶 마르크트 광장에서 도보 2분 💶 성인 €9.5 🕐 1~3·11월
13:00~16:00, 4~10월 10:00~18:00, 12월 11:00~16:00
(마지막 입장은 45분 전까지) 📞 +49 9861 5359
🏠 www.kriminalmuseum.eu

로텐부르크 최고의 인증샷 장소
플뢴라인 Plönlein

구시가지에서 가장 인기 있는 인증샷 장소. 중세 유럽의 그림 같은 풍경을 담고 있는 이 골목은 화려한 꽃들이 만발하면 더욱 컬러풀한 모습으로 관광객을 맞이한다. 옛 모습을 그대로 간직한 작은 골목은 다시 두 갈래로 갈라져 하나는 정면에 보이는 지버 탑Sieber Turm(1385년)으로 연결되고, 다른 하나는 코볼첼러 탑Kobolzeller Turm(1360년)을 지나 타우버강으로 이어진다. 지버 탑은 붉은 지붕에 예쁜 시계탑을 가진 덕에 이 골목을 더욱 아름답게 빛낸다.

📍 Untere Schmiedgasse, 91541 Rothenburg ob der Tauber
🚶 마르크트 광장에서 도보 4분

로텐부르크에 왔다면 이건 꼭!

로텐부르크는 작은 마을이지만 관광객들이 많이 찾는 곳이기 때문에 소소한 즐길 거리가 많다.
다소 상업화된 면도 없지 않지만, 가장 유명한 3가지를 소개한다.

성벽 걷기

구시가지를 둘러싸고 있는 성벽 위의 길을 따라 거닐어보자. 붉은
지붕들을 조금 높은 곳에서 내려다보며 마을을 걸어보는 것은 로
텐부르크 여행이 주는 또 하나의 선물이다. 성벽으로 올라가는 계
단은 마을 곳곳에 있으므로 어디에서든 상관없다. 동선상 플뢴라
인에서 이어지는 지버 탑에서 오를 수도 있으니 잠깐이라도 걸어
보자. 성벽 전체를 걷는다면 2.5km 정도 된다.

슈니발렌 Schneeballen

시내를 돌아다니다 보면 둥그런 과
자 같은 것을 파는 상점을 종종 볼
수 있는데 이것은 로텐부르크의 특
산물인 슈니발렌Schneeballen이다.
밀가루 반죽에 초콜릿 등 여러 가지
달콤한 소스를 씌운 것으로 다양한
종류가 있다. 한때 한국에서도 유행
했지만 현지에서 먹어보는 것도 재
미다. 마르크트 광장 부근의 딜러 슈니발렌트로이메-SB 카페Diller
Schneeballenträume-SB-Café와 추커베커라이Zuckerbäckerei 두 곳이
서로 원조라고 주장하는데 전자는 전통적인 분위기, 후자는 작고
현대적인 분위기이며 맛은 비슷하다.

케테 볼파르트
Käthe Wohlfahrt - Weihnachtsdorf

일 년 내내 운영하는 화려한 크리스마스 상점이
다. 산타클로스가 튀어나올 듯 가게 안이 온통
크리스마스 장식품으로 채워져 있다. 상점 입구
의 크리스마스 선물을 가득 담은 차가 아이들의
마음을 설레게 하며, 내부는 상당히 커서 미로처
럼 이어져 있는데 예쁘고 화려한 장식품을 구경
하는 재미가 있다.

📍 Herrngasse 1, 91541 Rothenburg ob der
Tauber 🚶 시청사 탑 건너편 🕐 월~토 11:00~17:00
❌ 일요일 📞 +49 800 4090150
🏠 http://kaethe-wohlfahrt.com

중세의 고성과 낭만을 품은
대학 도시

하이델베르크
HEIDELBERG

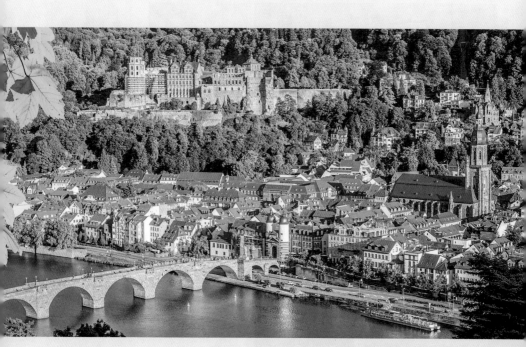

#하이델베르크성 #하이델베르크 대학
#철학자의 길 #황태자의 첫사랑

도시의 오랜 역사를 보여주듯 폐허가 되어버린 고성과 그 아래 구
시가지를 유유히 흐르는 네카어강의 고즈넉한 풍경이 아름다운 도
시다. 낭만주의 시대에 많은 시인의 사랑을 받은 곳으로 수많은 음
악가, 문학가, 철학자들에게 영감을 주기도 했다. 작은 도시지만
독일에서 가장 오래된 대학이 있는 대학 도시로도 잘 알려져 있다.

♠ 관광 안내 www.heidelberg.de/english/Home/Visit.html

가는 방법·시내 교통

프랑크푸르트에서 RE 열차로 1시간 30분, ICE 열차로는 50분 거리라 당일치기로 다녀올 수 있다. 하이델베르크 기차역은 중앙역과 구시가역 두 곳으로 구시가역이 관광지에서 가깝지만 직행 노선이 적다. 구시가지 안에서는 걸어 다니기 좋지만 중앙역에서 구시가지까지 3km 거리라 버스나 트램을 이용해야 하고, 구시가역에서 구시가 중심까지는 1km 정도라 걷거나 버스를 이용할 수 있다.

추천 코스

구시가지를 여유 있게 돌아보고 강을 건너 철학자의 길에서 산책을 하는 것으로 여행을 마무리하자.

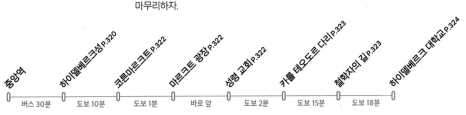

중앙역	하이델베르크성 P.320	코른마르크트 P.322	마르크트 광장 P.322	성령 교회 P.322	카를 테오도르 다리 P.323	철학자의 길 P.323	하이델베르크 대학교 P.324
	버스 30분	도보 10분	도보 1분	바로 앞	도보 2분	도보 15분	도보 18분

프리드리히관 Friedrichsbau

1601~1607년에 지은 프리드리히의 궁전으로 건물 전면에 비텔스바흐 왕족들이 조각되어 있다. 르네상스 건축의 걸작으로 꼽히는 이 건물 안에는 왕의 홀Königssaal이 있으며, 뒤쪽으로 하이델베르크 구시가지가 내려다보이는 멋진 테라스가 있다.

오트하인리히관 Ottheinrichsbau

르네상스 양식으로 지은 건물 외벽에 고대 영웅과 로마 황제의 조각이 있고, 안으로 들어가면 독일 약학 박물관 Deutsches Apotheken Museum이 있는데, 의약의 역사와 각종 조제 기구 등을 볼 수 있어 흥미롭다.

하이델베르크의 랜드마크 고성 ...... ①
하이델베르크성 Heidelberger Schloss

13세기경에 처음 지은 이후 전쟁으로 인한 파괴와 재건을 반복하며 고딕에서부터 바로크까지 여러 형태의 건축 양식이 혼합된 건물이다. 17세기까지 팔츠 선제후의 거주지였으나 팔츠 계승 전쟁 때 성과 도시 전체가 무참하게 파괴되어 지금의 모습은 제2차 세계 대전 이후에 정비한 것이다. 하이델베르크 구시가지의 언덕 위에 지어 도시의 풍경을 대표하는 랜드마크이자 인기 관광 명소로 꼽히는 곳이다.

📍 Schlosshof 1, 69117 Heidelberg 🏃 중앙역에서 20·33번, 구시가역에서 33번 버스로 Rathaus Bergbahn 정류장에 하차하면 바로 등산 열차 탑승장이다. 입장권에 열차가 포함되어 있어 타기 편하고, 내려올 때는 산책하듯 걸어 내려와도 좋다. € 성인 €11(등산 열차, 파스관, 독일 약학 박물관, 정원 포함. 일부 투어는 추가 요금) 🕐 성 자체는 09:00~18:00, 성 내부는 섹션별로 상이(보통 10:00~17:00) 📞 +49 6221 658880 🏠 www.schloss-heidelberg.de

파스관 Fassbau

지하에 세계 최대의 술통Großes Fass 이 있는 곳으로 유명하다. 22만L에 달하는 와인을 담을 수 있는 거대한 참나무 통으로 관광객들의 인증샷 장소다.

엘리자베스 문 Elisabethentor

1615년 프리드리히 5세가 엘리자베스의 스무 살 생일 선물로 하루 만에 지어 주었다고 한다. 이 부부는 정략 결혼이었으나 금슬이 좋았던 것으로 알려져 있으며, 연인과 함께 이 문을 지나가면 사랑이 이루어진다고 전해진다.

팔츠의 정원 Hortus Palatinus

1614년 팔츠의 선제후였던 프리드리히 5세가 엘리자베스 왕비에게 선물한 정원으로 독일 최고의 르네상스 정원으로 꼽힌다. 괴테의 동상이 있으며, 테라스에서 보는 전경이 아름답다.

구시가지의 중심 광장 ······ ②
마르크트 광장 Markplatz

하이델베르크 구시가지의 중심이 되는 곳으로 시
청사와 성령 교회가 자리하고 있다. 중앙에 헤라클
레스가 조각된 헤라클레스 분수Herkulesbrunnen가
있으며, 분수 주변으로 장이 서기도 하고 여름철이
면 노천 테이블이 가득히 들어서 활기찬 분위기를
자아낸다.

📍 Marktplatz 5, 69117 Heidelberg
🚶 코른마르크트에서 도보 1분

뜻밖의 포토존 ······ ③
코른마르크트 Kornmarkt

마르크트 광장에서 성으로 갈 때 나오는 광장이
다. 중앙에 마리아 동상이 있는 작은 마리아 분수
Marienbrunnen가 있으며, 남쪽의 건물들 뒤로 병풍
처럼 성이 올려다 보여 성을 배경으로 사진을 찍을
수 있는 곳이다. 광장 뒤쪽으로 조금만 걸어가면 성
으로 올라가는 등산 열차Bergbahn를 탈 수 있다.

📍 Kornmarkt, 69117 Heidelberg
🚶 중앙역에서 20·33번 버스 탑승 후
Rathaus Bergbahn 정류장 하차, 도보 1분

하이델베르크 대표 교회 ······ ④
성령 교회 Heiliggeistkirche

14~15세기에 세워져 도시의 험난했던 역사를 함
께한 교회다. 한때 가톨릭과 개신교가 공존했던 독
특한 곳으로 교회 앞쪽은 가톨릭, 뒤쪽은 개신교
가 사용했으며, 가톨릭과 개신교 좌석을 구분하기
위해 1706년에는 분리대를 설치했다. 1720년에
가톨릭교에 넘겨주면서 마을의 개신교도들과 갈
등을 빚기도 했다. 이후 다시 분리대를 설치했다가
1936년에야 철거했으며, 현재는 개신교 교회다.

📍 Hauptstraße 189, 69117 Heidelberg
🚶 마르크트 광장 🏠 www.ekihd.de

구시가지로 향하는
오래된 다리 ⋯⋯ ⑤

카를 테오도르 다리

Karl Theodor Brücke(Alte Brücke)

1788년에 지은 다리로 현지인들은 보통 오래된 다리Alte Brücke라고 부른다. 다리의 문을 지나면 바로 왼쪽에 카를 테오도르의 늠름한 동상이 있고, 조금 더 가면 전쟁의 여신 아테네의 동상이 있다. 이 다리에서 바라보는 하이델베르크성의 전경도 멋지다.

📍 Alte Brücke, 69117 Heidelberg 🚶 마르크트 광장에서 도보 3분

전설의 원숭이 동상 Brückenaffe

다리 초입에 있는 원숭이 동상은 인증샷 장소로 유명하다. 원숭이가 들고 있는 청동 거울은 사람들의 손길로 반짝거리는데, 여기에는 여러 가지 전설이 있다. 팔츠 계승 전쟁 당시 적들을 교란시키기 위해 원숭이들에게 거울을 주었다는 설도 있고, 자신을 돌아보라는 반성의 거울, 또는 악귀를 쫓는 행운의 거울이라는 설도 있다.

산책과 전망을 한 번에 ⋯⋯ ⑥

철학자의 길 Philosophenweg

헤겔, 야스퍼스, 하이데거 등 하이델베르크에서 활동했던 철학자들이 조용히 산책하며 명상에 잠기고 영감을 얻은 산책로다. 사색을 즐기기에 좋은 장소로 벤치에 앉아 책을 읽거나 조깅을 하는 시민들을 쉽게 볼 수 있다. 또한 힘들게 올라온 보상처럼 높은 곳에서 내려다보는 구시가지와 하이델베르크성, 네카어강의 전경이 아름답게 펼쳐진다.

📍 Philosophenweg, 69120 Heidelberg 🚶 카를 테오도르 다리를 건너 횡단보도를 건너면 작은 오솔길이 보이는데, 이 길을 따라 올라가면 산 중턱의 철학자의 길에 이른다.

독일 최초의 국립 대학 ⑦
하이델베르크 대학교
Universität Heidelberg

1386년에 팔츠 선제후가 설립한 독일에서 가장 오래된 대학이다. 1803년 카를 프리드리히가 국립 대학으로 지정했으며, 이후 각계의 석학들이 초빙되면서 명성을 얻었다. 현재 3개의 캠퍼스로 나뉘어 있으며 구시가지 캠퍼스는 주로 인문학과 사회과학 분야다. 세계 대학 평가에서 높은 순위를 기록하는 명문 종합 대학으로 노벨상 수상자도 다수 배출했다.

학생 감옥 Studentenkarzer

구 대학 건물 안쪽 골목에 자리한 학생용 감옥이다. 당시 자체적인 사법권을 가지고 있던 대학에서 학생들이 소동, 폭력, 취중 추태 등의 사고를 치면 수감시키기 위해 1780년에 만들었다. 감옥이라 행동이 제약되기는 했지만 감금 기일은 보통 1일에서 4주 정도였고 사식을 들여오거나 수업을 받을 수도 있었다고 한다. 당시의 침대와 책상 등이 전시되어 있고 학생들의 낙서가 남아 있다.

📍 Augustinergasse 2, 69117 Heidelberg 🚶 마르크트 광장에서 도보 2분
💶 성인 €6 🕐 4~10월 10:00~18:00, 11~3월 월~토 10:30~16:00
❌ 일요일(11~3월) 📞 +49 6221 5412815 🏠 www.uni-heidelberg.de

하우프트 거리 Hauptstraße

하이델베르크 구시가를 관통하는 2km 정도의 중심 거리다. 교통의 중심인 비스마르크 광장에서 카를스 문까지 보행자 전용도로로 이어져 있는데, 중간에 온갖 상점과 식당이 모여 있어 구경하면서 걷기 좋다. 현지인과 관광객 모두 모여드는 번화가로 크고 작은 상점은 물론 백화점도 있다.

📍 Hauptstraße 69117 Heidelberg 🚶 중앙역에서 트램 33번 또는 버스 5·31·32·34·35번 탑승 후 Bismarckplatz 정류장에서 하차하면 하우프트 거리 시작

슈니첼방크(와인 바) Weinstube Schnitzelbank

맥주나 와인과 함께 슈니첼을 즐기기 좋은 곳이다. 번화가인 하우프트 거리의 한 골목 안쪽에 조용히 자리하며 입구는 작지만 내부는 꽤 좌석이 많다. 전통적인 분위기의 어둑한 공간을 지나면 작은 안뜰에도 좌석이 있다. 여러 메뉴 중에서도 마늘이 듬뿍 들어간 마늘 슈니첼(€16.9)이 우리 입맛에 잘 맞는다.

📍 Bauamtsgasse 7, 69117 Heidelberg 🚶 마르크트 광장에서 도보 5분 🕐 월~금 17:00~22:00, 토·일 12:00~22:00 📞 +49 6221 21189 🏠 http://schnitzelbank-heidelberg.de

콘디토라이 카페 샤프호이틀레

Conditorei-Café Schafheutle

1832년에 오픈해 200년 가까이 된 오랜 역사를 자랑하는 곳으로 지금도 맛있는 케이크와 초콜릿, 커피, 아이스크림 간단한 식사까지 모두 인기다. 안쪽으로 들어가면 좌석이 많고 교회가 보이는 예쁜 안뜰도 있다. 여름에는 관광객이 많지만 평소에도 동네 사랑방처럼 오래된 단골이 가득하다. 커피 €3~6.5 정도.

📍 Hauptstraße 94, 69117 Heidelberg 🚶 마르크트 광장에서 도보 5분 🕐 화~일 09:30~18:00 ❌ 월요일 📞 +49 6221 14680 🏠 http://cafe-schafheutle.de

자동차와 공연 예술의 도시

슈투트가르트
STUTTGART

#자동차 마니아의 성지 #독일 최대 아웃렛
#슈투트가르트 발레단 #현대 미술 #헤겔

바덴뷔르템베르크주의 주도로 상공업의 중심지이자 철도 교통의
요충이지며, 벤츠와 포르쉐 박물관이 있어 꼭 한 번 가보고 싶은
"자동차의 성지"라 불리기도 한다. 발레와 오페라 공연은 세계적
으로도 최고 수준에 도달해 문화 애호가들에게 인기가 많은 도시
다. 또한 독일 최대 규모의 메칭엔 아웃렛이 근교에 있다.

가는 방법	독일 남부의 대도시답게 교통 여건이 좋다. 항공, 기차, 버스가 독일의 여러 도시 곳곳을

가는 방법

독일 남부의 대도시답게 교통 여건이 좋다. 항공, 기차, 버스가 독일의 여러 도시 곳곳을 연결하고 있을 뿐 아니라 스위스 취리히나 프랑스 파리로 연결하는 교통편도 있다.

• **항공** 국내에서는 최소 1회 경유하는 항공편을 이용할 수 있다. 슈투트가르트 공항 Flughafen Stuttgart에서 중앙역까지 S2, U6로 약 30분 소요되며, 10~15분 간격으로 운행한다.

🏠 www.stuttgart-airport.com

• **기차** 독일 남서쪽에 있어 북쪽 도시까지는 연결이 편하지 않지만, 프랑크푸르트와 뮌헨까지는 ICE가 1시간에 2대 운행하고, 각각 1시간 30분, 2시간 걸린다. 당일치기 여행지로 좋은 튀빙겐과 칼프도 지역 열차 RE 운행이 잦아 이동이 편하다. 튀빙겐까지는 1시간, 칼프는 버스까지 갈아탄다면 1시간 20분 정도 소요된다. 같은 주에 해당하는 두 도시로 이동 시 바덴뷔르템베르크 티켓Baden-Württemberg-Ticket을 사용할 수 있다.

시내 교통

S반, U반, 버스, 트램 등의 교통수단이 있으며 시내는 대부분 도보 여행이 가능하다. 다만 벤츠와 포르쉐 박물관으로 이동할 때는 대중교통을 이용해야 하며, 티켓은 정류장 앞 자동 발매기에서 구입한다.

€ 단거리권 €2(3정거장 이내), 1회권 €3.3(180분 유효), 1일권 €6.6 🏠 www.vvs.de

추천 코스

중앙역 인근의 시내 관광지만 본다면 반나절로도 충분하며, 미술관과 공연 관람 예정이라면 꼬박 하루가 소요된다. 아래 추천 일정은 시내 중심으로 소개해 하이라이트라고도 할 수 있는 메르세데스 벤츠 박물관과 포르쉐 박물관을 포함하지는 않았지만, 2곳을 박물관 및 근교 여행지에 추가하고자 한다면 취향에 맞게 일정을 늘리면 된다.

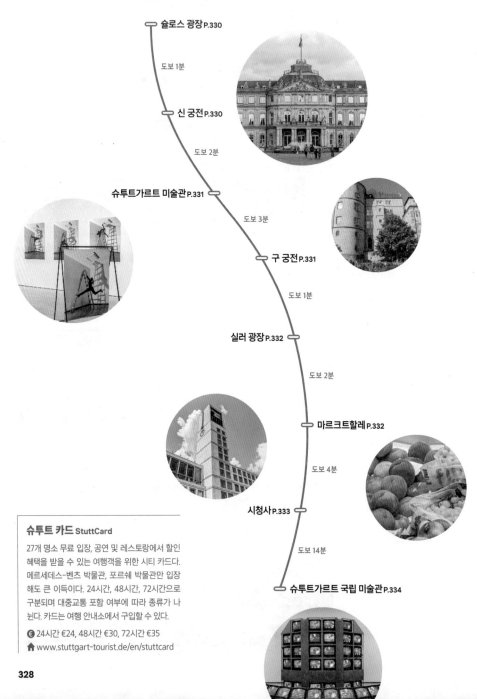

슐로스 광장 P.330

도보 1분

신 궁전 P.330

도보 2분

슈투트가르트 미술관 P.331

도보 3분

구 궁전 P.331

도보 1분

실러 광장 P.332

도보 2분

마르크트할레 P.332

도보 4분

시청사 P.333

도보 14분

슈투트가르트 국립 미술관 P.334

슈투트 카드 StuttCard

27개 명소 무료 입장, 공연 및 레스토랑에서 할인 혜택을 받을 수 있는 여행객을 위한 시티 카드다. 메르세데스-벤츠 박물관, 포르쉐 박물관만 입장해도 큰 이득이다. 24시간, 48시간, 72시간으로 구분되며 대중교통 포함 여부에 따라 종류가 나뉜다. 카드는 여행 안내소에서 구입할 수 있다.

€ 24시간 €24, 48시간 €30, 72시간 €35
🏠 www.stuttgart-tourist.de/en/stuttcard

슈투트가르트 상세 지도

시민들의 안식처 ······ ①
슐로스 광장 Schlossplatz

푸른 잔디밭이 펼쳐져 있고 유서 깊은 건물들이 감싼 이 광장은 슈투트가르트 시민들의 휴식처이자 여행객의 안식처가 되어준다. 사실 20세기 초까지는 궁전 앞 광장이라는 명칭에 부합하듯 신 궁전의 군사 퍼레이드 장소였다. 이 얘기를 듣고 나면 신 궁전의 아름다운 정원처럼 느껴진다. 광장 중앙에는 높이 30m의 빌헬름 황제 기념비König Wilhelm가 있는데 통치 25주년을 기념하기 위해 1841년에 세운 것이다.

📍 Schlossplatz, 70173 Stuttgart 🚶 U5·6·7·12·15 Schlossplatz역

과거 왕들의 거주지 ······ ②
신 궁전 Neues Schloss

📍 Schlossplatz 4, 70173 Stuttgart
🚶 슐로스 광장 앞 📞 +49 7251 742770
🏠 www.neues-schloss-stuttgart.de

1746년에서 1807년 사이에 지은 후기 바로크 양식의 궁전이다. 여러 차례에 걸쳐 건축하면서 고전주의, 로코코 양식도 혼재되었다. 1918년 빌헬름 2세의 퇴위로 궁전은 국가 소유가 되었고, 이후 관공서와 박물관으로 사용되다 현재는 바덴뷔르템베르크주의 행정 건물로 사용 중이다. 제2차 세계 대전 당시 전쟁의 포화를 비껴가지 못해 대부분 파괴되었으나 1964년에 일부를 재건했다. 내부는 가이드 투어를 통해 둘러볼 수 있지만 비정기적으로 진행된다.

1만 5,000점이 넘는
현대 미술품을 소장한 곳 ⸺ ③
슈투트가르트 미술관
Kunstmuseum Stuttgart

2005년에 개관한 독일 현대 미술관
으로 베를린 건축 사무소 하셔 옐레
에서 설계를 맡았다. 독특한 유리 외
관은 낮에는 거울이 되고, 밤에는 주
변 빛을 흡수해 세련되고 우아한 느
낌의 유리 큐브처럼 보인다. 1924년
에 이탈리아의 한 후작이 자신의 소
장품을 기부한 것이 토대가 되었다. 오토 딕스, 빌리 바우
마이스터 등 독일 예술가들의 작품을 포함해 19세기부터
현대를 아우르는 작품을 전시한다.

📍 Kleiner Schloßplatz 1, 70173 Stuttgart
🚶 U5·6·7·12·15 Schlossplatz역에서 하차, 도보 1분
💶 2025년 3월 8일~10월 12일까지 무료
🕐 화~목·토·일 10:00~18:00, 금 10:00~21:00
✖ 월요일 📞 +49 711 21619600
🏠 www.kunstmuseum-stuttgart.de

내부 안뜰이 인상적인 궁전 ⸺ ④
구 궁전 Altes Schloss

14세기 뷔르템베르크 왕국의 거처를 슈투트가르트로 옮기며 지은 궁전으로 16
세기에 르네상스 궁전으로 증축했다. 18세기에 이르러 신 궁전이 건축되자 영
광스러운 시절은 끝이 나고 부속 건물로 전락했다. 1862년부터는 구석기 시대
부터 중세 예술품까지 다양한 소장품을 전시하는 뷔르템베르크 주립 박물관
Landesmuseum Württemberg으로 이용 중이다.

📍 Schillerplatz 6, 70173 Stuttgart
🚶 슐로스 광장에서 도보 2분
💶 성인 €6 🕐 화~일 10:00~17:00
✖ 월요일 📞 +49 711 89535111
🏠 www.landesmuseum-stuttgart.de

바덴뷔르템베르크주의
가장 유명한 예술가 ⑤

실러 광장 Schillerplatz

독일의 시인이자 철학자, 극작가인 프리드리히 실
러의 이름을 딴 광장이다. 구 궁전, 관공서와 후기
고딕 양식의 악기 박물관 그리고 슈티프트 교회가 광
장을 둘러싸고 있다. 광장 중앙에는 1839년에 덴마
크 조각가 베르텔 토르발센이 세운 실러 동상이 있다.
화요일, 목요일, 토요일 아침에는 꽃 시장이 열리고,
연말에는 크리스마스 마켓도 열린다.

📍 Schillerplatz 70173 Stuttgart 🚶 구 궁전 앞

카를 광장의 벼룩시장
Flohmarkt Karlsplatz

실러 광장 근처, 프로이센의 국왕 빌헬름
1세의 동상이 있는 카를 광장은 시민들의
쉼터다. 토요일에는 광장 가득 펼쳐진 천
막 아래로 빈티지 물건을 사고파는 벼룩
시장이 열린다.

📍 Karlsplatz 70173 Stuttgart
🕐 토 08:00~16:00
🏠 www.flohmarkt-karlsplatz.de

슈투트가르트의 전통 시장 ⑥

마르크트할레 Markthalle

아르누보 양식의 건물에 1914년 재래시장이 들어섰
다. 유리로 된 높은 천장을 이용한 자연 채광이 인상적
이다. 1층은 과일, 채소, 빵, 생선, 고기 등 식재료를 판
매하는 공간이고, 2층에서는 레스토랑과 갤러리, 주방
용품을 판매한다. 신선한 양질의 식재료를 구입할 수
있다는 장점이 있어 현지인도 많이 찾는다.

📍 Dorotheenstraße 4, 70173 Stuttgart
🚶 실러 광장에서 도보 2분 🕐 월~금 07:30~18:30,
토 07:00~17:00 ❌ 일요일 📞 +49 711 480410
🏠 www.markthalle-stuttgart.de

헤겔 하우스
Museum Hegel-Haus

독일의 철학자 게오르크 빌헬름 프리드리히 헤겔의 생가를 박물관으로 이용 중이다. 1831년 그가 생을 마감한 곳은 베를린이지만, 1770년에 태어나 18년 동안은 슈투트가르트에서 살았다. 3층 구조로 이루어져 있으며, 1층에서는 헤겔이 이곳에 살던 당시의 흔적을 엿볼 수 있다. 그 외에도 헤겔이 쓰던 베레모, 친필 문서, 사진, 흉상, 서적 등이 전시되어 있다.

📍 Eberhardstraße 53, 70173 Stuttgart 🚶 U1·2·4·9·11·14 Rathaus역에서 하차, 도보 4분 💶 무료 🕐 월~토 10:00~13:00, 14:00~18:00 ❌ 일요일
📞 +49 711 21625888 🏠 www.hegel-haus.de

독일 슈바벤 지역 민요가 흘러나오는 시청사 Rathaus

헤겔 하우스 근처에 있는 슈투트가르트 시청사는 타 도시의 유서 깊은 시청사 건물과 달리 현대적이다. 제2차 세계 대전 때 이전 건물이 완전히 소실되어 1956년에 새로 지었다. 높이 61m의 시청사 탑에서는 하루 다섯 번 11:05, 12:05, 14:35, 18:35, 21:35에 슈바벤 지역 민요 연주가 흘러나오는데, 가던 발걸음을 붙잡을 만큼 여행객에게 꽤 신선한 경험을 제공한다.

📍 Marktplatz 1, 70173 Stuttgart 🚶 U1·2·4·9·11·14 Rathaus역에서 하차, 도보 4분

슈투트가르트 국립 극장 Staatstheater

중세 시대부터 문화 예술의 중심지였으며 지금도 수준 높은 공연이 열린다. 원래 궁정 극장이었으나 화재로 소실되어 1912년 재건축했다. 오페라, 발레, 연극 등 각각의 극장이 따로 있으며, 오페라 극장은 제2차 세계 대전에서 살아남은 독일의 몇 안 되는 극장 중 하나다. 동양인 최초로 슈투트가르트 발레단에 입단해 수석 발레리나로 활동한 강수진이 몸담았던 발레 극장도 있다.

📍 Oberer Schloßgarten 6, 70173 Stuttgart
🚶 슐로스 광장에서 도보 4분 📞 +49 711 202090
🏠 www.staatstheater-stuttgart.de

슈투트가르트 국립 미술관

Staatsgalerie Stuttgart

국립 극장 맞은편에 있는 미술관으로 1843년 빌헬름 1세 때 개관했다. 제2차 세계 대전 당시 폭격으로 훼손되어 1984년에 공모로 선발된 영국 건축가 제임스 스털링이 신관을 확장 공사했다. 건축계의 노벨상인 프리츠커상 수상자의 대표 작품 중 하나로, 독일에 있는 포스트모던 건축물로서 그 자체만으로도 큰 가치가 있다. 구관에는 렘브란트, 르누아르 등 19세기까지의 작품을 전시하며, 신관에는 파블로 피카소, 오스카 슐레머, 호안 미로 등 20세기 현대 미술 작품을 전시하고 있다. 비디오 아트의 창시자 백남준의 작품도 있다.

📍 Konrad-Adenauer-Straße 30-32, 70173 Stuttgart
🚶 슐로스 광장에서 도보 10분 💶 성인 €10
🕐 화·수·금~일 10:00~17:00, 목 10:00~20:00 ❌ 월요일
📞 +49 711 470400 🏠 www.staatsgalerie.de

한글이 새겨진 슈투트가르트 시립 도서관 Stadtbibliothek

밀라네오 쇼핑몰 근처에 가면 눈길을 사로 잡는 건물이 있다. 반듯한 직육면체 건물의 사면 중 한쪽에 '도서관'이라 쓰인 한글이 눈에 들어온다. 1999년 시에서 주관한 건축 디자인 공모전에서 한국인 건축가 이은영 씨가 당선되어 지은 건물이다. 도서관의 하이라이트는 4층부터 8층까지 하나로 연결된 열린 실내 공간이다. 간결한 디자인 양식을 살리면서 사람과 책이 돋보이게 하는 놀라운 풍경을 보여준다. 2013년에는 CNN의 '세계에서 가장 아름다운 도서관 7'에 선정되었다.

📍 Mailänder Platz 1, 70173 Stuttgart 🚶 U5·6·7·15 Stadtbibliothek역에서 하차,
도보 2분 🕐 월~토 09:00~21:00 ❌ 일요일 📞 +49 711 21691100
🏠 https://stadtbibliothek-stuttgart.de

메르세데스-벤츠 박물관
Mercedes-Benz Museum

메르세데스-벤츠 본사 옆에 자리한 박물관이다. 유엔 스튜디오UN Studio에서 설계를 맡은 박물관 건물은 2006년에 완공되었으며 2개의 경사로가 나선형으로 교차하는 형태. 기하학적인 외관과 내부는 건축계에서도 유명하다. 박물관에 들어선 후 은색 엘리베이터를 타고 34m 높이 8층으로 올라가면 1886년으로 시간 여행을 떠나게 된다. 고틀리프 다임러와 카를 벤츠가 발명한 초창기 모델을 시작으로 지하 1층까지 약 160대의 자동차와 1,500점의 전시물을 만나게 된다. 벤츠의 특별한 역사에 대한 전시물도 있고, 유료로 체험할 수 있는 4D 시뮬레이터도 경험할 수 있다.

📍 Mercedesstraße 100, 70372 Stuttgart
🚶 S1·11 Neckarpark역에서 하차, 도보 12분 💶 성인 €16
🕐 화~일 09:00~18:00 ❌ 월요일 📞 +49 711 1730000
🏠 www.mercedes-benz.com/en/art-and-culture/museum

포르쉐 박물관
Porsche Museum

1976년에 설립했으며 포르쉐 본사 옆에 자리한다. 지금의 박물관 건물은 오스트리아 건축가 델루간 마이슬의 설계로 2009년에 새롭게 개관한 모습이다. 처음 설립할 당시엔 약 20대의 자동차만 있었으나, 현재는 초창기 모델부터 모터스포츠, 유명한 911, 최근 모델까지 80여 대를 만나볼 수 있다. 엔진 소리를 들어보고 진동을 느껴볼 수 있는 공간도 마련되어 있다. 벤츠 박물관보다 규모는 작지만, 쉽게 보기 어려운 차를 만나볼 수 있는 곳이기에 둘러보는 시간이 더 짧게 느껴진다.

📍 Porscheplatz 1, 70435 Stuttgart 🚶 S6·60 Neuwirtshaus(Porscheplatz)역에서 하차, 도보 1분 💶 성인 €12 🕐 화~일 09:00~18:00 ❌ 월요일 📞 +49 711 91120911
🏠 www.porsche.com/germany/aboutporsche/porschemuseum

슐로스 광장이 보이는 레스토랑 ······ ①
칼스 브라우하우스 Carls Brauhaus

'칼의 맥줏집'이란 이름처럼 다양한 맥주 메뉴가 있다. 아침 식사가 가능하고 샐러드, 스테이크, 독일식 피자와 만두, 슈니첼과 슈바인스학세, 디저트를 제공하며, 점심에는 오늘의 메뉴가 있어 €15 이내 합리적인 가격에 식사할 수 있다. 넓은 규모임에도 식사 시간에는 예약이 많아 늘 북적인다.

📍 Stauffenbergstraße 1, 70173 Stuttgart
🚶 U5·6·7·12·15 Schlossplatz역에서 하차, 도보 1분
🕐 월~목 11:00~23:00, 금 11:00~24:00,
 토 10:00~24:00, 일 10:00~22:00
📞 +49 711 25974611 🏠 www.carls-brauhaus.de

늦게까지 맥주를 즐기고 싶다면 ······ ②
브라우하우스 쇤부흐 Brauhaus Schönbuch

뵈블링겐, 칼프에도 지점을 둔 맥줏집이다. 규모가 크며 모던한 분위기가 인상적이다. 1823년에 문을 연 역사 깊은 곳으로 15가지가 넘는 맥주, 이와 어울리는 독일 정통 음식을 즐길 수 있다. 맥주로 유명한 곳인 만큼 저녁이 되면 더욱 활기차다. 원한다면 사전 예약을 통해 양조장 투어도 가능하다. 맥주 €5.2.

📍 Bolzstraße 10, 70173 Stuttgart 🚶 U5·6·7·12·15 Schlossplatz역에서 하차, 도보 2분
🕐 일~목 11:00~24:00, 금·토 11:00~01:00 📞 +49 711 72230930
🏠 www.brauhaus-schoenbuch.de

파울라너 암 알텐 포스트플라츠
Paulaner am alten Postplatz

1747년에 지은 바로크 양식의 건물에서 맥주와 와인, 다양한 슈바벤 지역 요리를 맛볼 수 있는 레스토랑으로, 매일 달라지는 오늘의 메뉴를 비교적 저렴하게 제공한다. 전통 의상을 입은 직원들이 있는 아늑한 분위기에서 식사하고 싶다면 추천한다. 메인 €15~30 선.

📍 Calwer Straße 45, 70173 Stuttgart 🚶 U2·4·11·14·34 Rotebühlplatz Stadtmitte 역에서 하차, 도보 1분 🕐 일~화 10:00~22:30, 수·목 10:00~23:30, 금·토 10:00~24:30 📞 +49 711 224150 🏠 http://paulaner-stuttgart.de

옥슨 빌리 Ochs'n Willi

독일 가정집처럼 아늑한 분위기에서 다양한 독일 음식을 즐길 수 있다. 립과 슈바인스학세 같은 육류 요리가 메인이며, 샐러드 바를 따로 운영하고 있다는 것이 특징이다. 규모가 꽤 크지만 주말엔 예약해야 식사가 가능할 정도로 인기가 좋으며, 야외에 맥주 오크통을 개조한 특별한 좌석이 있는데 사전 예약을 해야만 이용할 수 있다. 메인 €10~30.

📍 Kleiner Schloßplatz 4, 70173 Stuttgart 🚶 U5·6·7·12·15 Schlossplatz역에서 하차, 도보 1분 🕐 일·월 11:30~20:00, 화~목 11:30~22:30, 금·토 11:30~23:30 📞 +49 711 2265191 🏠 www.ochsn-willi.de

직접 로스팅한 커피 맛집 ……⑤
글로라 커피하우스 Glora Kaffeehaus

시내에 두 곳의 지점을 둔 작은 카페로 직접 로스팅한 신선한 커피를 즐길 수 있는 곳으로 유명하다. 아늑한 분위기에서 갓 내린 커피와 다양한 케이크를 맛보고 있으면 비엔나커피 하우스를 연상케 한다. 다양한 메뉴 가운데 글로라만의 특징을 담은 커피가 있는데, 그중에는 터키식 커피도 있다. 커피 €3~6.

📍 Calwer Straße 31, 70173 Stuttgart
🚶 U2·4·11·14·34 Rotebühlplatz
Stadtmitte역에서 하차, 도보 2분
🕐 월~토 10:00~20:00, 일 11:00~18:00
📞 +49 711 24846685

슈투트가르트의 번화가 ……①
쾨니히 거리 Königstraße

중앙역에서부터 1.2km에 달하는 슈투트가르트에서 가장 활발하고 번화한 쇼핑 거리다. 차량 통행을 제한한 보행자 거리 양쪽으로 패션 브랜드, 영화관, 꽃집, 서점 등 다양한 상점이 늘어서 있고 카페와 레스토랑도 많아 휴식 시간이 되기도 한다. 넓은 거리에서 펼쳐지는 퍼포먼스도 놓칠 수 없는 즐거움이다.

📍 Königstraße 70173 Stuttgart 🚶 중앙역에서 도보 1분

밀라네오 Milaneo

3채의 건물이 연결된 복합 대형 쇼핑몰로 200개가 넘는 매장과 아파트, 호텔, 사무실이 있는 복합 공간이다. 중심가에서 살짝 벗어나 있지만 그만큼 다양한 브랜드가 입점해 있고, 우리나라의 대형 쇼핑몰과 비슷한 느낌이다. 지하에는 마트가 있고 가장 높은 층에는 큰 규모의 푸드 코트가 있다.

📍 Mailänder Platz 7, 70173 Stuttgart
🚶 중앙역에서 도보 11분
🕐 월~금 10:00~20:00, 토 09:30~20:00
❌ 일요일 📞 +49 711 5409300
🏠 www.milaneo.com

메칭엔 아웃렛 시티 Outlet City Metzingen

근교 메칭엔에 위치한 독일의 3대 아웃렛 중 하나로 보스BOSS 본사가 있다. 다양한 브랜드가 입점해 하나의 마을과도 가까운 규모를 자랑한다. 명품 브랜드는 물론 홈&리빙 브랜드까지 150개 이상의 브랜드가 있으며, 브랜드별 차이는 있으나 최대 70%까지 할인한다. 아웃렛까지는 기차와 아웃렛에서 운영하는 셔틀버스를 이용할 수 있다.

📍 Maienwaldstraße 2, 72555 Metzingen
🚶 ① 기차 Metzingen역에서 도보 20분
(약 40분 소요, 1시간에 2대 운행)
② 셔틀버스 슈투트가르트 시내에서 1일 3대
운행(편도 €8.5, 왕복 €12) 🕐 월~금 10:00~
20:00, 토 09:00~20:00 ❌ 일요일 📞 +49
7123 1789978 🏠 www.outletcity.com

헤르만 헤세의
발자취 따라가기

칼프
CALW

소박하고 조용한 마을 칼프는 16세기까지 뷔르템베르크 백작의
여름 거주지였고, 도심 가운데로 나골트강이 흘러 중요한 무역
교통 요충지였다. 그러나 칼프는 헤르만 헤세의 고향으로 더 유명하다.
헤세의 작품 〈수레바퀴 아래서〉는 그의 유소년 시절을 회상하며
태어나고 자란 칼프를 작품에 녹여내어, 여행객에게 작품 속 장소를
만나는 재미를 안겨준다.

칼프 여행하기

칼프는 1시간이면 모두 돌아볼 수 있는 작은 마
을이다. 웅장하고 화려한 성당이나 궁전은 없지
만, 유서 깊은 독일 전통 가옥들이 들어선 거리
를 걷고 헤르만 헤세의 흔적을 찾아 다니며, 작
품에 등장했던 배경을 만난다는 것만으로도 큰
의미가 있다.

이동하기

- **기차-버스(약 1시간 20분 소요)** 슈투트가르트 중앙역 ▷ (S6 탑승, 40분 소요) ▷ 바일데어슈타트Weil der Stadt역 하차 ▷ 역 앞에서 670번 버스 탑승(25분 소요) ▷ 칼프 버스 터미널Bahnhof ZOB 하차.

- **기차-기차(약 1시간 30분 소요)** 슈투트가르트 중앙역 ▷ (RE 탑승, 33분 소요) ▷ 포르츠하임Pforzheim Hbf역에서 환승 ▷ (31분 소요) 칼프Calw역 하차

- 슈투트가르트와 칼프는 같은 주에 속하기 때문에 바덴뷔르템베르크 티켓Baden-Württemberg-Ticket을 이용할 수 있다.

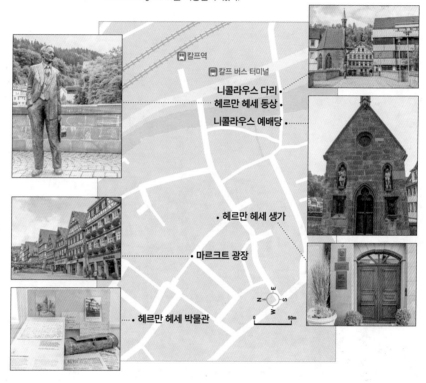

칼프 기차역과 버스 터미널을 등지고 왼쪽으로 가면 오른쪽에 헤르만 헤세의 작품 〈수레바퀴 아래서〉에 등장한 **니콜라우스 다리**Nikolausbrücke가 있다. 다리 위에는 헤세 탄생 125주년을 기념해 2002년에 세운 **헤르만 헤세 동상**Hermann-Hesse-Statue과 1400년대에 지은 **니콜라우스 예배당**Nikolauskapelle이 있다. 다리를 건너 헤르만 헤세의 이름을 딴 광장을 지나 칼프의 중심 **마르크트 광장**Marktplatz에 이르면 15세기에 지은 시청사가 보인다. 시청사 맞은편에는 **헤르만 헤세 생가**Hermann-Hesse-Geburtshaus가 있다. 1877년 7월 2일 오후 6시 30분경 이곳에서 세계적인 문호 헤르만 헤세가 태어났다. 개방되지 않아 들어가 볼 수는 없으나 도보 2분 거리에 **헤르만 헤세 박물관**Hermann-Hesse-Museum이 있어 그의 삶을 돌아볼 수 있다. 1990년에 개관한 박물관은 그의 작품, 친필 엽서, 타자기 등 헤세 생애와 관련한 유품을 전시하고 있다.(※박물관은 2026년까지 보수공사로 휴관 예정)

중세의 자취가 남아 있는
작은 대학 도시

튀빙겐
TÜBINGEN

**#튀빙겐 대학교 #프리드리히 횔덜린 #전통 나룻배
#플라타너스 #고성**

네카어강을 면하고 있는 대학 도시로 곳곳에 젊음과 지성이
넘쳐흐른다. 철학자 프리드리히 헤겔과 시인 프리드리히
횔덜린이 1477년에 설립된 유서 깊은 튀빙겐 대학교의 대표
졸업생. 구시가는 중세 외관을 그대로 간직하고 있고,
좁은 골목은 하나같이 운치 있고 정감이 간다. 헤르만 헤세가
점원으로 일했다는 서점도 그대로인 곳. 바쁜 발걸음을
멈추게 하는 곳이 바로 튀빙겐이다.

가는 방법·시내 교통

슈투트가르트에서 지역 열차 RE가 1시간에 3대 운행하며 열차 종류에 따라 40분~1시간 소요된다. 슈투트가르트-튀빙겐 구간은 바덴뷔르템베르크 티켓Baden-Württemberg-Ticket 사용이 가능하며, 여유가 된다면 당일치기 여행 후 돌아갈 때 랜더 티켓을 이용해 메칭엔 아웃렛을 방문하는 일정을 생각해봐도 좋다. 구시가지는 도보로 이동 가능하다.

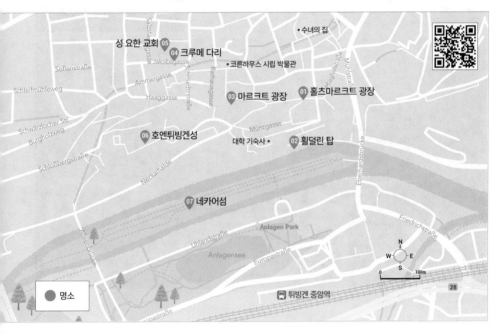

추천 코스

구시가의 규모가 작아 반나절이면 돌아볼 수 있다. 언덕 위에 자리해 오르내리는 일이 많아 체력이 필요하지만, 좁은 골목으로 가득한 구시가를 산책하듯 걸으며 튀빙겐을 둘러보면 된다.

중앙역
  도보 11분
홀츠마르크트 광장 P.344
  도보 3분
횔덜린 탑 P.344
  도보 4분
마르크트 광장 P.346
  도보 4분
호엔튀빙겐성 P.347
  도보 15분
네카어섬 P.347

홀츠마르크트 광장 Holzmarkt

과거 목재 시장이었던 장소로 현재도 과일과 채소를 판매하는 시장이 활발히 열린다. 광장 남쪽에는 후기 고딕 양식의 슈티프츠 교회Stiftskirche가 있다. 정식 명칭은 성 게오르크 교회Stiftskirche zu St. Georg로 1493년에 세웠지만 첨탑은 자금이 부족해 현재의 높이인 56m에 그쳤다. 내부로 들어서면 괴테도 아름답다고 언급한 적이 있는 스테인드글라스가 눈에 띈다. 교회 맞은편에는 헤르만 헤세가 일했던 서점 J. J. 헤켄하우어J. J. Heckenhauer가 있다. 헤세는 1895년부터 1899년까지 견습으로 일했으며 첫 시집 《낭만적인 노래》를 출간했다.

📍 Holzmarkt, 72070 Tübingen 🚶 중앙역에서 도보 11분
슈티프츠 교회 📍 Holzmarkt 1, 72070 Tübingen 🕐 11:00~17:00
🏠 www.stiftskirche-tuebingen.de

횔덜린 탑 Hölderlinturm

주변에 있던 도시 성벽의 일부였으며 13세기에 지은 것으로 알려져 있다. 지금의 건물은 18세기 후반에 지은 것으로 독일의 시인 프리드리히 횔덜린이 1806년부터 생을 마감하던 1843년까지 이곳에 거주했다 하여 횔덜린 탑이라는 이름으로 불리게 되었다. 현재는 횔덜린이 머문 것을 기념하기 위해 당시 모습을 복원해서 박물관으로 사용하고 있다.

📍 Bursagasse 6, 72070 Tübingen 🚶 홀츠마르크트
광장에서 도보 2분 💶 무료 🕐 목~월 11:00~17:00
❌ 화·수요일 🏠 https://hoelderlinturm.de

목조 가옥이 가득한 낭만의 도시
튀빙겐 대표 목조 건물 둘러보기

수백 년의 역사를 간직한 건물이 가득한 골목을 걷고 있으면 중세의 분위기에 흠뻑 취하게 된다.
새로 건물을 짓거나 오래된 건물을 부수기보단 개보수를 통해 기능만 바꾼 채 명맥을 이어온 덕분이다.
구시가를 걷다 눈여겨보면 좋을 목조 가옥 3채를 소개한다.

유서 깊은 15세기 반목조 건물
대학 기숙사 Alte Burse

1478년부터 1482년까지 지어 대학 기숙사 겸 강의실로 사용한 건물이다.
인문학자 요하네스 로이힐린, 필리프 멜란히톤, 천문학자 빌헬름 시카르트,
철학자 에른스트 블로흐가 이곳에서 학생들을 가르쳤다. 1805년에는 병원
으로 개조되었고 정신 질환을 앓던 횔덜린이 이곳에서 1806년부터 약 230
일간 치료를 받았다. 1971년부터는 대학 연구 기관으로 사용하고 있다.

♥ Bursagasse 1, 72070 Tübingen　🏃 횔덜린 탑에서 도보 1분

세계 최초 식물원
수녀의 집 Nonnenhaus

15세기 후반 베긴회 수녀원으로 사용했던 건물이다. 튀빙겐 구시가의 최대
목조 건물로 여겨진다. 1535년에는 독일의 식물학자이자 교수였던 레온하
르트 푹스가 인수해 건물 옆에 약용 식물을 재배했다. 현재는 공방으로 사
용하고 있다.

♥ Beim Nonnenhaus 12, 72070 Tübingen　🏃 횔덜린 탑에서 도보 1분

튀빙겐의 600년 역사를 만나다
코른하우스 시립 박물관 Stadtmuseum im Kornhaus

1453년에 지은 이 건물은 처음엔 곡물 창고였다. 곡물의 집이란 뜻의 코른
하우스라고 불리는 것도 그래서다. 17세기에는 파티장, 펜싱과 춤을 가르치
는 공간, 18세기에는 남학교, 1991년부터는 시립 박물관이 되었다.

♥ Kornhaus, Kornhausstraße 10, 72070 Tübingen　🏃 마르크트 광장에서
도보 1분　€ 무료　🕐 수·금~일 11:00~ 17:00, 목 11:00~19:00　✖ 월·화요일
🏠 www.tuebingen.de/stadtmuseum

아늑한 튀빙겐의 거실 ⸻ ③

마르크트 광장 Marktplatz

1435년에 지은 시청사를 비롯해 15~16세기 건물이 광장
을 둘러싸고 있다. 튀빙겐 구시가의 중심 광장답게 일주
일에 네 번 장이 서고 각종 행사가 열리는 시민들의 휴식
처 같은 공간이다. 광장에는 1617년에 설계한 르네상스
양식의 넵튠 분수Neptunbrunnen가 있다. 넵튠이 삼지창을
들고 있고, 그의 발 아래에는 사계절을 상징하는 4명의 여
신이 있다. 제2차 세계 대전 이후 청동으로 대체했다.

📍 Marktplatz, 72070 Tübingen
🚶 홀츠마르크트 광장에서 도보 2분

다리인가, 광장인가 ⸻ ④

크루메 다리 Krumme Brücke

다리라는 설명이 없다면 작은 광장으로 보인다. '구부러진
다리'라는 뜻을 가지고 있는데 건설 당시 도로의 곡선에
따라 조성했기 때문이다. 다리 아래로는 아머Ammer라는
작은 개천이 흐르는데 도시의 북쪽과 남쪽을 구분하는
경계선이었으며 화재, 배수, 농업에 이용되었다. 다리의 난
간은 꽃과 화분 등으로 개성 넘치게 꾸며져 있다.

📍 Krumme Brücke, 72070 Tübingen
🚶 마르크트 광장에서 도보 2분

튀빙겐에 현존하는 가장 오래된 교회 ⸻ ⑤

성 요한 교회 St. Johannes-Kirche

뷔르템베르크에서 중요하게
여기는 네오고딕 양식의 건
축물 중 하나로 1878년에 지
었다. 제2차 세계 대전 이후
교회를 재정비했는데, 빌헬

름 가이어가 디자인한 중앙 제단 뒤쪽의 스테인드글라스
가 볼 만하다.

📍 Jakobsgasse 12, 72070 Tübingen 🚶 마르크트 광장에서
도보 5분 🕐 10:00~16:00 🏠 www.jakobusgemeinde.de

튀빙겐 여행의
하이라이트 ······ ⑥
호엔튀빙겐성
Schloss Hohentübingen

해발 372m 높이에 있는 이 성은 붉은 지붕으로 가득한 구시가를 내려다볼 수 있는 튀빙겐의 전망대이기도 하다. 1037년에 지었다고 추정하고 있으며 지금의 모습은 16세기에 확장을 통해 완성된 것이다. 1606년에 제작한 르네상스 양식의 성문 안으로 들어가면 요새에 가까운 다소 투박한 느낌의 성과 정원을 볼 수 있다. 현재는 1997년에 개관한 튀빙겐 대학교의 연구 시설과 박물관으로 사용하고 있으며 고고학, 민족학 관련 흥미로운 전시가 열린다.

📍 Burgsteige 11, 72070 Tübingen 🏃 마르크트 광장에서 도보 4분 💶 성인 €5 🕐 수·금~일 10:00~17:00, 목 10:00~19:00 ❌ 월·화요일 🏠 www.unimuseum.uni-tuebingen.de

튀빙겐의 물멍 쉼터 ······ ⑦
네카어섬 Neckarinsel

네카어강 가운데 떠 있는 약 1km 길이의 길쭉한 섬이다. 플라타너스가 늘어선 그림 같은 풍경을 자랑하는 이곳은 19세기에 조성되었으며, 튀빙겐 시민들의 산책 장소다. 우뚝 솟은 슈티프츠 교회와 형형색색의 건물들 그리고 호엔튀빙겐성 등 이곳에서 구시가를 바라보는 풍경 또한 아름답다.

📍 Wöhrdstraße 11, 72072 Tübingen 🏃 횔덜린 탑 앞

전통 나룻배 슈토허칸
Stocherkahn

네카어강의 풍경을 좀 더 편하게 즐기고 싶다면 슈토허칸을 타보는 것도 좋다. 긴 장대로 강바닥을 밀며 강 위를 유유자적 떠다니는데, 튀빙겐 대학생들이 직접 노를 젓기 시작한 것이 시초가 되었다. 대부분 5~9월에 운행하고 약 1시간 코스다. 여행 안내소에서 티켓을 구입할 수 있다.

📍 탑승 장소 Wöhrdstraße 25, 72072 Tübingen 💶 그룹 €30

아름다운 자연 경관이
펼쳐지는 길

판타스틱 가도
Fantastische Straße

유명한 대학 도시이자 고성 가도에도 속하는 하이델베르크를 시작으로 콘스탄츠까지
약 400km의 길을 판타스틱 가도라고 부른다. 판타스틱 가도라는 이름처럼
아기자기한 마을과 환상적인 풍경이 이어진다. 가도의 하이라이트는 슈바르츠발트
지역으로 '검은 숲'이라는 뜻이다. 판타스틱 가도가 속한 바덴뷔르템베르크주의
산악 지역은 상록수가 빽빽하게 들어섰고, 그로 인해 하늘이 가려졌다고
해서 검은 숲이라 불린다. 헨젤과 그레텔이 마녀를 만난 곳도 바로 이곳이 배경이다.
독일, 스위스, 오스트리아 국경에 걸쳐 있는 보덴 호수도 가도의 핵심이다.

가는 방법

판타스틱 가도는 아름다운 전원 풍경을 볼 수 있는 것으로 유명하다. 기차, 버스, 렌터카 등 어떤 교통수단을 이용하더라도 이동하면서 가도의 이름처럼 환상적인 풍경을 즐길 수 있다. 기차와 버스를 이용해도 주요 도시에서 머물며 근교 도시로 당일치기 여행을 다녀올 수 있다.

추천 코스

차량 대여를 하지 않으면 기차로 이동해야 하는데, 모두 돌아보기는 현실적으로 힘들다. 기차 교통이 편리한 대도시에 머물며 소도시는 당일치기로 다녀오는 것이 좋다. 하이델베르크부터 남쪽으로 내려가며 아름다운 자연 경관으로 유명한 검은 숲과 보덴 호수 주변으로 가는 여정을 추천한다.

하이델베르크
기차 1시간

바덴바덴
버스 1시간 25분

슈투트가르트
기차+버스 1시간 20분

칼프
기차 1시간 20분

튀빙겐
기차 18분

헤힝겐역(호엔촐레른성)
자동차 1시간 20분

콘스탄츠

하이델베르크 Heidelberg

독일에서 가장 유명한 대학 도시로 녹색 숲을 배경으로 한 고풍스러운 고성이 들어서 있고, 그 앞으로는 네카어강이 유유히 흘러 낭만적인 옛 중세의 모습을 보여준다. 철학자들이 산책과 명상을 했다는 철학자의 길에서 사색을 즐겨보자.

바덴바덴 Baden-Baden

로마의 요새로 건설된 이 도시는 예부터 온천이 발달했고 19세기에 이르러 귀족들의 휴양지가 되면서 오늘날까지 세계적인 휴양 도시로 알려졌다. 크고 작은 공원이 많고 대규모 카지노가 있다.

슈투트가르트 Stuttgart

철도 교통의 요충지이자 상공업의 중심지인 슈투트가르트에는 독일의 3대 자동차 박물관 중 메르세데스-벤츠 박물관과 포르쉐 박물관이 있고, 근교에 메칭엔 아웃렛이 있어 쇼핑 마니아의 성지로 알려져 있다.

칼프 Calw

칼프는 16세기까지 뷔르템베르크 백작의 여름 거주
지였던 작은 도시다. 이 작은 도시는 독일의 소설가
이자 시인인 헤르만 헤세의 고향으로 잘 알려져 있
으며, 그의 작품 〈수레바퀴 아래서〉에 칼프가 등장
한다.

튀빙겐 Tübingen

네카어강 상류에 있는 도시로, 하이델베르크와 같이 대학 도
시로 알려져 있다. 구시가는 중세의 모습을 그대로 간직하고
있으며, 헤르만 헤세가 점원으로 일했던 서점도 남아 있다.

호엔촐레른성 Burg Hohenzollern

튀빙겐 근교 헤힝겐에 있는 고성이다. 해발 855m 높이
의 이 성은 11세기에 호엔촐레른 가문에서 지었으며,
독일 황제를 다수 배출해 "독일 황제의 고향"이라 불린
다. 독일의 수많은 고성 중 가장 위엄 있고 기품 있는 모
습을 보인다.

콘스탄츠 Konstanz

바덴뷔르템베르크주의 남서부에
있는 도시로 유럽의 3대 호수 중 하
나인 보덴 호수가 있어 휴양지로 인
기가 많다. 배를 타거나 물놀이를
즐길 수 있으며 스위스와도 가까워
이색적인 풍경을 느낄 수 있다.

뮌헨 지역
뮌헨과 주변 도시

뮌헨이 자리하고 있는 바이에른 지역은 독일 속 또 하나의 국가라 불릴 만큼 고유의 지방색을 지닌 곳으로 독일 최고의 관광지로 꼽힌다. 독일에서 가장 남쪽에 자리해 온화한 날씨와 함께 알프스를 끼고 있는 천혜의 자연환경으로 아름다운 풍경을 간직하고 있으며, 그 안에서 개성 있는 문화를 꽃피워 왔다. 뮌헨을 중심으로 가장 가까운 도시 아우크스부르크는 로만틱 가도와 연결되며, 가장 인기 있는 마을 퓌센은 로만틱 가도와 알펜 가도가 만나는 곳이다. 이처럼 독일의 아름다운 가도를 여행할 수 있는 곳으로 수많은 아름다운 마을들과 연결된다.

★ 기차 소요시간 기준이며 열차 종류나 스케줄에 따라 차이가 있다.

일정 짜기 Tip	뮌헨과 주변 도시는 일주일 정도에 돌아볼 수 있다. 뮌헨은 2일 정도로 간단히 보고 퓌센, 뉘른베르크, 밤베르크, 아우크스부르크, 레겐스부르크를 각각 하루씩 잡으면 된다. 렌터카가 있다면 하루씩 이동하면서 숙박하는 것이 편리하지만, 대중교통을 이용한다면 뮌헨에 숙박하면서 다녀오는 것이 낫다.

독일 문화와 관광의 중심지

뮌헨 MÜNCHEN

#바이에른 #바바리아 #남부 독일 #마리엔 광장
#BMW #옥토버페스트 #맥주 축제 #호프브로이

바이에른 지역의 중심 도시이자 독일 남부 문화, 경제의 중심지다.
르네상스, 바로크, 로코코 양식의 문화유산이 남아 있으며 훌륭한
박물관과 미술관을 보유하고 있다. 세계 굴지의 자동차 회사
BMW와 맥주 제조사 호프브로이Hofbräu와 뢰벤브로이Löwenbräu가
있으며, 매년 가을에 열리는 '옥토버페스트Oktober Fest' 맥주 축제
기간에는 세계 각국에서 몰려든 관광객들로 온 도시가 들썩인다.
또한 주변에 아름다운 마을이 많아 근교 여행을 하기에도 좋다.

🏠 관광 안내 www.muenchen.de

뮌헨
가는 방법

뮌헨은 유럽 대륙의 중앙에 위치해 유럽 각 나라의 수많은 열차 노선이 연결된다. 따라서 독일 내에서는 물론이고 독일 주변 국가에서 기차로 이동하기가 편리하다. 한국에서 출발하는 항공을 이용할 경우에는 뮌헨보다는 대부분 프랑크푸르트를 경유한다.

① 항공

🏠 www.munich-airport.de

한국에서 뮌헨까지 직항하는 정규 노선은 독일 항공사인 루프트한자로 13시간 정도 걸린다. 프랑크푸르트나 유럽 내 다른 도시를 경유하면 15~17시간, 그 외 중동 지역 등을 경유하면 20시간 정도 소요된다.

프란츠 요제프 슈트라우스 공항 Flughafen Franz Josef Strauss

뮌헨 시내에서 27km 정도 떨어져 있는 국제공항이다. 2개의 터미널과 공항 센터로 이루어져 있으며, 공항 센터에서 바로 S반과 연결되어 시내로 들어가기가 편리하다. 공항에서 시내를 오갈 때 S1·8 노선을 이용하면 시내 주요 환승역인 중앙역, 마리엔 광장, 동역까지 갈 수 있다.

터미널별 주요 항공사

- **Terminal 1** 영국항공, 에어프랑스, 네덜란드항공, 알리탈리아 등 스카이팀 항공사들과 에어베를린, 이지젯 등 저가 항공사
- **Terminal 2** 루프트한자, 스위스항공, 폴란드항공 등 스타얼라이언스 항공사

시내로 이동

종류	소요시간	요금
S1·8	중앙역이나 마리엔 광장까지 40~45분 소요	편도 €14.3 (철도 패스 개시 후 무료)
루프트한자 버스 Lufthansa Express	중앙역까지 약 45분 소요	편도 €12

② 기차

철도망이 발달해 여러 도시에서 편리하게 연결되며 유럽 내 국제 노선도 다양하게 운행하고 있다. 중앙역 안에는 푸드 코트, 슈퍼마켓, 은행, 서점, 코인라커 등 각종 부대시설이 잘 갖춰져 있으며, 중앙 전광판 바로 아래에는 열차에 관한 정보를 알려주는 'DB 안내소'가 있다. 또한 U반과 S반, 트램, 버스 등 모든 대중교통이 중앙역을 지나 편리하게 이동할 수 있다.

뮌헨 안에서
이동하는 방법

뮌헨 교통 앱

MVV
실시간 대중교통 검색과 티켓 구매가
가능한 애플리케이션

뮌헨에는 S반, U반, 트램, 버스 등이 편리하게 연결된다. 구시가지 안에서는 걸어 다닐 수 있지만, 구시가지에서 벗어난 곳으로 갈 때는 교통수단을 이용해야 한다. 보통 자주 이용하는 것이 S반과 U반인데, 여러 노선이 교차하는 역에서는 플랫폼을 공유하므로 노선번호와 행선지를 잘 확인한 후 승차해야 한다. 트램은 님펜부르크 궁전이나 예술지구에 갈 때 이용하면 좋다. 시내 주요 정류장에는 전광판이 있어 운행 정보를 알려주기도 한다.

교통 티켓

뮌헨 교통국(MVV)이 함께 관리해 지하철, 버스, 트램 등을 같은 티켓으로 이용할 수 있어 편리하다. 역이나 정류장의 자동 발매기에서 구입할 수 있으며, 대부분 영어 선택이 가능하지만 만약을 대비해 다음의 독일어를 참조하자.

🏠 www.mvv-muenchen.de

종류	특징	요금
1회권 Einzerfahrkarte	1회용 티켓으로 기본 M존에서 뮌헨 시내 볼거리를 모두 커버	€4.1
1일권 Tageskarte	티켓을 펀칭한 시점부터 다음 날 새벽 6시까지 무제한으로 쓸 수 있는 티켓	€9.7
그룹 1일권 Gruppen-Tageskarte	5명까지 하루 종일 사용할 수 있는 티켓 (여러 명이 사용하면 매우 저렴)	€18.7
10회권 Streifenkarte	1회권 10장을 한 번에 사서 할인받는 티켓	€17.8
단거리 1회권 Einzerfahrkarte Kurzstecke	4정거장까지만 사용할 수 있는 저렴한 티켓	€2

잊지 말자 티켓 펀칭!

티켓을 끊고 나서 플랫폼으로 내려가기 전에 펀칭기에 대고 펀칭하는 것을 잊지 말자. 티켓에 날짜와 시간이 찍혀 있지 않으면 무임승차로 간주한다. 매표기에 따라서 티켓 발매 전에 미리 펀칭할 것인지 선택할 수 있는 기계도 있다. 펀칭을 하는 것은 영어로 Validation, 독일어로는 Entwertung라고 하는데, 반대로 펀칭된 상태로 티켓이 나오는 경우에는 그때부터 시간을 계산한다는 것도 주의해야 한다.

뮌헨 외곽 지역

뮌헨 시내의 볼거리는 모두 M존에 해당하는데, 외곽 지역인 다하우는 M-1존, 그리고 공항은 M-5존에 해당한다. 따라서 이 두 곳을 제외하면 모두 기본 M존 티켓으로 가능하다.

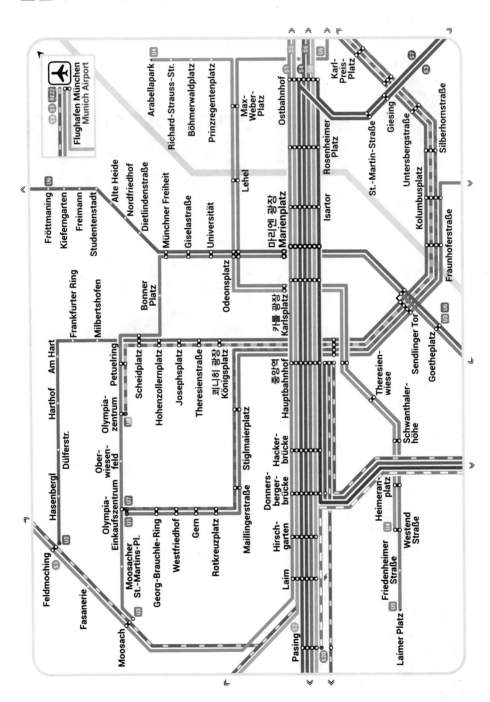

뮌헨 주요 트램 노선도

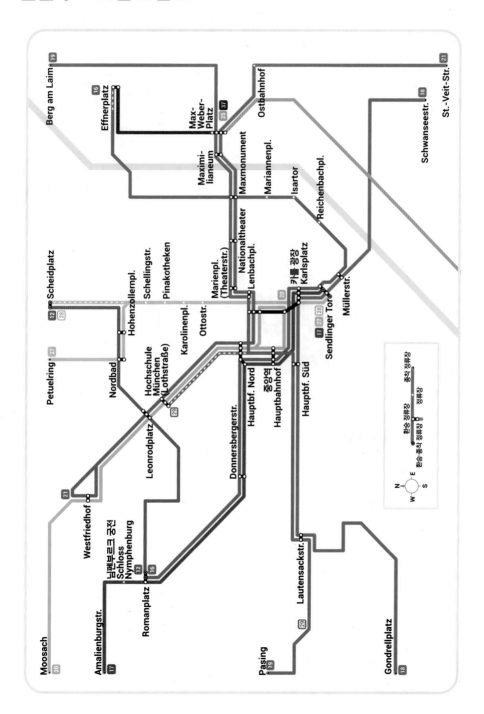

Berg am Laim · [19]

[21]

[16] Effnerplatz

Max-Weber-Platz

[25] [37]

Ostbahnhof

Maximilianeum

Maxmonument

Mariannenpl.

Isartor

Reichenbachpl.

[18] Schwanseestr.

St.-Veit-Str.

Scheidplatz

Hohenzollernpl.

Schellingstr.

Pinakotheken

Marienpl. (Theaterstr.)

Nationaltheater

Lenbachpl.

카를 광장 Karlsplatz

[12] [28]

[27] Petuelring

Nordbad

Hochschule München (Lothstraße)

Karolinenpl.

Ottostr.

[20]

Müllerstr.

[17] [27] [28] Sendlinger Tor

[28]

Donnersbergerstr.

Hauptbf. Nord

중앙역 Hauptbahnhof

Hauptbf. Süd

[21]

Leonrodplatz

Westfriedhof

님펜부르크 궁전 Schloss Nymphenburg

[12] [16]

Romanplatz

Lautensackstr.

[29]

Gondrellplatz

[18]

Moosach

[20]

Amalienburgstr.

[17]

Pasing

[19]

환승 정류장 · 종차 정류장

환승종차 정류장 · 정류장

정류장

N
W · E
S

359

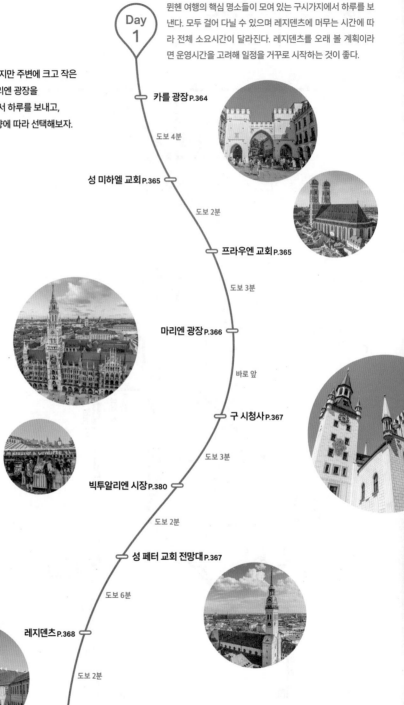

뮌헨
추천 코스

뮌헨의 구시가지는 작지만 주변에 크고 작은
명소가 많다. 먼저 마리엔 광장을
중심으로 구시가지에서 하루를 보내고,
다음 날은 각자의 취향에 따라 선택해보자.

Day 1

뮌헨 여행의 핵심 명소들이 모여 있는 구시가지에서 하루를 보
낸다. 모두 걸어 다닐 수 있으며 레지덴츠에 머무는 시간에 따
라 전체 소요시간이 달라진다. 레지덴츠를 오래 볼 계획이라
면 운영시간을 고려해 일정을 거꾸로 시작하는 것이 좋다.

카를 광장 P.364

도보 4분

성 미하엘 교회 P.365

도보 2분

프라우엔 교회 P.365

도보 3분

마리엔 광장 P.366

바로 앞

구 시청사 P.367

도보 3분

빅투알리엔 시장 P.380

도보 2분

성 페터 교회 전망대 P.367

도보 6분

레지덴츠 P.368

도보 2분

호프 가든 P.369

Day 2~3 구시가지 밖에는 다양한 명소가 흩어져 있는데, 각각 반나절 이상 잡아야 하니 관심 분야에 따라 1~2곳을 선택해 다녀오자.

궁전에 관심 있다면
님펜부르크 궁전 P.376

자동차에 관심 있다면
BMW 벨트와 박물관 P.374

과학 기술에 관심 있다면
독일 박물관 P.377

미술관과 박물관에 관심 있다면
예술 지구 P.370

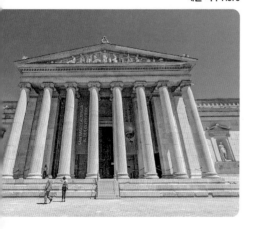

독일 현대사에 관심 있다면
다하우 강제 수용소 추모지 P.377

뮌헨 상세 지도

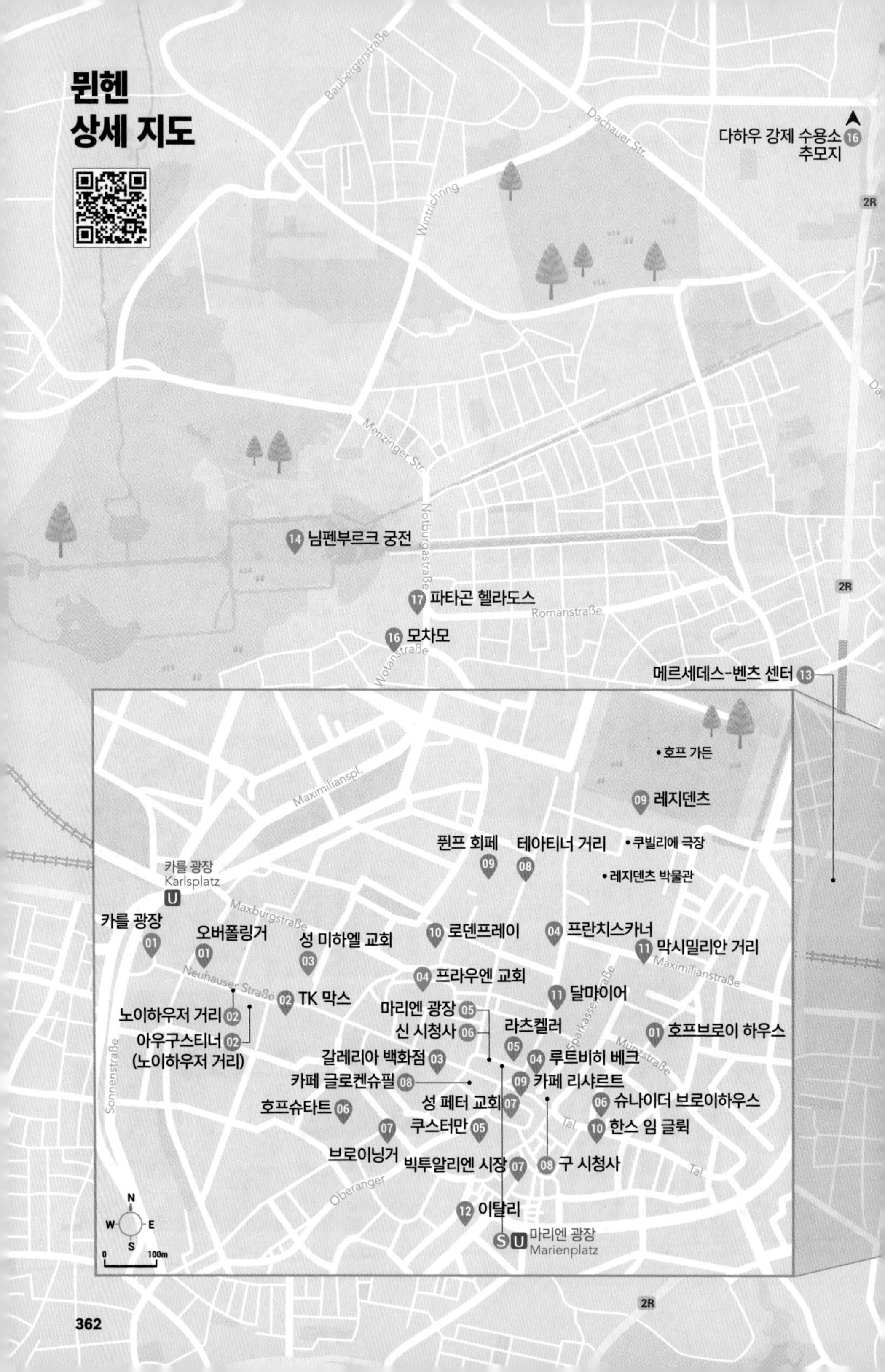

Baubergerstraße
Dachauer Str.
Wintrichring
다하우 강제 수용소 추모지 16
2R
Menzinger Str.
Notburgastraße
14 님펜부르크 궁전
17 파타곤 헬라도스
Romanstraße
16 모차모
Wotanstraße
메르세데스-벤츠 센터 13
호프 가든
09 레지덴츠
Maximilianspl.
핀프 회페 09
테아티너 거리 08
쿠빌리에 극장
레지덴츠 박물관
카를 광장
Karlsplatz
U
Maxburgstraße
카를 광장 01
오버폴링거 01
성 미하엘 교회 03
10 로덴프레이
04 프란치스카너
11 막시밀리안 거리
Maximilianstraße
04 프라우엔 교회
Neuhauser Straße
02 TK 막스
11 달마이어
Sparkassenstraße
노이하우저 거리 02
마리엔 광장 05
신 시청사 06
라츠켈러 05
아우구스티너 02
(노이하우저 거리)
01 호프브로이 하우스
Münzstraße
갈레리아 백화점 03
04 루트비히 베크
카페 글로켄슈필 08
09 카페 리샤르트
Sonnenstraße
호프슈타트 06
성 페터 교회 07
06 슈나이더 브로이하우스
07
쿠스터만 05
Tal
10 한스 임 글뤽
브로이닝거
빅투알리엔 시장 07
08 구 시청사
Tal
Oberanger
12 이탈리
N
W
E
S
0
100m
S U 마리엔 광장
Marienplatz
2R

10 BMW 벨트
11 BMW 박물관
12 올림픽 공원

2R

9

잉골슈타트 빌리지 12

명소
식당/카페
상점

Lerchenauer Str.

Ackermannstraße

2R

Schleißheimer Str.

Dachauer Str.

Gabelsbergerstraße

Arcisstraße

Barer Str.

Türkenstraße

카페 재스민 14 13 슈타인하일16
Theresienstraße

15 발라베니 아이스크림

03 뢰벤브로이 켈러
예술 지구(쿤스트아레알) ●
Gabelsbergerstraße

Altstadtring-Tunnel

Marsstraße

Seidlstraße

쾨니히 광장
U 쾨니히 광장
Königsplatz

Karl-Scharnagl-Ring

● 아우구스티너(중앙역)

Arnulfstraße

뮌헨 중앙역
Hauptbahnhof
🚉 Ⓢ Ⓤ

Barer Str.

U 카를 광장
Karlsplatz

Ⓢ Ⓤ 마리엔 광장
Marienplatz

Sternstraße

Steinsdorfstraße

18 치투

이자르강

N
W ✦ E
S
0   200m

Erhardtstraße

Ludwigsbrücke

15 독일 박물관

363

구시가지의 입구 ······ ①
카를 광장 Karlsplatz

📍 Karlsplatz 80335 München
🚶 S1~4, 6~8, U4·5 Karlsplatz역 하차,
바로 앞 🔍 칼스 광장

구시가지가 시작되는 입구에 자리한 커다란 분수가 있는 광장이다. 광장 길 건너편에 보이는 웅장한 건물은 법원이고 광장 중앙의 분수 뒤로 보이는 문은 카를 문Karls Tor이다. 이 문은 1791년까지 노이하우저 문Neuhauser Tor으로 불렸으며 중세 시대에는 문 양쪽으로 성벽이 세워져 도시를 방어하는 요새로 기능했다. 이 문으로 들어서면 구시가지가 시작되며 시내 중심까지 이어진다. 카를 광장이 공식 이름이지만 현지인들은 과거 슈타후스Stachus라는 유명한 맥줏집이 있던 곳이라 아직도 슈타후스라 부르는 사람이 많다.

보행자 천국 ······ ②
노이하우저 거리 Neuhauser Straße

카를 광장에서 구시가지로 향하는 보행자 전용 도로다. 중간에 카우핑거 거리 Kaufingerstraße로 바뀌면서 마리엔 광장까지 이어진다. 500~600m 정도 되는 이 거리에는 상점, 카페, 레스토랑, 약국, 통신사 대리점, 기념품점 등이 있어 관광객들로 항상 붐비며 각종 공연이 펼쳐지기도 한다. 천천히 걸으면서 구경하기에 좋고 쇼핑이나 식사를 할 수도 있다.

📍 Neuhauser Straße 80331 München 🚶 카를 광장의 카를 문에서 시작

성 미하엘 교회 St. Michaelskirche

1597년에 지은 바로크 양식의 교회로 노이하우저 거리 중간쯤 자리한다. 건축 당시 종교 개혁이 한창이던 독일에서 반종교 개혁의 선봉에 섰던 교회로 유명하다. 아치형 천장은 독일에서 가장 큰 규모라고 한다. 지하에는 왕족들의 묘지가 있는데, 바로 이곳에 '비운의 왕'으로 알려진 루트비히 2세Ludwig II의 묘도 있다.

📍 Neuhauser Straße 6, 80333 München
🚶 카를 광장에서 도보 4분 🕐 월·금 09:30~19:00,
화~목·토 07:30~19:00, 일 07:30~22:00
📞 +49 89 2317060
🏠 www.st-michael-muenchen.de

프라우엔 교회 Frauenkirche

독특한 모습으로 뮌헨을 상징하는 교회다. 1468년에 건축하기 시작해 1477년에는 내부 천장이, 1488년에는 쌍둥이 탑이 완성되었다. 유럽에서 찾아보기 힘든 독특한 양파 모양의 탑은 예루살렘의 구시가지에 있는 '바위 돔 교회The Dom of the Rock'를 모델로 삼아 지었다고 한다. 흔히 쌍둥이 탑으로 불리지만 실제 높이는 각각 100m, 99m로 똑같지는 않다. 쌍둥이 탑 한쪽 꼭대기에 전망대가 있는데 86개 계단과 엘리베이터를 이용해 올라갈 수 있다.

📍 Frauenplatz 12, 80331 München 🚶 S1~4, 6~8, U3·6 Marienplatz역 하차, 도보 4분 🎫 (타워) 성인 €7.5 🕐 교회 08:00~20:00(예배시간 방문 불가), 타워 월~토 10:00~17:00, 일·공휴일 11:30~17:00 📞 +49 89 2900820 🏠 www.muenchner-dom.de

악마의 발자국 Teufelstritt

교회 입구 쪽 바닥에는 재미난 전설의 발자국이 있다. 당시 건축가는 재원 조달을 위해 악마와 거래를 했는데, 악마는 빛이 들어오지 못하게 창문 없는 교회를 지으라고 했다. 악마가 와서 보고는 창문이 안 보이자 신이 나서 바닥을 밟아 발자국을 남겼다고. 신기하게도 이 자리에 서면 기둥들에 가려 창문이 보이지 않는다.

구시가지의 중심 광장 ⋯⋯⋯ ⑤

마리엔 광장 Marienplatz

12세기부터 이어져 온 뮌헨의 역사적인 중심지이자 오늘날에도 사시사철 각종 행사가 펼쳐지는 중요한 장소. 제일 먼저 눈에 띄는 웅장한 건물은 신 시청사 이며 이곳에서 한 블록 떨어진 곳에 구 시청사가 있다. 광장 중간에는 1638년 스 웨덴으로부터의 독립을 기념해 세운 '마리아 기둥Mariensäule'이 있는데 꼭대기 에 금빛의 마리아 동상이 있다.

◉ Marienplatz 22, 80331 München ⫟ S1~4, 6~8, U3·6 Marienplatz역 하차

성 페터 교회에서 바라본 모습

프라우엔 교회   신 시청사   루트비히 베크 백화점   구 시청사

뮌헨을 빛내는 화려한 시청사 ⋯⋯⋯ ⑥

신 시청사 Neues Rathaus

마리엔 광장을 가득 채운 신고딕 양식의 웅 장한 건축물로 1867~1909년에 지었다. 지 붕 중앙의 가늘고 높은 시계탑 글로켄슈필 Glockenspiel은 전 세계 관광객이 몰려드는 명소로 유명한데, 낮 11시와 12시 에(3~10월은 17시도) 종이 울리면서 짤막한 인형극이 펼쳐진다. 시계탑은 두 층으로 나뉘는데, 하나는 빌헬름 5세의 결혼식을 축하하는 내용이고 다른 하 나는 사육제의 댄스를 표현한 것이다. 85m 높이의 탑 위로 올라가면 도시의 지붕들과 시내 전경을 볼 수 있는 전망대가 있다. 또한 시청사 1층과 지하에 는 1867년에 문을 열어 지금까지 이어온 유명한 라츠켈러Ratskeller P.379의 비 어홀 겸 레스토랑이 있다.

◉ Marienplatz 8, 80331 München ⫟ S1~4, 6~8, U3·6 Marienplatz역 하차
€ (전망대) €7 ◷ (전망대) 09:00~18:00 ♠ www.muenchen.de

366

성 페터 교회 Peterskirche

1180년에 지은 뮌헨에서 가장 역사가 오래된 로마 가톨릭 교회다. 나무로 지은 이 교회는 1327년 화재로 전소돼 40년에 걸쳐 재건했다. 그 이후 다사다난한 역사를 거쳐 제2차 세계 대전 후 대규모 복구 작업으로 마침내 2000년에 완공했다. 91m에 이르는 알터 페터Alte Peter라 불리는 탑은 299개로 이루어진 좁은 나선형 계단을 통해 올라갈 수 있다. 탑 꼭대기에는 뮌헨의 전경을 360도 파노라마로 볼 수 있는 전망대가 있다.

📍 Petersplatz 1, 80331 München 🚶 마리엔 광장에서 도보 1분 💶 (전망대) 성인 €5 🕐 (전망대) 4~10월 09:00~19:30, 11~3월 월~금 09:00~18:30, 토·일·공휴일 09:00~19:30 📞 +49 89 210237760

신 시청사 전망대 전경

구시가지 전망대

마리엔 광장 주변의 높은 건물에는 전망대가 많은데, 이 중 가장 멋진 전경을 가진 곳은 단연 성 페터 교회다. 바로 눈앞에 시청사와 프라우엔 교회가 펼쳐지기 때문이다. 하지만 성 페터 교회는 좁은 계단을 한참 걸어서 올라가야 하므로 걷는 것이 부담스럽다면 신 시청사 전망대를 시도해보자. 엘리베이터를 이용해 훨씬 편하다. 프라우엔 교회에도 전망대가 있지만 전망이 시청사만 못하다. 아름다운 프라우엔 교회가 보이지 않기 때문이다.

구 시청사 Altes Rathaus

뾰족뾰족 솟은 첨탑들이 눈에 띄는 독특한 모양의 구 시청사는 700년의 역사를 지니고 있다. 1470년에 후기 고딕 양식으로 개조했고, 제2차 세계 대전 때 크게 파괴된 것을 재건했다. 현재는 시의회가 있으며, 탑에는 장난감 박물관이 있다. 1874년 신 시청사로 행정부가 옮겨가면서 마리엔 광장을 오가는 사람들의 통행을 위해 건물 1층을 아치형의 아케이드로 만들었다. 마리엔 광장 주변을 돌아다닐 때 종종 통과하게 된다.

📍 Marienplatz 15, 80331 München 🚶 마리엔 광장에서 도보 1분

바이에른 왕실의 거주지 ⑨

레지덴츠 Residenz

600년 역사를 자랑하는 바이에른의 통치자들이 머물렀던 궁전으로 1385년에 지었다. 처음에는 작은 궁전이었지만 세월이 지나면서 많은 부분이 추가되어 르네상스, 로코코, 바로크, 신고전주 등 여러 양식이 혼합된 모습이다. 뿐만 아니라 왕실이 모은 각종 보물과 보석, 유물, 예술품들은 종류와 양이 상당하며 화려함의 극치를 달린다. 궁전은 현재 박물관, 보물관, 극장, 교회, 정원으로 구성되어 있으며, 건물들 사이로는 분수 안뜰Brunnehof 등 조용한 10개의 안뜰이 있다. 평범해 보이는 궁전의 외관과는 달리 내부는 매우 화려하고 볼거리가 많다.

📍 Residenzstraße 1, 80333 München 🚶 마리엔 광장에서 도보 5분, 또는 U3·4·5·6 Odeonplatz역 하차, 도보 5분 💶 통합권 성인 €15~20(포함 내역별로 상이), 개별 구매 시 박물관 €10, 보물관 €10, 쿠빌리에 극장 €5 🕐 **박물관/보물관** 4월~10월 중순 09:00~18:00, 10월 중순~3월 10:00~17:00 **쿠빌리에 극장** 4월~7월 말·9월 중순~10월 중순 월~토 14:00~18:00, 일·공휴일 09:00~18:00, 7월 말~9월 중순 09:00~18:00, 10월 중순~3월 월~토14:00~17:00, 일·공휴일 10:00~17:00 ※ 모든 입장은 폐관 1시간 전까지 📞 +49 89 29067 🏠 www.residenz-muenchen.de

청동 사자상

레지덴츠의 입구에는 방패를 들고 있는 사자상이 있다. 1933년 나치가 뮌헨을 장악하자 모든 사람이 이 부근의 나치 기념비를 지날 때 나치식 경례를 해야 했다. 행인들은 할 수 없이 경례를 했지만 나치에 대한 저항과 왕정을 지지하는 의미로(사자는 바이에른의 상징) 길을 건너와 방패 아래 사자의 코를 만졌다고 한다. 지금은 관광객들의 인증샷 장소가 되었다.

레지덴츠 박물관 Residenzmuseum

1920년 이후 대중에게 공개하기 시작한 이곳은 130개의 방으로 이루어진 전체 방 중 일부와 홀을 개방해 전시하고 있다. 트리어 대주교를 위한 트리어 방, 황제의 방, 음악의 방, 응접실, 알현실, 왕궁 예배당 등 다양한 장소를 볼 수 있다.

바이에른 선제후의 침실

① 초상화 갤러리 Ahnengalerie

왕가 선조들의 초상화들을 전시하고 있는 곳. 복도처럼 기다란 방에 황금빛으로 장식한 초상화들을 볼 수 있다.

② 안티콰리움 Antiquarium

레지덴츠의 하이라이트로 꼽히는 곳으로, 고대 그리스 로마 시대의 흉상들을 비롯해 고대 조각상들을 전시하고 있는 르네상스풍의 홀이다. 알브레히트 5세의 조각품들을 전시하기 위해 지었으며, 66m에 이르는 긴 홀의 양쪽에 조각들이 이어져 있고, 그 위 아치형 천장에는 화려한 그림들이 빼곡하게 그려져 있다.

보물관 Schatzkammer

비텔스바흐 왕가의 왕관, 금은 보석류, 크리스털, 각종 세공품들과 종교 관련 보물들을 전시하고 있는 곳이다. 수량이 많고 화려하며 10여 개 방에 나누어 전시하고 있다. 왕궁 정원의 스위스 문을 지나면 들어 갈 수 있다.

바이에른 왕비의 관

쿠빌리에 극장 Cuvilliés Theater

로코코 스타일의 화려한 왕실 전용 극장. 붉은색과 황금색으로 장식한 화려하고 고풍스러운 이 극장은 규모가 그리 크지는 않으며, 왕, 귀족, 공직자 등 지위에 따라 자리가 구분되어 있다.

호프 가든 Hofgarten

레지덴츠 건물 북쪽으로 펼쳐진 이탈리아 르네상스 양식의 넓은 정원으로, 1613~1617년 막시밀리안 1세가 조성했다. 반듯한 조경의 중앙에는 사냥의 여신 디아나Diana를 위해 지은 녹색 지붕의 누각이 있고, 누각 지붕 위에는 바이에른 여신의 조각상이 있다. 공원 안쪽의 웅장한 건물은 현재 바이에른주의 주청사Bavarian Staatskanzlei다. 20세기 초에는 육군 박물관이었으나 제2차 세계 대전 때 파괴되어 재건축했다.

일요일이 즐거운
뮌헨의
쿤스트아레알
Kunstareal

뮌헨의 구시가지 바로 바깥쪽에는 미술관과
박물관이 빼곡이 들어선 예술 지구Kunstareal가 있다.
뮌헨이 문화 예술의 도시로서 자부심을 갖는
이곳은 10개가 넘는 박물관과 미술관이
있어 다 보려면 일주일은 걸리지만 관광객들은
보통 하루 정도 시간을 내어 일부를 감상하고 온다.
가장 유명한 곳은 3개의 미술관인데,
이는 유럽에서도 매우 중요한 미술관으로 꼽힌다.
독일어로 알테alte는 '오래된old', 노이에neue는
'새로운new', 모데르네moderne는 '모던modern',
그리고 피나코테크pinakothek는 '미술관'을
뜻하는 말로 각각 작품의 시대별로 구분되어 있다.

🚶 카를 광장 앞에 있는 트램 정류장은 노선마다
다른 트랙(Gleis)에 정차한다. 예술 지구로 가려면
3번 트랙에서 27번 트램을 타고 네 번째 정거장인
Pinakothek에서 내리면 바로다.

쾨니히 광장 Königsplatz

지하철로 연결되는 예술 지구의 중심이다. '왕의 광장'이
라는 의미를 지닌 이곳은 19세기 루트비히 1세가 고대 그
리스식 광장으로 짓게 해 주변의 건물들이 신고전주의 양
식을 띠며 웅장한 분위기를 더한다. 광장 중앙에 프로필
렌Propyläen 성문이 개선문처럼 서 있고 일직선으로 뻗은
도로 끝에는 중앙에 오벨리스크가 서 있는 카롤리넨 광
장Karolinenplatz이 있다.

국립 고미술품 전시관

❶ 알테 피나코테크 Alte Pinakothek

1836년 개관해 14~18세기의 회화 작품들을 주로 전시하는 곳이다. 르네상스를 대표하는 작품들과 유럽의 회화 7,000여 점을 소장하고 있는데, 특히 독일 화가 알브레히트 뒤러의 걸작 〈자화상〉과 〈네 사도〉가 유명하다. 그 밖에도 다빈치, 라파엘로, 렘브란트, 티치아노 등 르네상스 화가들의 작품을 볼 수 있다.

📍 Barestrasse 27, 80333 München 💶 성인 €9(일요일 €1)
🕐 목~일 10:00~18:00, 화·수 10:00~20:00 ❌ 월요일
📞 +49 89 23805216 🏠 www.pinakothek.de

① 뒤러Albrecht Dürer의 〈자화상Self-Portrait, 1500〉
② 뒤러Albrecht Dürer의 〈네 사도The Four Apostles, 1526〉
③ 다빈치Leonardo da Vinci의 〈성모자상Virgin and Child, 1480〉
④ 라파엘Raffael의 〈성가족The Holy Family, 1507〉
⑤ 피테르 브뤼헐Peter Bruegel의 〈젖과 꿀이 흐르는 땅Das Schlaraffenland, 1566〉
⑥ 부셰François Boucher의 〈마담 퐁파두르Madame de Pompadour, 1756〉

프로필렌 성문

글립토테크

❷ 노이에 피나코테크 Neue Pinakothek

18~19세기 이후 근대 회화를 중심으로 전시하고 있는 미술관. 1853년 바이에른 왕 루트비히 1세에 의해 처음 문을 열었고 제2차 세계 대전 때 폭격으로 파괴돼 철거되기도 했다. 고야, 다비드, 티슈바인의 18세기 작품들을 비롯해 고흐의 〈해바라기〉, 세잔, 고갱, 마네, 모네, 르누아르, 드가, 로트렉 등 다수의 인상주의 화가들의 작품과 독일의 낭만주의, 사실주의, 프랑스의 사실주의, 20세기 상징주의와 아르누보까지 유럽의 근대 미술 작품들을 망라하고 있다.

📍 Barestraße 29, 80799 München 🕐 장기 공사로 2029년까지 휴관 📞 +49 89 23805195 🏠 www.pinakothek.de

❸ 피나코테크 데어 모데르네
Pinakothek der Moderne

2002년 개관한 현대 미술관으로 예술, 건축, 그래픽, 디자인 관련 작품들을 전시하며 각 분야별로 방대한 양의 작품을 소장하고 있다. 특히 가구나 자동차 등의 디자인이 돋보이는 디자인 갤러리와 독일 현대 건축의 역사가 잘 정리된 건축 갤러리, 20세기 표현주의와 미니멀 아트 등의 현대 미술품이 볼 만하다.

📍 Barerstraße 40, 80333 München 💶 성인 €10(일요일 €1) 🕐 화·수·금~일 10:00~18:00, 목 10:00~20:00 ✖ 월요일 📞 +49 89 23805360 🏠 www.pinakothek.de

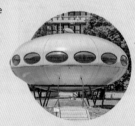

❹ 브란트호스트 미술관 Museum Brandhorst

건물의 외관부터가 독특하면서도 세련된 이곳은 20세기 말부터 21세기 초반의 작품들을 주로 전시한다. 쌍둥이 칼로 알려진 헹켈 집안의 상속녀 부부가 수집한 작품으로 시작해 앤디 워홀과 사이 트웜블리의 작품들을 추가해 설립했으며 데미언 허스트 같은 동시대 작품도 있다.

📍 Theresienstraße 35a, 80333 München 💶 성인 €7(일요일 €1) 🕐 화·수·금~일 10:00~18:00, 목 10:00~20:00 ✖ 월요일 📞 +49 89 238052286 🏠 www.museum-brandhorst.de

❺ 이집트 국립 미술관
Staatliches Museum Ägyptischer Kunst

바이에른 왕실에서 수집한 고대 미술 컬렉션이 있는 미술관으로 고대 이집트의 각종 예술품, 조각을 전시하고 있다. 지금의 건물은 2013년 새로 개관한 것으로 현대적인 건물이라 관람하기 편리하면서도 계단을 따라 어두운 지하로 내려가는 구조가 이집트의 무덤을 연상시키도록 설계되었다.

📍 Gabelsbergerstraße 35, 80333 München 💶 성인 €7 (일요일 €1) 🕐 수~일 10:00~18:00, 화 10:00~20:00 ❌ 월요일 📞 +49 89 28927630 🏠 www.smaek.de

❻ 글립토테크 Glyptothek

기원전 고대 이집트, 그리스, 로마 시대의 많은 조각 작품을 전시하는 미술관이다. 루트비히 1세의 명으로 1830년에 설립해 그가 수집한 여러 소장품을 전시한 것이 시초다. 그리스 신전을 연상케 하는 건물의 입구와 조각상들이 있는 외벽은 신고전주의 양식으로 지었다. 내부에 멋진 카페가 있다.

📍 Königsplatz 3, 80333 München 💶 성인 €6(일요일 €1) 🕐 화·수·금~일 10:00~17:00, 목 10:00~20:00 ❌ 월요일 📞 +49 89 286100 🏠 www.antike-am-koenigsplatz.mwn.de

❼ 렌바흐하우스 Lenbachhaus

19세기 독일의 화가 프란츠 폰 렌바흐가 사용했던 아틀리에 건물을 개조해 세운 미술관이다. 렌바흐 사후인 1929년 개관했으며, 전쟁 등을 겪으며 몇 차례 문을 닫기도 했지만 칸딘스키 전시회 이후 표현주의 화가들인 청기사파 작품들이 기증되면서 활기를 되찾았다. 이 외에도 현대 예술가들의 작품들을 다수 소장하고 있다.

📍 Luisenstraße 33, 80333 München 💶 성인 €10(매월 첫째 목요일 18:00~22:00 무료) 🕐 화·수·금~일 10:00~18:00, 목 10:00~20:00 ❌ 월요일 📞 +49 89 23396933 🏠 www.lenbachhaus.de

독일 자동차의 자부심 ⋯⋯ ⑩
BMW 벨트 BMW Welt

BMW는 독일어로 '베엠베'라 읽는다. 바이에른 자동차 회사Bayerische Motoren Werke의 약자이며 Welt란 World, 즉, 'BMW 세상'이라는 뜻으로 BMW의 화려함을 자랑하는 전시장이다. 최신형 차량들을 직접 시승해볼 수 있으며 상담과 판매까지 이루어지는 곳이다. 시즌마다 다양한 이벤트와 컨퍼런스가 열리며, 〈미션 임파서블〉 등의 영화에 등장했던 차량이 전시되어 직접 타고 사진을 찍을 수 있는 포토존도 있다. 모터 사이클과 미니, 롤스로이스 부스도 있고 각각의 기념품점도 있다. 낮에 빛을 받아 반짝이는 멋진 건물은 밤에도 조명으로 아름답게 빛난다. 늦게까지 오픈하며 주변에 BMW 본사와 박물관, 공장이 있다.

📍 Am Olympiapark 1, 80809 München
🚶 U3·8 Olympiazentrum역 하차, 도보 4분　❸ 무료
🕐 월~토 07:30~24:00, 일·공휴일 09:00~24:00
📞 +49 89 125016001　🏠 www.bmw-welt.com

자동차의 역사를 한눈에 ⋯⋯ ⑪
BMW 박물관 BMW Museum

나지막한 사발 모양의 건물에 자리한 BMW 박물관은 1973년에 처음 세워져 많은 자동차 마니아들에게 인기를 끌었다. 이곳에는 BMW 최초의 자동차, 오토바이, 그리고 초창기에 만든 항공기 엔진도 전시하고 있다. BMW의 역사를 알 수 있는 초기 엔진부터 최신형 엔진까지 진열되어 있으며, 여러 부품과 미래형 콘셉트카에 이르기까지 다양한 전시물을 자랑한다. 박물관 옆의 높은 원통형 건물은 BMW 본사로 4기통 엔진의 모습을 본뜬 것이다.

📍 Am Olympiapark 2, 80809 München
🚶 BMW 벨트와 구름다리로 연결　❸ 성인 €14
🕐 화~일 10:00~18:00　❌ 월요일
📞 +49 89 125016001　🏠 www.bmw-welt.com

시원하게 펼쳐진 녹지대 ······ ⑫
올림픽 공원 Olympiapark

BMW 벨트 바로 옆에 자리한 넓고 쾌적한 공원이다. 1972년 20회 하계 올림픽을 위해 조성한 곳으로 아름다운 호수와 각종 경기장이 있다. 경기장은 모두 시민에게 개방해 주말이면 여가를 즐기는 사람들로 붐빈다. 공원 안의 타워로 올라가면 뮌헨의 전경을 한눈에 내려다볼 수 있다. 공원 안의 올림픽 주경기장은 2006년 독일 월드컵의 개막식 및 개막 경기가 열리기도 했다.

★ 타워는 공사 중으로 2026년까지 폐관

📍 (타워) Spiridon-Louis-Ring 7, 80809 München 🏃 U3·8 Olympiazentrum역 하차, 도보 10분 📞 +49 89 30670
🏠 www.olympiapark.de

박물관 같은 쇼룸 ······ ⑬
메르세데스-벤츠 센터
Mercedes-Benz Centre

유리로 지은 외관이 눈에 띄는 메르세데스-벤츠의 쇼룸이다. 최신 차량을 전시하고 있을 뿐 아니라 중고차 거래소, 기념품점, 그리고 식사를 할 수 있는 다임러 바Daimler's Bar도 있다. 수억 원을 호가하는 벤츠의 고급 차량들을 직접 시승해볼 수 있어 자동차 마니아들 사이에서 인기다. 참고로, 여행자들에게 유명한 벤츠 박물관은 뮌헨이 아닌 슈투트가르트에 있다.

📍 Arnulfstraße 61, 80636 München 🏃 트램 16·17·36번 승차 후 Donnesberger Straße 정류장 하차, 도보 1분
🕐 (쇼룸) 월~금 08:00~18:00, 토 09:00~16:00 ❌ 일요일
📞 +49 89 12061180 🏠 www.mercedes-benz-muenchen. de

님펜부르크 궁전
Schloss Nymphenburg

님프nymphe는 요정, 부르크burg는 성이란 뜻으로 님펜부르크는 우리말로 '요정의 성'이다. 뮌헨 서쪽에 위치한 이 궁전은 바이에른 왕가가 여름에 거주하던 별궁으로, 뮌헨에서 손꼽히는 관광지 중 하나다. 1664년 바로크 양식으로 건축을 시작한 이래 여러 차례 증축을 거듭하면서 로코코 양식과 네오클래식 양식이 혼합되어 오늘날의 모습에 이르게 되었다. 18세기에 크게 넓힌 정원은 프랑스의 베르사유 궁전을 모델로 삼았으며 후에 다시 영국식 정원으로 재정비했다. 궁전 안의 화려한 21개의 방은 각각의 테마가 있으며, 넓은 정원에는 분수와 운하, 그리고 안쪽 곳곳에 여러 건물이 있어 모두 보려면 하루가 걸린다.

루트비히 2세가 태어난 캐롤라인 왕비의 침실

📍 Schloss Nymphenburg 1, 80638 München 🚶 트램 12·17번, 버스 51·151번 Schloss Nymphenburg 정류장 하차, 도보 8분 💶 **궁전** 성인 €10, **통합권** 성인 4월~10월 중순 €20, 10월 중순~3월 €16(겨울에는 Park Palace 폐쇄) 🕐 **궁전** 4월~10월 중순 09:00~18:00, 10월 중순~3월 10:00~16:00 📞 +49 89 179080 🏠 www.schloss-nymphenburg.de

슈타이너 방 Steinerner Saal

궁전으로 들어서면 나오는 중앙의 넓은 홀이다. 18세기에 재건된 모습을 그대로 간직한 곳으로 로코코 스타일로 화려하게 장식한 인테리어와 높은 천장의 프레스코 천장화를 볼 수 있다.

미인 갤러리 Schönheitsgalerie

궁전 안에서 가장 인기 있는 방으로 루트비히 1세가 재위했던 1825~1848년 당대의 미인 36명의 초상화를 그려 전시한 곳이다. 루트비히의 정부로 악명 높았던 롤라 몬테즈의 초상화도 있다. 거의 모든 초상화는 당시 궁정 화가였던 슈틸러가 그렸다.

독일의 과학 기술이 한자리에 ⑮

독일 박물관 Deutsches Museum

규모가 큰 과학 기술 박물관으로 자동차, 기계, 광학, 천문학, 건축, 통신, 우주과학, 컴퓨터 등 과학의 모든 분야에 걸쳐 원리와 발전 과정을 정리해놓았으며 정교한 미니어처도 많다. 라이트 형제의 비행기, 제2차 세계 대전 당시의 전투기, 실물 크기 자동차, 기차, 선박도 볼 수 있다. 관람객들이 원리를 이해할 수 있도록 직접 만지고 조작할 수 있어 아이들 교육용으로 좋다.

📍 Museumsinsel 1, 80538 München 🚶 트램 16번 Deutsches Museum 정류장 하차, 또는 S1·2·3·4·6·7·8 Isartor역 하차, 도보 5분
💶 성인 €15 🕐 09:00~17:00 📞 +49 89 2179333
🏠 www.deutsches-museum.de

나치 만행의 증거 ⑯

다하우 강제 수용소 추모지 KZ-Gedenkstätte Dachau(KZ Dachau)

KZ는 Konzentrationslager, 즉 강제 수용소의 약어이며, Gedenkstätte는 추모지라는 의미다. 이곳은 1933년 나치가 세운 최초의 강제 수용소로 유대인, 정치범, 동성애자, 종교인, 장애인 등을 수용했다. 20만여 명에 이르는 사람이 이곳으로 보내졌으며 그중 3만 명 이상이 강제 노역, 기아, 질병, 처형으로 목숨을 잃었다. 입구 철문에는 "노동이 너희를 자유롭게 하리라ARBEIT MACHT FREI"라는 문구가 쓰여 있으며, 수용소 건물을 비롯해 가스실, 화장터가 있어 당시의 비참한 모습을 알 수 있다. 수용소 내 박물관에는 사진 자료들과 다큐멘터리 상영관이 있다.

📍 Alte Römerstraße 75, 85221 Dachau 🚶 S2 Dachau역 하차, 버스 정류장에서 726번 타고 KZ Gedenkstätte 정류장 하차, 도보 2분 ※다하우는 M-1존이므로 티켓 끊을 때 주의 💶 무료 🕐 09:00~17:00 📞 +49 8131 669970
🏠 www.kz-gedenkstaette-dachau.de

나치 강제 수용소

나치의 강제 수용소는 맨 처음 다하우에 지어졌다. 이때만 해도 강제 노동이 목적이었으나 전쟁이 말기로 치닫자 더욱 악랄해져 온갖 생체실험을 자행했으며, 학살을 목적으로 죽음의 수용소를 짓기 시작했다. 가장 악명 높았던 곳이 100만 명 이상 살해된 아우슈비츠이며, 다하우는 강제 노동이 목적이었기에 가스실은 실제로 사용하지 않았다고 한다. 다하우는 전쟁 후 미군에 의해 초기에 해방되면서 서방 언론의 취재로 상세히 보도되었으며, 체포된 나치 전범자들을 수감하는 곳으로 사용했다.

뮌헨 맥주 관광 1번지 ······ ①
호프브로이 하우스 Hofbräuhaus

너무나 유명한 곳으로 관광객이 많은 상업적인 분위기지만 여전히 뮌헨 여행의 인기 코스다. 16세기에 처음 지어 오랜 전통을 자랑하는 양조장으로 19세기부터 일반인들이 이용하게 되었다. 대형 홀을 비롯해 위층과 뒤뜰 등 매우 넓은 규모임에도 꽉 찰 만큼 북적이며, 가끔 한국인 단체손님이 있을 때는 아리랑을 연주하기도 한다.

📍 Platzl 9, 80331 München 🚶 S1~4·6~8, U3·6 Marienplatz역 하차, 도보 4분 🕐 11:00~23:30
📞 +49 89 290136100 🏠 www.hofbraeuhaus.de

뮌헨에서 비어홀은 필수!
뮌헨의 가장 전형적인 식당은 비어홀이다. 맥주와 함께 소시지, 빵, 돼지고기 요리 등을 시켜놓고 한바탕 떠드는 것이 일상의 문화다. 특히 맥주의 도시 뮌헨에는 대부분의 양조장이 비어홀을 운영해 맛있는 맥주와 푸짐한 독일 전통 음식을 즐길 수 있으니 꼭 들러보자. 가격은 맥주 500ml 기준 €4.5~5.5 선이며, 간단한 소시지 €5~15(종류와 개수별 상이), 요리는 €16~26 정도다.

뮌헨에서 가장 오래된 양조장 ······ ②
아우구스티너 Augustiner

700년 역사를 자랑하는 바이에른에서 가장 오래된 양조장으로 19세기부터 일반인들에게 명성을 얻었다. 옥토버페스트의 시작을 알리는 맥주통의 오픈식을 하는 맥주로도 유명하다. 뮌헨 시내에 지점이 여러 곳 있는데 노이하우저 거리에 있는 것이 가장 찾기 쉬우며, 중앙역 부근 지점은 넓은 비어가르텐이 있어 5,000여 명을 수용할 수 있으며, 날씨 좋은 날 분위기를 즐기기에도 좋다.

Zum Augustiner(노이하우저 거리) 📍 Neuhauser Straße 27, 80331 München 🚶 카를 광장에서 마리엔 광장으로 가는 길 중간 🕐 11:00~24:00 📞 +49 89 23183257

Augustiner-Keller(중앙역 근처) 📍 Arnulfstraße 52, 80335 Münche 🚶 중앙역 옆길인 Arnulfstraße를 따라 도보 5분 🕐 10:00~24:00 📞 +49 89 594393
🏠 www.augustiner-restaurant.com

19세기 고성 모양이 남아 있는 비어홀 ······ ③
뢰벤브로이 켈러 Löwenbräukeller

아우구스티너와 함께 14세기에 탄생한 맥주다. 지금의 비어홀은 1883년에 오픈한 것으로 당시 최초로 식탁보와 냅킨을 사용해 고급스러운 이미지로 인기를 누렸다. 성처럼 생긴 건물 외관도 매력적이고 독일 전통 음식과 함께 바이에른 전통 음악과 춤을 감상할 수 있다. 2,000명 이상 수용할 수 있는 대형 홀을 갖추고 있으며 가격대는 호프브로이 하우스에 비해 조금 저렴한 편이다.

📍 Nymphenburger Straße 2, 80335 München
🚶 U1·7 StieglmeierPlatz역 하차, 도보 1분 🕐 월~목·일 11:00~23:00, 금·토 11:00~24:00 🏠 www.loewenbraeukeller.com

번화가의 현대적인 비어홀 ------ ④
프란치스카너 Zum Franziskaner

마리엔 광장 옆 골목에서 레지덴츠와 오
페라 하우스로 가는 길목에 자리해 찾아
가기 편리한 곳이다. 프란치스카너 맥주는
물론 뢰벤브로이 맥주도 있어 2가지를 비교해 즐기기에 좋으며
요리도 꽤 훌륭해 현지인도 많이 찾는다. 뮌헨의 대표 브랜드인
달마이어 커피와 차, 그리고 여러 케이크와 아이스크림도 있어
아이를 동반한 가족 여행자들에게도 적합하다.

📍 Residenzstraße 9, 80333 München 🚶 마리엔 광장에서
도보 3분 🕐 10:00~24:00 📞 +49 89 2318120
🏠 https://zum-franziskaner.de

시청사의 전통 비어홀 ------ ⑤
라츠켈러 Ratskeller

시청사Rathaus와 술 저장고Keller의 합성어 라츠켈러는 독일에서
쉽게 볼 수 있는 시청사 안에 자리한 비어가르텐이다. 규모가 크
고 맥주와 함께 독일의 전통 음식들을 파는데, 어느 도시든 라
츠켈러는 실패 확률이 적다. 특히 맥주의 도시 뮌헨이기에 더 유
명한데 지하에도 자리가 많으며 여름에는 노천 테이블이 인기
다. 좌석은 2가지로, 셀프 서비스를 하는 곳은 직접 주문하고 가
져와 가격이 저렴하다. 다른 한쪽은 주문을 받고 서빙해주는 곳
으로 제대로 된 독일 전통 요리를 맛볼 수 있다.

📍 Marienplatz 8, 80331 München 🚶 마리엔 광장의 신 시청사 안
🕐 11:00~23:00 📞 +49 89 2199890 🏠 www.ratskeller.com

음식으로 더욱 유명한 비어홀 ------ ⑥
슈나이더 브로이하우스
Schneider Bräuhaus

현지인들이 많이 가는 곳으로 맥주도, 요리도 맛있다.
늦게 가면 맛있는 요리들이 종종 품절되기도 한다. 소
시지와 슈니첼도 무난하지만 이곳에선 바이에른의 전
통 돼지구이 요리Bratenküche 중 하나를 시켜보자. 슈
바인스학세 등 인기 메뉴를 맛보려면 조금 일찍 가는
것이 좋다.

📍 Tal 7, 80331 München 🚶 마리엔 광장에서 도보 2분
🕐 09:00~23:30 📞 +49 89 2901380
🏠 www.weisses-brauhaus.de

뮌헨의 재래시장 즐기기 ...... ⑦

빅투알리엔 시장 Viktualienmarkt

구시가지의 중심인 마리엔 광장에서 멀지 않은 곳에 뮌헨의 소박함을 엿볼 수 있
는 재래시장이 있다. 관광 명소로도 잘 알려진 이곳은 바이에른 지방의 다양한
먹거리를 구경할 수 있는 곳으로 간단한 식사나 군것질을 위해서도 들러볼 만
하다. '빅투알리엔Viktualien'은 라틴어로 음식이란 뜻이다. 이름에서 알 수 있듯이
다양한 음식을 파는 야외 시장으로 노천 테이블이 있는 야외 비어가르텐과 청과
물, 정육, 빵, 수제 꿀 가게 등이 가득 모여 있어 항상 사람들로 북적이는 활기찬
곳이다. 시장 안에 여러 먹거리가 있고 주변에도 다양한 맛집이 있으니 취향에
따라 선택해보자.

📍 Viktualienmarkt 3, 80331 München 🏃 마리엔 광장에서 도보 4분
🕐 가게마다 상이, 보통 월~토 08:00~20:00, 일요일 휴무
🏠 www.viktualienmarkt-muenchen.de

비어가르텐 빅투알리엔 마르크트
Biergarten Viktualienmarkt

시장 중앙에 자리한 인기 만점의 비어가르텐이다. 특히 여
름에는 나무가 우거져 그늘 아래 시끌벅적한 분위기에서
시원한 맥주와 함께 식사를 즐기는 사람들로 가득하다. 이
곳의 장점은 옥토버페스트에 참여하는 뮌헨 6대 양조장의
맥주를 모두 맛볼 수 있다는 점이다. 유명한 비어홀을 모두
방문할 수 없다면 이곳에서 주요 맥주들을 비교해보자. 점
심과 저녁 식사 시간대에는 매우 복잡해서 합석은 기본이
다. 음식 가격은 €8~17 정도.

📍 Viktualienmarkt 9, 80331 München 🕐 월~토
09:00~22:00(날씨에 따라 변동) ❌ 일요일 📞 +49 89
29165993 🏠 www.biergarten-viktualienmarkt.com

클라이너 옥센브라터 Kleiner Ochsenbrater

빅투알리엔 시장 초입에 자리한 이곳은 신선함을 자랑하는 유기농 맥주와 유기농 소시지를 파는 가게로 간단히 맥주와 브레첼, 소시지를 먹기에 좋다. 소시지가 €5~12 정도로 가격대도 저렴한 편이다.

📍 Viktualienmarkt 16, 80331 München
🕐 화~토 10:00~17:00 ❌ 일·월요일 📞 +49 89 298282
🏠 https://kleinerochsnbrater.de

뮌흐너 주펜퀴헤 Münchner Suppenküche

시장 안에서는 물론 뮌헨에서도 유명한 수프 가게다. 다양한 수프를 판매하며 항상 바뀌는 오늘의 수프를 먹기 위해 찾는 현지인도 많다. 바이에른 전통 수프도 있지만 우리 입맛에는 역시 얼큰한 맛이 일품인 굴라시가 적당하다. 수프는 €3~7 정도, 커리는 €6~7 선.

📍 Viktualienmarkt 3, 80331 München
🕐 월~토 10:00~18:00 ❌ 일요일 📞 +49 89 2609599
🏠 https://muenchner-suppenkueche.de

카페뢰스터라이 Kaffeerösterei Viktualienmarkt

수프 가게 바로 옆에 생긴 커피숍으로 신선한 원두를 직접 로스팅하는 커피 맛집이다. 진한 커피와 천막 같은 간이 지붕이지만 샹들리에까지 갖춘 인테리어가 인상적이다. 커피 가격은 시장치고 비싼 편이라 €3~5, 원두는 €12~30 정도다.

📍 Viktualienmarkt, 80331 München 🕐 월~토
08:00~18:00 ❌ 일요일 📞 +49 89 2609086 🏠 https://
kaffee-muenchen.de

벨루가 Chocolaterie Beluga

시장 안은 아니지만, 바로 길 건너에 있는 초콜릿 카페. 규모는 작지만 인기 있는 곳이다. 특히 핫초코는 뜨거운 우유에 초콜릿이 꽂혀 있는 막대를 저어가며 초콜릿을 녹여 먹는 것으로 모양도 귀엽지만 진한 맛이 일품이다. 집에 가서도 만들어 먹을 수 있도록 막대에 꽂힌 초콜릿을 판매한다.

📍 Viktualienmarkt 6, 80331 München 🚶 빅투알리엔 시장
바로 옆 🕐 월~토 10:00~20:00, 일·공휴일 13:00~19:00
📞 +49 89 23231577 🏠 www.chocolateriebeluga.de

시청사 시계탑이 한눈에 보이는 곳 …… ⑧
카페 글로켄슈필 Café Glockenspiel

마리엔 광장에 위치해 시청사가 바로 보이는 높이에서 차나 식사를 할 수 있다는 것만으로 뿌듯함을 주는 곳이다. 단점이라면 좌석 간의 간격이 좁고 사람이 많아 북적댄다는 점이다. 입구가 눈에 잘 띄지 않는데 건물 옆으로 들어가야 한다. 메뉴가 많지는 않지만 아시아, 중동, 이탈리아 등 인터내셔널하다. 푸짐한 샐러드 종류는 €14~18, 파스타, 쿠스쿠스 등 메인 메뉴는 €13~29 정도다.

📍 Marienplatz 28, 80331 München 🚶 마리엔 광장 바로 앞(입구는 Rosenstr. 골목 쪽) 🕐 월~토 09:00~23:00, 일 10:00~18:30
📞 +49 89 264256 🏠 www.cafe-glockenspiel.de

바이에른 전통식 체인 베이커리 …… ⑨
카페 리샤르트 Cafe Rischart

마리엔 광장에 자리한 베이커리로 이른 아침부터 영업해 간단한 아침 식사나 브런치를 즐길 수 있는 곳이다. 빵의 종류가 다양한 편이며 특히 독일 전통 메뉴가 많고 서버들도 독일 전통 의상을 입고 있다. 관광지에 자리해 매우 복잡하므로 아침 일찍 한산한 시간에 방문하는 것이 좋다. 위층 좌석에서는 시청사 건물 일부가 보인다. 브런치 메뉴는 €14~18 정도.

📍 Marienplatz 18, 80331 München 🚶 마리엔 광장에서 도보 1분
🕐 월~토 08:00~20:00, 일 08:00~19:00 🏠 www.rischart.de

독일 전역에 자리한 인기 햄버거 전문점 …… ⑩
한스 임 글뤽 Hans im Glück

뮌헨에 본사를 둔 햄버거 체인 레스토랑으로 독일 주요 도시는 물론, 여러 나라에 체인점을 두고 있다. 패스트푸드점보다는 비싸지만 일반 레스토랑보다 저렴하게 맛있는 햄버거를 먹을 수 있으며, 독특한 인테리어와 다양한 소스, 음료, 그리고 비건 메뉴까지 다양함을 갖추고 있다. 런치 세트는 버거 €10~13+€8.9에 음료와 사이드를 추가할 수 있다.

📍 Tal 10, 80331 München 🚶 마리엔 광장에서 도보 2분
🕐 월~목·일 11:00~24:00, 금·토 11:00~01:00 📞 +49 89 74038422
🏠 https://hansimglueck-burgergrill.de

뮌헨의 고급 식료품 브랜드 ······ ⑪
달마이어 Dallmayr

뮌헨의 유명한 식료품 전문점으로 카페와 레스토랑도 함께 운영한다. 1700년에 문을 열어 오랜 전통을 자랑하며 1933년에 시작된 커피는 지금도 독일 커피를 대표하는 유명한 브랜드로 자리 잡았다. 예쁘게 포장된 음식에서부터 품질 좋은 식재료에 이르기까지 구경하는 것도 재미다. 2층 카페는 항상 붐비는데 예약 필수인 런치 코스가 €35~39, 식사 시간 외에는 커피와 케이크를 맛보기 좋다. 대부분의 케이크가 맛있지만 특히 상큼한 맛의 카시스 베리Cassis(붉은색 베리 종류)와 초콜릿 무스가 인기다.

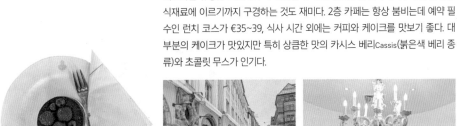

📍 Dienerstraße 14, 80331 München
🚶 마리엔 광장에서 도보 2분
🕐 **식료품점, 바, 카페** 월~토 09:30~19:00
❌ 일요일, 공휴일 ※영업시간 외에 오픈하거나 휴무하는 날이 가끔 있으니 홈페이지 참고 📞 +49 89 2135100
🏠 www.dallmayr.com

이탤리언 식료품점을 겸한 레스토랑 ······ ⑫
이탈리 Eataly

맛의 본고장 이탈리아의 토리노에서 2007년 처음 오픈한 이후 우리나라를 포함해 전 세계 40여 곳에 지점을 둔 이탤리언 비스트로 겸 식료품점이다. 독일에는 바로 이곳 뮌헨에 자리를 잡았다. 빅투알리엔 시장 부근에 위치하며 훌륭한 와인 셀렉션과 다양한 이탈리아 식재료로 가득하며, 생면으로 만드는 파스타와 화덕에 구운 피자가 인기다. 파스타 €16~30, 피자 €15~21.

📍 Blumenstraße 4, 80331 München   🚶 빅투알리엔 시장에서 도보 2분   🕐 월~토
(상점) 09:00~20:00, (레스토랑) 12:00~22:00   ❌ 일요일   🏠 https://eataly.net

대학가의 가성비 좋은 식당 ····· ⑬
슈타인하일 16 Steinheil 16

예술 지구에서 가성비 좋은 식당으로 유명한
곳이다. 슈타인하일은 식당이 위치한 골목길의
이름으로 주소를 그대로 식당명으로 사용하고
있다. 슈니첼, 소시지 같은 독일 음식들을 푸짐하면서도 합리적
인 가격에 먹을 수 있어 주변의 뮌헨 공대 학생들이 많이 찾는
다. 보통 €12~25 정도이고 오늘의 메뉴는 좀더 저렴하다.

📍 Steinheilstraße 16, 80333 München
🚶 U2·8 Theresienstraße역에서 하차, 도보 2분 🕐 11:00~01:00
📞 +49 89 527488 🏠 www.steinheil16.de

대학가의 분위기 좋은 카페 ····· ⑭
카페 재스민 Café Jasmin

슈타인하일과 같은 골목에 자리한 브런치 카페다. 인
테리어가 예뻐서 분위기가 좋으며 야외 테이블도 있다.
신선하고 건강한 재료로 만든 아침 식사와 브런치가
인기다. 가격대는 €10~20 정도이며 커피와 케이크도
맛있다.

📍 Steinheilstraße 20, 80333 Münche
🚶 U2·8 Theresienstraße역에서 하차, 도보 2분
🕐 10:00~01:00 📞 https://cafe-jasmin.com

예술 지구의 아이스크림 맛집 ····· ⑮
발라베니 아이스크림 Ballabeni Icecream

작은 아이스크림 가게지만 항상 사람들로 붐비는 이곳은 신선한
재료를 사용하는 수제 아이스크림이 유명하다. 끊임없는 실험과
시도를 통해 새로운 맛을 개발해내는 곳으로 다른 곳에서 찾기
어려운 독특한 맛이 많다. 특히 인기 있는 것은 레몬바질 맛으로
상큼한 레몬 향과 바질의 은은한 향이 잘 어우러진다.

📍 Theresienstraße 46, 80333 München 🚶 브란트호스트
미술관 바로 뒤 🕐 11:30~21:00(겨울에는 주말만)
📞 +49 89 18912943 🏠 https://ballabeni.com

이탈리아 가정식 맛집 ······ ⑯
모차모 Mozzamo

뮌헨에 3곳의 지점이 있는 이탈리언 레스토랑으로 모두 뮌헨 외곽에 있지만 그중 한 곳이 님펜부르크 궁전 근처에 위치해 함께 방문하기 좋다. 야외 테이블에도 좌석이 많으며 건물 내부도 꽤 넓고 쾌적하다. 신선하고 담백한 이탈리언 요리를 맛볼 수 있는 곳으로 대부분의 요리가 맛있다. 피자, 파스타 €20~24, 고기 요리 €28~35.

📍 Gaßnerstraße 1, 80639 München 🚶 님펜부르크 궁전에서 도보 7분 🕐 화~일 12:00~23:00(화~금은 브레이크 타임이 있고 주말은 1시간 연장 영업) ❌ 월요일 📞 +49 89 17118313
🏠 https://mozzamo.de

깔끔한 천연 아이스크림 ······ ⑰
파타곤 헬라도스 Patagon Helados

모차모 레스토랑 부근에 자리한 아이스크림 전문점으로 색소나 방부제를 사용하지 않는 천연 아이스크림으로 인기다. 요거트나 여러 가지 과일 맛도 좋지만 가장 인기 있는 것은 캐러멜과 피스타치오, 초콜릿 맛이다.

📍 Romanplatz 5, 80639 München
🚶 님펜부르크 궁전에서 도보 10분
🕐 월~목 11:00~20:00,
금~일 11:00~21:00
🏠 https://patagonhelados.com

가성비 좋은 베트남 식당 ······ ⑱
치투 Chi Thu

뮌헨에 4곳의 지점이 있는 깔끔한 분위기의 베트남 식당이다. 마땅한 식당이 별로 없는 독일 박물관 부근에 위치해 박물관에 가는 날 들르기 좋다. 반미 샌드위치와 번, 고이쿠온, 쌀국수 등 전형적인 베트남 음식이 주메뉴이며 여름철에는 시원하면서 달달한 베트남 냉커피도 인기다. 대부분의 메뉴가 €8~14.

📍 Morassistraße 2, 80469 München 🚶 S1·2·3·4·6·7·8 Isartor 역에서 하차, 도보 1분, 또는 독일 박물관에서 도보 5분
🕐 11:00~22:00 📞 +49 89 24223347 🏠 https://chithu.de

구시가지 초입의 화려한 백화점 ········ ①
오버폴링거 Oberpollinger

카를 광장에서 카를 문으로 들어서면 바로 왼쪽에 자리한 백화점이다. 100년이 넘는 역사를 자랑하며 외관은 고풍스럽지만 내부는 상당히 현대적이다. 명품 브랜드와 중고급 브랜드가 적절히 배합되어 있으며 디자이너 패션과 뷰티, 잡화 모두 다양하게 갖추고 있다.

📍 Neuhauser Straße 18, 80331 München
🏃 카를 문 바로 옆 🕐 월~토 10:00~20:00 ❌ 일요일
📞 +49 89 290230 🏠 https://oberpollinger.de

득템의 기회가 있는 디스카운트 스토어 ········ ②
TK 막스 TK Maxx

노이하우저 거리에 위치한 디스카운트 스토어 체인점으로 성 미하엘 교회 맞은편에 있다. 아웃렛 매장이다 보니 사이즈가 제한적이지만 잡화의 경우 다양한 아이템을 저렴하게 구입할 수 있어서 인기다. 평일 오전에 가야 물건도 많고 진열 상태도 낫다.

📍 Neuhauser Straße 19-21, 80331 München
🏃 카를 문에서 도보 2분 🕐 월~토 10:00~20:00 ❌ 일요일
📞 +49 89 2554170 🏠 www.tkmaxx.de

독일 최대 백화점 체인 ········ ③
갈레리아 백화점 Galeria Kaufhof

독일의 대형 체인 백화점 브랜드로 중앙역 부근에도 대형 매장이 있지만 구시가지의 중심인 마리엔 광장에도 매장이 있다. 번화가의 한복판이라 접근성이 좋아서 편리하게 쇼핑을 즐길 수 있으며, 꼭대기 층에는 카페테리아가 있어 간단히 식사를 할 수도 있다.

📍 Kaufingerstraße 1-5, 80331 München
🏃 마리엔 광장에서 도보 1분 🕐 월~토 10:00~20:00
❌ 일요일 📞 +49 89 231851 🏠 https://galeria.de

뮌헨에서 가장 오래된 백화점 ······ ④
루트비히 베크 LUDWIG BECK

마리엔 광장의 신 시청사 옆에 위치한 백화점으로, 1861
년 오픈한 뮌헨에서 가장 오래된 백화점이다. 고급 브랜
드가 많으며 뷰티 매장은 퓐프 회페 P.388에 따로 있다. 체
인 백화점이 아닌 뮌헨에만 있는 백화점이다.

📍 Marienplatz 11, 80331 München 🚶 구 시청사를 바라볼 때
바로 오른쪽 건물 🕐 월~토 10:00~20:00 ❌ 일요일
📞 +49 89 236910 🏠 https://ludwigbeck.de

대형 주방용품 전문점 ······ ⑤
쿠스터만 Kustermann

마리엔 광장과 빅투알리엔 시장 중간쯤 위치한 가정용품
전문 백화점이다. 주방용품의 강자 독일의 브랜드는 물론,
프랑스와 이탈리아의 유명 브랜드도 많으며 인테리어 소
품, 원예용품까지 다양하다.

📍 Viktualienmarkt 8, 80331 München
🚶 빅투알리엔 시장에서 도보 2분 🕐 월~토 10:00~19:00
❌ 일요일 📞 +49 89 237250 🏠 https://kustermann.de

작지만 독특한 건물이 인상적인 곳 ······ ⑥
호프슈타트 Hofstatt

갈레리아 백화점 뒤쪽으로 이어진 젠틀링거 거리
Sendlinger Straße에 자리한 작은 쇼핑몰이다. 입구에 아디
다스 매장이 있고 안쪽에 주로 중급 브랜드와 슈퍼마켓,
드러그스토어가 있어 현지인들이 많이 찾는다.

📍 Sendlinger Straße 10, 80331 München
🚶 마리엔 광장에서 도보 3분 🕐 월~토 10:00~20:00
❌ 일요일 📞 +49 89 14333650 🏠 https://hofstatt.info

독일 브랜드가 많은 패션 백화점 ······ ⑦
브로이닝거 Breuninger

호프슈타트 건너편에 자리한 패션 전문 백화점이다. 우리
에게 생소한 독일 브랜드가 많으며 지상층은 주로 의류와
일부 생활용품, 지하층에는 신발이 있다. 원래 코넨 백화
점이었는데 코로나 기간에 브로이닝거에서 인수했다.

📍 Sendlinger Straße 3, 80331 München
🚶 호프슈타트 건너편 🕐 월~토 10:00~20:00 ❌ 일요일
📞 +49 89 2444220 🏠 www.breuninger.com

현지인이 즐겨 찾는 쇼핑 거리 ······ ⑧
테아티너 거리 Theatinerstraße

레지덴츠 옆 오데온 광장Odeonsplatz에서 시작해 남쪽으로 마리엔 광장 북쪽까지 이어진 거리로 쇼핑몰과 여러 브랜드 매장들이 자리하고 있다. 보행자 전용 도로라 걷기 좋으며 퓐프 회페 쇼핑몰이 유명하다.

🚶 트램 19·31번 Marienplatz
(Theatinerstraße) 정류장 하차

도심 속 세련된 쇼핑몰 ······ ⑨
퓐프 회페 Fünf Höfe

5개Fünf 안뜰Höfe로 이루어진 쇼핑몰로 매장 수가 많지는 않지만 독특한 인테리어로 눈길을 끄는 곳이다. 도심 속 오아시스처럼 곳곳에 물과 나무를 배치했고 천장이 뚫려 있다. 상점뿐 아니라 카페, 바, 대형 슈퍼마켓 레베REWE도 있다.

📍 Theatinerstraße 15, 80333 München 🚶 마리엔 광장에서 도보 5분 🕐 월~금 10:00~20:00, 토 10:00~18:00(매장별, 계절별 상이) ❌ 일요일 🏠 https://fuenfhoefe.de/

조용한 명품 백화점 ······ ⑩
로덴프레이 Lodenfrey

퓐프 회페와 프라우엔 교회 중간에 자리한 명품 백화점이다. 규모가 크지는 않지만 셀렉션이 좋아서 명품 마니아들에게 인기 있는 곳으로 리미티드 에디션이나 빈티지 에디션 등 독특한 아이템도 있다.

📍 Maffeistraße 7-9, 80333 München 🚶 마리엔 광장에서 도보 4분 🕐 월~토 10:00~19:00 ❌ 일요일
📞 +49 89 210390 🏠 https://lodenfrey.com

뮌헨의 명품 거리 ······ ⑪
막시밀리안 거리 Maximilianstraße

구시가지의 북쪽 지역을 동서로 지나는 대로로 막스 요제프 광장Max-Joseph-Platz의 티파니와 루이 비통에서 시작해 동쪽 오페라 하우스 방향으로 약 500m에 걸쳐 샤넬, 에르메스 등 고급 명품점들이 이어져 있다.

🚶 트램 16·19번 Nationaltheater 또는 Kammerspiele 정류장 하차

유명 브랜드 아웃렛 타운 ······ ⑫
잉골슈타트 빌리지 Ingolstadt Village

뮌헨 근처의 소도시 잉골슈타트 외곽에 위치한 아웃렛 타운이다. 100개가 넘는 유명 브랜드를 연중 할인된 가격으로 쇼핑할 수 있는 곳이다. 독일 명품 의류 브랜드 보스Boss 매장이 상당히 크며 아르마니, 구찌, 프라다, 판도라, WMF 등이 인기다. 한국인 관광객이 많아 한국어 서비스도 있으며 빌리지 바깥쪽 K 뷰티 매장에는 한국 화장품도 있다. 레스토랑과 카페가 4~5개 있어 중간에 식사를 하거나 커피를 마실 수 있다. 쇼핑을 마친 후 안내 센터에서 면세 서류를 받는 것도 잊지 말자.

📍 Otto-Hahn-Straße 1, 85055 Ingolstadt 🕐 월~토 10:00~20:00 ❌ 일요일
📞 +49 841 8863100 🏠 https://ingolstadtvillage.com

찾아가기

① 차량
렌터카 이용이 가장 편리한 방법이다. 뮌헨에서 1시간~1시간 20분 정도 소요되며 대형 무료 주차장이 있다.

② 기차
조금 번거롭지만 가장 저렴한 방법. 뮌헨 중앙역에서 기차를 타고 잉골슈타트 중앙역 또는 북역에서 내려 20번 또는 22번 버스로 아웃렛까지 간다. 보통 1시간 40분 정도 소요되는데 버스 배차 간격이 커서 2시간 이상 걸릴 수도 있다.

③ 셔틀버스
아웃렛에서 운행하는 셔틀버스를 이용하면 이동 자체는 편리하지만 운행시간에 제한이 있고 여러 명이 간다면 요금도 비싼 편이다. 비수기에는 운행을 자주 안 하고 성수기에는 좌석이 빨리 매진되므로 반드시 홈페이지에서 스케줄을 확인하고 예약해야 한다.

🕐 09:30(Karlsplatz 11-12)
💶 €20(평일에는 할인하기도 한다.)

로만틱 가도와
알펜 가도가 만나는
아름다운 마을

퓌센
FÜSSEN

바이에른의 알프스 기슭에 조용히 자리한 이 작은 마을이 유명한 이유는
근교의 시골 마을 슈방가우Schwangau에 있는 노이슈반슈타인성 때문이다.
디즈니랜드의 심벌인 판다지랜드Fantasyland성을 연상시키는
이곳은 주변의 산과 호수가 어우러져 잠자는 숲속의 공주가 나올 듯한
아름다운 모습으로 관광객들을 맞이한다.

🏠 **관광 안내** www.fuessen.de

가는 방법

뮌헨에서 RB 기차로 2시간 정도 소요된다. 스케줄에 따라서 직행도 있지만 중간에 부흐로Buchloe에서 갈아타야 하는 경우도 있다. 퓌센역에서 내리면 역 앞 버스 정류장에서 73번 또는 78번 버스를 타고(바이에른 티켓 사용 가능) Schloss Neuschwanstein(노이슈반슈타인성) 정류장 하차, 다시 셔틀버스로 성 근처까지 간다. 셔틀버스는 왕복 €3로 겨울철 악천후로 운행이 중지되면 걸어가거나 마차를 타야 한다.

추천 코스

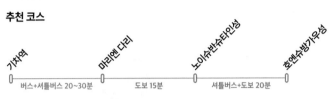

기차역 — 버스+셔틀버스 20~30분 — 마리엔 다리 — 도보 15분 — 노이슈반슈타인성 — 셔틀버스+도보 20분 — 호엔슈방가우성

베스트 포토존

산 위에 아름다운 자태로 서 있는 노이슈반슈타인성은 마을 곳곳에서 볼 수 있다. 하지만 인증샷을 찍으려면 좀 더 가까이 다가가야 한다. 성으로 들어가기 전에 성의 모습을 담을 수 있는 포토존이 있으니 꼭 들러보자. 이정표가 있어 찾기 쉽다.

마리엔 다리 Marienbrücke

성으로 가는 길에 둘러볼 수 있는 유명한 전망 다리다. 성을 오가는 셔틀버스에서 내리면 블레케나우 Bleckenaustraße 길인데, 여기서 이정표와 함께 갈림길이 나온다. 성으로 가기 전에 마리엔 다리 이정표를 따라 조금만 걸어가면 산속에 다리가 나오고, 이 다리에 서면 노이슈반슈타인성의 뒷모습이 가까이 보인다.

🚶 기차역 앞에서 Schwangau행 73번·78번 버스 승차 후 Schloss Neuschwanstein 정류장 하차, 매표소를 지나 Bergfahrt 앞에서 출발하는 셔틀버스로 성 근처 하차, 도보 4분 ★ 셔틀버스 정류장은 한 곳뿐

파노라마블릭 슈방가우 Panoramablick Schwangau

성으로 올라가는 길목에 자리한 전망 포인트다. 노이슈반슈타인성이 나무들에 가려진 모습으로 가까이 보이고, 멀리 노란색의 슈방가우성과 알프 호수까지 다 보인다. 망원경도 갖춰져 있다.

🚶 셔틀버스 하차 후 이정표를 따라 도보 3분

노이슈반슈타인 뷰 포인트 Neuschwanstein Viewpoint

성 초입의 주차장을 지나 성과 가장 가까운 곳에 위치한 전망대다. 절벽 위로 난간이 설치되어 사진을 찍기 좋으며 멀리 알프 호수를 배경으로 평화로운 전원 풍경과 함께 성의 전면이 잘 보인다.

🚶 셔틀버스 하차 후 이정표를 따라 도보 10분

동화 속의 아름다운 성

노이슈반슈타인성
Schloss Neuschwanstein

바이에른 왕국의 루트비히 2세가 1869년부터 짓기 시작한 아름다운 성이다. 음악과 미술에 관심이 많던 루트비히 2세는 바그너의 열렬한 후원자로 그의 오페라 〈로엔그린〉 중 백조의 전설에서 영감을 얻어 성의 이름을 지었다고 한다. 오페라에 심취했던 그는 오페라의 주인공이 사는 곳을 꿈꾸며 자신이 직접 설계에 나섰고 성 곳곳에 오페라의 장면들을 벽화로 옮겼다. 막대한 부를 동원해 축성하기 시작한 이 성은 열악한 입지 조건과 재정 곤란을 무릅쓰고 진행되었으나 1886년 루트비히 2세가 의문의 죽음을 당하면서 끝내 완공을 보지 못했다. 그는 먼저 지은 성의 입구 부분에 몇 차례 머물렀을 뿐이다. 성 내부는 가이드 투어로만 입장할 수 있으며 루트비히 2세의 열정과 로망이 담긴 독특한 인테리어를 볼 수 있다.

＊ 내부 사진 촬영 금지

📍 Neuschwansteinstraße 20, 87645 Schwangau
🚶 마리엔 다리 근처 셔틀버스 정류장에서 도보 10분
💶 성인 €21(+€2.5 온라인 예매 수수료) 🕐 4월~10월 중순 09:00~18:00, 10월 중순~3월 10:00~16:00 ❌ 12월 24일·25일·31일, 1월 1일 🏠 www.neuschwanstein.de

노이슈반슈타인성에 들어가려면 꼭!
① 영어·독어로 된 가이드 투어로만 입장 가능하다. 예매 시 오디오 가이드는 한국어로 선택 가능하다.
② 투어 소요시간은 약 35분. 165개의 계단을 오르고 181개의 계단을 내려가야 하므로 편한 신발을 준비하자.
③ 여름 성수기에는 티켓이 일찍 매진되니 인터넷으로 서둘러 예매하자.(수수료 추가)
④ 간단한 보안 검색이 있으니 투어 시작 30분 전까지 도착하자.
⑤ 큰 가방은 근처 로커에 보관해야 하며, 성 입구로 들어간 뒤 다시 가이드 투어 시간에 맞춰 성 내부로 들어갈 수 있다.

가이드 투어 시간이 화면에 뜨면 자동 출입구에서 티켓을 스캔하고 입장한다.

루트비히 2세가 자란 성
호엔슈방가우성 Schloss Hohenschwangau

노이슈반슈타인성 건너편의 나지막한 산 위에 있는 성으로 루트비히 2세의 아버지 막시밀리안 2세가 네오고딕 양식으로 축성한 것이다. 루트비히 2세가 어린 시절 살았던 곳으로 정원도 상당히 아름답다. 이곳에서 올려다보는 노이슈반슈타인성은 마리엔 다리에서 바라보는 모습과는 또 다른 아름다움을 드러낸다. 성의 내부는 진귀한 예술품들로 장식되어 있다. 이곳 역시 백조를 형상화한 물건들이 있으며 왕이 바그너와 함께 연주했다는 피아노도 있다.

★ 내부 사진 촬영 금지

♥ Alpseestraße 30, 87645 Schwangau ☆ 버스 73·78번 Schloss Neuschwanstein 정류장 하차, 도보 10분(노이슈반슈타인성에 갈 때 내린 버스 정류장의 반대 방향에 위치한다.) ❻ 성인 €23.5(+€2.5 온라인 예매 수수료) ※노이슈반슈타인성과 통합권이 좀 더 저렴하다. ◷ 4월~10월 중순 09:00~16:30, 10월 중순~3월 10:00~16:00 ✖ 12월 24일·25일·31일, 1월 1일 ♠ www.hohenschwangau.de

노이슈반슈타인성

바이에른 왕실의 유물이 가득
바이에른 왕실 박물관
Museum der bayerischen Könige

루트비히 2세의 서거 125주년을 기리며 2011년에 오픈한 박물관이다. 루트비히 2세와 그의 아버지 막시밀리안 2세는 물론, 바이에른 비텔스바흐 왕가의 역사를 다루며 화려한 물품들을 전시하고 있다. 알프 호수 바로 옆에 자리해 주변의 경치가 아름답다.

★ 내부 사진 촬영 금지

♥ Alpseestraße 27, 87645 Schwangau ☆ 알프 호수 바로 옆 ❻ 성인 €14.5(+€2.5 온라인 예매 수수료) ※통합권이 그나마 덜 비싼데, 하루 내에 모두 방문해야해 굳이 추천하지 않는다. ◷ 09:00~17:00 ♠ https://hohenschwangau.de

•

비운의 왕 루트비히 2세의
아름다운 성

남부 독일의 아름다운 성들에 관심이 있는 사람이라면 루트비히 2세에 대해
들어본 적이 있을 것이다. 비운의 왕, 은둔의 왕, 또는 미치광이 왕으로
알려진 루트비히 2세는 전설 같은 이야기로 사람들의 호기심을 자극하는 인물이다.
그에 대한 평가는 지금도 분분하지만, 그가 남긴 성들 덕에 독일이
오늘날까지 수많은 관광객을 불러 모은다는 것은 변함없는 사실이다. 동화 속에 나올 듯한
아름다운 성들을 현실로 옮겨놓은 그의 열정과 독특했던 취향을 만나보자.

루트비히 2세
Ludwig Otto Friedrich Wilhelm

1845년 바이에른 왕국의 3대 국왕인 막시밀리안 2세
Maximilian II의 아들로 태어났다. 1864년 아버지 막시
밀리안 2세의 이른 서거로 19세의 어린 나이에 왕위
에 올랐으며, 3년 후 바이에른 공작의 딸과 약혼했다
가 파혼한 이후 평생 독신으로 지냈다. 뮌헨에서 태어
나 퓌센 근교의 전원 지역인 슈방가우에서 자랐으며,
정치보다는 예술, 특히 오페라에 심취해 오페라에 나
오는 아름다운 성을 짓는 일에 몰두했다. 은둔의 왕으
로 불리는 그는 바이에른의 조용하고 은밀한 지역에
3개의 성을 지었다. 당시에는 국정보다 음악이나 건축
에 빠져 왕실의 재정을 어렵게 했다는 비판을 받았지
만 오늘날 독일 관광 산업에 큰 기여를 하고 있으니 아
이러니가 아닐 수 없다. 안타깝게도 루트비히 2세가 살
아생전에 제대로 머물렀던 곳은 린더호프성뿐이었다.
헤렌킴제성이 완공되고 1년 후에 의문의 죽음을 당해
가장 아름답다고 불리는 노이슈반슈타인성의 완공은
끝내 보지 못했다. 그가 사망하기 며칠 전 그는 정신병
자라는 명목으로 폐위되었으며, 결국 슈타른베르크 호
수에서 시신으로 발견되었다. 루트비히 2세는 키가 매
우 크고 수영을 잘했다고 하며 호수도 깊지 않아 익사
에는 많은 의문점을 남겼다.

① 님펜부르크 궁전
태어난 곳.

② 호엔슈방가우성
유년시절을 보낸 곳.

③ 레지덴츠
왕위에 올라 국정을 보던 곳.

④ 린더호프성
자신이 지은 성 중 유일하게 살았
던 곳으로 산속 깊이 위치.

⑤ 헤렌킴제성
외딴 섬 안에 지은 베르사유 궁전
의 축소판으로 잠시 방문한 곳.

⑥ 노이슈반슈타인성
산 위에 위치하며 성의 일부에서 잠
시 머물렀으나 그의 사후 1892년에
완공.

바이에른 3대 성 투어 (루트비히성 투어)

루트비히 2세가 지은 린더호프성, 헤렌
킴제성, 노이슈반슈타인성 3곳은 한국
인 여행자들에게 가장 인기 있는 코스
다. 그가 남긴 바이에른의 성들은 모두
아름답지만 대중교통이 불편해 렌터카
로 가거나 투어를 이용하는 것도 좋다.
각각 하루씩 잡아야 하지만 무리한다면
노이슈반슈타인성과 린더호프성을 하
루에 볼 수도 있다.

루트비히성 통합권 Königsschlösser
루트비히 3대 성을 14일 안에 모두 볼
수 있는 통합권이 있는데, 각각 구입하
는 것보다 조금 저렴하다.

€ 성인 €40
🏠 www.schloesser.bayern.de

깊은 산속의 아담한 성
린더호프성 Schloss Linderhof

독일 남부의 작은 마을 오버아머가우에서 더 깊이 들어가 은둔자의 성처럼 조용히 자리한 성이다. 루트비히 2세가 지은 3개 성 중 가장 작지만 1879년 가장 먼저 완성되어 그가 유일하게 살았던 곳이다. 로코코 양식의 아름다운 성과 정원, 그리고 사람들을 피해 은신처처럼 자신만의 세상에서 살았던 루트비히 2세의 비극적인 이야기로 많은 사람의 관심을 끌고 있다. 건물의 규모는 작지만 매우 화려한 것이 특징이다. 타피스트리 룸 창 밖으로 비너스 정원 쪽의 계단이 보

이고, 침실의 침대, 식당의 식기, 수저, 식탁이나 거울의 방 등에서는 아름다움보다 사치스러움이 느껴진다. 성 뒤쪽으로 이어진 정원과 계단식 분수, 포세이돈 분수, 비너스 동굴, 무어인의 정자 등 다른 볼거리도 많다.

📍 Linderhof 12, 82488 Ettal
🚶 오버아머가우역 앞에서 9622번 버스를 타고 종점에서 하차, 이정표를 따라 도보 5분
💶 성인 €10~13(계절별, 포함 내역에 따라 상이)
🕐 4월~10월 중순 09:00~18:00, 10월 중순~3월 10:00~16:30 ★ 날씨에 따라 변경될 수 있으며 겨울에는 일부 폐쇄 📞 +49 8822 92030
🏠 www.schlosslinderhof.de

섬 속에 숨겨진 아름다운 성

헤렌킴제성 Schloss Herrenchiemsee

뮌헨에서 1시간 남짓 걸리는 바이에른 동남부의 커다란 킴 호수 안에 자리한 헤렌섬에 지은 성이다. 루트비히 2세가 루이 14세의 베르사유 궁전을 보고 감동을 받아 그 축소판으로 지은 것이라 전체적인 느낌이 비슷하며 내부 구조도 베르사유 궁전과 같이 '거울의 방Spiegelgalerie'이 있다. 특히 침실Paradesschlafzimmer은 다른 궁전들에 비해 상당히 화려하게 장식했으며 예배당과 비슷하게 꾸며져 있다. 시간이 된다면 궁전 안에 있는 루트비히 2세 박물관도 방문해보자. 궁전 내 정원도 화려하게 꾸며져 있으며 산책을 즐기기에 좋다.

©Guido Radig 거울의 방

📍 83209 Herrenchiemsee 💶 통합권(성인) €11 🕐 궁전 4월 중순~10월 중순 09:00~18:00, 10월 중순~3월 10:00~16:45(궁전은 가이드 투어만 가능)
📞 +49 8051 68870 🏠 www.herrenchiemsee.de

라토나 분수

헤렌킴제성 찾아가기

뮌헨에서 기차로 Prien am Chiemsee(프린 암 킴제)까지 간 후, 유람선으로 갈아탄다. 역에서 선착장까지는 도보 20분인데, 여름에는 역 뒤에서 열차가 선착장까지 운행한다.(유람선과 통합티켓 판매.) 유람선으로 헤렌섬에 도착하면 성까지 도보 15분(마차 이용 가능) 정도 소요된다.

신 궁전

알프스와 맞닿은
전원 마을들이 이어진 길

알펜 가도
Alpen Straße

독일 남부에는 알프스의 웅장한 산세와 더불어 계곡 사이의 구릉지대에
옹기종기 자리한 아름다운 마을들이 이어진다. 여름에는 푸른 목초지가 펼쳐지고,
겨울이 되면 온 세상이 하얗게 변한 그림 같은 풍경 속에서 고요히
눈을 맞고 있는 예배당의 평화로움을 느낄 수 있는 곳이다.
이처럼 독일의 남쪽 끝 스위스와의 국경 도시인 린다우에서부터 오스트리아와
인접한 베르히테스가덴까지 알프스 산자락을 따라 이어지는 약 480km 길을
'알펜 가도Alpen Straße'라고 한다. 여름에는 호수와 산을 즐기기 위해,
겨울에는 스키와 온천을 즐기기 위해 많은 사람이 찾는다.

가는 방법

알펜 가도를 한 번에 연결해주는 대중교통 수단은 없기 때문에 렌터카를 권한다. 알프스 기슭 마을들을 여유롭게 구경하기에도 좋고 국도 자체가 아름다워 드라이브 코스로도 훌륭하기 때문이다. 하지만 대중교통을 이용해야만 하는 상황이라면 몇 군데 도시를 선택해 한 곳씩 이동하면서 다니는 방법이 있다. 배차 간격이나 소요시간 등을 고려할 때 불편하기는 하지만 주요 도시 간에는 버스 편이 있고 조금 돌아간다면 열차도 이용할 수 있다.

추천 코스

알펜 가도 여행의 일정을 짤 때는 먼저 출발 도시를 뮌헨으로 잡는다. 뮌헨은 알펜 가도의 동선에서 조금 떨어져 있지만 그 주변에서 가장 접근성이 뛰어난 대도시다. 렌트를 하더라도 뮌헨에서 시작하는 것이 좋으며 버스나 기차 편도 마찬가지다. 마을들을 여유 있게 돌아본다면 일주일 정도 잡아 각 마을에서 하루씩 묵는 것이 좋고, 짧은 일정으로 가볍게 돌아본다면 기본 숙박지는 뮌헨으로 하고 한두 마을에서 숙박하는 것도 괜찮다.

알펜 가도와
로만틱 가도가 만나는 곳

알펜 가도는 독일 남쪽의 알프스를 따라 동서로 이어진 길이고, 로만틱 가도는 독일 중부 내륙에서 남쪽 방향의 로마를 향해 남북으로 이어진 길이다. 이 두 가도는 퓌센에서 만나게 된다. 사실 비스 교회는 두 가도와 상관없는 외딴 교회지만 위치상 두 가도가 지나는 곳에서 가까워 함께 묶어 여행하기 좋다.

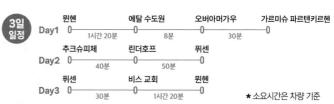

★소요시간은 차량 기준

스위스를 품은 호반 도시
린다우 LINDAU

알펜 가도 코스의 처음 또는 마지막 도시다. 서쪽 끝에 자리한 도시로, 오스트리아, 스위스와 맞닿은 호반 도시이자 휴양 도시. 보덴 호수에 떠 있는 린다우섬은 육지와 다리로 연결되어 기차로도 들어갈 수 있다. 도시를 상징하는 랜드마크는 바이에른 사자상Bayerischer Löwe의 방파제와 새 등대Neuer Leuchtturm가 지키고 있는 린다우 항구Lindau Hafen다. 주변에 카페와 레스토랑이 있으며 항구 끝에는 로마 시대 유적지인 로마 요새Römerschanze가 있어 보덴 호수의 전경을 감상할 수 있다. 린다우섬의 번화가는 막시밀리안 거리Maximilianstraße로 상점과 카페들이 늘어서 있으며, 중간에 아름다운 프레스코 벽화가 눈에 띄는 구 시청사가 있다. 막시밀리안 거리가 끝나면 중앙에 분수가 있고 성당과 박물관이 자리한 마르크트 광장이 나온다.

🚶 뮌헨에서 린다우 중앙역Lindau Hbf까지 ECE 기차로 1시간 55분, RE·RB 기차로 2시간 25분 🏠 www.lindau-tourismus.de

평화로운 목장의 성지 순례지
비스 교회 Wieskirche 유네스코

알프스 초원의 작은 마을에 자리한 이 교회는 소박해 보이지만 유네스코 세계문화유산이다. "목장의 기적"이라 불리는 이 교회의 유래는 1730년으로 거슬러 올라간다. 어느 날 수도자가 만든 '채찍을 맞은 예수상'이 수도원 행사 후 버려져 있는 것을 농부 마리아가 농가로 가져가 열심히 기도를 드리자 예수상이 눈물을 흘리는 기적이 일어난 것이다. 이 소식이 널리 알려져 순례자들이 찾아오면서 교회를 지었다고 한다. 당시 건축의 거장 도미니쿠스 치머만이 설계를 맡았으며 바이에른 로코코 양식의 완벽한 작품으로 꼽힐 만큼 예술성을 인정받으면서 관광객들에게도 유명해졌다. 자그마한 교회 안을 화사한 장식과 프레스코화들이 가득 채우고 있으며, 무거운 주제라 할 수 있는 〈최후의 심판〉을 우아하고 부드러운 기법으로 풀어냈다.

📍 Wies 12, 86989 Steingaden 🚶 퓌센역에서 9606번 버스로 50분(또는 오버아머가우역에서 40분) 정도 소요되는데 운행 편수가 적어 불편하다. 렌터카로는 퓌센에서 30분 정도 소요된다. ⏰ 1·2·11·12월 08:00~17:00, 3·4·9·10월 08:00~19:00, 5~8월 08:00~20:00 ※ 예배나 행사 중에는 입장할 수 없으니 홈페이지에서 미리 스케줄을 확인하자. 📞 +49 8862 932930 🏠 www.wieskirche.de

프레스코화 가득한 알프스 마을

오버아머가우 OBERAMMERGAU

알프스의 정취가 듬뿍 담긴 예쁜 마을이다. 주변에 에
탈 수도원과 린더호프성이 있어 하루 머물면서 여행
하기 좋다. 마을의 번화가인 도르프 거리Dorfstraße
로 들어서면 골목 안쪽에 17세기부터 지금까지 공연
이 이어지는 그리스도 수난 극장Passionstheater과 화
려한 프레스코 벽화의 필라투스하우스Pilatushaus
가 있고, 청동 돔 지붕이 눈에 띄는 페터와 파울 교회
Katholischekirche Sankt Peter und Paul가 보인다. 도르프
거리가 끝나면 에탈러 거리Ettalerstraße가 시작되는데,
이 길을 걸으며 마을 곳곳의 상점이나 민가의 프레스
코화를 감상하는 것이 여행 포인트다. 벽화의 주제는
주로 성경 이야기지만 간혹 〈빨간 모자〉, 〈헨델과 그레
텔〉 등의 동화 벽화도 있다.

🚶 뮌헨에서 기차로 가려면 뮈르나우Mürnau에서 갈아타야
한다. 뮌헨에서 뮈르나우까지는 1시간, 뮈르나우에서
오버아머가우까지는 40분 정도로 환승 시간까지 총 1시간
50분 정도 소요된다.(RB 열차 기준)
🏠 www.oberammergau.de

필라투스하우스

페터와 파울 교회

고요하고 웅장한 수도원

에탈 수도원 유네스코

Kloster Ettal

조용한 시골 마을에 어울리지 않는 웅장한 모습의 이 수도원은 가로, 세로 각
100m 길이의 대형 건축물로 베네딕트 수도회 수도원 건물로는 가장 큰 규모다.
알프스 산기슭의 작은 마을 에탈에 우뚝 서서 푸른 산을 배경으로 그림 같은 풍
경을 만들며 마을로 진입하는 순간부터 위용을 드러낸다. 에탈Ettal은 '맹세의 계
곡'이란 뜻이다. 루트비히 4세가 성모 마리아에게 이곳에 수도원을 짓겠다고 맹
세했고, 그의 사후인 1370년에 완공되었다. 18세기에 화재로 소실되어 고딕과
바로크 양식으로 재건되었는데, 내부는 화려한 바로크 장식과 중앙 돔의 프레스
코 천장화가 시선을 압도한다. 성 베네딕트의 가르침을 따라 산 성인과 수도자

들이 하느님을 찬미하는 모습이 그려져 있다.
대성당 안쪽에는 항상 미사가 열리는 현대적
인 예배당이 있다. 에탈 수도원은 유럽 베네딕
트회 수도원 중에서도 대표적인 성모 신심 순
례지로 꼽혀 매해 수많은 순례객의 발걸음이
이어지고 있다.

📍 Kaiser-Ludwig-Platz 1, 82488 Ettal
🚶 오버아머가우 기차역 앞에서 린더호프행 9622번
버스를 타면 중간에 수도원 근처에서 정차한다.
운행 편수가 적으니 미리 알아두는 것이 좋다.
🕐 08:30~17:30(점심시간 휴무) 📞 +49 8822
740 🏠 http://abtei.kloster-ettal.de

독일 알프스의 정취를 그대로

가르미슈 파르텐키르헨 GARMISCH PARTENKIRCHEN

조금은 딱딱하고 철저함이 느껴지는 독일이지만 남쪽 지방의 알프스 기슭에는
너무나 평화롭고 전원적인 모습을 한 작은 마을이 있다. 알펜 가도의 중간에 자
리한 이곳에 하얀 눈으로 뒤덮이는 겨울이 찾아오면 도시 전체의 인구 수보다도
많은 방문객이 모여든다. 동계 올림픽이 열렸을 정도로 겨울 스포츠의 천국이면
서 여름에는 알프스 봉우리의 만년설과 아름다운 하이킹 코스로 인기 있는 휴양
도시다.

🚶 뮌헨에서 RB·RE 직행 열차로 1시간 15분, 직행 버스로 1시간 25분 정도 걸린다.
🏠 www.garmisch-partenkirchen.de

긴 지명의 유래

이름을 읽기조차 어려운 가르미슈 파르텐
키르헨은 원래 가르미슈, 그리고 파르텐키
르헨이라는 2개의 마을이었다. 각자의 역
사와 색채를 지닌 마을이었으나 1935년
히틀러가 동계 올림픽 개최를 목적으로
하나의 마을로 통합했다. 이름이 길다 보
니 사람들은 편의상 가르미슈라 부르는데
이 점은 아직도 파르텐키르헨 주민들의 원
성을 사고 있다. 기차역은 가르미슈와 파
르텐키르헨이 만나는 지점에 위치해 있으
며, 역을 중심으로 서쪽이 가르미슈, 동쪽
이 파르텐키르헨이다.

가르미슈 지역 Garmisch

가장 번화한 지역으로 다양한 상점과 식당, 슈퍼마켓이 있어
여행자들이 많이 모이는 곳이다. 마을의 중심 공원이자 관광
안내소 바로 옆에 자리한 쿠어파크Kurpark에서는 한여름에 야
외 음악제가 열리기도 한다. 마을 안쪽으로 들어가면 중세의
뾰족한 첨탑을 한 장크트 마르틴 구 교회Alte Kirche St. Martin
와 바로크풍 돔 지붕의 교구 교회인 장크트 마르틴 신 교회
Pfarrkirche St. Martin가 있다.

©Tom Gonzales 장크트 안톤 순례 교회

파르텐키르헨 지역 Partenkirchen

가르미슈 지역보다 편리함은 덜하지만 전원적인 모습을 풍긴
다. 중심가에도 전통 그대로 채색된 집들이 남아 있으며 평범
한 독일의 시골 마을 모습을 볼 수 있다. 가장 유명한 볼거리는
얕은 언덕에 자리한 장크트 안톤 순례 교회Wallfahrtskirche St.
Anton다. 아름다운 교회의 장식은 18세기 로코코 양식의 멋을
보여준다. 마을 북쪽 끝자락의 철학자의 길Philosophenweg도
차분한 산책로로 인기다.

깊은 산속의 아름다운 마을
베르히테스가덴
BERCHTESGADEN

독일과 오스트리아의 국경지대에 자리한 아름다운 마을이다. 독재자 히틀러가 최고 권력기에 애용했던 별장이 있는 것으로 유명하며, 깊은 산속의 호숫가에 자리한 조용한 수도원도 아름다운 명소로 잘 알려져 있다. 뮌헨에서 당일치기를 하기보다는 알펜 가도가 끝나는 도시로서 여행을 마무리하기에 좋다.

🚶 뮌헨에서 BRB 기차로 2시간 30분 소요, 직행은 없고 대부분 프라이라싱Freilassing에서 환승해야 한다. 🏠 www.berchtesgadener-land.com

켈슈타인하우스 Kehlsteinhaus

히틀러가 그의 추종자로부터 헌납받은 별장으로, 해발 1834m 켈슈타인 산꼭대기에 있다. 건물 자체보다는 이곳에서 보이는 풍광이 빼어나다. 험한 바위산 위에 도로를 내느라 당시의 최첨단 공법이 총동원되었으며, 폐쇄공포증이 있는 히틀러를 배려해 산을 뚫고 올라가는 엘리베이터를 매우 넓게 설치한 것이 특징이다. 켈슈타인하우스 조금 위쪽에 자리한 십자가가 켈슈타인 정상 Kehlstein-Gipfel인데, 여기서 켈슈타인하우스와 함께 멀리 알프스의 전경을 감상할 수 있으며 주변에 다양한 하이킹 코스가 있다.

📍 Kehlsteinhaus, 83471 Berchtesgaden 🚶 베르히테스가덴역에서 838번 버스로 켈슈타인 광장(Kehlsteinplatz) 하차, 여기서 다시 전용 셔틀버스를 타면 산으로 오르는 엘리베이터 입구다. 💶 셔틀버스 €3, 엘리베이터 €32 🕐 (날씨에 따라) 5월 초~10월 말 08:30~16:50 ❌ 11월~4월 📞 +49 8652 2969 🏠 www.kehlsteinhaus.de

성 바르톨로메 수도원 Kirche St. Bartholomä

알프스 봉우리들이 병풍처럼 둘러싸인 깊은 산속의 아름다운 호수 쾨니히호Königsee 안에 숨겨진 듯 조용히 자리한 수도원이다. 하얀 건물에 빨간 지붕의 수도원이 호수 위에 고요히 떠 있어 그림 같은 풍경을 연출한다. 그리스도의 열두 제자 중 하나인 바르톨로메의 이름을 딴 수도원으로 1134년 순례자들을 위해 지었다가 1697년 현재 모습의 바로크 양식 예배당으로 재건했다. 19세기 바이에른 왕들의 사냥을 위한 산장으로 이용되기도 했으며, 현재는 성당 미사는 물론 음악회, 결혼식 등으로 일반인들에게 개방하고 있다.

📍 83471 Schönau am Königssee
🚶 쾨니히 호수 선착장에서 보트로 35분 💶 보트 왕복 €22.8 📞 +49 8051 966580 🏠 **수도원** www.schloesser.bayern. de **보트** www.seenschifffahrt

종교 개혁이 마무리된
역사적인 도시

아우크스부르크
AUGSBURG

#로만틱 가도 #기독교 화합 #푸거 가문
#아우크스부르크 종교 회의

기원 전 로마의 초대 황제 아우구스투스 시절에 건설한 오래된 도시.
중요한 교역로 역할을 하면서 상공업과 수공업이 발달했으며,
르네상스 시대에는 예술가들의 활동이 활발해 문화 도시로
성장했다. 이러한 배경에는 막강한 경제력을 지녔던 푸거 가문을
빼놓을 수 없으며 지금도 그 흔적을 찾아볼 수 있다.
뿐만 아니라 루터의 종교 개혁으로 촉발된 종교 전쟁이
결국 화해로 마무리된 역사적인 장소다.

🏠 관광 안내 www.augsburg-tourismus.de

가는 방법·시내 교통

과거 상공업의 도시였던 만큼 교통이 발달했다. 뮌헨 중앙역에서 기차 ICE로 30~40분 정도 걸려 당일치기로 다녀오기 좋다. 시가지 안에서는 대부분 걸어서 다닐 수 있지만 중앙역에서 구시가지 중심 광장까지는 1km 정도를 걸어야 하므로 버스나 트램을 이용하는 것도 좋다.

🏠 www.avv-augsburg.de

추천 코스

볼거리가 조금 흩어져 있는 편이지만 시내를 중심으로 반나절에서 하루 정도 잡으면 된다.

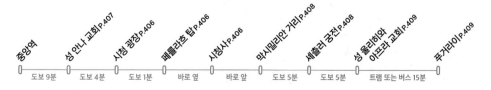

중앙역 — 도보 9분 — 성 안나 교회 P.407 — 도보 4분 — 시청 광장 P.406 — 도보 1분 — 페를라흐 탑 P.406 — 바로 옆 — 시청사 P.406 — 바로 앞 — 막시밀리안 거리 P.408 — 도보 5분 — 셰츨러 궁전 P.408 — 도보 5분 — 성 울리히와 아프라 교회 P.409 — 트램 또는 버스 15분 — 푸거라이 P.409

구시가지의 중심 광장 ⋯⋯ ①

시청 광장 Rathausplatz

아우크스부르크의 중심 광장으로 시청사와 페를
라흐 탑이 웅장한 모습으로 서 있다. 광장 한쪽에
는 로마 황제 아우구스투스를 기념한 아우구스투
스 분수Augustusbrunnen가 있다. 광장 주변에는 노
천 카페들이 있고 각종 행사가 열리며 겨울에는 크
리스마스 마켓으로 화려함을 더한다.

📍 Rathausplatz, 86150 Augsburg 🏃 중앙역에서
도보 12분, 또는 트램 1·2번 Rathausplatz 정류장 하차,
바로 앞

독일 르네상스 건축의 걸작 ⋯⋯ ②

시청사 Rathaus

독특한 육면체의 이 건물은 아우크스부르크의 전성기였던 르네상
스 시대 영광의 결과물이라고 할 수 있다. 1620년에 지어 제2차 세
계 대전에 파괴되었다가 여러 차례 재건해 현재의 모습을 갖추었다.
건물의 윗부분에 신성 로마 제국의 상징인 쌍두 독수리가 있고 그
위에는 아우크스부르크의 상징인 솔방울이 있다. 내부의 3층에는
천장과 벽이 금과 회화로 장식된 황금의 방Goldener Saal이 있는데,
독일 르네상스의 진수를 보여주는 화려한 방으로 유명하다.

⭐ 현재 공사 중으로 2026년 봄까지 폐관 예정

📍 Rathausplatz 2, 86150 Augsburg 🏃 시청 광장 바로 앞
📞 +49 821 3240 🏠 www.augsburg.de

아우크스부르크의 전경이 한눈에 ⋯⋯ ③

페를라흐 탑 Perlachturm

시청사 옆에 서 있는 이 시계탑은 10세기에 주변을
감시하는 망루의 역할을 하기 위해 지은 것으로 시
청사와 더불어 아우크스부르크의 랜드마크다. 높
이는 70m에 달하며 258개의 계단을 통해 전망대
에 오르면 바로 옆 시청사의 청동 돔이 손에 잡힐
듯 가까이 보이고, 막시밀리안 거리 끝의 성 울리히
와 아프라 교회가 한눈에 들어온다.

📍 Rathausplatz 2, 86159 Augsburg
🏃 시청 광장 바로 앞 🕐 현재 공사 중으로 2027년 재개장
예정 📞 +49 821 502070

돔(대성당) Augsburger Dom

구시가지 북쪽에 자리한 이 웅장한 성당은 기록에 처음
등장한 것이 822년으로 최소 1,200년이 넘은 오래된 성
당이다. 11세기에는 로마네스크 양식, 14세기에는 고딕
양식으로 시대에 맞게 증축되면서 지금의 모습을 갖추게
되었다. 성당 옆에는 과거 로마 시대 유적이 그대로 보존
되어 있으며, 성당 뒤편으로 가면 1530년 종교 개혁 당시
'아우크스부르크 신앙고백'이 있었던 주교의 궁이 있다.

📍 Frauentorstraße 1, 86152 Augsbur 🏃 트램 2번,
버스 91번 Dom/Stadtwerke 정류장에서 하차, 도보 2분
🕐 07:00~18:00(미사 중 관광 불가) 📞 +49 821 31668511
🏠 https://bistum-augsburg.de

주교의 궁

성 안나 교회 St. Anna-Kirche

1321년에 지은 교회로 야코프 푸거Jakob Fugger가 묘지로 사용하기 위해 확장
한 푸거 예배당이 있다. 푸거는 당시 황제와 교황에게까지 영향력을 미친 막대한
자본가였다. 그리고 교회 2층에는 종교 개혁 초창기였던 1518년 마르틴 루터가
잠시 머물렀던 것을 기념하는 '루터의 계단Lutherstiege'이라는 작은 박물관이 있
다. 교회 앞의 작은 광장은 마르틴 루터 광장이며 뒤쪽으로 푸거 광장에
는 푸거의 동상이 있다.

📍 Im Annahof 2, 86150 Augsburg
🏃 시청 광장에서 도보 3분, 또는 중앙역에서
도보 9분 🕐 월 12:00~18:00, 화~토 10:00
~18:00, 일 10:00~12:30, 15:00~16:00
(겨울철 매일 1시간 단축 운영)
📞 +49 821 450175100
🏠 www.st-anna-augsburg.de

아우크스부르크의
중심 번화가 ⑥
막시밀리안 거리
Maximilianstraße

시청 광장에서부터 울리히 광장까지 뻗은 1km 남짓의 대로다. 아우크스부르크를 대표하는 번화가로 넓은 대로 중간에 모리츠 광장, 모리츠 교회, 푸거 가문의 집, 셰츨러 궁전 등이 이어지며 곳곳에 카페와 호텔, 상점들이 있다. 길 중간에는 2개의 분수가 있는데, 모리츠 광장의 작은 분수는 머큐리 분수Merkurbrunnen(1599년), 중앙의 커다란 분수는 헤라클레스 분수Herkulesbrunnen(1600년)다.

📍 Maximilianstraße, 86150 Augsburg 🚶 시청 광장에서 시작

헤라클레스 분수

머큐리 분수

화려한 귀족의 저택 ⑦
셰츨러 궁전 Schaezlerpalais

막시밀리안 거리의 헤라클레스 분수 바로 앞에 위치한 이곳은 1770년 지은 귀족의 저택이다. 길가에서 보면 평범한 외관이지만 뒤쪽으로 기다란 내부가 이어지며 건물 중간에는 아름다운 정원도 있다. 궁전에서 가장 유명한 곳은 로코코 스타일의 축제의 방Festsaal으로 화려하고 아름다운 장식물이 가득하다. 오래된 건물이지만 보존이 잘되어 있으며, 현재는 회화 갤러리로 뒤러, 한스 홀바인, 반다이크 등의 작품이 있다.

📍 Maximilian Straße 46, 86150 Augsburg 🚶 시청 광장에서 도보 5분
💶 성인 €7 🕐 화~일 10:00~17:00
❌ 월요일 📞 +49 821 3244102
🏠 kunstsammlungen-museen.augsburg.de

기독교 화합의 상징 ⋯⋯⋯ ⑧

성 울리히와 아프라 교회
Basilika St. Ulrich and Afra

1555년 아우크스부르크 종교 회의에서 루터의 개신교가 인정된 것을 기념하기 위해 지은 것으로 가톨릭 성당과 개신교 교회가 함께 있는 독특한 곳이다. 막시밀리안 거리 끝에 있어 길을 걷다 보면 먼발치부터 계속 보인다. 앞쪽의 작은 교회가 성 울리히 개신교 교회Kirche St. Ulrich, 뒤쪽의 높은 첨탑이 있는 거대한 성당이 아프라 가톨릭 성당Basilika St. Ulrich und Afra이다. 루터의 종교 개혁 이후 종교 화합과 교회 통일 운동의 상징으로 여겨지는 곳이다. 울리히 교회에는 화려한 설교단과 성화가 있고, 아프라 성당에는 4세기에 순교한 성 아프라와 10세기 대주교였던 성 울리히의 묘가 있다.

📍 Ulrichsplatz 19, 86150 Augsburg
🏃 시청 광장에서 도보 10분 🕐 09:00~17:00
📞 +49 821 345560 🏠 www.ulrichsbasilika.de

가장 오래된 복지 주택 ⋯⋯⋯ ⑨

푸거라이 Fuggerei

중세 유럽 최고의 재력가로 꼽혔던 아우크스부르크의 야코프 푸거가 가난한 사람들을 위해 조성한 저렴한 임대주택 단지다. 1516년 처음 지은 이래 지금까지 1년 임대료가 1유로도 안 될 만큼 저렴한 요금을 유지하고 있다. 15~16세기 권력과 결탁해 온갖 이권을 챙겨 막대한 부를 이룬 푸거는 당시 이 주택의 입주 조건으로 가톨릭 신자일 것과 푸거 가문을 위해 기도할 것 등을 요구했는데, 지금도 이곳 주민들은 매일 세 번 기도한다고 한다. 건물 일부는 박물관으로 꾸며 사람들의 생활상을 볼 수 있다.

📍 Fuggerei 56, 86152 Augsburg 🏃 (모리츠 광장에서) 트램 1번, 버스 23번 Fuggerei 정류장 하차, 도보 2분 💶 €8 🕐 4~9월 09:00~20:00, 10~3월 09:00~18:00
📞 +49 821 3198810 🏠 www.fugger.de

크리스마스 마켓의 본고장

뉘른베르크
NÜRNBERG

#브라트부르스트 #크리스마스 마켓 #수공예
#장난감 #나치 전당대회

유명한 소시지를 맛볼 수 있는 곳, 세계적인 크리스마스 마켓이
열리는 곳, 수공업이 발달해 장난감의 도시로 명성을
떨친 곳, 예술가 알브레히트 뒤러가 탄생한 곳, 대도시임에도
고즈넉한 중세 도시의 풍경을 만끽할 수 있는 곳 등
뉘른베르크를 소개할 수 있는 것은 너무나도 많다. 그중에서도
가장 독특한 타이틀은 "히틀러가 사랑한 도시"가 아닐지.
나치의 시작과 끝을 간직한 곳으로 잘못된 과거와 역사적 과오를
인정하고 반성하고 있음을 보여주는 멋진 도시이기도 하다.

가는 방법	항공과 기차를 통해 유럽 전역에서 이동이 쉬우며, 중앙역 근처에 버스 터미널이 있어 버스 이용 또한 용이하다. 독일 남동부에 있어 주요 도시들은 물론 동유럽 국가로도 이동이 쉽다.

- **항공** 국내에서 직항 편은 없고 최소 1회 경유하는 항공편을 이용한다. 뉘른베르크 공항Flughafen Nürnberg에서 뉘른베르크 중앙역까지 U2로 약 10분 소요되며, 1시간에 3대 운행한다.

  ♠ www.airport-nuernberg.de

- **기차** 바이에른주에 속하는 뉘른베르크는 같은 주는 물론 독일 전역의 기차 이동이 편하다. 뮌헨은 ICE로 1시간 10분, 밤베르크와 레겐스부르크는 각각 RE로 40분, 1시간 5분 거리다. 기차는 1시간에 1~2대가 운행하며 바이에른 티켓Bayern-Ticket을 사용할 수 있다.

- **버스** 뉘른베르크 버스 터미널Nürnberg ZOB은 중앙역에서 도보 5분 거리이자 노보텔Novotel 앞에 있다. 독일의 주요 도시와 체코, 오스트리아, 네덜란드, 스위스 등 유럽의 주요 국가와 연결된다.

시내 교통	S반, U반, 트램, 버스 등 다양한 교통수단이 있다. 뉘른베르크의 주요 볼거리는 구시가에 있어 도보 여행이 가능하지만, 나치 전당대회장 기록 보관소와 같이 외곽으로 이동할 때는 교통수단을 이용해야 한다. 티켓은 창구나 자동 발매기에서 구입하며 꼭 펀칭해야 한다.	

€ 1회권 €3.9, 4회권 €13.9, 1일권 €10.3 ♠ www.vgn.de

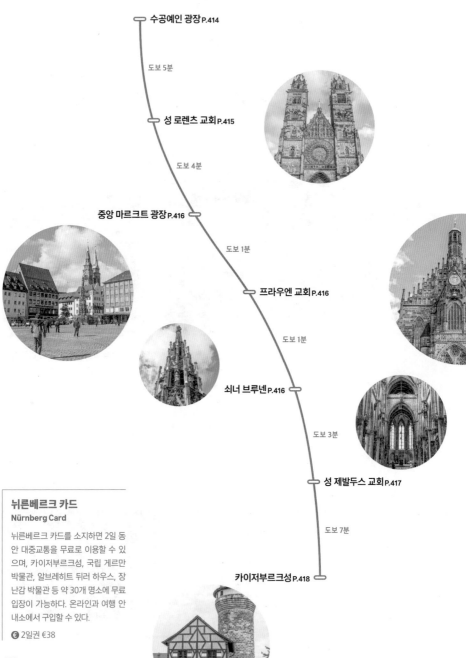

추천 코스

구시가 성벽 안에 대부분 볼거리가 몰려 있어 하루면 구시가를 둘러보는 데 충분하다. 하루 추천 코스에서는 제외했으나, 뉘른베르크에서 머무는 시간이 길다면 히틀러가 권력을 과시하고자 나치 전당대회를 열었던 체펠린 비행장과 나치 전당대회장 기록 보관소를 방문하길 추천한다.

수공예인 광장 P.414

도보 5분

성 로렌츠 교회 P.415

도보 4분

중앙 마르크트 광장 P.416

도보 1분

프라우엔 교회 P.416

도보 1분

쇠너 브루넨 P.416

도보 3분

성 제발두스 교회 P.417

도보 7분

카이저부르크성 P.418

뉘른베르크 카드
Nürnberg Card

뉘른베르크 카드를 소지하면 2일 동안 대중교통을 무료로 이용할 수 있으며, 카이저부르크성, 국립 게르만 박물관, 알브레히트 뒤러 하우스, 장난감 박물관 등 약 30개 명소에 무료입장이 가능하다. 온라인과 여행 안내소에서 구입할 수 있다.

€ 2일권 €38

뉘른베르크 상세 지도

Vestnertorgraben

✈ 뉘른베르크 공항

08 카이저부르크성

알브레히트 뒤러 하우스 10

Ob. Schmiedgasse

Schildgasse

Neutorgraben

Neutormauer

Bergstraße

Albrecht-Dürer-Platz

Burgstraße

Tetzelgasse

09 시립 박물관 펨보하우스

Neutorgraben

Innere Laufer G.

성 제발두스 교회 07

06 구 시청사

01 브라트부르스트호이슬레

뉘른베르크
• 전범 재판 기념관

장난감 박물관 11

02 브라트부르스트 뢰슬라인

Tucherstraße

Maxpl.

Augustinerstraße

쇠너 브루넨 •

• 프라우엔 교회

중앙 마르크트 광장 05

02 렙쿠헨 슈미트

Karlsbrücke

케테 볼파르트 01

• 성령 양로원

Pegnitz

Pegnitz

나사우 하우스 •

04 성 로렌츠 교회

Marienstraße

● 명소

● 식당/카페

● 상점

Kornmarkt

Klaragasse

03 국립 게르만 박물관

Grasersgasse

02 신 박물관

01 수공예인 광장

Frauentorgraben

Frauentorgraben

Sandstraße

Ringstraße

12 철도 박물관

나치 전당대회장 •
기록 보관소 •

체펠린 비행장 •

 S U
뉘른베르크 중앙역

413

아기자기한 감성을 자아내는 공간 ……… ①
수공예인 광장 Handwerkerhof

높이 40m, 폭 18m의 쾨니히 문Königstor은 구시가지를 연결하는 남쪽의 성문으로 바로 옆 수공예인 광장과 연결된다. 뉘른베르크는 예부터 수공업이 발달한 도시였으며, 1971년부터 여행객을 위한 관광 명소로 수공예 단지를 조성했다. 성벽으로 둘러싸인 공간은 넓지 않지만, 목조 가옥들이 옹기종기 들어서 있고 공방과 레스토랑으로 이용되고 있다. 가죽, 금, 유리 세공 등 섬세한 작품들이 전시되어 즐거운 구경거리가 가득하다.

📍 Königstraße 82, 90402 Nürnberg 🚶 중앙역에서 도보 2분
🕐 월~토 08:00~22:00, 일 10:00~20:00(상점별로 상이)
🏠 www.handwerkerhof.de

유리 외관이 돋보이는 현대 미술관 ……… ②
신 박물관 Neues Museum

1950년대부터 현재까지의 회화, 조각, 사진, 비디오 아트 등 현대 미술 작품을 소장하고 있다. 앤디 워홀, 요제프 보이스 등 세계적인 예술가들의 작품도 있다. 현대 미술을 다루는 곳인 만큼 100m 길이의 유리 외관의 박물관 건물도 인상적이다. 9명의 조각가의 작품이 전시된 조각 정원Skulpturengarten도 박물관 근처에 있다.

📍 Luitpoldstraße 5, 90402 Nürnberg
🚶 수공예인 광장에서 도보 2분 💶 성인 €7(일요일 €1)
🕐 화·수·금~일 10:00~18:00, 목 10:00~20:00 ❌ 월요일
📞 +49 911 2402069 🏠 www.nmn.de

뉘른베르크 대표 박물관 중 하나 ……… ③
국립 게르만 박물관
Germanisches Nationalmuseum

1852년에 개관한 이곳은 선사 시대부터 현재에 이르기까지 독일 문화권의 역사를 살펴볼 수 있는 120만여 점의 유물을 소장하고 있다. 회화, 조각, 장식 예술, 민속, 악기 등으로 전시실이 나뉘어 있으며 규모가 커서 둘러보는 데 오랜 시간이 소요된다. 박물관 앞에는 나치의 만행을 반성하는 의미로 1993년 인권의 길 Straße der Menschenrechte을 조성했다. 30개의 원형 기둥에는 기둥마다 UN의 인권선언문 30개 조항이 적혀 있다.

📍 Kartäusergasse 1, 90402 Nürnberg 🚶 수공예인 광장에서 도보 7분 💶 성인 €10(수요일 17:30 이후 무료) 🕐 화·목~일 10:00~18:00, 수 10:00~20:30 ❌ 월요일 📞 +49 911 13310 🏠 www.gnm.de

성 로렌츠 교회 St.Lorenzkirche

종교 개혁 이후 독일 최초의 루터 교회인 이곳은 1250년 착공해 1477년 완공한 고딕 양식의 교회다. 지름 9m의 장미 창이 있는 서쪽은 섬세한 부조가 모여 정교하면서도 웅장함을 자랑하며, 높이가 각각 80m, 81m인 두 탑은 하늘을 찌를 듯 솟아 있다. 내부에는 16세기 초에 제작한 수태고지를 포함해 제단과 스테인드글라스 등 볼거리가 있다. 교회 옆에는 '미덕의 분수Tugendbrunnen'가 있다. 중앙에는 정의의 여신과 믿음, 희망, 자비, 용기, 절제, 인내를 의미하는 6명의 여신상에서 물이 뿜어져 나온다.

📍 Lorenzer Platz 1, 90403 Nürnberg 🏃 수공예인 광장에서 도보 4분 🕐 월~토 09:00~17:30, 일 13:00~15:30
📞 +49 911 2142500 🏠 https://lorenzkirche.de

성 로렌츠 교회 근처, 이곳도 놓치지 말자

① 나사우 하우스 Nassauer Haus
중세 귀족의 저택으로 보존 상태가 좋은 건축물이다. 탑은 로마네스크와 고딕 양식이 혼재하고 있으며 예배당의 퇴창과 팔각형의 포탑은 15세기 초에 추가로 지었다. 현재는 상점이다.

📍 Karolinenstraße 2, 90402 Nürnberg
🏃 성 로렌츠 교회 앞

② 성령 양로원 Heilig-Geist-Spital
의지할 곳 없고 경제적으로 어려운 노인들을 위해 부유한 시민이 설립한 양로원으로 신성 로마 제국 때 이루어진 가장 큰 개인의 기부로 설립되었다는 점이 의미 있다. 페그니츠강 위 박물관 다리에서 바라보는 풍경이 아름답기로 유명하다.

📍 Vordere Insel Schütt 2A, 90403 Nürnberg
🏃 성 로렌츠 교회에서 도보 2분

독일 최대의 크리스마스 마켓이 열리는 곳 ⑤
중앙 마르크트 광장
Hauptmarkt

사다리꼴 모양의 도심 중심 광장으로 도시의 크고 작은 행사가 있을 때면 축제의 장소로 변하는데 핵심은 크리스마스 마켓이다. 뉘른베르크 크리스마스 마켓이 처음 열린 것은 17세기 중반으로 독일에서 가장 오랜 역사를 자랑하며, 규모가 크고 화려하며 아름다운 것으로 유명하다. 시즌이 되면 광장에 상점이 들어서고 다양한 먹거리를 접할 수 있고, 흥겨운 공연이 열리는 등 독일의 대표 크리스마스 마켓다운 면모를 제대로 보여준다.

📍 Hauptmarkt, 90403 Nürnberg 🚶 성 로렌츠 교회에서 도보 3분

매일 정오에 열리는 인형극
프라우엔 교회
Frauenkirche

신성 로마 제국 당시 고딕 양식으로 지은 성모 교회는 원래 유대교 회당이 있던 자리에 있었는데 1349년에 철거하고 지금의 교회를 세웠다. 교회 전면에는 1509년 제작한 독일에서 가장 큰 인형 시계 맨라인라우펜 Männleinlaufen이 있다. 매일 정오가 되면 공연이 열리며, 카를 4세가 1356년 금인칙서를 반포하는 내용을 담고 있다. 신성 로마 제국 황제를 선출할 자격이 있는 7명의 선제후가 황제에게 경의를 표하는 모습이다.

📍 Hauptmarkt 14, 90403 Nürnberg 🚶 중앙 마르크트 광장
🕐 월~토 09:00~18:00, 일 12:30~18:00 📞 +49 911 206560
🏠 www.frauenkirche-nuernberg.de

소원을 이뤄주는 분수
쇠너 브루넨 Schöner Brunnen

1385년부터 1396년까지 11년에 걸쳐 지은 분수다. 오랜 세월이 흐르면서 여러 차례 보수 공사가 있었고 1912년부터는 복제품이 놓이게 되는데, 기존의 것은 국립 게르만 박물관에 보관 중이다. '아름다운 분수'라는 뜻으로 높이는 19m, 팔각의 고딕 교회 첨탑과 같은 형태를 보인다. 분수를 장식한 조각상은 인문 교양학자, 수학자, 7명의 선제후 등을 포함한 40명의 인물로 신성 로마 제국의 세계관을 나타낸다. 1587년

에 만든 분수의 황금 고리는 왼쪽으로 세 번 돌린 후 소원을 빌면 이루어진다는 전설이 내려온다.

📍 Hauptmarkt, 90403 Nürnberg 🚶 중앙 마르크트 광장

중세 감옥을 보고 싶다면 ⑥
구 시청사 Altes Rathaus

14세기 뉘른베르크시에서 수도원 건물을 매입해 시청사로 사용했다. 건물에서 가장 오래된 부분은 남쪽의 고딕 양식 강당으로 14세기 초에 설계했으며, 16세기 초에는 건물 북쪽을 증축했고, 17세기 초에 르네상스 양식의 건물을 서쪽에 건축했다. 제2차 세계 대전 당시 폭격으로 건물이 파괴되어 1962년에 재건했다. 구 시청사 지하에는 중세 감옥 Lochgefängnisse이 있어 옛 감옥의 모습, 고문 기구 등이 전시되어 있다. 독일어 가이드 투어로 둘러볼 수 있고, 약 45분이 소요된다.

📍 Rathausplatz 2, 90403 Nürnberg
🚶 중앙 마르크트 광장에서 도보 1분
💶 성인 €10 🕐 11:00~18:00
🏠 https://museen.nuernberg.de/lochgefaengnisse

캐논 변주곡이 떠오르는 곳 ⑦
성 제발두스 교회 St.Sebalduskirche

뉘른베르크에서 오래된 교회 중 하나이자 성 제발두스St. Sebaldus의 유해가 안치된 중요한 교회다. 제2차 세계 대전 때 파괴되어 1957년에 복원했다. 성 제발두스의 유해는 아름다운 청동 조각으로 장식한 성 유물함에 안치되어 있다. '캐논 변주곡 D장조'로 유명한 뉘른베르크 출신의 작곡가 요한 파헬벨이 1695년부터 1706년까지 이 교회에서 오르간 연주자로 활동한 것으로 알려져 있다.

📍 Winklerstraße 26, 90403 Nürnberg 🚶 구 시청사에서 도보 2분
🕐 1~2월 09:30~16:00, 3~12월 09:30~18:00 📞 +49 911 2142500
🏠 www.sebalduskirche.de

교회 탑에 올라 전망을 즐기려면?!

남쪽 탑에 오르면 구시가지 전망은 물론 크리스마스 시즌에는 마켓이 열리는 광장 풍경도 보인다. 투어 예약은 이메일을 통해 진행된다.

💶 성인 €5

신성 로마 제국의 황제가 머물던 성 ⑧

카이저부르크성 Kaiserburg

1140년 콘라트 3세가 건축했고 이후 확장되어 지금에 이르기까지 수세기 동안 제국을 통치하던 왕과 황제가 머물던 성이다. 높은 언덕 위에 지어 요새 역할을 겸했으며, 제2차 세계 대전 때 심한 피해를 보기도 했다. 예배당, 황제의 방, 연회실 그리고 각종 무기와 유물이 보존된 박물관은 유료로 관람할 수 있고, 성에 오르면 바로 보이는 높이 385m의 진벨 탑Sinwellturm 역시 유료로 입장 가능하다. 나선형 계단을 따라 오르면 360° 시내 파노라마를 즐길 수 있다. 탑 앞 건물 안에는 14세기 후반에 만들어 식수원으로 사용했던 47m 깊이의 티퍼 우물Tiefer Brunnen이 있다. 황실 마구간Kaiserstallung으로 사용하던 곳은 호스텔로 개조해 여행객을 맞이한다.

♀ Burg 17, 90403 Nürnberg
🚶 성 제발두스 교회에서 도보 7분
€ 통합권 €9, 궁전+박물관 €7,
우물+진벨 탑 €4 ⏰ 4~9월 09:00~
18:00, 10~3월 10:00~16:00
📞 +49 911 2446590
🏠 www.kaiserburg-nuernberg.de

상인의 저택에 담긴 도시의 역사 ⑨
시립 박물관 펨보하우스
Stadtmuseum Fembohaus

뉘른베르크에 남아 있는 후기 르네상스 양식의 건물로 옛 상인 저택을 개조해 시립 박물관으로 이용 중이다. 옛 도시의 모습을 담은 사진과 영상은 물론이고 도시와 연관된 예술가와 작품, 지금의 도시를 있게 한 무역과 관련한 자료 등 950년 역사를 담고 있다.

📍 Burgstraße 15, 90403 Nürnberg 🚶 성 제발두스 교회에서 도보 3분 💶 성인 €7.5 🕐 화~금 10:00~17:00, 토·일 10:00~18:00 ❌ 월요일 📞 +49 911 2312595
🏠 https://museen.nuernberg.de/fembohaus

독일 미술의 아버지를 만나다 ⑩
알브레히트 뒤러 하우스
Albrecht-Dürer-Haus

독일 르네상스 예술가 알브레히트 뒤러가 1509년부터 생을 마감하던 1528년까지 살았던 집이다. 1420년경에 하단의 2개 층은 사암으로, 상단의 2개 층은 나무로 뼈대를 세운 목조 가옥으로 지었다. 그와 그의 가족이 사용하던 공간이 보존되어 있고, 복제품이기는 하지만 유명 작품도 볼 수 있다.

📍 Albrecht-Dürer-Straße 39, 90403 Nürnberg 🚶 카이저부르크성에서 도보 4분 💶 성인 €7.5 🕐 화~금 10:00~17:00, 토·일 10:00~18:00 ❌ 월요일 📞 +49 911 2312568
🏠 https://museen.nuernberg.de/duererhaus

수공업 도시 뉘른베르크와 어울리는 박물관 ⑪
장난감 박물관 Spielzeugmuseum

1920년대부터 수집한 1만 2,000여 점의 장난감으로 뉘른베르크시의 지원을 받아 1971년에 문을 열었다. 지금은 고대부터 현재까지 8만 7,000여 점을 소장하고 있으나 일부만 공개하며 18세기부터 현대까지의 장난감에 초점을 맞추고 있다.

📍 Karlstraße 13-15, 90403 Nürnberg 🚶 성 제발두스 교회에서 도보 1분 💶 성인 €7.5 🕐 화~금 10:00~17:00, 토·일 10:00~18:00 ❌ 월요일 📞 +49 911 2313164
🏠 https://museums.nuernberg.de/toy-museum

독일 철도 산업과 역사를 알아볼 수 있는 곳 ⑫
철도 박물관 DB Museum

1899년 바이에른 왕국 철도 박물관으로 개관했다. 독일에서 가장 오래된 철도 박물관으로 독일 철도가 처음 개통되었을 때부터 독일 통일까지의 역사를 담고 있다. 사진과 영상은 물론 과거 승차권과 제복, 전시 차량이 있어 변천사도 알아볼 수 있다.

📍 Lessingstraße 6, 90443 Nürnberg 🚶 중앙역에서 도보 8분 💶 성인 €9 🕐 화~금 09:00~17:00, 토·일 10:00~18:00 ❌ 월요일 📞 +49 800 32687386
🏠 https://dbmuseum.de/en/nuremberg

제2차 세계 대전의 중심지
나치의 흔적이 남아 있는 뉘른베르크

뉘른베르크는 중세 풍경이 남아 있는 평화로운 구시가지와 달리 나치의 중심 무대였다는
어두운 과거를 가지고 있다. 히틀러는 뉘른베르크를 가장 사랑했고, 나치 제국의 수도를 뉘른베르크로 정했다.
나치 전당대회가 열렸던 곳과 전범을 단죄하는 재판이 열린 장소가 남아 있다.

권력에 취한 광기
나치 전당대회장 기록 보관소
Dokumentationszentrum Reichsparteitagsgelände

나치는 1933년부터 1938년까지 뉘른베르크에서 나치 전당대회
를 열었고, 약 5만 명을 수용할 수 있는 전당대회장을 짓고자 했으
나 나치 독일 패망으로 미완성에 그쳤다. 말굽 모양의 원형 경기장
은 로마의 콜로세움을 떠올리게 하는데, 전당대회장을 통해 권력
을 과시하고 나치를 선전하기 위함이었음을 알 수 있다. 뉘른베르
크시는 1994년 나치 관련 기록 보관소 설립을 결정했고 나치 전당
대회장 북동쪽에 전시관을 만들어 2001년에 개관했다. 나치의 시
작부터 패망까지 사진과 영상 자료를 전시해 모든 기록을 공개하
고 있다.

📍 Bayernstraße 110, 90478 Nürnberg
🚶 트램 6·8번 또는 버스 36·45·55·65번 Doku-Zentrum 정류장 하차
💶 성인 €7.5 🕙 10:00~18:00 📞 +49 911 2317538
🏠 https://museen.nuernberg.de/dokuzentrum

나치 전당대회가 열린 장소
체펠린 비행장 Zeppelinfeld

최초의 비행선 LZ 1을 완성한 독일의 발명가이자 군인인 페르디난트 폰 체펠린이 1909년에 비행선을 착륙시켰던 곳으로 나치 전당대회가 열린 장소이기도 하다. 히틀러는 독일 전역에 대규모의 전당대회장을 짓기를 원했고, 그의 총애를 받았던 건축가 알베르트 슈페어는 34만 명을 수용할 수 있는 규모로 설계했다. 페르가몬 제단을 모델로 했으며, 그 앞에 선 히틀러를 신격화했다. 나치 전당대회 당시 '빛의 성당Lichtdom'이라 해서 12m 간격으로 하늘에 130개의 빛을 쏘는 광경을 연출하기도 했다.

📍 Zeppelinstraße, 90471 Nürnberg
🚶 나치 전당대회장 기록 보관소에서 도보 11분, 또는 S2·3 Nürnberg Frankenstadion역 하차

전범 재판이 진행된 600호 법정
뉘른베르크 전범 재판 기념관
Memorium Nürnberger Prozesse

제2차 세계 대전이 끝나고 1945년부터 1946년까지 나치 독일의 전범들에 대한 국제 군사 재판이 열렸던 장소다. 히틀러가 사랑했던 도시이자 나치의 중심이었던 뉘른베르크에서 전범 재판이 열렸다는 것만으로도 큰 의미가 있다. 기소된 전범 23명 중 2명은 구금 중 사망했고, 나머지 21명에 대한 판결이 내려진 뉘른베르크 재판Nürnberger Prozesse은 미국, 영국, 프랑스, 소련 등 4개국 판사가 진행했다. 12명은 교수형, 그 외 종신형과 징역형을 받았고, 히틀러의 총애를 입었던 나치 2인자 헤르만 괴링은 교수형을 선고받았으나 음독 자살했다. 재판이 열렸던 600호는 일반에 공개하고 있지만, 지금도 재판장으로 사용하고 있어 재판이 있는 날은 공개되지 않는다. 그 외 전시실에서는 전범 재판 관련 자료와 영상을 볼 수 있다.

📍 Bärenschanzstraße 72, 90429 Nürnberg 🚶 U1 Bärenschanze역 하차, 도보 3분
💶 성인 €7.5 🕐 수~월 10:00~18:00 ❌ 화요일
🏠 https://museen.nuernberg.de/memorium-nuernberger-prozesse

장작에 구운 소시지를 맛보다 ······· ①
브라트부르스트호이슬레 Bratwursthäusle

뉘른베르크에서 가장 유명한 맛집으로 성 제발두스 교회 부근에 있다. 1312년에 문을 연 이래 뉘른베르크의 명물 뉘른베르거 브라트부르스트로 명성을 이어오고 있다. 내부에 들어서면 소시지를 굽는 모습을 직접 볼 수 있다. 소시지는 개수에 따라 가격이 다르고 6개가 기본으로 €11.9다. 사이드로는 감자샐러드와 양배추 절임을 선택할 수 있다. 빵에 소시지 3개를 끼운 메뉴는 포장도 가능하다.

📍 Rathausplatz 1, 90403 Nürnberg 🏃 성 제발두스 교회 근처
🕐 월~토 11:00~22:00, 일 11:00~20:00 📞 +49 911 227695
🏠 https://bratwursthaeuslenuernberg.de

뉘른베르크 소시지 맛집의 양대 산맥 ······· ②
브라트부르스트 뢰슬라인
Bratwurst Röslein

지금의 레스토랑 명칭은 1965년부터 사용했으나 레스토랑의 역사는 15세기로 거슬러 올라갈 만큼 오래되었다. 그만큼 유명인의 방문도 많아 방문 인증사진이 벽면 가득 걸려 있다. 대표 메뉴는 뉘른베르거 브라트부르스트(€13.9)이며, 슈바인스학세(€24.9)와 슈니첼(€27.9) 같은 독일 음식도 맛볼 수 있다. 규모가 꽤 크며, 넓은 야외 테이블 역시 날씨가 좋은 날엔 늘 북적인다.

📍 Rathausplatz 6, 90402 Nürnberg 🏃 중앙 마르크트 광장에서 도보 1분 🕐 11:00~22:30 📞 +49 911 214860
🏠 www.bratwurst-roeslein.de

뉘른베르크 명물, 뉘른베르거 브라트부르스트
Nürnberger Bratwurst

뉘른베르크에 가면 꼭 먹어봐야 한다고 알려진 브라트부르스트는 독일 내에서도 유명하다. 명성만큼 그 역사가 길며 14세기에 처음 등장한 것으로 전해진다. 다른 소시지보다 작고 짧으며, 색이 연한 것이 특징. 그릴에서 직접 구워 독특한 풍미를 느낄 수 있고, 씹는 맛 또한 일품이기 때문에 맥주와의 조화도 훌륭하다. 브라트부르스트는 6·8·10·12개 등 개수를 선택할 수 있으며 백랍 접시 위에 양배추 절임인 사우어크라우트 Sauerkraut나 감자샐러드를 함께 곁들어 먹는다.

케테 볼파르트 Käthe Wohlfahrt

로텐부르크에 본점을 두고 있는 크리스마스 소품 상점이
다. 독일 전역에서 볼 수 있지만 크리스마스의 도시이기에
조금 더 의미 있다. 호두까기 인형, 트리 장식, 나무 조각품
과 같이 아기자기한 장식으로 가득해 이곳을 찾은 방문객
의 동심을 채워준다.

📍 Plobenhofstraße 4, 90403 Nürnberg 🏃 중앙 마르크트
광장에서 도보 1분 🕐 10:00~18:00 📞 +49 800 4090150
🏠 www.kaethe-wohlfahrt.com

다양한 맛과 모양의 렙쿠헨을
판매하는 곳 ····· ②

렙쿠헨 슈미트

Lebkuchen Schmidt

뉘른베르크는 생강, 꿀, 향신료, 견과류를 넣은 크리스마스 쿠키인 렙쿠헨의 도
시이기도 하다. 이 도시에서 처음 탄생한 것은 아니지만, 뉘른베르크의 수도사
들에 의해 크게 발전했다. 시내 곳곳에서 렙쿠헨 매장을 찾아볼 수 있지만 가장
유명한 곳은 중앙 마르크트 광장 남동쪽에 있다. 재료와 모양, 만드는 방법에 따
라서 종류가 나뉘며 선물용으로도 인기가 많다.

📍 Plobenhofstraße 6, 90403 Nürnberg 🏃 중앙 마르크트 광장에서 도보 1분
🕐 월~토 10:00~18:00 ❌ 일요일 📞 +49 911 225568
🏠 www.lebkuchen-schmidt.com

뉘른베르크의 크리스마스 마켓, 크리스트킨들마르크트 Christkindlesmarkt

성모 교회 발코니에서 크리스트킨트Christkind가 나타나며 축제의 서막을 알린
다. 금색의 옷을 입고 금발의 곱슬머리 위에 왕관을 쓴 소녀는 축제의 마스코트
로 행운을 가져다준다고 한다. 400년 역사를 가진 뉘른베르크 크리스마스 마켓
은 연간 약 200만 명이 방문하는, 독일에서 가장 큰 규모를 자랑한다. 11월 말부
터 크리스마스이브까지 열리며, 다양한 판매 부스가 늘어서고 다양한 먹거리와
공연, 이벤트가 펼쳐진다. 해당 시즌에 방문한다면 트리 장식품과 크리스마스 쿠
키 렙쿠헨이 진열대 가득 쌓인 풍경도 구경하고 와인에 과일을 넣고 끓인 글뤼바
인Glühwein으로 추운 몸을 녹이며 크리스마스 마켓을 즐길 수 있다.

🏠 www.christkindlesmarkt.de

CITY ····④

신성 로마 제국의 중심 도시
'프랑켄의 로마'

밤베르크
BAMBERG

#유네스코 세계문화유산 #독일의 베네치아
#대성당 #장미 정원 #훈제 맥주

레크니츠강Regnitz이 도심을 가로지르고, 주변으로는 유서 깊은
건축물이 완벽하게 보존되어 있어 밤베르크를 흔히 "독일의
베네치아"라고 칭한다. 제2차 세계 대전 당시에도 크게 피해를
입지 않아 지금까지 보존할 수 있었기에 구시가지는 유네스코
세계문화유산으로도 지정되었다. 밤베르크의 명물인 훈제 맥주
라우흐비어Rauchbier를 즐기며 곳곳에 보석처럼 숨어 있는
아름다운 밤베르크를 둘러보다 보면 하루가 짧게 느껴진다.

가는 방법·시내 교통

바이에른주에 속하는 밤베르크는 뉘른베르크에서 북쪽으로 약 57km 떨어져 있다. 두 도시를 연결하는 기차가 매시간 2대씩 운행하고 약 40분 소요되어 당일치기 여행이 가능하다. 지역 열차 RE를 이용한다면 바이에른 티켓 Bayern-Ticket을 사용할 수 있다. 구시가지 안에서는 도보로 이동 가능한데, 중앙역에서 구시가지까지 도보로 15분이 소요된다.

- 07 성 미하엘 수도원
- 밤베르크 중앙역
- 그뤼너 마르크트 광장 01
- 명소
- 식당/카페
- 01 슐렌케를라
- 02 구 시청사
- 06 신 궁전
- 05 구 궁전
- 04 밤베르크 대성당
- 03 성모 교회

추천 코스

밤베르크는 볼거리가 많지 않아 반나절이면 둘러볼 수 있다. 좁은 골목들로 가득한 구시가를 목적 없이 걸어보는 것도 밤베르크를 느끼는 좋은 방법이다.

○─ 중앙역
   │ 도보 15분
○─ 그뤼너 마르크트 광장 P.426
   │ 도보 3분
○─ 구 시청사 P.426
   │ 도보 5분
○─ 성모 교회 P.427
   │ 도보 5분
○─ 밤베르크 대성당 P.427
   │ 도보 1분
○─ 구 궁전 P.430
   │ 도보 1분
○─ 신 궁전 P.430
   │ 도보 11분
○─ 성 미하엘 수도원 P.431

활기 넘치는 구시가지의 작은 광장 ······· ①

그뤼너 마르크트 광장 Grüner Markt

그린 마켓이라는 뜻을 가진 광장답게 월요일부터 토요
일까지 과일과 채소를 판매하는 시장이 열리고, 주변
에는 카페와 레스토랑이 있어 활기가 넘친다. 광장 한
쪽에는 대학 교회로 세운 것이 토대가 된 밤베르크 유
일의 바로크 양식의 성 마르틴 교회St.Martinskirche가
있다. 광장 남쪽에는 바로크 양식의 분수인 넵튠 분수
가 있으며 시민들의 약속 장소로 이용된다.

📍 Grüner Markt 96047 Bamberg
🚶 중앙역에서 도보 15분 또는 버스 901·902·911번 탑승 후
Bamberg ZOB 정류장 하차, 도보 4분

화려한 입체감의
벽화가 그려진 ······· ②

구 시청사 Altes Rathaus 유네스코

1386년 건축 당시 위치를 두고 주교 영역과 시민 영역은 대립했고 레크니츠강에
인공 섬을 만들어 시청사를 짓는 것으로 결론 냈다. 이후 15세기 중반에는 고딕
양식으로, 18세기에는 바로크 양식과 로코코 양식이 더해졌다. 현재는 루트비히
전시관Sammlung Ludwig으로 이용 중이며 유럽에서 가장 많은 자기를 소장하고
있는데 마이센과 스트라스부르의 300여 점을 비롯해 다양한 수집품이 있다.

✱ 2025년 보수공사로 휴관 예정

📍 Obere Brücke 1, 96047 Bamberg
🚶 그뤼너 마르크트 광장에서 도보 3분
💶 성인 €6   📞 +49 951 871871
🏠 https://museum.bamberg.de/
sammlung-ludwig

중세 건물 사이로 수로가 흐르는 독일의 작은 베네치아
Klein-Venedig

구 시청사가 있는 다리 위에서 운하를 따라
동화같이 아기자기한 집들이 모여 있는 곳을
"작은 베네치아"라고 부르고 있다. 여름철이
면 집 앞의 정원이 형형색색의 꽃들로 장식되
어 장관을 이룬다. 시청사 쪽 다리보다 건너
편 쪽 다리에서 보는 전경이 훨씬 아름답다.

성모 교회 Obere Pfarre Unsere Liebe Frau Bamberg

14세기 초에 지은 교회는 현지에서 상위 교구라는 뜻의 오베레 파르키르헤Obere Pfarrkirche로 더 많이 불린다. 밤베르크에서 유일한 고딕 양식의 교회로 내부로 들어서면 화려한 바로크 양식의 제단이 눈에 들어온다. 이탈리아 화가인 야코포 틴토레토의 〈성모 마리아 승천Maria Himmelfahrt〉은 성모 교회에서 가장 유명한 작품이다. 교회의 탑은 제2차 세계 대전 중 폭격으로 손상되었으나 1970년대에 복원했다.

📍 Eisgrube 4, 96049 Bamberg 🚶 구 시청사에서 도보 5분
🕐 09:00~18:00 📞 +49 951 52018
🏠 www.sb-bamberger-westen.de

밤베르크 대성당 Bamberger Dom

13세기에 지은 밤베르크 대성당의 정식 명칭은 성 베드로와 게오르크 성당 Bamberger Dom St. Peter und St. Georg이다. 신성 로마 제국의 황제 하인리히 2세의 명에 따라 1012년에 완공했다. 대성당은 황제가 밤베르크를 주교구로 정하고 독립적인 지위를 부여했음을 가장 잘 보여주는 장소로 현재도 독일 가톨릭의 중심지 중 하나다. 지금 대성당은 13세기 로마네스크 양식으로 개축한 것이다. 내부에는 대성당의 걸작이라 불리는 황제의 무덤을 비롯한 볼거리가 많다. 대성당 옆에는 대성당의 소장품을 전시한 주교 박물관Diözesanmuseum이 있다.

📍 Domplatz 96049 Bamberg
🚶 성모 교회에서 도보 5분
🕐 09:00~18:00(※홈페이지 참고)
📞 +49 951 5022512
🏠 https://bamberger-dom.de

이것만은
꼭 보기!
밤베르크 대성당
하이라이트

11세기에 처음 세워져 많은 세월이 흘렀음에도
여전히 건재한 밤베르크 대성당에서는
오랜 역사를 자랑하는 만큼 천년 세월을
가득 품은 걸작을 만날 수 있다.
아름다운 조각이 많은 것으로 유명하니,
대성당 내 주요 볼거리를 놓치지 말고 살펴보자.

❶ 말을 탄 밤베르크 기사 Der Bamberger Reiter

말을 탄 기사는 헝가리 초대 국왕 성 이슈트반 1세로 추정하
고 있다(1230년).

❷ 황실 부부의 무덤 Grab des Kaiserpaares

하인리히 2세 황제와 그의 아내 쿠니군데 황후의 무덤이다.
석관은 황제 부부의 생애를 담은 다섯 장면을 나타내고 있다.
담석증 치료 중인 황제, 대천사 미하엘 앞에서 죄의 무게를 달
아보는 모습, 황제의 임종, 성 슈테판 성당 공사 인부들 앞에
선 황후, 쟁기질하는 황후의 모습 등이 섬세하게 표현되어 있
다(1513년).

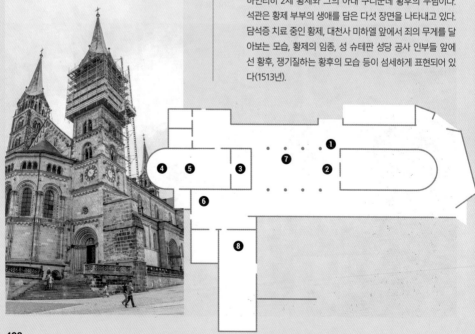

④ 주교좌 Kathedra

대주교 요제프 폰 쇼르크를 위해 만들었다(19세기 말).

⑤ 교황의 무덤 Papstgrab

주교좌 뒤에는 밤베르크의 주교이자 로마 교황이었던 클레멘스 2세의 유해가 안치되어 있다. 북 알프스 지역의 유일한 교황 무덤으로 알려져 있다(1237년).

③ 십자가 Die Kreuzigungsgruppe

십자가에 못 박힌 예수 그리스도와 그 곁에 있는 마리아, 사도 요한, 막달라 마리아를 표현했다(1649년).

⑦ 파이프 오르간 Orgel

대성당 파이프 오르간의 역사는 1415년으로 거슬러 올라가지만, 지금의 것은 1976년에 6,000개의 파이프로 만들었다.

⑥ 성모 마리아 제단 Der Marienaltar des Veit Stoß

조각가 파이트 슈토스가 완성했으며 예수 그리스도의 탄생, 이집트로 피신 간 마리아와 예수, 동방 박사의 경배, 마리아의 출산, 성전에 아기 예수 봉헌 등의 장면을 담고 있다(1523년).

⑧ 동쪽 지하 납골당 Ostkrypta

로마네스크 양식의 납골당은 대성당 건물에서 가장 오래된 곳으로 호엔슈타우펜 왕조의 초대 신성 로마 황제인 콘라트 3세의 무덤이 있다.

하인리히 2세 황제의 궁전이자
주교의 거주지 ⋯⋯ ⑤
구 궁전 Alte Hofhaltung

대성당과 함께 1185년 화재로 피해를 입어 16세기에
르네상스 양식으로 복원했다. 궁전의 입구인 쇠네 포
르테Schöne Pforte는 아름다운 입구라는 뜻으로 문에
는 성모 마리아, 성 베드로, 성 게오르크, 하인리히 2
세, 쿠니군데 황후 등의 부조가 섬세하게 새겨져 있다.
궁전 내 카타리나 예배당Katharinenkapelle은 결혼식장
으로, 건물 일부는 역사 박물관Historisches Museum으
로 이용 중이다. 1938년 한 목사가 밤베르크시에 그의
수집품을 기증한 것이 토대가 되었으며 선사 시대부터
현재까지 도시와 관련한 유물을 전시하고 있다.

📍 Domplatz 7, 96049 Bamberg 🚶 밤베르크 대성당에서
도보 1분 💶 여름 €8, 겨울 €4 🕐 화~일 10:00~17:00
❌ 월요일 📞 +49 951 871142
🏠 https://museum.bamberg.de/historisches-museum

궁전보다 장미 정원 ⋯⋯ ⑥
신 궁전 Neue Residenz

르네상스 양식과 바로크 양식이 혼재된 4채의 건물로 이루어진 궁전이다.
약 40개의 방이 있으며 17~18세기의 가구로 꾸며져 있다. 현재 국립 도서관
Staatsbibliothek, 미술관Staatsgalerie 용도로 이용 중이다. 신 궁전의 하이라이트
는 장미 정원Rosengarten으로 바로크를 대표하는 건축가 발타자어 노이만이 디
자인했다. 여름이면 라임 나무와 장미가 어우러져 아름다움을 뽐내며, 정원에서
바라보는 성 미하엘 수도원의 전망이 아름다워 밤베르크 여행 중 한 번쯤 들러
봐야 하는 곳이기도 하다.

📍 Domplatz 8, 96049 Bamberg
🚶 구 궁전에서 도보 1분 💶 성인 €6
🕐 4~9월 09:00~18:00, 10~3월
10:00~16:00 📞 +49 951 519390
🏠 www.schloesser.bayern.de

수도원에서 즐기는 전망과 맥주 ⑦

성 미하엘 수도원 Kloster St. Michael

언덕배기를 오르는 길은 힘들지만 바로크 양식의 웅장한 수도원 건물을 보면 감탄이 나온다. 1015년 베네딕트회 수도원으로 설립되어 이 자리에서 1,000년의 세월을 보냈다. 지금은 일부를 양로원으로 사용 중이다. 내부에는 오토 폰 밤베르크 주교의 유해가 안치되어 있다. 12세기, 38년간 밤베르크에서 주교로 지낸 그는 밤베르크를 강력한 주교구의 중심지로 만들어 지금까지도 많은 신자의 추앙을 받고 있다. 수도원의 하이라이트는 하늘 정원Himmelsgarten이다. 약 600종의 꽃과 허브가 있어 산책하기도 좋을뿐더러, 파란 하늘과 붉은 지붕이 대비되어 어우러진 구시가지를 한눈에 내려다볼 수 있다. 이곳은 1122년 문을 연 수도원 맥주도 유명한데, 양조 과정에 대해 알아볼 수 있는 프랑켄 양조 박물관Fränkisches Brauereimuseum도 운영하고 있다.

프랑켄 양조 박물관 📍 Michelsberg 10B, 96049 Bamberg 🚶 신 궁전에서 도보 11분
💶 성인 €4 🕐 4~10월 수~금 13:00~17:00, 토·일 11:00~17:00 ❌ 월·화요일, 11~3월
📞 +49 951 53016 🏠 https://brauereimuseum.de

밤베르크 하면 훈제 맥주! ①

슐렌케를라 Schlenkerla

밤베르크의 명물인 훈제 맥주 라우흐비어Rauchbier를 양조하는 곳으로 유명하다. 1405년에 문을 열었으며 6대에 걸쳐 이어져 오고 있다. 훈제 맥주는 말 그대로 훈제 증기를 이용해서 제조한 맥주로 독특한 향취와 맛으로 인기가 높다. 맥주와 함께 먹기에 슈바인스학세도 좋지만, 이곳에서는 감자를 곁들인 폭립을 추천한다. 메인은 €10~20 정도.

📍 Dominikanerstraße 6, 96049 Bamberg
🚶 구 시청사에서 도보 2분 🕐 09:30~23:30
📞 +49 951 56050 🏠 www.schlenkerla.de

매력적인
중세 고성을 만나다

고성 가도
Burgen Straße

고성 가도는 독일의 7대 가도 중 로만틱 가도만큼이나 유명하고 인기 있는 코스다.
고성 가도는 그 이름에서 알 수 있듯 약 1,000km에 달하는 길에 60여 개의
아름다운 고성이 집중되어 있다. 독일 만하임에서 시작해 대학 도시로 유명한
하이델베르크를 지나 동화 속 마을과 같은 로텐부르크를 거쳐
뉘른베르크와 밤베르크 그리고 체코의 국경을 넘어 프라하까지 연결된다.
고성 가도는 아기자기하고 고풍스러운 독일의 중세 모습이 가장 잘 남아 있는
곳이라고도 할 수 있으며, 중세와 관련한 박물관이 많고 축제도 많다.

가는 방법

고성 가도를 여행할 때 이용할 수 있는 교통수단은 버스, 기차, 렌터카 등이 있다. 아쉽게 도 로만틱 가도처럼 고성 가도의 주요 도시들을 경유하며 자유롭게 타고 내릴 수 있는 버스 노선은 없지만 도시 간 이동은 어떤 교통수단을 이용하더라도 편하게 이동할 수 있고, 도로가 잘 정비되어 있어 렌터카로도 여행하기 좋다.

추천 코스

독일 서남부 지역을 가로지르며 판타스틱 가도에 속하는 하이델베르크와 로만틱 가도의 주요 도시인 로텐부르크도 고성 가도에 포함된다. 출발지인 만하임부터 종착지인 바이로이트까지 수많은 중세 도시가 있으며, 기차로 찾아갈 수 있는 대표적인 몇 곳만 둘러보아도 충분하다.

○ **만하임**

　기차 13분

○ **하이델베르크**

　기차 2시간

○ **슈베비슈 할**

　기차 1시간 10분

○ **로텐부르크**

　자동차 1시간 10분

○ **뉘른베르크**

　기차 40분

○ **밤베르크**

　기차 1시간 30분

○ **바이로이트**

만하임 Mannheim

고성 가도의 시작점이자 바덴뷔르템베르크주에서 슈투트가르트에 이어 두 번째로 큰 도시. 역사가 그리 오래된 도시는 아니지만 경제, 문화, 상업과 교통의 중심지 역할을 하고 있다. 카를 벤츠에 의해 벤츠의 역사가 시작된 곳이기도 하다.

하이델베르크 Heidelberg

독일에서 가장 유명한 대학 도시로 녹색 숲을 배경으로 한 고풍스러운 고성이 들어서 있고, 그 앞으로는 네카어강이 유유히 흐르며 낭만적인 옛 중세의 모습을 보여준다. 철학자들이 산책과 명상을 했다는 철학자의 길도 인상적이다.

슈베비슈 할
Schwäbisch Hall

예부터 소금 산지로 유명했던 슈베비슈 할은 동화같이 예쁜 독일 마을이다. 규모가 크지는 않지만, 옛 중세의 특징이 많이 남아 있고, 구석구석 예쁜 골목이 많아 산책하듯 구경하기 좋다. 코커강 옆으로 늘어선 붉은 지붕의 집들의 풍경이 그림 같다.

로텐부르크 Rothenburg

로만틱 가도와 고성 가도의 교차점에 있는 동화 속의 마을이다. 구시가를 둘러싼 성곽 안은 중세의 아름다움을 그대로 간직하고 있어 중세의 보석이라고 부르기도 한다. 장난감 집들이 옹기종기 모여 있는 풍경에 열광하게 된다.

뉘른베르크 Nürnberg

뉘른베르크는 독일 여행 중 꼭 한 번 가보고 싶은 중세 도시로 손꼽힌다. 히틀러의 마음마저 사로잡았던 곳으로 유명하며, 크리스마스 마켓의 원조로 알려져 크리스마스 시즌이면 많은 여행객이 모여든다.

밤베르크 Bamberg

고풍스러운 도시 한가운데로 운하가 흐르고 있어 "독일의 베네치아"라고 불린다. 구시가지가 유네스코 세계문화유산에 등재된 것은 어찌 보면 당연하다고 할 수 있을 정도로 독일의 아름다운 도시에 손꼽힌다.

고대 로마부터 시작된
유서 깊은 도시

레겐스부르크
REGENSBURG

**#유네스코 세계문화유산 #고대 로마 유적
#독일 명예 전당 #도나우강 #석조 다리**

구시가지와 슈타트암호프가 유네스코 세계문화유산에 지정된
레겐스부르크는 독일에서 가장 오래된 도시 중 하나다.
그 흔적을 구시가에서 찾아볼 수 있다. 18세기 말까지는 신성
로마 제국의 제국의회가 열려 실질적인 수도 역할을
했으며, 도나우강이 도심을 가로지르며 흘러 상공업과
교통의 중심지로서 번영을 누리기도 했다.

가는 방법·시내 교통

레겐스부르크는 뉘른베르크와 뮌헨처럼 이동하는 것이 편하다. 뉘른베르크에서 지역 열차 RE가 1시간에 1~2대 운행되고 약 1시간이 소요되어 당일치기 여행이 가능하다. 바이에른주 도시에서 출발한다면 바이에른 티켓Bayern-Ticket도 이용할 수 있다. 구시가지 내에서는 도보 여행이 가능하다.

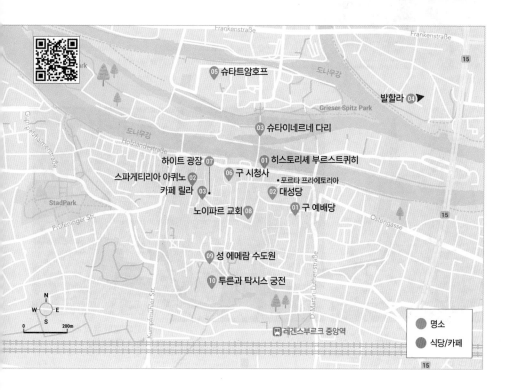

추천 코스

대성당에서 시작해 반시계 방향으로 한 바퀴 도는 원점 회귀 코스다. 레겐스부르크 구시가는 도보 여행이 가능하며 짧게는 반나절이 소요되지만, 근교의 발할라까지 다녀올 예정이라면 하루가 꼬박 걸린다. 발할라는 유람선을 타고 다녀올 수 있으며, 미리 유람선 시간표를 알고 가는 것이 일정 짜는 데 도움이 된다.

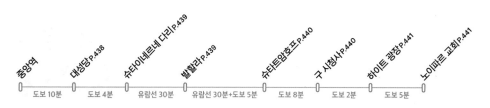

중앙역 — 도보 10분 — 대성당 P.438 — 도보 4분 — 슈타이네르네 다리 P.439 — 유람선 30분 — 발할라 P.439 — 유람선 30분+도보 5분 — 슈타트암호프 P.440 — 도보 8분 — 구 시청사 P.440 — 도보 2분 — 하이트 광장 P.441 — 도보 5분 — 노이파르 교회 P.441

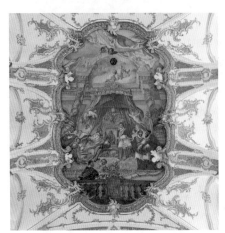

바이에른 주에서 가장 오래된 예배당 ······ ①

구 예배당 Alte Kapelle 유네스코

레겐스부르크에서뿐만 아니라 바이에른주에서 현존하는 가장 오래된 예배당이다. 무려 그 역사는 875년으로 거슬러 올라간다. 오랜 세월을 보내며 기존의 모습은 사라지고 18세기 바이에른 로코코 양식이 강하게 남아 있다. 단조로운 외부와 달리 내부는 흰색과 금색으로 화려하게 꾸며져 있고 그 중심에 자리한 천장화가 꽤 볼 만하다. 약 2,500개의 파이프로 만든 오르간은 2006년에 새롭게 만든 것으로 같은 해에 교황 베네딕토 16세에게 봉헌되었다.

📍 Schwarze-Bären-Straße 7, 93047 Regensburg 🚶 중앙역에서 도보 10분 📞 +49 941 57973 🏠 www.alte-kapelle.de

레겐스부르크의 랜드마크 ······ ②

대성당 Dom St. Peter 유네스코

105m 높이의 두 첨탑을 가진 대성당은 전형적인 바이에른 고딕 건축물로 또 다른 이름은 성 페터 대성당이다. 13세기 초에 공사를 시작해 1520년에 완공했다. 엄숙한 분위기 가운데 화려한 제단과 스테인드글라스는 빛을 발하고, 주교좌 성당답게 곳곳에 주교들의 무덤이 있다. 대성당의 참새들이란 뜻을 가진 소년 성가대는 아름다운 하모니를 자랑하는 것으로 유명하다. 내부의 보물관 Domschatz과 외부의 부속 건물 성 울리히 주교 박물관Museum St. Ulrich은 유료로 둘러볼 수 있다.

📍 Domplatz 1, 93047 Regensburg 🚶 구 예배당에서 도보 2분
💶 보물관 €1.5 🕐 대성당 4~9월 06:30~19:00, 10~3월 06:30~18:00
보물관 월~토 11:00~17:00, 일 12:00~17:00
🏠 대성당 www.bistum-regensburg.de/bistum/dom-st-peter
박물관 www.bistumsmuseen-regensburg.de

숨은 고대 로마 유적 찾기, 포르타 프레토리아
Porta Praetoria

대성당에서 3분 거리의 이곳은 흰색 외벽 건물 가운데 검게 그을린 부분이 보인다. 알프스 북쪽 지역에 남아 있는 큰 규모의 로마 시대 관문인 '레겐강의 요새'라는 뜻의 카스트라 레지나Castra Regina의 일부로 179년에 지었다.

📍 Unter den Schwibbögen 2, 93047 Regensburg

구시가지와 슈타트암호프를 연결하는 다리 ······ ③

슈타이네르네 다리 Steinerne Brücke 유네스코

지금의 다리가 놓이기 이전 약 100m 길이의 다리가 동쪽에 있었지만, 홍수에 취약해 슈타이네르네 다리를 짓게 되었다. 336m 길이의 석조 다리로 1930년대까지 도시의 유일한 다리였으며, 12~13세기 유럽 각지에 지은 석조 다리의 모델이 되었다. 다리 남쪽에는 17세기 초 소금창고였던 건물이 있는데 현재는 도시와 관련한 정보를 제공하는 방문자 센터Besucherzentrum로 사용 중이다. 맞은편에는 다리 타워 박물관Brückturm-Museum이 있다.

📍 Steinerne Brücke, 93059 Regensburg
🚶 대성당에서 도보 4분 🕐 방문자 센터 10:00
~18:00 📞 +49 941 5075410 🏠 방문자
센터 https://tourismus.regensburg.de

영광스러운 독일인을 위하여 ······ ④

발할라 Walhalla

신성 로마 제국의 황제 루트비히 1세가 세운 독일 명예의 전당이다. 1807년 독일 역사에 획을 그은 정치인, 과학자, 예술가들을 위한 기념관을 계획함과 동시에 흉상 제작에 들어갔다. 그리스 아테네의 파르테논 신전을 모델로 1830년부터 짓기 시작해 1842년에 완성했다. 발할라라는 이름은 북유럽 신화에 등장하는 발할라 궁전에서 따왔다. 현재 65명의 명판과 마르틴 루터, 빌헬름 1세, 오토 폰 비스마르크, 하인리히 하이네를 포함한 130명의 흉상이 있다.

📍 Walhallastraße 48, 93093 Donaustauf 🚶 슈타이네르네 다리에서
유람선 탑승 💶 성인 €5 🕐 4~10월 09:00~18:00, 11~3월 10:00~
16:00 📞 +49 940 3961680 🏠 www.schloesser.bayern.de

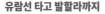

유람선 타고 발할라까지

슈타이네르네 다리 부근에 유람선 티켓 판매 부스가 있다. 유람선에서 바라볼 수도 있지만, 내부도 관람 예정이라면 유람선 티켓 구매 시 돌아오는 시간표를 미리 파악하고 있어야 한다.

💶 (왕복) €20 🏠 www.donauschiffahrt.de,
http://schifffahrtklinger.de

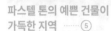

파스텔 톤의 예쁜 건물이
가득한 지역 ⑤
슈타트암호프 유네스코
Stadtamhof

다리를 건너왔을 뿐인데 조용한 작은 마을에 들어선 기분이다. 슈타트암호프는 원래 1924년 레겐스부르크에 귀속되기 전까지는 바이에른 공국 행정구역의 일부로 15세기부터 20세기까지는 다른 도시였다는 뜻. 30년 전쟁과 1809년 나폴레옹의 바이에른 침공 당시에는 피해를 보기도 했다. 구시가만큼 크게 볼거리가 있는 것은 아니지만, 건물들이 알록달록 색칠된 슈타트암호프 메인 거리와 거리 끝의 옛 성문인 필로네 문Pylonentor, 발할라 증기기관차Walhallabahn, 그리고 11세기 로코코 양식으로 지은 슈타트암호프의 교구 교회 성망 교회Stiftskirche St. Mang 등이 볼거리다.

📍 Stadtamhof 93059 Regensburg 🚶 슈타이네르네 다리에서 도보 1분

신성 로마 제국의 제국의회가 열린 곳 ⑥
구 시청사 Altes Rathaus 유네스코

1245년에 지은 건물로 신성 로마 제국의 제국의회가 열린 곳으로 유명하다. 신성 로마 제국의 제후, 백작, 남작들이 참가해 다수 의결 방법으로 회의했다. 12세기에는 비공식적이었고 여러 도시에서 열렸으나 1663년부터는 그 장소가 고정되어 1806년까지 레겐스부르크에서만 열렸다. 제국의회가 열렸던 역사적 장소는 영어 가이드 투어로만 둘러볼 수 있다.

📍 Rathausplatz 93047 Regensburg
🚶 슈타트암호프에서 도보 8분 💶 가이드 투어 성인 €7.5
🕐 영어 가이드 투어 4~10월 10:00~16:00, 11~3월 홈페이지
참고 🏠 www.regensburg.de

하이트 광장 Haidplatz 유네스코

오랜 전통을 가진 광장 중 하나로 삼각형의 광장 주변으로 역사적 가치가 높은 건물이 둘러싸고 있다. 광장 북쪽의 회색 건물은 1250년 초기 고딕 양식으로 지은 황금 십자가Goldenen Kreuz라는 건물로 신성 로마 제국의 황제 카를 5세가 자주 찾은 레스토랑이자 호텔이다. 그 옆에는 하이트 광장 극장Theater am Haidplatz과 톤 디트머 궁전Thon-Dittmer-Palais이 있다. 신고전주의 양식의 건물로 성공한 상인 가문 톤 디트머Thon-Dittmer의 소유였다. 광장 서쪽의 건물은 현재 레겐스부르크의 행정 법원 역할을 한다.

📍 Haidplatz 93047 Regensburg
🚶 구 시청사에서 도보 2분

노이파르 교회 Neupfarrkirche 유네스코

교회가 있는 광장은 시민들의 쉼터이자 크리스마스 마켓이 열리는 장소지만, 원래는 유대인들이 거주하던 지역이었다. 1519년에 유대인 추방 명령이 떨어지고 유대인 지구가 파괴되면서 유대교 회당 역시 사라졌는데, 그 자리에 개신교 교회인 노이파르 교회가 세워졌다. 1540년에 짓기 시작했지만, 미완성의 상태로 남아 있다가 1860년에 완공했다. 교회는 후기 고딕 양식과 르네상스 양식이 혼재되어 있다. 내부의 제단은 1617년에 만든 것으로, 그보다 앞선 1555년에 제작한 제단은 현재 역사 박물관Historischen Museum에 전시 중이다.

📍 Neupfarrplatz 1, 93047 Regensburg
🚶 하이트 광장에서 도보 5분
🕐 10~3월 10:00~17:00, 4~9월 10:00~18:00
🏠 www.neupfarrkirche.de

순교자들을 위한 수도원 ⑨

성 에메람 수도원 Basilika St.Emmeram

바이에른주에서 중요한 베네딕트회 수도원 중 하나로 739년 순교자로 존경받는 성 에메람Emmeram이 이곳에 묻히자 그의 이름을 따서 부르고 있다. 이후 오랜 세월 동안 보수와 확장을 반복했다. 수도원 내 예배당은 길이 100m, 폭 35m의 큰 규모로 1669년에 바로크 양식으로 완성한 제단을 포함해 약 20개의 제단이 있다. 햇빛이 자연 채광돼 흰색과 금색으로 화려함을 자랑하는 내부를 더욱 아름답게 만든다.

📍 Emmeramsplatz 3, 93047 Regensburg
🏃 노이파르 교회에서 도보 6분 🕐 10:00~18:00
🏠 www.dompfarreiengemeinschaft.de

유서 깊은 귀족 가문의 주거지 ⑩

투른과 탁시스 궁전

Schloss Thurn und Taxis

투른과 탁시스는 레겐스부르크의 오래된 귀족 가문이다. 프란츠 폰 탁시스Franz von Taxis는 우편 시스템의 선구자로 불리며 15세기부터 19세기까지 우편 독점권을 얻었고, 발전에 기여함을 인정받아 현재 투른과 탁시스 궁전이라 불리는 성 에메람 궁전Schloss St. Emmeram을 부여받았다. 당시 유럽에서 현대적인 궁전 중 하나였다. 궁전 내부는 가이드 투어로 둘러볼 수 있으며 브뤼셀 태피스트리로 장식한 방을 비롯해 보석과 도자기 등을 소장한 박물관도 관람할 수 있다.

📍 Emmeramsplatz 5, 93047 Regensburg
🏃 성 에메람 수도원에서 도보 1분
💶 가이드 투어 성인 €17, 학생 €14
🕐 가이드 투어 토·일 10:30, 12:30, 14:30
❌ 월~금요일 🏠 www.thurnundtaxis.de

레겐스부르크에서 꼭 맛봐야 하는 소시지 ······ ①

히스토리셰 부르스트퀴히 Historische Wurstküch

레겐스부르크에서 가장 유명한 맛집이다. 12세기 슈타이네르네 다리 공사를 위해 많은 근로자가 모였고, 체력을 요구하는 일이었기 때문에 고열량의 음식이 필요했다. 그때 생긴 곳이 여기다. 유명한 곳인 만큼 빈 좌석을 찾기 어려울 정도며, 포장 줄도 길게 늘어선 것을 볼 수 있다. 포장 시에는 오래된 옛 부엌도 엿볼 수 있다. 소시지 6개 세트 €16.

📍 Thundorferstraße 3, 93047 Regensburg
🚶 슈타이너네 다리에서 도보 1분 🕙 10:00~19:00
📞 +49 941 466210 🏠 www.wurstkuchl.de

예배당에서 즐기는 이탤리언 요리 ······ ②

스파게티리아 아퀴노 Spaghetteria Aquino

고딕 양식의 예배당에 자리한 이탤리언 레스토랑이다. 샐러드와 피자, 파스타 등 다양한 메뉴가 있고 뷔페도 즐길 수 있다. 채식주의자를 위한 비건 요리도 있다. 특히 파스타는 소스와 면을 직접 선택할 수 있는 것이 특징. 단체 손님이 많아 다소 시끄럽게 느껴질 수 있다. 파스타 €10~15, 피자 €8~14.

📍 Am Römling 12, 93047 Regensburg
🚶 하이트 광장에서 도보 1분 🕙 월~금 17:00~23:00,
토 11:30~23:00, 일 17:00~22:00 📞 +49 941 563695
🏠 https://spaghetteria-regensburg.de

낮에는 커피, 밤에는 칵테일을
즐길 수 있는 공간 ······ ③

카페 릴라 Café Lila

산뜻한 분홍색 외벽이 시선을 사로잡는다. 명칭은 카페지만 아침부터 새벽까지 모든 음식과 음료를 즐길 수 있는 곳이다. 유럽식, 아랍식, 미국식 등 다양한 브런치 메뉴가 있고 낮에는 샐러드와 햄버거 그리고 튀김 요리도 즐길 수 있다. 저녁에는 아늑한 칵테일 바로 변신한다. 햄버거 €10.

📍 Rote-Hahnen-Gasse 2, 93047 Regensburg
🚶 하이트 광장에서 도보 1분
🕙 월~목·일 8:00~1:00, 금·토 8:00~2:00
📞 +49 941 55552 🏠 www.cafe-lila.de

뒤셀도르프 지역
뒤셀도르프와 주변 도시

고층 건물이 들어선 뒤셀도르프는 구시가의 고즈넉한 정취를 찾는 여행객에
겐 다소 낯설게 다가온다. 하지만 초점을 현대로 맞추면 이야기는 달라진다.
평범했던 공간이 건축 거장들의 손을 거쳐 참신한 디자인으로 세계인의 관심
을 끄는 매력적인 지역이 되고, 파격적인 현대 미술 작품을 전시한 문화 공간
이 무궁무진하다. 뒤셀도르프와 가까운 쾰른과 본 역시 문화와 예술이 살아
숨 쉬는 도시라고 할 수 있다.

함부르크

베를린

3시간 30분

4시간 30분

뒤셀도르프

30분 쾰른

20분 본

2시간

프랑크푸르트

5시간

뮌헨

★ 기차 소요시간 기준이며 열차 종류나 스케줄에 따라 차이가 있다.

일정 짜기 뒤셀도르프와 주변 도시는 각각 하루씩 3일이면 돌아볼 수 있다. 다만 박물
Tip 관과 미술관이 많은 도시이기에 관람 예정이라면 여유롭게 하루 더 투자해
도 좋다. 세 도시 모두 가까워 거점 도시를 정하고 당일치기로 다녀와도 되며
랜더 티켓을 사용할 수 있다.

문화와 예술이 숨 쉬는 도시

뒤셀도르프
DÜSSELDORF

#현대 미술의 요람 #알트비어 #쇼핑의 중심지
#세계에서 가장 긴 식탁 #라인강 산책

쾰른과 영원한 라이벌 도시인 뒤셀도르프는
노르트라인베스트팔렌주의 공업과 경제, 문화의 중심지다.
경제가 발전하고 도시가 성장하면서 고층 건물이 들어선
대도시가 되었으나 그럼에도 구시가를 보존하며
과거와 현재가 공존하는 도시의 면모를 보여주고 있다.
뒤셀도르프는 현대 미술의 트렌드를 이끄는 도시이기도 한데
K20, K21과 같은 현대 미술관 등 문화 인프라가 풍부해
앞으로도 미래가 기대되는 도시로 주목받고 있다.

뒤셀도르프
가는 방법

독일에서 손꼽히는 큰 규모의 공항이 있어 국제선과 국내선이 유럽 내
주요 도시를 연결하며, 독일 곳곳을 연결하는 기차와 버스 노선도 있
어 이동이 편리하다.

① 항공
🏠 www.dus.com

우리나라에서 출발하는 직항 편은 없고 1회 경유해야 한다. 뒤셀도르프 공항Flughafen
Düsseldorf은 도심에서 북쪽으로 약 8km 떨어져 있고, 뒤셀도르프 중앙역까지는 기차
와 버스, 택시를 이용한다.

뒤셀도르프 공항에서 시내로 이동

• **기차** S11(약 12분 소요, 1시간에 2대 운행), RE 열차(약 7분 소요, 1시간에 8대 운행).

  ＊ 단, 두 열차 모두 공항에서 스카이 트레인(모노레일)을 타고 이동한 후 기차역에서 탑승한다.(터미
  널에서 기차역까지 7분 소요, 당일 항공권 소지 시 무료.)

• **버스** 공항 도착 층에서 721번 버스를 이용해 뒤셀도르프 중앙역Düsseldorf Hbf으로
  이동할 수 있다. 1시간에 3대 운행하며 약 20분 소요된다

② 기차

뒤셀도르프와 인접한 쾰른으로는 1시간에 최대 6대, 본까지는 3대 운행하며, 쾰른은
RE로 30분이 소요된다. 본도 RE로 45분 소요되며, 쾰른과 본 모두 뒤셀도르프와 같은
주에 해당하기 때문에 노르트라인베스
트팔렌 티켓Nordrhein-Westfalen Ticket 사
용도 가능하다. 교통의 중심지 프랑크푸
르트까지도 1시간에 3~4대가 운행하고
있어(ICE로 1시간 30분~2시간 소요) 이
동에 불편함이 없다. 코블렌츠는 RE로
1시간 45분 걸린다.

뒤셀도르프 안에서
이동하는 방법

S반, U반, 트램, 버스 등의 교통수단이 있다. 주요 명소는 구시가에 있
고 도보 여행이 가능하지만, 대도시이기 때문에 중앙역에서 구시가까
지는 대중교통을 이용하는 것이 시간과 체력 면에서 효율적이다. 티켓
은 자동 발매기에서 구입할 수 있다.

💶 1회권 €3.6, 1일권 €8.8 🏠 www.vrr.de

뒤셀도르프 추천 코스

뒤셀도르프의 주요 볼거리는 라인 강변에 밀집해 있다. 도보 여행이 가능한 곳이지만, 큰 도시이기 때문에 걷는 동선을 조금이라도 줄이기 위해 대중교통을 적절하게 이용하는 것이 좋다. 아래 일정으로 둘러보면 큰 무리는 없으나 미술관 입장을 생각한다면 시간 배분이 필요하다.

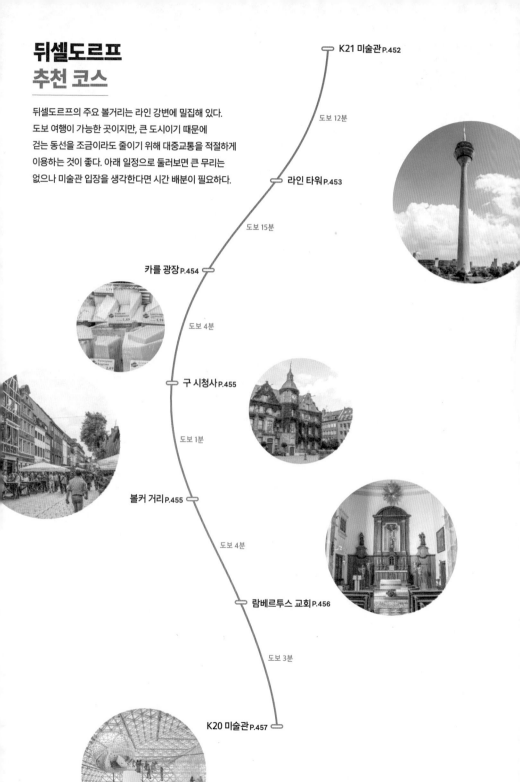

K21 미술관 P.452

도보 12분

라인 타워 P.453

도보 15분

카를 광장 P.454

도보 4분

구 시청사 P.455

도보 1분

볼커 거리 P.455

도보 4분

람베르투스 교회 P.456

도보 3분

K20 미술관 P.457

뒤셀도르프
상세 지도

Düsseldorfer Str.

Rheinkniebrücke

Rheinkniebrücke

라인강

라인강

메디언하펜

02 라인 타워

• 노이어 촐호프 Bürgerpark

1

• 컬러리움

타쿠미 로레토 거리 **02**

Fürstenwa

Plockstraße

N
W   E
S

0   200m

1

Tonhalle/Ehrenhof
U
✈ 뒤셀도르프 국제공항

Hofgarten

10 K20 미술관

08 람베르투스 교회

07 성 탑   09 안드레아스 교회

임 골데넨 케셀   01 쾨-보겐
구 시청사   04 06 볼커 거리
05

05 위리게

01 로스터리 4 월스트리트
03 하임베르크 알츠타트
04 카를 광장

03 하인리히 하이네 연구소

Heinrich-Heine-Allee
U

Berliner Allee

03 이머만 거리

02 쾨니히 거리

U Steinstraße

U Oststraße

Grünstraße

Breite Str.

Hole Str.

Bilker Str.

Poststraße

Oststraße

Karlstraße

뒤셀도르프 중앙역 🚉 S

U Graf-Adolf-Platz

Haroldstraße

Berliner Allee

Graf-Adolf-Straße

01 K21 미술관

heinkniebrücke

Herzogstraße

Fürstenwall

● 명소
● 식당/카페
● 상점

Floragarten

K21 미술관 K21 Kunstsammlung Nordrhein-Westfalen

신르네상스 양식의 유리돔에 1,919장의 유리를 얹은 모양새 자체가 하나의 작품과 같다. K21은 20세기 중반 이후부터 21세기까지 현대 미술품을 전시하는 뒤셀도르프의 대표적인 미술관이다. 내부로 들어서면 역사를 그대로 살린 외관과 다르게 세련되고 현대적인 모습에 다소 놀라게 된다. 흰색 위주의 내벽으로 이루어져 있고, 곳곳에 다양한 설치 미술품이 전시되어 있다. 17년간 뒤셀도르프에 머물렀던 세계적인 비디오 아티스트 백남준의 작품도 볼 수 있다.

📍 Ständehausstraße 1, 40217 Düsseldorf 🚶 버스 706·708·709번, U71·72·73·83 Graf-Adolf-Platz 정류장/역 하차 💶 성인 €8(K20, K21 통합권 €20) ※매달 첫째 주 수요일 18:00부터 22:00까지 무료 🕐 화·목~일 11:00~18:00, 수 11:00~22:00 ❌ 월요일 📞 +49 211 8381204 🏠 www.kunstsammlung.de

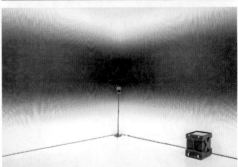

뒤셀도르프 풍경을 한눈에 ······ ②

라인 타워 Rheinturm

뒤셀도르프에서 가장 높은 건축물이자 도시의 상징으로 전체 높이 240.5m의 전파 송신탑이다. 1979년에 착공해 1981년에 완공했다. 아찔한 높이만큼 뒤셀도르프 시내, 라인강 전경을 360도 파노라마로 즐길 수 있는데 높이 170m에는 전망대가 있고, 174.5m에는 회전식 레스토랑이 있다. 타워 기둥에서 빛을 밝혀 시간을 알려주는 특별한 시계가 있는데 높은 곳부터 시, 분, 초를 빛의 개수로 나타낸다. 날씨가 좋은 날은 쾰른 대성당도 볼 수 있다.

📍 Stromstraße 20, 40221 Düsseldorf 🚶 K21 미술관에서 도보 12분 💶 성인 €12 ※오후 12시 이전, 오후 8시 이후 €8
🕙 10:00~24:00 📞 +49 211 8632000 🏠 https://rheinturm.de

뒤셀도르프의 신시가, 메디언하펜 Medienhafen

라인 타워 주변으로 세련되고 독특한 현대 건축물이 가득한 이곳은 구시가와는 전혀 다른 느낌을 선사한다. 메디언하펜이라는 이름에서 예상할 수 있듯 기존 무역항이었던 이곳을 경기 부양을 위해 '미디어 항구'로 재창조했다. 경기 활성화를 위해 세계 건축가의 손을 빌려 건물을 짓고, 방송과 패션의 중심지로 만든 결과 세계인의 관심을 끌 수 있는 매력적인 지역이 되었다.

노이어 촐호프 Neuer Zollhof (1998)

캐나다 건축가 프랭크 게리의 설계로 탄생했다. 곡선이 돋보이는 흰색 건물, 반짝이는 바다를 보는 듯한 은빛 건물, 삐딱한 느낌이 드는 갈색 건물까지 총 3채다.

📍 Neuer Zollhof 2-6, 40221 Düsseldorf

컬러리움 Colorium (2001)

영국 건축가 윌리엄 앨런 알솝이 설계한 건물은 멀리서도 눈에 띄는 빨간 지붕이 인상적이다. 평범했던 곳이 노력과 발상의 전환으로 어떻게 변모할 수 있는지를 잘 보여주는 사례라고 할 수 있다.

📍 Speditionstraße 9, 40221 Düsseldorf

하인리히 하이네 연구소 Heinrich-Heine-Institut

독일의 서정시인 하인리히 하이네의 삶을 엿보고 그의 작품들을 만나볼 수 있는 곳이다. 기록보관소, 도서관, 박물관으로 나뉘어 있으며, 1층에서는 특별 전시, 2층에서는 그의 생애에 대해 상설 전시하고 있다. 그가 남긴 문학 작품은 물론 친필 편지, 가구가 전시되어 있고 시를 다양한 방법으로 감상할 수 있는 공간도 있다. 연구소에서 600m 떨어진 볼커 거리에는 하인리히 하이네의 생가Heine Haus가 있다. 현재 서점이 들어서 있으며, 옛 흔적은 남아 있지 않다.

📍 Bilker Straße 12-14, 40213 Düsseldorf
🚶 라인 타워에서 도보 15분 💶 성인 €4
※오후 16:00 이후, 일요일 무료
🕐 화~금·일 11:00~17:00, 토 13:00~17:00
❌ 월요일 📞 +49 211 8995571
🏠 www.duesseldorf.de/heineinstitut

카를 광장 Carlsplatz

구시가 남쪽에 있는 광장으로 월요일부터 토요일까지 시장이 열린다. 시장의 역사는 중세로 거슬러 올라갈 만큼 뒤셀도르프에서 오랜 역사를 자랑한다. 빛깔 좋은 과일이나 채소부터 육류와 어류, 꽃, 잡화 등 다양한 품목을 판매한다. 풍성한 먹거리를 맛보는 것은 시장 구경의 묘미! 간단하게 한 끼 해결하기 좋은 장소도 마련되어 있다. 현지인들의 활기찬 모습을 고스란히 느낄 수 있으니 기회가 된다면 꼭 들러보는 것을 추천한다.

📍 Carlsplatz 40213 Düsseldorf 🚶 하인리히 하이네 연구소에서 도보 4분
🕐 월~금 08:00~18:00, 토 08:00~16:00 ❌ 일요일 🏠 www.carlsplatz-markt.de

뒤셀도르프 크리스마스 마켓의 장소 ⑤

구 시청사 Altes Rathaus

구시가의 중심인 마르크트 광장에 있다. 16세기 르네상스 양식으로 지은 시청사는 총 3채의 건물로 이루어져 있다. 북쪽이 구 시청사로 빌헬름 건물이라고도 일컫는다. 서쪽 건물은 광장 중심의 동상을 만든 조각가 가리브엘 그루펠로의 집이었기에 그루펠로 하우스Grupello-Haus라고 부르고 있다. 1711년에 세운 선제후 요한 빌헬름Johann Wilhelm의 청동 기마상은 북 알프스 지역에서 가장 아름다운 기마상으로 여겨진다.

📍 Marktplatz 2, 40213 Düsseldorf
🚶 카를 광장에서 도보 4분

뒤셀도르프의 명물 맥주 거리 ⑥

볼커 거리 Bolkerstraße

하인리히 하이네 대로Heinrich-Heine-Allee와 마르크트 광장을 연결하는 구시가의 작은 골목으로 "세계에서 가장 긴 식탁"이라는 별명이 붙은 곳이다. 그 이유는 300m에 달하는 거리에 50곳 이상의 레스토랑 겸 술집이 있기 때문이다. 특히 이곳은 뒤셀도르프의 전통 맥주 알트비어Altbier를 파는 곳이 많아 낮부터 늦은 밤까지 많은 사람으로 북적인다.

📍 Bolkerstraße 40213 Düsseldorf
🚶 마르크트 광장에서 도보 1분

라인 강변 부르크 광장에 우뚝 선 탑 ⑦

성 탑 Schlossturm

높이 33m의 3층 탑으로 13세기에 성루로 지었다. 이후 세월이 흐름에 따라 파괴와 재건 과정이 반복되었는데, 현재는 1872년 화재로 성은 소실되고 성루만 남아 있다. 지금은 라인 강의 항해 역사, 뒤셀도르프의 항만 발전에 대해 전시하고 있는 해양 박물관으로 이용되고 있다. 꼭대기 층에는 카페가 있어 360도 파노라마 전망을 즐길 수도 있다. 탑 바로 앞으로는 계단이 있어 날씨가 좋은 날에는 유유자적 흘러가는 강의 풍경을 즐기려는 사람들로 가득하다.

📍 Burgplatz 30, 40213 Düsseldorf 🚶 마르크트 광장에서 도보 1분
💶 성인 €3 🕐 화~일 11:00~18:00 ❌ 월요일
📞 +49 211 8994195 🏠 www.schifffahrtmuseum.de

람베르투스 교회 Lambertuskirche

도시의 수호성인인 성 람베르투스를 기리는 교회로 14세기에 세운 구시가지의 상징물이다. 중세의 성에서 볼 수 있을 것 같은 로마네스크 양식의 탑을 중앙에 두고 양옆에 건물이 놓여 마치 3채의 건물이 모여 있는 것처럼 보이는데, 사실상 하나의 건물이다. 우뚝 솟은 첨탑을 자세히 들여다 보면 휘어졌음을 알 수 있는데, 악마가 교회를 없애기 위해 탑을 비틀었다는 흥미로운 설화도 있지만, 정확한 이유는 탑에 사용된 목재가 너무 신선하고 습기가 많아 지붕이 뒤틀린 것이다. 내부로 들어서면 밝고 화려한 분위기 속에 엄숙함이 느껴진다. 르네상스 양식의 무덤, 바로크 양식의 제단, 수많은 조각과 성화를 볼 수 있다.

📍 Stiftsplatz 1, 40213 Düsseldorf 🚶 마르크트 광장에서 도보 5분
💶 월 15:00~18:00, 화~일 09:00~18:00
📞 +49 211 3004990 🏠 www.lambertuspfarre.de

안드레아스 교회

Andreaskirche

1622년부터 1629년에 걸쳐 지은 바로크 양식의 가톨릭 교회. 내부로 들어서면 궁전을 연상시키는 백색 톤의 단아하면서도 화려한 장식이 눈길을 끈다. 중앙의 주제단 양옆으로 성모 마리아 제대가 있으며, 입구 위층 벽면에는 1782년에 만든 오르간이 있다. 제2차 세계 대전 때 피해를 입어 복원한 것이다. 오후 4시 30분에는 무료 오르간 공연을 감상할 수 있다.

📍 Andreasstraße 10, 40213 Düsseldorf
🚶 마르크트 광장에서 도보 4분
🕐 월~토 07:30~18:30, 일 08:30~19:00
📞 +49 211 136340
🏠 https://dominikaner-duesseldorf.de

뒤셀도르프의 대표 근현대 미술관 .... ⑩

K20 미술관 K20 Kunstsammlung Nordrhein-Westfalen

화가 파울 클레로부터 88점의 작품을 사들인 것이 시작이었다. 1986년에 문을 열었고, 검은 화강암의 외관이 인상적인 지금의 건물로 확장했다. 파블로 피카소, 앙리 마티스, 피에트 몬드리안의 작품을 비롯해 19세기 후반부터 1970년까지의 작품을 전시하고 있다. 한 명 한 명의 작품을 중점적으로 다루지 않아 미술관의 특징이 될 만한 대표 작가는 없으나 다양한 작품을 전시하고 있어 현대 미술의 흐름을 살펴볼 수 있다는 장점이 있다. 현대 미술관답게 구조나 디자인 등 건물 자체가 참신해 관람의 또 다른 재미를 준다.

📍 Grabbeplatz. 5, 40213 Düsseldorf
🚶 안드레아스 교회에서 도보 2분
💶 성인 €9(K20, K21 통합권 €20)
※매달 첫째 주 수요일 18:00부터 20:00까지 무료 🕐 화·목~일 11:00~18:00, 수 11:00~22:00 ❌ 월요일 📞 +49 211 8381204
🏠 www.kunstsammlung.de

커피 한잔이 주는 행복 ⋯⋯ ①

로스터리 4 월스트리트
Rösterei VIER Wallstreet

수확, 가공, 로스팅, 준비까지 총 4단계에 걸쳐 손님에게 제공한다는 의미를 담은 카페 이름에서 커피에 대한 진정성이 느껴진다. 뒤셀도르프의 유명한 로스팅 카페로 구시청사가 있는 구시가지에 자리하고 있어 여행 중 쉬어 가기 좋다. 균형 있고 묵직한 풍미를 담아낸 커피 한 잔에 바나나 파운드케이크 한 조각을 곁들여 먹기 좋다. 커피 €2~4 선.

📍 Wallstraße 10, 40213 Düsseldorf 🏃 마르크트 광장에서 도보 4분
🕐 월~금 08:00~19:00, 토 09:00~19:00, 일 11:00~18:00
📞 +49 211 16756344 🏠 https://rvtc.com

여기가 일본일까 독일일까? ⋯⋯ ②

타쿠미 로레토 거리 Takumi Lorettostraße

일본의 대표 솔 푸드인 라멘을 잘하는 맛집이다. 유럽 전역에서 볼 수 있는 체인이지만 본점은 뒤셀도르프에 있고 시내에만 6개의 지점이 있다. 지점마다 인테리어와 메뉴 구성이 조금씩 다르지만 고기, 해산물, 채식 등 다양한 재료를 취향에 따라 선택할 수 있는 폭이 넓다는 점은 동일하다. 깔끔하고 짭조름한 국물에 달짝지근한 토핑을 얹은 라멘을 먹으려는 긴 대기 줄은 타쿠미의 흔한 풍경이다. 라멘 €13~19 정도.

📍 Lorettostraße 2, 40219 Düsseldorf 🏃 라인 타워에서 도보 8분
🕐 12:00~14:30, 17:00~20:00 📞 +49 211 33674753
🏠 https://m.facebook.com/takumiloretto

슈니첼의 종류도 다양하다! ⋯⋯ ③

하임베르크 알츠타트 HeimWerk Altstadt

뒤셀도르프 구시가지에 있는 레스토랑으로 뮌헨에 본점이 있다. 슈니첼 전문점답게 다양한 종류의 슈니첼이 있고 버거로도 먹을 수 있다. 슈니첼은 €12~20. 이곳의 특징은 한 끼 식사가 부담스러운 사람을 위해 그보다 적은 양의 스낵으로 슈니첼을 제공한다는 점인데, 곁들여 먹을 사이드 메뉴는 따로 주문해야 한다.

📍 Hafenstraße 9, 40213 Düsseldorf 🏃 마르크트 광장에서 도보 2분 🕐 일~목 11:30~24:00, 금·토 11:30~01:00
📞 +49 211 86326373 🏠 www.heimwerk-restaurant.de

임 골데넨 케셀 Im Goldenen Kessel

알트비어의 대표 브랜드 슈마허Schumacher를 맛볼 수 있는 곳
이다. 구시가에서 약 1km 떨어진 슈마허에서 운영하는 본점보
다 접근하기 쉬워 현지인과 여행객들로 붐빈다. 볼커 거리의 맥
줏집이 그렇듯 야외에서는 주로 서서 맥주를 마시는 사람이 많
고 내부는 식사하는 공간으로 이루어져 있다. 맛 좋은 맥주는
물론 친절하고 유쾌한 직원들 덕에 기분 좋게 한잔할 수 있다.
알트비어 €2.9.

🅟 Bolkerstraße 44, 40213 Düsseldorf 🚶 볼커 거리
🕐 화 15:00~24:00, 수~토 11:00~24:00, 일 11:00~21:30
❌ 월요일 📞 +49 211 326007 🏠 www.schumacher-alt.de

위리게 Uerige

뒤셀도르프에서 인기 있는 올드 펍
중 한 곳으로 1862년에 문을 열
었다. 슈마허와 양대 산맥을 이루
는 위리게Uerige를 마실 수 있는
곳으로 내부에 양조장이 있어 직
접 수제 맥주를 만드는 과정을 볼 수
도 있다. 식사 메뉴는 많지 않지만 커리부
르스트, 슈바인스학세, 슈니첼 같은 독일의 대표 음식이 있다.
워낙 유명한 곳이라 겨울에도 야외 테이블에서 맥주를 즐기는
사람이 많다. 알트비어 €2.85다.

🅟 Berger Straße 1, 40213 Düsseldorf
🚶 마르크트 광장에서 도보 1분 🕐 10:00~24:00
📞 +49 211 866990 🏠 www.uerige.de

뒤셀도르프 전통 맥주 알트비어 Altbier

늘 비교되곤 하는 도시 쾰른에 전통 맥주 쾰슈Kölsch가 있다면 뒤셀도
르프에는 알트비어가 있다. 상면 발효 방식으로 라거 맥주처럼 낮은 온
도에서 숙성하는 것은 쾰슈와 비슷하지만, 짙은 갈색을 띠며 무겁지도
아주 가볍지도 않은 중간 정도 무게감을 느낄 수 있다. 서로 닮은 듯하
면서도 마셔보면 또 다른 스타일이다. 알트비어는 작은 잔에 제공되며,
마신 잔을 코스터에 펜을 그어 표시한다. 다 마시면 별도 주문 없이 추
가로 가져다주기 때문에 마시고 싶지 않다면 코스터를 잔 위에 올려두
면 된다.

뒤셀도르프 시민들의 휴식 공간 ...... ①

쾨-보겐 Kö-Bogen

애플 스토어, 포르쉐 디자인 스토어, 밀레 등 세계적으로 유명한 프리미엄 브랜드 상점과 브로이닝거 백화점, 사무실, 레스토랑이 입점한 6층 규모의 복합 공간이다. 폴란드의 세계적인 건축가 다니엘 리벤스킨트가 디자인했고 굽이치는 곡선의 유리 외관이 돋보이는 건물은 그 자체로도 볼거리를 제공한다. 주변에 수로가 있어 보행자가 산책하거나 휴식하기에도 좋다.

📍 Königsallee 2, 40212 Düsseldorf
🚶 U71·72·73·83 Schadowstraße역에서 하차, 도보 2분
🕐 월~토 10:00~20:00 ❌ 일요일 📞 +49 211 566410
🏠 www.koebogen.info

뒤셀도르프의 가로수길 ...... ②

쾨니히 거리 Königsallee

길이 1km, 폭 31m에 달하는 인공 수로 슈타트그라벤 Stadtgraben 양옆으로 가로수가 늘어서 있는 이곳은 뒤셀도르프의 대표 쇼핑 중심 거리다. 수로 양옆으로는 세계 명품 브랜드 상점들과 호텔, 카페, 레스토랑이 있어 아름다운 풍경과 함께 여가를 즐길 수 있다.

📍 Königsallee Düsseldorf 🚶 K20 미술관에서 도보 5분

독일과 일본 사이 그 어디쯤 ...... ③

이머만 거리 Immermannstraße

중앙역부터 약 900m에 달하는 거리로 일명 리틀 도쿄라 불리는 독일에서 가장 큰 재팬 타운이다. 레스토랑, 베이커리, 호텔, 마켓, 서점 등 다양한 일본 상점을 볼 수 있는데, 현재는 그에 못지않게 한국 상점도 자리를 잡아 코리아타운이라 불러도 될 정도. 많은 한식당과 한인 식품점인 하나로 마트가 있어 지구 반대편에서 정겨운 한국을 만날 수 있다.

📍 Immermannstraße, 40210 Düsseldorf
🚶 중앙역에서 도보 1분

라인강 길목의 중세 도시

쾰른 KÖLN

#고딕 성당 #쾰슈 #나폴레옹 향수 #초콜릿 #야경

고대 로마부터 중세까지의 흔적이 남아 있는 다채로운
매력을 지닌 도시다. 로마의 지배를 받으면서 식민지라는 뜻의
콜로니아Colonia에서 쾰른이라는 도시 명칭이
유래한 것처럼 로마 시대 유적이 곳곳에 남아 있고,
오랜 역사를 살펴볼 수 있는 박물관과 미술관이 많아
문화 예술 도시로서 명성을 떨치고 있다.

가는 방법

교통이 발달한 곳답게 쾰른을 드나드는 교통수단도 다양하다. 우리나라에서 직항 편은 없지만 항공을 이용할 수 있고, 유럽 다른 도시에서도 저가 항공으로 이동할 수 있다. 가장 많이 이용하는 교통수단인 기차 역시 중앙역이 대성당 바로 앞에 있어 편리하다. 빠르지만 비싼 기차를 대신할 수 있는 버스도 있다.

- **항공** 쾰른까지 우리나라에서 출발하는 직항 편은 없고 최소 1회 경유하는 항공사를 이용해야 한다. 쾰른/본 공항Flughafen Köln/Bonn은 도심에서 약 15km 떨어져 있으며 시내까지는 다양한 교통수단을 이용할 수 있지만, 환승이 필요 없는 기차가 가장 편리하다. S19 혹은 RE 열차로 약 15분 소요되며, 1시간에 3대 운행한다.

  🏠 www.koeln-bonn-airport.de

- **기차** 철도의 요충지답게 같은 주에 해당하는 뒤셀도르프와 본처럼 쾰른에서 인접한 도시는 RE로 30분 내외이고, 코블렌츠와 프랑크푸르트까지도 1시간에 4~5대가 운행하고 있어 이동이 쉽다.(코블렌츠: RE, 1시간 12분 / 프랑크푸르트: ICE, 1시간 30분.) 같은 주에서는 노르트라인베스트팔렌 티켓Nordrhein-Westfalen을 사용할 수 있다.

- **버스** 쾰른에는 이렇다 할 버스 터미널이 없다. 중앙역 북동쪽의 뮤지컬 돔Musical Dome 앞을 버스 터미널이라고 부르고 있지만, 버스 회사마다 탑승 장소가 달라 예약 시 반드시 승하차 장소를 확인해야 한다. 프랑크푸르트까지 2시간 20분, 뮌헨은 7시간 걸린다.

시내 교통

쾰른에는 S반, U반, 트램, 버스 등 다양한 교통수단이 있다. 주요 명소가 있는 곳은 도보 이동이 가능하지만, 그 외 지역으로 이동할 때는 적당한 교통수단을 이용하게 된다. 티켓은 창구나 자동 발매기에서 구입하고 U반 내에서도 발권할 수 있다.

💶 단거리권(4개 정류장 이내) €2.5, 1회권 €3, 4회권 €12, 1일권 €7 🏠 www.kvb.koeln

추천 코스

퀼른 여행은 대성당에서 시작해 반시계 방향으로 돌아 호엔촐레른 다리 야경으로 마무리 짓는 것이 일반적이다. 도보 여행이 가능한 곳이며, 아래 일정으로 하루 만에 퀼른을 둘러볼 수 있다. 하지만 중요한 박물관, 미술관이 많은 곳인 만큼 박물관 관람 계획이 있다면 여유롭게 일정을 잡는 것이 좋다.

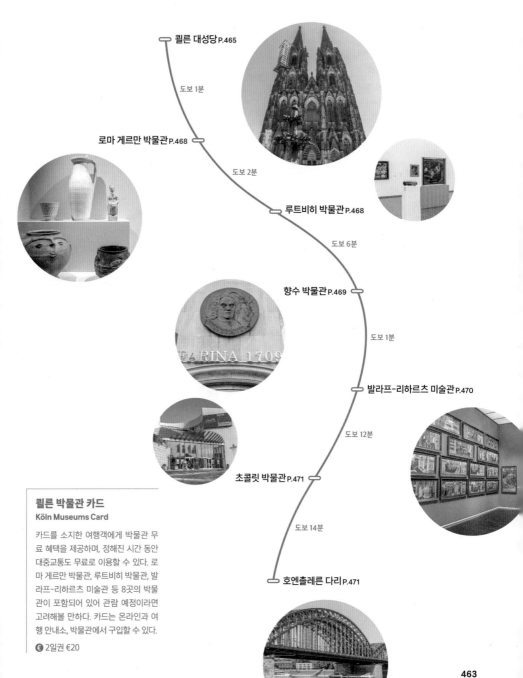

퀼른 대성당 P.465

도보 1분

로마 게르만 박물관 P.468

도보 2분

루트비히 박물관 P.468

도보 6분

향수 박물관 P.469

도보 1분

발라프-리하르츠 미술관 P.470

도보 12분

초콜릿 박물관 P.471

도보 14분

호엔촐레른 다리 P.471

퀼른 박물관 카드
Köln Museums Card

카드를 소지한 여행객에게 박물관 무료 혜택을 제공하며, 정해진 시간 동안 대중교통도 무료로 이용할 수 있다. 로마 게르만 박물관, 루트비히 박물관, 발라프-리하르츠 미술관 등 8곳의 박물관이 포함되어 있어 관람 예정이라면 고려해볼 만하다. 카드는 온라인과 여행 안내소, 박물관에서 구입할 수 있다.

€ 2일권 €20

쾰른
상세 지도

05 리프하우스

푼토 파스타 06

04 가펠 암 돔

S 쾰른 중앙역

08 호엔촐레른 다리

01 쾰른 대성당

로마 게르만 박물관 02

03 루트비히 박물관

브라우하우스 프뤼 암 돔 01

02 브라우하우스 지온

06 쾰른 시청사

향수 박물관 04
발라프-리하르츠 미술관 05

03 길덴 임 짐스

카페 초코라테 07

쾰른 본 공항

07 초콜릿 박물관

라인강

● 명소
● 식당/카페

쾰른 대성당 Kölner Dom 유네스코

마인츠 대성당, 트리어 대성당과 함께 독일의 3대 성당 중 하나로 고딕 건축의 걸작이다. 독일을 대표하는 고딕 양식 건축물답게 보는 것만으로도 화려함과 웅장함에 압도당한다. 1165년 쾰른의 대주교는 이탈리아 밀라노에서 세 동방 박사 유해를 쾰른으로 이전했고, 이로 인해 많은 순례자가 이곳을 찾기 시작하자 명성에 걸맞은 대규모 성당의 필요성을 느껴 지금의 대성당을 짓기 시작했다. 하지만 재정난과 책임자 교체, 초기 설계도 분실 등으로 300년이 넘도록 공사가 중단되기도 했다. 이를 해결하기 위해 대성당 복권을 발행, 시민들의 적극적인 참여로 공사가 재개되었으며 1880년 완공되었다. 2개의 첨탑은 157.31m 높이로 당시 세계 최고 높이를 자랑했다. 내부로 들어서면 화려한 스테인드글라스와 진귀한 유물이 가득하며, 측면에는 종교 유물을 전시하는 보물관Schatzkammer과 전망대Turmbesteigung가 있다. 전망대까지는 약 30분이 소요되며 533개의 계단을 오르게 된다. 전망대 최고 높이 97.25m에 도달하면 쾰른 시내와 함께 라인강 전망이 시원하게 펼쳐진다.

📍 Domkloster 4, 50667 Köln 🚶 중앙역에서 도보 1분
💶 보물관 성인 €8, 전망대 성인 €8, 보물관+전망대 €12
🕐 본당 월~토 10:00~17:00, 일 13:00~16:00,
보물관 10:00~18:00, 전망대 3~10월 09:00~18:00,
11~2월 09:00~16:00 📞 +49 221 17940555
🏠 www.koelner-dom.de

위험에 처한 세계문화유산

1996년 유네스코 세계문화유산에 등재된 쾰른 대성당은 2004년 위험 목록에 올라 격하되었다. 라인강을 사이에 두고 대성당과 마주 보는 곳에 도시 계획에 의해 지을 고층 건물이 경관을 훼손한다는 것이 그 이유였다. 유네스코는 녹지 확충을 경고했으나 쾰른시는 이를 받아들이지 않다가 결국 건물 높이에 엄격한 제한을 두면서 2006년에 위험 목록에서 해제되었다. 과거와 현재를 절충하지 않고 급격한 도시화에 따른다면 소중한 문화재의 가치를 잃을 수도 있음을 시사하는 사건이었다.

고딕 건축물의 진수 쾰른 대성당 간단히 둘러보기

화려함과 웅장함에 압도당하는 쾰른 대성당은
겉으로 보기에도 값진 문화유산이지만
내부를 들여다보면 더 놀랍다.
들어서는 순간 144m의 긴 회랑이 펼쳐지며
장엄함과 숭고함까지 느껴진다.
대성당 자체만으로도 충분히 가치 있고
대단하지만, 놓치지 말아야 할
진귀한 유물을 알고 가면 도움이 된다.

① 게로 십자가
Gerokreuz

쾰른 대성당의 중요한 보물 중 하나로 알프스 북쪽 지역에서 가장 크고 오래된 십자가다. 10세기 후반 쾰른의 대주교였던 게로 Gero von Köln가 기증했다고 전해진다. 십자가에 균열이 생긴 것을 본 게로 대주교는 성찬식 후 성체 한 조각을 넣어 균열을 막았다고 한다.

② 동방 박사 유물함 Dreikönigenschrein

1165년 쾰른의 대주교 라이날트 폰 다셀에 의해 세 동방 박사 유해가 쾰른으로 이전되었고, 1225년에 금세공 유물함을 만들었다. 세 동방 박사는 물론 구약부터 그리스도의 재림까지 표현되어 있다.

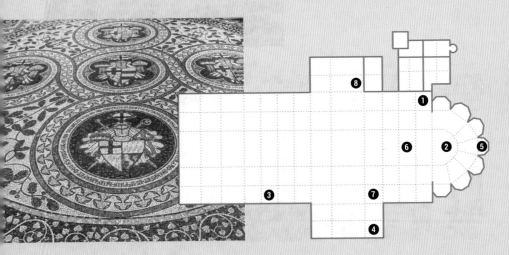

③ 바이에른 창
Bayernfenster

구약과 신약의 중요한 장면을 담은 스테인드글라스는 쾰른 대성당의 또 다른 볼거리. 특히 5개의 창으로 이루어진 바이에른 창이 인상적이다. 1842년 바이에른 왕국의 국왕 루트비히 1세가 기증했으며 1848년에 설치되었다.

④ 리히터 창 Richterfenster

2007년에 설치한 현대 회화의 거장 게르하르트 리히터의 작품이다. 제2차 세계 대전 때 폭격으로 기존의 창이 파괴되어 비어 있던 곳에 1만 200여 개의 유리를 배열했다. 따뜻하고 신비스러운 분위기를 자아내는 것이 특징.

⑤ 세 동방 박사 경당 Dreikönigenkapelle

동방 박사 유골함을 모신 곳이다. 가운데 창은 1260년에 제작한 것으로 대성당에서 가장 오래되었으며, 왼쪽은 세 동방 박사, 오른쪽은 베드로-마테르누스의 창으로 양쪽 창은 1330년경에 완성했다.

⑥ 내진 의자

가장 신성시 여기는 내진에는 1308년부터 1311년까지 제작한 성직자의 좌석이 있다. 104석으로 독일 최대를 자랑한다.

⑧ 은총의 성모상 Schmuckmadonna

은총을 받은 이들이 바친 성물로 둘러싸여 치장의 마돈나라고도 불린다.

⑦ 성 크리스토포루스상
Christophorus

아이(그리스도)를 업고 있는 크리스토포루스는 기독교 순교 성인이자 순례 여행자의 수호인으로 동상은 1470년경에 제작했다.

고대 로마의 역사를 간접 체험할 수 있는 곳 ······ ②
로마 게르만 박물관 Römisch-Germanisches Museum

제2차 세계 대전 당시 쾰른 대성당 옆에 피난처를 짓던 중 로마 시대 주거지
와 수많은 유물을 발견하면서 그 자리에 박물관을 세웠다. 당시 주거지에서
220~230년경에 만든 것으로 추측되는 디오니소스 모자이크Dionysos mosaik를
발굴했으며 복원을 거쳐 지금도 그 자리에 전시하고 있다. 또 다른 중요한 유물
로는 40년경에 제작된 높이 15m의 포블리키우스 무덤Grabmal des Poblicius이 있
다. 이 외에도 유리 공예품, 보석, 장신구, 벽화 등 선사 시대부터 중세 초기까지
고고학적 가치가 있는 유물을 전시한다.

📍 Roncalliplatz 4, 50667 Köln
🚶 쾰른 대성당에서 도보 1분 ⑤ 성인 €6
🕐 수~월 10:00~18:00 ❌ 화요일
📞 +49 221 22128094 🏠 https://
roemisch-germanisches-museum.de
※ 박물관 공사로 임시 이전
📍 Cäcilienstraße 46, 50667 Köln

현대 미술에 관심 있다면 ······ ③
루트비히 박물관 Museum Ludwig

1976년 루트비히 부부가 350
점의 작품을 기증하면서 재단
이 설립되었다. 변호사였던 요
제프 하우브리히가 자신의 수
집품을 쾰른시에 기증한 바 있
는데, 여기에 이들 부부의 수집
품이 더해져 1986년 박물관을 개관하게 된 것이다. 이후
루트비히 부부가 추가로 90점의 피카소 작품을 기증하면
서 유럽에서 중요한 피카소 컬렉션 중 하나가 되었다. 이
로써 표현주의, 러시아 아방가르드는 물론 미국 팝아트의
선구자 앤디 워홀과 로이 리히텐슈타인의 많은 작품을 소
장하게 되면서 20세기와 현대 미술의 축을 이루는 중요
한 역할을 하고 있다.

📍 Heinrich-Böll-Platz, 50667 Köln 🚶 쾰른 대성당에서
도보 1분 ⑤ 성인 €11 🕐 화~일 10:00~18:00
❌ 월요일 📞 +49 221 22126165
🏠 www.museum-ludwig.de

향수 박물관
Duftmuseum im Farina-Haus

독일 태생 이탈리아인 요한 마리아 파리나는 1709년 퀼른에 향수 공장을 설립하고 파리나 하우스Farina-Haus라고 불렀다. 지금까지도 세계에서 가장 오래된 향수 공장으로 기록되는 곳이다. 향수의 인기는 급속도로 확산돼 18세기에 유럽 왕실과 귀족들에겐 거의 필수품이었을 정도. 지금도 8대에 걸쳐 이어지고 있으며 상점과 박물관으로 운영된다. 가이드 투어는 45분 동안 진행되며 향수의 역사는 물론 당시 공장에서 사용하던 증기류 기계들을 전시하고 있다. 투어는 사이트에서 사전 예약할 수 있다.

📍 Obenmarspforten 21, 50667 Köln 🚶 루트비히 박물관에서 도보 6분
💶 성인 €10 🕐 월~토 10:00~19:00, 일 11:00~17:00 📞 +49 221 3998994
🏠 https://farina.org

4711 오리지널 오드콜로뉴
4711 Original Eau de Cologne

퀼른의 명물로 자리 잡아 지금까지도 많은 사랑을 받는 4711 오리지널 오드콜로뉴. 향수 공장을 설립한 요한 마리아 파리나에 의해 퀼른의 물이라는 뜻의 '퀼니슈 바서Kölnisch Wasser'가 탄생했고, 프랑스어 '오드콜로뉴Eau de Cologne'로 널리 통용되었다. 유럽 왕실과 귀족들의 사랑을 받게 되니 비슷한 제품이 탄생하는 것은 당연한 일이었고, 4711 역시 이때 생겼다. 1792년 카르투시오 수도회의 한 수도사가 빌헬름 물헨스 부부에게 결혼 선물로 퀼른의 물을 만드는 방법을 알려주었는데 그것이 4711의 기원이다. 인기를 얻고 있던 원조 파리나의 이름을 붙인 향수가 우후죽순으로 생겨나자 문제가 불거졌고, 지금의 4711은 1875년에 건물 번지수를 따 정식으로 등록해서 판매하게 되었다. 4711은 나폴레옹의 향수라고도 알려졌는데 목욕물로 사용했을 정도로 좋아했다고 한다. 게다가 프랑스 군사들의 귀향 선물로도 유럽 전역에서 인기를 끌었고 지금까지도 명실상부한 퀼른의 상징이 되었다.

📍 Glockengasse 4, 50667 Köln
🕐 월~금 09:30~18:30, 토 09:00~18:00 ✖ 일요일
📞 +49 221 27099911 🏠 https://4711.com

쾰른 최초의 미술관 ⑤
발라프-리하르츠 미술관 Wallraf-Richartz-Museum

프란츠 페르디난트가 1824년 수집품을 쾰른시에 기증하고, 요한 하인리히 리하르츠가 건물을 기증해 1861년에 개관했다. 피카소, 뭉크, 베크만 등 미술계 거장들의 작품을 소장하고 있었으나 퇴폐 예술이라 하여 나치당에 몰수되는가 하면, 1943년에는 폭격으로 건물이 완전히 파괴되었다. 원래 루트비히 박물관과 같은 건물이었으나 2001년 이곳으로 이전했다.

📍 Obenmarspforten 40, 50667 Köln 🚶 향수 박물관에서 도보 1분 💶 성인 €13
🕐 화~일 10:00~18:00 ❌ 월요일 📞 +49 221 22121119 🏠 www.wallraf.museum

독일에서 가장 오래된 시청사 ⑥
쾰른 시청사 Historisches Rathaus

1152년에 지은 건물로 "역사적인 시청사Historisches Rathaus"라고 부르며 그 의미를 강조한다. 오랜 역사를 자랑하는 만큼 고딕, 르네상스 등 다양한 양식이 혼재된 모습을 볼 수 있다. 원래 유대인 지구 옆에 지었는데 화재로 건물이 피해를 입어 재건했으며, 61m 높이의 탑은 15세기 초에 세웠고, 건물 정면의 화려한 르네상스 양식의 로지아Loggia는 16세기에 지었다. 1972년에는 새로운 시청사 건물이 들어섰으나 원래 건물은 시장의 집무실과 행사 장소로 계속 이용하고 있다. 시청사 앞의 유대인 지구 발굴이 진행 중이다.

📍 Rathausplatz 2, 50667 Köln
🚶 발라프-리하르츠 미술관에서 도보 1분
📞 +49 221 2210 🏠 www.stadt-koeln.de

달콤한 초콜릿 여행 ······· ⑦
초콜릿 박물관 Schokoladenmuseum

라인강 위에 배 한 척이 떠 있는 듯한 이곳은 독일의 초콜릿 회사 슈톨베르크 Stollwerck의 경영주 한스 임호프가 문을 열었다. 티켓과 함께 주는 초콜릿을 건 네받고 입장하면 생산부터 판매까지의 과정이 순서대로 펼쳐진다. 카카오나무 가 자라는 온실이 있고, 각종 도구와 실제로 초콜릿을 생산하는 기계들이 가동 해 각각의 공정을 거쳐 제품이 되는 과정을 볼 수 있다. 또한 초콜릿 역사를 알아 볼 수 있는 옛 광고와 제품 그리고 재현한 상점, 초콜릿 자판기 등이 있다. 이곳 의 하이라이트는 초콜릿 분수로 직원이 과자에 초콜릿을 찍어주기 때문에 맛도 볼 수 있다.

📍 Am Schokoladenmuseum 1A, 50678 Köln 🚶 쾰른 시청사에서 도보 11분
€ 평일 성인 €15.5, 주말 성인 €17
🕐 10:00~18:00 📞 +49 221 9318880
🏠 www.schokoladenmuseum.de

쾰른 대성당 야경 명소 ······· ⑧
호엔촐레른 다리 Hohenzollernbrücke

하루에 1,200대의 기차가 쾰른 중앙역을 통과하기 위 해 이 다리를 지난다. 호엔촐레른 다리가 건설되기 전 에는 돔 다리Dombrücke가 있었으나 교통 문제를 해결 하기 위해 철거하고 1911년 지금의 다리를 지었다. 다 리 주변으로는 프로이센 국왕들의 기마상이 있으며 철 도와 보행자 도로 사이 울타리에는 연인들의 사랑의 증표인 자물쇠가 빼곡하게 매달려 있다. 다리를 건너 대성당을 바라보는 야경은 쾰른 여행 중 꼭 봐야 할 풍 경. 거대한 대성당을 비추는 조명과 금색으로 옷을 갈 아입은 호엔촐레른 다리의 풍경은 잊지 못할 쾰른 여 행의 추억을 선사한다.

📍 Hohenzollernbrücke 50679 Köln
🚶 초콜릿 박물관에서 도보 14분

브라우하우스 프뤼 암 돔 Brauhaus FRÜH am Dom

퀼슈 맥주 브랜드 중 하나인 프뤼Früh에서 운영하는 레스토랑이다. 퀼슈 맥주를
맛보고자 하는 여행객은 물론 현지인에게도 인기가 많아 늘 만석이며, 날씨가
좋은 날은 야외 테이블도 꽉 차 있다. 맥주와 함께 슈바인스학세, 슈니첼, 소시지
등 독일 전통 음식을 즐길 수 있다. 퀼슈 €2.4. 메인 €10~30.

📍 Am Hof 12-18, 50667 Köln
🚶 퀼른 대성당에서 도보 2분
🕐 월~목 11:00~23:00, 금 11:00~24:00,
토 10:00~24:00, 일·공휴일 10:00~23:00
📞 +49 221 2613215
🏠 www.frueh-am-dom.de

브라우하우스 지온 Brauhaus Sion

1318년에 문을 연 퀼슈 브랜드 지온Sion의 레스토랑이다. 이곳의 유명한 메뉴는
1m 소시지Sion Sudpfanneruputzer. 가격은 €17.4로 4인분이지만 1인분으로 주문
할 수 있고 빵, 감자샐러드, 감자튀김 추가 여부에 따라 가격이 조금씩 차이 난다.

📍 Unter Taschenmacher 5-7, 50667 Köln 🚶 퀼른 대성당에서 도보 4분
🕐 12:00~23:00 📞 +49 221 2578540 🏠 www.brauhaus-sion.de

길덴 임 짐스 Gilden im Zims

쾰슈 브랜드 중 하나인 길덴Gilden에서 운영하는 레스토랑이다. 쾰슈를 대표하는 프뤼, 지온만큼은 아니지만 길덴 맥주를 마시기 위해 찾는 사람이 많은 곳이다. 깔끔한 분위기가 돋보이며 웨이터인 쾨베스Köbes마다 서비스 차이는 있지만 친절한 편. 또 다른 쾰슈를 맛보고자 한다면 들러볼 만하다. 메인 €12~35 선.

📍 Heumarkt 77, 50667 Köln
🚶 호이마르크트 광장 🕐 월~목 12:00~24:00,
금 12:00~03:00, 토 11:00~03:00, 일 11:00~
23:00 📞 +49 221 16866110
🏠 www.gilden-im-zims.de

쾰른 전통 맥주, 쾰슈 Kölsch

쾰른 시민들의 자랑거리이자 이곳을 찾는 여행객은 꼭 한 번은 마셔봐야 하는 쾰른의 명물 중 하나다. 상면 발효 맥주지만 낮은 온도에서 숙성시켜 라거 맥주의 금빛 색깔과 깔끔한 맛을 내는 것이 특징. 1986년에는 쾰슈를 보호하기 위해 독일 정부와 쾰른의 맥주 회사들이 모여 쾰슈 협약을 맺고 그 내용에 해당하는 맥주만 쾰슈라는 이름을 사용할 수 있게 했다. 현재 비독일 국가에서도 쾰슈가 생산되고 있으나, 협약으로 보호하는 브랜드만 쾰슈 맥주로 정의하며 차별화하고 있다. 비어홀에서 쾰슈를 주문하면 200ml 전용 잔에 나오며, 추가로 주문하지 않아도 웨이터인 쾨베스Köbes가 알아서 다음 잔을 두고 간다. 마시고 싶지 않으면 맥주잔 받침을 잔 위에 올려두면 된다. 쾰슈 브랜드에는 프뤼Früh, 가펠Gaffel, 지온Sion, 페터스Peters, 라이스도르프Reissdorf 등이 있다.

대성당 옆 가펠 ······ ④
가펠 암 돔 Gaffel am Dom

퀼른 중앙역과 대성당 사이에 있다. 입구의 가펠Gaffel이라 적힌 오크통을 보면 이곳이 퀼슈 맥주 브랜드 중 하나인 가펠에서 운영하는 레스토랑임을 알 수 있다. 규모가 꽤 큰 편임에도 개인, 가족, 단체 할 것 없이 비어홀엔 많은 사람들로 북적인다. 슈바인스학세, 소시지, 슈니첼 등 다양한 음식을 맛볼 수 있다. 메인 €20~25 정도.

📍 Bahnhofsvorpl. 1, 50667 Köln 🏃 퀼른 대성당에서 도보 2분 🕐 일~목 10:00~ 24:00, 금·토 10:00~02:00 📞 +49 221 9139260 🏠 www.koelner-dom.de

해산물이 그리워질 때 ······ ⑤
리프하우스 Reefhouse

독일에서 접하기 어려운 해산물 전문 레스토랑이다. 해산물을 직접 판매도 해 마트의 생선 코너에서 볼 법한 풍경도 펼쳐진다. 자리에 앉으면 큰 칠판을 앞에 놓아주는데 그것이 바로 메뉴판이다. 별도의 책자가 없어 알아보기 힘들거나 다소 당황스러울 수 있다. 메뉴는 해산물을 이용한 샐러드, 파스타, 그릴 요리가 있다. 메인 €20~40.

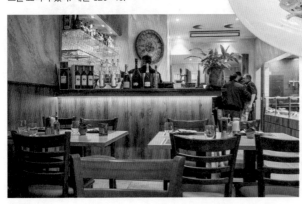

📍 Eigelstein 72, 50668 Köln
🏃 중앙역에서 도보 10분
🕐 11:00~21:00 📞 +49 221 42365539
🏠 www.reefhouse.de

가성비 좋은 수제 파스타가 먹고 싶다면 ⋯⋯⋯ ⑥
푼토 파스타 Punto Pasta

이탈리아인 부부가 운영하는 수제 파스타집으로 내부 계산대에서 주문하면 테이블로 가져다준다. 이곳은 면을 직접 뽑는 것이 특징인데 동글동글한 모양새에 쫄깃한 식감이 일품이다. 맛도 좋은데 €9~12 선의 저렴한 가격으로 즐길 수 있어 식사 시간에는 줄을 서야 할 정도다. 포장도 가능하다.

📍 Andreaskloster 14, 50667 Köln
🚶 중앙역에서 도보 3분
🕐 월~금 11:00~15:30
❌ 토·일요일 📞 +49 221 13930721
🏠 www.puntopasta-koeln.de

깔끔하고 모던한 분위기 ⋯⋯⋯ ⑦
카페 초코라테 Café Chocolate

쾰른의 대표 쇼핑 거리에서 조금만 벗어나면 조용하게 휴식을 취하기 좋은 완벽한 카페가 있다. 현대적이면서도 앤티크 소품이 잘 어우러지는 인테리어가 마음을 평안하게 한다. 와플, 케이크, 토스트 등 간단하게 요기할 수 있는 메뉴도 있다. 커피는 €2~6 정도다.

📍 An St. Agatha 29, 50667 Köln 🚶 호에 거리에서 도보 3분
🕐 화~일 09:00~18:00 ❌ 월요일

로코코 궁전과
바로크 정원의 조화

아우구스투스부르크 궁전
Schlösser Augustusburg

쾰른 중심에서 남쪽으로 약 20km 떨어진 작은 도시
브륄Brühl에 유네스코 세계문화유산에 등록된
18세기 독일 초기 로코코 양식의 걸작이라 불리는 궁전이 있다.
규모는 그리 크지 않지만 정교하면서 화려해서
시선을 끌기에 충분하며, 궁전 앞으로 조성된 넓은
정원은 휴식과 사색을 즐길 수 있게 한다.

아우구스투스부르크 궁전 여행 팁

① 내부 입장은 영어와 독일어로 진행되는
가이드 투어로만 가능하다.(팔켄루스트
별궁은 자율 관람 가능.)
② 한국어 오디오 가이드가 있으며, 입장료
에 포함되어 있다.
③ 궁전이 문을 닫는 겨울철과 휴관일인 월
요일에도 정원 산책은 할 수 있다.
④ 본Bonn으로 가는 길목에 있어 당일치기
로 둘러볼 수 있다.

아우구스투스부르크 궁전 Schlösser Augustusburg

브륄역에서 내리면 약 300m 거리에 화려한 색채와 섬세한 장식으로 꾸민 아우구스투스부르크 궁전이 있다. 아름다움을 뽐내는 바로크 양식의 정원 또한 놀랍다. 1984년 유네스코 세계문화유산에 등록된 궁전은 퀼른 선제후의 별궁이었다. 1725년에 짓기 시작했는데 건축가가 바뀌면서 기존의 단조로움과는 달리 화려한 로코코 양식의 궁전으로 거듭나게 되었다. 지금까지도 18세기 독일 초기 로코코 양식의 중요한 건물로 가치를 인정받는다. 정교하고 화려하게 꾸민 실내 장식과 웅장한 내부는 시선을 사로잡기에 충분한데, 특히 계단과 천장 프레스코화가 가장 유명하다. 1728년에 조성한 정원 역시 궁전의 또 다른 자랑거리. 바로크 양식으로 조성한 정원은 대칭을 이뤄 안정감을 느끼게 하면서도 마치 수를 놓은 듯 정원수들이 아름다운 무늬를 형상화한다. 내부와 달리 정원은 무료로 입장이 가능해서 브륄 시민들의 산책 장소로 이용된다. 궁전 남동쪽으로 1.2km 떨어진 곳에는 로코코 양식의 별궁 팔켄루스트Schloss Falkenlust가 있다. 왕복 약 50분이 소요되니 여유가 된다면 들러보자.

📍 Parkplatz, Max-Ernst-Allee, 50321 Brühl　💶 아우구스투스부르크 궁전 성인 €11, 팔켄루스트 별궁 €8(통합권 €17)　ⓘ 3~11월 화~금 09:00~16:00, 토·일 10:00~17:00
❌ 월요일, 12~2월　📞 +49 223 244000　🏠 www.schlossbruehl.de

천재 작곡가 베토벤의 도시

본 BONN

#서독의 수도 #베토벤 #박물관 거리 #노벨상 #하리보

옛 서독의 수도였던 본은 정치와 행정의 중심지다.
상당히 문화적인 도시이기도 한데, 역사상 최고의 작곡가인
베토벤의 고향이자 노벨상 수상자를 7명이나
배출하고 카를 마르크스가 졸업생인 본 대학교가 있어
학구적인 분위기까지 흐른다. 곰돌이 젤리로 유명한
하리보의 본사도 이곳에 있다.

가는 방법·시내 교통

쾰른 중앙역에서 RE가 1시간에 3대 운행하며 소요 시간도 24분으로 짧아 당일치기 여행으로 제격이다. 같은 주에 해당하기 때문에 노르트라인베스트팔렌 티켓Nordrhein-Westfalen Ticket을 사용할 수 있는데 인원 수와 출발지에 따라 일반 편도 티켓이 더 저렴할 수 있다. 본에서는 도보 이동이 가능하다.

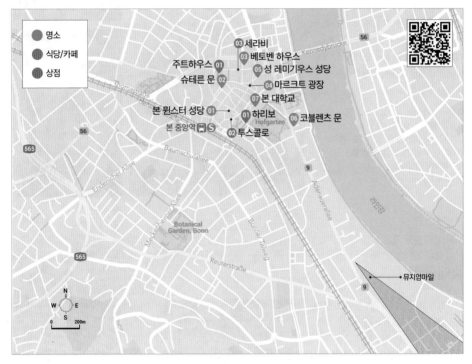

추천 코스

뮌스터 광장에서 시작해 시계 방향으로 돌며 본 대학교에서 마무리하는 일정으로 반나절이면 둘러볼 수 있다. 구시가에서는 U반으로 이동해야 하는 뮤지엄마일에 들를 예정이라면 시간이 조금 더 소요된다. 그럼에도 반나절이면 둘러볼 수 있기 때문에 본 중앙역에서 한 정거장 떨어진 브륄에 내려 아우구스투스부르크 궁전 P.476도 함께 다녀오는 일정을 생각할 수 있다.

중앙역 — 도보 3분 — 본 뮌스터 성당 P.480 — 도보 3분 — 슈테른 문 P.480 — 도보 5분 — 베토벤 하우스 P.481 — 도보 2분 — 마르크트 광장 P.482 — 도보 1분 — 성 레미기우스 성당 P.482 — 도보 5분 — 본 대학교 P.483

본 뮌스터 성당
Bonner Münster

후기 로마네스크 양식과 고딕 양식, 바
로크 양식이 어우러져 독특한 모습을 하
고 있는 점이 특징이다. 중앙의 가장 높
은 81.4m 첨탑을 비롯해 총 5개의 첨탑
이 있는데 그중 서쪽 첨탑은 11세기에 지
은 가장 오래된 것이다. 내부로 들어서면
헬레나 청동 조각상과 함께 화려한 제단,
예배당, 납골당, 스테인드글라스, 조각,
벽화가 시선을 끈다. 파이프가 5,112개에
달하는 아름답고 웅장한 오르간도 놓칠
수 없는 주요 볼거리다.

📍 Münsterplatz, 53111 Bonn
🚶 중앙역에서 도보 3분 💶 무료
(가이드 투어 €8) 🕐 월~금 07:30~19:00,
토 08:30~19:00, 일 11:00~19:00
📞 +49 228 9858810
🏠 www.bonner-muenster.de

슈테른 문 Sterntor

13세기에 세운 요새의 일부분이다. 원래
는 지금의 자리에서 약 65m 떨어진 슈테
른 거리에 있었으나 1889년에 교통 개선
을 이유로 독일 황제 카이저 빌헬름 2세
가 문을 해체했고, 1900년 지금의 자리
로 옮겼다. 주변의 근대식 건물들과 조화
를 이루지는 않지만, 옛 중세 시대 성문
을 볼 수 있다는 데 의의가 있다. 슈테른
문 측면에는 성모 마리아의 7가지 고통
을 의미하는 동상이 있다.

📍 Sterntor, Vivatsgasse 10, 53111 Bonn
🚶 본 뮌스터 성당에서 도보 3분

베토벤 하우스 Beethoven-Haus

고전 음악을 완성하고 낭만주의 음악의 문을 연 음악가 루트비히 판 베토벤의 작품과 유품을 전시한다. 베토벤 가족이 오랫동안 거주하고 1770년 12월 베토벤이 태어나고 자란 생가를 철거한다는 소식에 시민 12명이 보존협회를 설립하고 생가와 양옆 건물을 사들여 1889년 박물관으로 개관했다. 노란색 건물은 베토벤의 생가로 2채였던 건물을 개조해 그의 일생과 관련한 전시를 한다. 비올라, 오르간, 목관악기, 피아노, 초상화, 베토벤 흉상 그리고 청각 장애에 시달렸음을 알 수 있는 보청기 등을 살펴볼 수 있다. 흰색 건물은 베토벤의 가톨릭 영아 세례 파티를 했던 이웃집으로 현재는 그의 편지와 음악을 들을 수 있는 디지털 박물관으로 사용 중이다.

📍 Bonngasse 22-24, 53111 Bonn 🚶 슈테른 문에서 도보 5분 💶 성인 €14
🕐 수~월 10:00~18:00 ❌ 화요일 📞 +49 228 9817525 🏠 www.beethoven.de

베토벤 하우스 관람 TIP

① 베토벤 하우스 맞은편 기프트 숍에서 티켓을 구입할 수 있다.
② 지하의 무료 로커룸을 이용할 수 있다.
③ 한국어 오디오 가이드를 지원한다.
   (Beethoven-Haus Bonn 앱)

마르크트 광장 Marktplatz

평일 오전에는 과일과 채소, 꽃을 파는 시장이 열린다. 광장에서 가장 시선을 사로잡는 것은 18세기에 지은 구 시청사로 화려한 외관의 로코코 양식이 돋보인다. 제2차 세계 대전 당시 폭격으로 소실되기도 했다. 독일이 분단되었을 때는 서독 초대 대통령이었던 테오도어 호이스가 이곳에서 당선 연설을 했으며, 1962년에는 프랑스 대통령 샤를 드 골, 1963년에는 미국 대통령 존 F. 케네디가 구 시청사를 방문했다. 1978년에 신 시청사를 지은 이후로는 시민들의 결혼식장을 비롯한 행사 장소로 이용된다.

📍 Marktplatz 53111 Bonn 🚶 베토벤 하우스에서 도보 2분

성 레미기우스 성당 St. Remigius

14세기에 지은 고딕 양식의 성당. 베토벤이 1770년 12월 17일에 영아 세례를 받은 곳으로 유명하다. 베토벤이 열 살이 되던 해부터 이곳에서 정기적으로 매일 아침 오르간 연습을 했다고 한다. 제2차 세계 대전 때 폭격으로 파괴되어 그가 사용하던 오르간은 볼 수 없게 되었으나 다행히 건반과 발 페달은 남아 있다. 현재 베토벤 하우스에서 전시하고 있다.

📍 Brüdergasse 8, 53111 Bonn 🚶 마르크트 광장에서 도보 1분
🕐 07:00~18:00 📞 +49 228 914450 🏠 www.khgbonn.de

대천사 미카엘 동상이 장식된 ┈┈┈ ⑥

코블렌츠 문 Koblenzer Tor

18세기에 선제후 궁전Kurfürstliches Schloss
을 관통하는 문으로 지었다. 궁전에 3개의
아치가 있고 그 사이로 자동차와 보행자가
지나갈 수 있게 되어 있다. 코블렌츠 문이
라는 명칭은 길을 따라가면 코블렌츠가 나
온다고 하여 붙었다. 현재 선제후 궁전은
1818년부터 본 대학 건물의 일부로 사용 중
이며, 대학에서 연구하는 이집트 유물을 전
시한 이집트 박물관Ägyptisches Museum도
있다.

📍 Adenauerallee 19,
53111 Bonn
🚶 성 레미기우스
성당에서 도보 7분

7명의 노벨상 수상자를
배출한 대학 ┈┈┈ ⑦

본 대학교 Universität Bonn

1777년 쾰른 선제후가 세운 아카데미가 1818년 빌헬름 3세 때 종합 대학으로
공식 설립되었다. 선제후 궁전을 본관으로 도서관, 이집트 박물관, 시립 박물관,
대학 박물관 등 부속 시설이 시내 곳곳에 흩어져 있다. 본관 앞 잔디를 사이에 두
고 마주한 건물은 대학 미술관Akademisches Kunstmuseum으로 본에서 가장 오래
된 것으로 손꼽힌다. 독일 시인 하인리히 하이네, 카를 마르크스, 철학자 프리드
리히 니체, 경제학자 요제프 슘페터가 이 학교를 다녔다.

📍 Am Hof 1, 53113 Bonn 🚶 코블렌츠 문에서 도보 7분 📞 +49 228 730
🏠 www.uni-bonn.de

●

전 세계 예술 애호가를 매료시키는
본 뮤지엄마일 Museumsmeile

베를린에 박물관 섬, 프랑크푸르트에 박물관 지구, 뮌헨에 쿤스트아레알이 있다면 본에는 뮤지엄마일이 있다.
본에는 많은 박물관이 있지만, 라인강 남쪽을 따라 3km에 걸쳐 건립된 박물관들이야말로 독일의 근현대 역사와 기술,
예술, 자연사를 통합하는 풍부한 전시 콘텐츠를 제공한다.

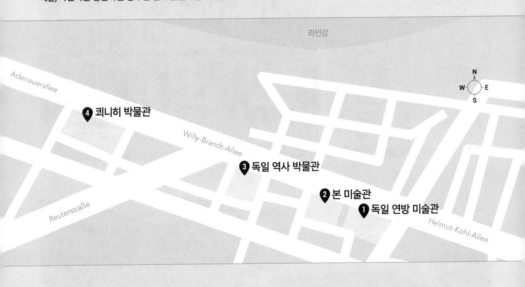

① 뮤지엄마일의 핵심 장소
독일 연방 미술관 Bundeskunsthalle

물결의 일렁임을 닮은 유리로 된 입구 외벽이 인상적이
다. 서독의 수도였을 당시 이에 걸맞은 건물이 필요하
다는 의견에 따라 전시회와 중요 행사를 위해 건립했
다. 이후 예술, 문화, 역사, 경제, 과학 및 기술 분야 등
의 전시를 개최했고, 지금도 전 세계 예술사와 관련한
전시를 연다. 또한 대형 강당, 공연장, 옥상 정원, 도서
관이 있어 시민들을 위한 본의 상징적 건물이 되었다.

📍 Helmut-Kohl-Allee 4, 53113 Bonn 🚶 U16·63·66·67·
68 Heussallee/Museumsmeile역 하차, 도보 2분
💶 성인 €13 🕐 화·목~일 10:00~19:00, 수 10:00~21:00
❌ 월요일, 미술관에서 정한 공휴일 📞 +49 228 91710
🏠 www.bundeskunsthalle.de

② 본의 현대 미술관
본 미술관 Kunstmuseum Bonn

주로 라인 지역 표현주의 작품과 제2차 세계 대전 이후의 작품에 초점을 맞추고 있다. 게오르크 바젤리츠, 요제프 보이스, 한네 다보벤, 안젤름 키퍼 등 1960년부터 1990년까지 활동한 작가들의 작품을 비롯해 비디오 아트도 전시하고 있다. 전시실당 전시품 대비 공간이 넓어 여유롭게 둘러볼 수 있다.

📍 Helmut-Kohl-Allee 2, 53113 Bonn 🚶 U16·63·66·67·68 Heussallee/Museumsmeile역 하차, 도보 1분 💶 성인 €10
🕐 화·목~일 11:00~18:00, 수 11:00~19:00 ❌ 월요일
📞 +49 228 776260 🏠 www.kunstmuseum-bonn.de

③ 제2차 세계 대전 이후 독일 역사를 알고 싶다면
독일 역사 박물관 Haus der Geschichte

제2차 세계 대전 종료와 나치 패망 이후인 1945년부터 1989년까지의 독일 역사를 다루고 있다. 패전과 동서 분단, 통일 후 냉전 시대가 깨지고 지금의 독일 자리에 이르기까지의 과정을 크게 6개의 전시실로 구분하고 있다. 진압에 사용한 탱크, 장벽을 세우는 데 쓰인 벽돌, 서독 경제 발전의 흔적들과 앞으로 나아가야 할 방향까지 이해를 돕고 흥미를 끄는 전시품이 많아 독일어 위주의 설명임에도 불구하고 관람에 크게 문제가 되진 않는다.

📍 Willy-Brandt-Allee 14, 53113 Bonn 🚶 U16·63·66·67·68 Heussallee/Museumsmeile역 하차, 도보 3분 💶 무료
🕐 화~금 09:00~19:00, 토·일 10:00~18:00 ❌ 월요일
📞 +49 228 91650 🏠 www.hdg.de/haus-der-geschichte

④ 생생한 야생 동물들의 세계
쾨니히 박물관 Museum Koenig

정식 명칭은 동물원 연구학 박물관 알렉산더 쾨니히Zoologische Forschungsmuseum Alexander Koenig로 자연사 박물관으로도 볼 수 있다. 1934년 개관 이후 아프리카, 사바나, 열대 우림, 사막, 중앙 유럽 등의 생태계를 연구하고 관련 수집품을 전시하고 있다. 박물관의 하이라이트는 입장 후 바로 만나게 되는 아프리카 사바나 구역이다. 사바나에 서식하는 동물들이 박제되어 있어 생동감이 느껴진다.

📍 Adenauerallee 160, 53113 Bonn 🚶 U16·63·66 Museum Koenig역 하차, 도보 1분 💶 성인 €6
🕐 화·목~일 10:00~18:00, 수 10:00~21:00 ❌ 월요일
📞 +49 228 9122102 🏠 https://bonn.leibniz-lib.de

독일 전통 음식이 먹고 싶을 때 ······ ①

주트하우스 Sudhaus

규모는 제법 크지만 나무 테이블과 소박한 인테리어에서 아늑함이 묻어난다. 우리가 흔히 떠올리는 독일 전통 음식 슈니첼, 슈바인스학세, 소시지는 물론 생선과 육류 요리, 가볍게 즐길 수 있는 오믈렛과 팬케이크도 있다. 메인 €15~25.

📍 Friedensplatz 10, 53111 Bonn
🚶 슈테른 문에서 도보 2분
🕐 11:00~24:00   📞 +49 228 656526
🏠 www.sudhaus-bonn.de

본의 이탤리언 레스토랑 1등은 이곳 ······ ②

투스콜로 Tuscolo

본의 유명한 이탤리언 레스토랑 체인으로 뮌스터 성당 근처 매장이 접근성이 좋다. 실내가 넓고 쾌적하며 아기자기한 소품들도 눈에 띈다. 주메뉴는 다양한 피자와 파스타, 샐러드로, 재료 간의 맛과 색의 조화가 훌륭해 시민들의 사랑을 받는 로컬 맛집이기도 하다. 피자 €10~19.

📍 Gerhard-von-Are-Straße 8, 53111 Bonn   🚶 본 뮌스터 성당에서 도보 1분   🕐 11:30~23:30   📞 +49 228 42976605   🏠 https://tuscolo.de

'그게 인생이야' 이름만큼 세련된 카페 ······ ③
세라비 C'est la Vie

타르트와 케이크가 쇼케이스에 진열되어 있고, 먹음직스러운 크루아상, 브리오슈, 카눌레 등 베이커리류가 가득한 이곳은 프랑스 디저트 전문점이다. 이른 아침에는 프랑스식 아침 식사를 즐길 수 있고, 점심시간에는 활기차고 분주한 파리의 분위기가 난다. 가격도 합리적이고 비주얼도 예쁜데 맛까지 좋아 현지인도 많이 찾는다. 커피 €2~4.

📍 Friedrichstraße 33, 53111 Bonn 🚶 베토벤 하우스에서 도보 1분 🕐 07:30~18:30
📞 +49 228 85034488 🏠 https://cest-la-vie-cafe.de

곰돌이 젤리의 본고장 ······ ①
하리보 HARIBO

세계적으로 유명한 젤리 하리보가 바로 이곳 본에서 탄생했다. 1920년 한스 리겔은 본에 회사와 공장을 설립했는데, 하리보라는 명칭도 설립자의 이름과 도시명에서 따왔다. 가장 유명한 골드베렌GOLDBÄREN은 물론이고 아이스크림 맛, 파스타 맛, 스머프 젤리 등 셀 수 없이 많은 종류의 젤리가 진열되어 있다. 직접 고를 수도 있으며, 예쁜 틴케이스에 담아 선물용으로도 판매하고 있다. 보온병, 컵, 학용품, 노트 등 하리보 굿즈도 판매한다. 2층은 전시장으로 이용한다.

📍 Am Neutor 3, 53113 Bonn
🚶 본 뮌스터 성당에서 도보 4분
🕐 월~토 10:00~19:00 ❌ 일요일
📞 +49 228 90904440
🏠 www.haribo.com

PART 4

실전에
강한
여행 준비

한눈에 보는 여행 준비

D-120
정보 수집 & 일정 짜기

정보 수집

독일의 기본 정보는 물론 현지에서 얻을 수 있는 팁을 자세하게 다룬 가이드북은 전반적인 개념을 잡는 데 도움이 된다. 더 많은 독일을 알고 싶다면 독일의 역사, 문화, 예술을 다룬 책을 읽어보는 것도 좋다. 그 밖에 독일 관광청 및 블로그와 카페를 통해 필요한 정보를 얻을 수 있다.

♠ 독일 관광청 www.germany.travel

유용한 애플리케이션

- **구글 맵스 Google Maps** 해외여행의 필수 앱. 이동 경로 및 대중교통을 안내하고 주변 핫플레이스 탐색 및 즐겨찾기가 가능하다.
- **DB Navigator** 독일 철도청 앱으로 열차 스케줄 정보는 물론 연착 정보 및 플랫폼 변경도 알 수 있다.
- **RMV** 지역 전철 S반, U반, 버스, 트램 등 도시별 대중교통을 안내해주는 앱이다.

일정 짜기

항공권 예약에 앞서 여행의 대략적인 일정을 정한다. 독일에는 크고 작은 도시가 많아 모든 도시를 여행하기는 쉽지 않다. 가보고 싶은 도시를 지도에 표시한 후 거점 도시를 중심으로 동선을 연결한다. 이때 in/out 도시는 직항이 있는 프랑크푸르트와 뮌헨으로 결정하는 것이 동선상 편하다. 마지막으로 방문 도시의 교통과 숙박을 고려하며 세부 일정을 정하면 최종 루트가 완성된다.

D-100
항공권 예약

독일 여행 항공권 예약 팁

인천에서 직항 노선이 있는 곳은 프랑크푸르트와 뮌헨. 프랑크푸르트 직항 편은 대한항공, 아시아나항공, 티웨이항공, 루프트한자가 있고 뮌헨 직항 편은 루프트한자뿐이다. 다른 도시가 목적지라면 경유 항공편 또는 기차나 버스를 이용해 이동한다. 항공권을 저렴하게 구입하는 방법으로는 최소 3~6개월 전에 풀리는 얼리버드 항공권을 이용하는 것이며, 두 번째는 항공사에서 항공사 프로모션으로 여행 시즌에 맞춰 진행하는 자체 특가 이벤트를 눈여겨볼 필요가 있다.

유용한 항공권 비교 검색 웹사이트&애플리케이션

- **스카이스캐너** 가장 대표적인 항공권 비교 사이트로 여행사 사이트나 항공사 홈페이지의 가격을 비교해준다. 달력에 일별로 가격이 표시돼 출발일과 도착일을 직접 선택해서 비교해볼 수 있다.

  ♠ www.skyscanner.co.kr

- **네이버 항공권** 제휴 여행사에서 제시하는 항공권 정보를 비교, 중개하는 사이트. 카드사에서 제시하는 할인 조건을 한눈에 비교할 수 있어 한국인에게 가장 편리한 플랫폼이다.

  ♠ flight.naver.com

- **카약닷컴** 스카이스캐너와 비슷한 플랫폼. 조회한 항공편의 가격 변동을 예측해 적정 가격으로 항공권을 예약할 수 있게 도와준다.

  ♠ www.kayak.co.kr

D-90
숙소 예약

도시별 숙소 정보

독일에서 숙소를 잡을 때 공통적으로 고려해야 할 부분은 도시 간 이동수단이다. 기차로 여행한다면 단연 기차역 주변이 편리하다. 지하철이나 버스, 트램이 잘 연결되어 있고 관광지와도 가깝다. 하지만 렌터카를 이용한다면 먼저 주차 여부와 요금, 대중교통이 잘 연결되는지 반드시 확인해야 한다. 렌터카는 시골이나 도시 외곽의 저렴한 숙소를 이용하기에 좋다.

① 베를린

관광의 중심지는 미테 지역이지만 명소들이 시내 곳곳에 흩어져 있으므로 목적에 따라 지역을 고려해야 한다. 보통 숙소가 많고 교통이 편리한 미테 지역이나 초역 부근에 머문다.

- **미테 지역** 가장 볼거리가 많고 번화한 지역이라 일정이 짧은 여행자에게 특히 추천한다. 지하철, 버스, 트램이 잘 연결되고 걷기에도 좋다. 단점은 가격대가 조금 높다는 것.
- **초역 부근** 초역은 베를린 시내는 물론 외곽으로 나가는 교통편도 잘 연결된다. 주변은 관광 명소보다는 현대적이고 번화한 쇼핑 지역이다. 큰길이 많아서 걸어 다니기보다 대중교통을 이용하는 것이 편하다.

② 뮌헨

관광의 중심지는 구시가지이고 주변에 몇몇 볼거리가 흩어져 있다. 구시가지 안에는 숙소가 별로 없고 비싸 보통 중앙역 주변이나 구시가지 외곽에 머문다. 중앙역 주변에 숙소가 가장 많으며, 구시가지도 가깝고 퓌센 등 근교로 나가기도 편리하다. 독일에서 가장 숙박비가 비싼 도시이므로 일찍 예약할 것을 권하며, 여름 성수기나 옥토버페스트 등 축제 기간에는 숙박비가 2배 이상 치솟는다는 점도 기억하자.

③ 프랑크푸르트

대도시지만 관광 명소가 모여 있는 구시가지는 매우 작다. 구시가지에는 숙소가 거의 없고, 구시가지와 가까운 중앙역 근처에 숙소들이 밀집해 있어 대부분의 여행자가 이곳에 머문다. 특히 프랑크푸르트의 경우 다른 도시로 이동하거나 공항을 이용하는 경우가 많아 중앙역 부근이 편리하다. 중앙역 부근에는 숙소의 종류도 가격대별로 다양해 조건에 맞는 숙소를 고르면 된다. 여름 성수기나 박람회, 축제 등의 이벤트 기간이 아니라면 가성비도 좋은 편이다.

④ 함부르크

시청사를 비롯한 명소가 모여 있는 중앙역 부근에 숙소를 잡는 것이 좋지만, 숙소도 많지 않고 독일 최고의 부자 도시답게 숙박비가 꽤 비싸다. 다만 대중교통으로 한두 정거장 떨어진 곳에는 비교적 합리적인 가격의 호텔이 많다.

⑤ 뒤셀도르프

뒤셀도르프 중앙역 근처에 숙소를 잡는 것이 편리하다. 구시가지와 가까워 도보 이동이 가능하고 주변에 한인 마트와 아시아 식당이 밀집해 있다는 것도 장점이다. 게다가 다른 도시보다 호텔 가격이 저렴해 가성비 좋은 숙소를 폭넓게 선택할 수 있다.

호텔 예약 사이트

- 부킹닷컴 www.booking.com
- 아고다 www.agoda.com
- 호텔스닷컴 www.hotels.com
- 익스피디아 www.expedia.co.kr

D-60
교통편 예약

기차·버스·렌터카 예약

도시 간 이동을 한다면 독일에 도착하기 전 교통수단을 예약해두어야 한다. 특히 성수기에는 일찍 예약하지 않으면 가격이 올라가거나 선택의 폭이 줄어든다.(교통수단별 자세한 내용은 P.496~507 참고)

	기차	버스	렌터카
성수기 (6~9월)	3개월 전부터 예약 가능하며 저렴한 티켓은 서둘러야 한다. 패스를 이용하는 경우 2개월 전도 괜찮다.	버스회사마다 다르지만 5개월 전에도 예약 가능하다. 기차보다는 예약이 쉬운 편.	취소 가능하니 6개월 전에는 해두는 것이 좋다. 특히 성수기에는 자동변속기 차량은 구하기 어려우니 서두르자.
비수기 (10~5월)	연휴가 아니라면 1~2개월 전에도 괜찮은 편.	당일에도 티켓 구하기가 비교적 쉽다.	연휴가 아니라면 2~3개월 전에 해도 괜찮은 편.

D-30
각종 증명서 준비

국제 학생증 ISIC, ISEC

말 그대로 학생임을 국제적으로 증명하는 신분증. 학생 신분을 증명하면 일부 박물관, 미술관 등의 입장료가 무료이거나 할인을 받을 수 있다. 그 밖에 교통, 숙소, 투어에서도 혜택을 받을 수 있다. 학생증은 ISIC와 ISEC 두 종류가 있으며 할인 혜택에 약간 차이가 있을 뿐 크게 다르지는 않지만, 독일에서는 ISIC가 조금 더 유용하다. 단, 비용이 발생하기 때문에 발급 전에 이득인지를 따져볼 필요가 있다.

♠ ISIC(유효기간 1년 / 1만 9,000원) www.isic.co.kr
♠ ISEC(유효기간 1년 / 1만 6,500원) www.isecard.co.kr

유스호스텔 회원증

저렴한 숙박 시설인 유스호스텔Youth Hostel은 회원에게만 숙박을 허용하는 곳도 있어 이용하려면 유스호스텔 연맹에 회비를 내고 회원증을 발급받아야 한다. 회원증 없이 이용할 수 있는 곳도 있으나, 이 경우 추가 수수료가 붙기도 한다. 누구나 가입할 수 있으며 발급 시 필요한 서류는 없다.

♠ 한국유스호스텔 연맹(유효기간 1년 / 2만 원) www.youthhostel.or.kr

국제 운전면허증

독일에서 차량을 빌릴 계획이라면 국제 운전면허증이 필요하다. 독일에서 차량 렌트 시 국제 운전면허증, 대한민국 운전면허증, 여권, 신용카드를 함께 소지해야 하며, 이를 어길 시 무면허로 처벌받을 수 있다.

♠ 도로교통공단(유효기간 1년 / 9,000원) www.safedriving.or.kr

여행자 보험

여행 중 발생할 수 있는 사고나 도난에 대비해 가입한다. 대부분 보상 한도를 매우 낮게 책정하고 있어 귀중품을 도난당했을 경우에는 큰 도움이 되지 않지만, 불의의 사고나 식중독, 질병으로 응급실 등을 이용해 큰 비용이 발생한 경우에는 도움이 된다.

D-10
환전하기, 유심 준비하기

국내 은행 환전(인터넷뱅킹 환전)

국내 대부분의 은행에서 환전 우대를 받을 수 있다. 소액 환전은 은행마다 큰 차이가 없으니 환전에 많은 시간을 투자하지 말자. 사이버 환전은 환전 수수료를 아끼면서도 수령 장소는 인천공항을 선택해 출국 당일에 받을 수도 있다.

현금 카드(체크카드)와 신용카드

현금 카드는 ATM에서 비밀번호 입력 후 유로를 인출해 사용할 수 있고, 신용카드는 상점, 식당, 기차역 등 여러 가맹점에서 편리하게 사용할 수 있다. 두 카드 다 분실이나 도난 시에는 카드를 정지시킬 수 있지만 현지에서 재발급은 안 된다. 문제는 수수료인데, 은행 수수료, 네트워크 수수료, 현지 ATM 수수료 등 각종 수수료가 붙으니 해외여행에 특화된 수수료가 적거나 없는 카드를 발급받도록 하자. 또한 해외 사용 가능 여부와 PIN 번호를 확인해두고, 본인 명의가 아니거나 여권과 영문명이 다르면 사용이 불가능할 수 있으니 주의해야 한다. 트래블월렛, 트래블로그, 토스 카드처럼 유로를 미리 충전해서 쓰는 카드도 있다.

> **현지 통화 vs 원화, 뭐가 나을까?**
>
> 현지에서 카드로 결제할 때 어떤 화폐로 할 것인지 옵션이 있다. 현지 통화를 선택한다면 1~2%의 수수료에 그치지만 원화를 선택한다면 3~8%의 추가 수수료가 부과된다. 이중 환전이 되는 셈이니 현지 통화로 결제하는 것이 절대적으로 유리하다. 출국 전에 카드를 통해 해외 원화 결제(DCC) 차단 서비스를 신청하면 불필요한 수수료 발생을 피할 수 있다.

카드와 현금 비율

개인의 성향에 따라 다르지만, 카드와 현금 비율은 7:3을 권한다. 독일도 우리나라처럼 카드 사용이 편리한 나라다. 카드 사용이 불가한 일부 소규모 상점이나 전통시장, 비상금을 위한 소액은 현금으로 환전하고 필요할 때마다 인출해서 쓰는 것이 경제적이고 안전하다.

유심 vs 이심 vs 로밍 vs 포켓 와이파이

	유심(USIM)	이심(ESIM)	로밍	포켓 와이파이
	현지 통신사의 유심으로 바꿔 사용	휴대폰에 현지 심을 다운받아 이용	국내 통신사에 연계된 해외 통신사를 이용	휴대 가능한 소형 인터넷 공유기 사용
장점	• 속도가 빠르고 저렴함 • 현지 통화·문자 가능	• 한국 번호·현지 번호 모두 사용 가능 • 저렴한 비용과 빠른 속도 • 불필요한 유심 교체	• 한국 번호 사용 가능 • 준비 과정이 간단함	• 무제한 Wi-Fi 가능 • 여러 명 사용 가능
단점	• 한국 번호 사용 불가 • 유심 교체의 번거로움	• 가능 단말기 제한	• 속도가 느릴 수 있고 요금도 비싼 편 • 현지 번호 사용 불가	• 단말기를 따로 가져가고 충전해야 함 • 수령 및 반납의 불편함

나에게 맞는 데이터는?

데이터를 많이 쓰고 장기 여행을 계획한다면 **유심, 이심**
일정이 짧고 한국에서 오는 연락이 많다면 **로밍**
여러 명이 함께하고 단말기의 불편함을 감수할 수 있다면 **포켓 와이파이**

D-3
짐 꾸리기

우산, 선글라스는 독일 여행의 필수 아이템

사계절 내내 비가 오기 때문에 작은 우산은 필수다. 또한 독일의 여름은 햇빛이 매우 강렬해서 선글라스를 챙기는 것이 좋다.

생필품은 독일에서 구입하자

부피가 작은 치약과 칫솔, 비누와 샴푸 같은 세면도구도 일정이 길어질수록 짐이 될 뿐이다. 독일 드러그스토어에서는 다양한 생필품을 저렴하게 구입할 수 있으므로 필요한 것만 챙기자.

비상약은 한국에서 미리 준비해가기!

독일에서는 간단한 약품 외에는 처방전 없이 약을 구할 수 없다. 기초 상비약은 약국에서 구할 수 있지만 의사소통이 어려울 수 있으므로 한국에서 미리 준비해가는 것이 좋다.

멀티 어댑터가 필요할까?

우리와 전압과 콘센트 모양이 같아서 필요 없다. 하지만 휴대폰, 카메라, 태블릿, 보조 배터리 등 충전할 제품이 많다면 멀티 탭을 가져가는 것이 좋다.

무료 수하물 규정 확인

모든 항공사에는 기내 수하물과 위탁 수하물에 대한 규정이 있다. 무게와 크기를 고려해 짐을 꾸려야 하며 규정에 어긋나면 초과 요금이 발생한다. 구매한 항공권의 무료 수하물 규정을 확인하자.

D-day
출국/입국하기

인천 국제공항에서 출국하기

① 터미널 도착

출발 2시간 전쯤 여유 있게 도착하는 것이 좋다. 공항이 복잡한 성수기에는 3시간 전에 도착하는 것이 안전하다.

- **제1터미널** 아시아나항공, 루프트한자, 티웨이항공
- **제2터미널** 대한항공

② 탑승 수속

공항 도착 후 해당 항공사 체크인 카운터에서 여권과 전자 항공권(E-Ticket) 제시 후 탑승권을 발권하고 수하물을 위탁한다.

③ 보안 검색

출국장 입장 시 여권과 탑승권 제시 후 보안 검색대를 통과한다. 이때 모든 소지품을 바구니에 담는다. 기내 반입이 금지된 액체류나 위험 물품이 있는지 미리 확인해야 한다.

④ 출국 심사

출국 심사대에서 여권을 제시한다. 만 19세 이상 대한민국 국민은 사전 등록 절차 없이 자동 출입국 심사가 가능하다. 면세 지역으로 진입하면 되돌아 나올 수 없다.

⑤ 게이트 이동 및 탑승

출국 심사 후 탑승권의 게이트 번호와 위치 확인 후 탑승 30~40분 전까지 게이트 앞에 도착한다.

웹·모바일 체크인 & 셀프 체크인

웹·모바일 체크인은 빠른 탑승 수속을 위해 사전에 직접 체크인하는 방법. 원하는 좌석을 미리 지정할 수 있어 편리하다. 셀프 체크인은 공항 카운터에서 직접 체크인하는 대신 출국장에 설치된 전용 키오스크로 직접 체크인하고 탑승권을 받은 후 수하물을 위탁하면 된다. 웹·모바일 체크인 이용 시간은 항공사마다 다르므로 확인하고 이용하자.

수하물이 도착하지 않았다면

가끔 수하물이 도착하지 않은 경우도 있다. 'Lost Baggage'로 가서 체크인 시 받은 짐표Baggage Tag를 보여주고 신고서를 작성한다. 보통 1~2일이면 숙소로 배달해준다. 수하물이 도착하기까지 구입한 기본 생필품의 영수증은 잘 보관해두었다가 귀국 시 항공사에 청구하면 보상받을 수 있다.

독일 입국 시 허용 면세 범위

- 담배 200개비
- 주류 도수 22% 2L 이하, 와인·샴페인 4L 이하
- 현금 1만 유로 이하

독일 공항 입국하기

① 터미널 도착&입국 심사

도착 후 입국 심사를 위해 'Passport Control' 표지판을 따라 이동한다. 심사대에 줄을 서며, 입국 신고서는 따로 작성하지 않는다. 심사관이 방문 목적, 체류 기간, 일정, 숙소를 물어본다.

② 수하물 찾기

입국 심사를 마치고 'Baggage Claim'으로 이동 후 안내 전광판에서 수하물 수취대 번호를 확인하고 짐을 찾는다. 만약 파손·분실되었다면 분실 신고 센터에 접수한다.

③ 세관 신고

입국 시 따로 신고해야 할 품목이 있다면 붉은색 표지판의 'Goods to Declare', 없다면 녹색 표지판의 'Nothing to Declare'를 거쳐 가면 된다.

독일에서 쇼핑 후 세금 환급 Tax Refund

독일은 물건 가격에 19%의 부가세가 포함되어 있다. 해외여행객은 구매한 물건을 가지고 출국할 때 환급해주는데, 영수증 하나당 최소 €25 이상 구매했을 때 택스 리펀이 가능하다.

택스 리펀 가능 조건

Global Blue, Premier tax free, TAX FREE SHOPPING 등의 로고가 붙은 매장에서 가능하다. 계산 시 택스 리펀 서류와 영수증을 받아야 하는데, 이때 여권이 꼭 필요하다.

택스 리펀 발급 절차

① **탑승권 발급** 독일에서 출국 당일 항공사 카운터에서 탑승권을 발권한다. 환급받을 물건을 기내에 반입할 예정이 아니라면 수하물 위탁은 잠시 보류해야 하는데, 세관원이 요청하면 보여줘야 하기 때문이다.

② **세관** 여권, 탑승권, 택스 리펀 서류, 영수증을 가지고 출국장의 'Tax Free Refunds'에 방문해 서류에 도장을 받는다.(택스 리펀 서류에 개인정보를 기재해둔다.)

③ **수하물 위탁** 다시 항공사 카운터로 이동해 수하물을 위탁한다.

④ **현금·카드 환급** 현금 환급은 공항의 택스 리펀 대행사에서 바로 수령할 수 있지만 수수료가 높고, 카드 환급은 택스 리펀 서류를 봉투에 넣어 대행사 우체통에 넣으면 된다. 수수료는 낮지만 1개월 이상 소요된다는 단점이 있다.

독일의 철도

독일의 철도 시스템은 세계적으로도 높은 평가를 받는다. 전역에 철도가 놓여 있어 구석구석 어디든 갈 수 있는 것은 물론, 유럽 중앙에 있어 국경을 마주한 많은 다른 나라로의 이동도 편리하다. 게다가 비교적 시간이 정확하고 환승 체계가 잘 갖춰져 기차 여행을 하기도 좋다. 다만 요금이 비싼 편이므로 사전에 할인된 가격으로 예매하는 방법을 알아둘 필요가 있다.

열차 종류

독일 철도청에서 운영하는 열차는 크게 ICE, IC, RE, S반 그리고 CNL로 구분한다. 철도 시스템이 발달한 나라답게 이용에 불편함이 없다.

ICE InterCity-Express

최고속도 320km를 돌파하는 독일에서 가장 빠른 초고속 열차. 독일의 대도시들을 연결하고, 유럽의 주요 도시들까지도 운행한다. 우리나라에서 KTX 도입 시 프랑스의 TGV와 경쟁했던 기종이며, 기술력과 안전성, 승차감 등은 유럽 최고의 열차로 평가받는다.

IC InterCity & EC Eurocity

우리나라의 새마을호 개념으로 장거리 여행에 적합하다. 최고속도는 200km이며, ICE보다 저렴하지만 도시 간 소요시간은 큰 차이가 없다는 것이 특징이다. EC는 IC와 같은 등급으로 독일에서 다른 유럽 도시를 연결하는 기차다.

RE Regional Express & RB Regionalbahn

우리나라의 무궁화호 개념인 지역 열차로 작은 도시까지 연결하며 붉은 외관의 2층 구조 형태가 많다. 그 밖에 사설 업체에서 운영하는 ALX, ERB, HLB 등 생소한 명칭의 열차들도 있는데 모두 RE와 RB 같은 지역 열차로 간주한다.

S반 Stadtschnellbahn

독일 철도청이 운영하는 국철로 우리나라의 전철과 같다. 시내는 물론 시외까지 연결되고 공항이나 가까운 근교까지도 이동할 수 있다. 철도 패스를 이용한다면 S반 탑승 시 혜택도 있다. 같은 노선을 달리는 RE나 RB보다 저렴하다는 것도 장점이다.

CNL City Night Line

독일 철도청에서 운영하는 야간 열차로 베를린-뮌헨 구간처럼 독일 내 이동은 물론 유럽 주요 도시들도 연결한다. 장거리 이동으로 소요되는 시간과 숙박비를 아끼려는 배낭여행객이 많이 이용한다. 사전 예약은 꼭 필요하다.

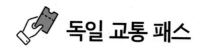

독일 교통 패스

독일의 기차 요금은 꽤 비싼 편이고 티켓 종류도 다양해서 어렵게 느껴질 수 있지만,
미리 알아보고 정보를 습득하면 경비를 아끼며 효율적으로 여행할 수 있다.

도이치란드 티켓 Deutschland Ticket

파격적인 요금의 대중교통 티켓. ICE, IC 같은 고속열차나 장거리열차, 사철을 제외한 거의 모든 대중교통(일반 열차, 지하철, 버스 등)을 티켓 하나로 이용할 수 있다.

€ 매월 €58

유의사항

① 신청일과 관계없이 매월 1일부터 30 또는 31일까지 한 달 기준 요금이다. 따라서 월말부터 월초까지 사용하면 2회 요금이므로 랜더 티켓과 요금을 비교해봐야 한다.
② 독일 철도청 공식 홈페이지(www.bahn.de)에서 판매하는 티켓은 구독제가 원칙이기 때문에 매달 10일 취소해야 다음 달에 요금이 청구되지 않는다.
③ 구독제가 아닌 월별 티켓을 파는 여러 사설 사이트도 있는데, 수수료가 붙는 곳이 있으니 주의한다.(수수료 무료 사이트 https://germanytransitpass.com)

독일 철도 패스 German Rail Pass(GRP)

독일 철도청에서 운행하는 열차를 정해진 기간 동안 무제한으로 이용할 수 있다. 편리하지만 저렴하지 않고 이용 구간이나 열차 종류에 따라 추가 예약이 필요한 경우가 있으므로 일정에 따라 효율적으로 활용해야 한다. 장거리 이동이 많다면 추천한다. 사용 기간과 좌석 등급에 따라 가격이 다르다. 독일과 연결된 스위스, 오스트리아, 벨기에, 이탈리아 일부 도시까지 이동 가능하며 성인 동반 시 11세 이하 2명은 무료다.

🏠 www.bahn.com

패스 종류

① **연속 패스** 연속된 날짜에 이용하는 것으로, 처음 시작한 날로부터 정해진 기간만큼 사용한다.
② **선택 패스** 개시한 날로부터 1개월 이내에 원하는 날만 선택해서 사용한다.

크베어두르히란트 티켓/ 데이 티켓
Quer-durchs-Land Ticket/ Day ticket for Germany

독일 전역의 지역 열차 RE, IRE, RB와 S반을 무제한으로 하루 이용할 수 있다. 랜더 티켓보다 비싸지만 지역을 넘나들 때 유용하다. 최대 5명까지 이용할 수 있고 2등석만 탑승할 수 있다. 성인 1명 탑승 시 14세 이하는 3명까지 무료다. 지역간 이동 시 랜더 티켓과 비교해보자.

🕐 평일 09:00 이후, 주말은 00:00부터 익일 03:00까지
€ €49(1인 추가 시마다 €10 추가) 🏠 www.bahn.com

랜더 티켓 Länder-Tickets

같은 주(랜더)에서 하루 동안 무제한으로 지역 열차 RE, RB 혹은 동급의 열차와 S반, 해당 지역의 버스와 지하철, 트램 등을 이용할 수 있다. 근교 당일치기 여행에 유용하다. 좌석 등급, 인원에 따라 요금이 달라진다. 최대 5명까지 이용할 수 있다. 온라인이나 자동 발매기에서 구입할 수 있다.(성인 1인당 14세 이하 3명까지 무료)

🕐 평일 09:00 이후, 주말은 00:00부터 익일 03:00까지
€ €24부터(주별로 다름)

티켓 종류	이용 가능 도시
바이에른 티켓 Bavaria-Ticket	뮌헨, 퓌센, 가르미슈 파르텐키르헨, 오버아머가우, 베르히테스가덴, 킴제, 아우크스부르크, 잉골슈타트, 레겐스부르크, 뉘른베르크, 밤베르크, 로텐부르크, 뷔르츠부르크, 잘츠부르크(오스트리아)
바덴뷔르템베르크 티켓 Baden-Württemberg-Ticket	슈투트가르트, 하이델베르크, 튀빙겐, 칼프, 프라이부르크
니더작센 티켓 Niedersachsen-Ticket	하노버, 함부르크, 브레멘, 괴팅겐, 볼프스부르크
노르트라인베스트팔렌 티켓 North-Rhine-Westphalia-Ticket	뒤셀도르프, 쾰른, 본, 도르트문트
작센 티켓 Sachsen-Ticket	라이프치히, 드레스덴, 바이마르
브란덴부르크 베를린 티켓 Brandenburg-Berlin-Ticket	베를린, 포츠담
슐레스비히홀슈타인 티켓 Schleswig-Holstein-Ticket	함부르크, 뤼베크
헤센 티켓 Hessen-Ticket	프랑크푸르트, 마르부르크, 다름슈타트
라인란트팔츠 티켓 Rheinland-Pfalz-Ticket	마인츠, 코블렌츠, 트리어, 엘츠성

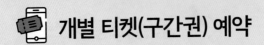

개별 티켓(구간권) 예약

패스 소지자가 아니라면 사전에 구간권을 예약하는 방법을 추천한다. 조기 발권 할인 운임 혜택을
받을 수 있기 때문이다. 티켓 예약은 온라인, 모바일 그리고 독일 현지에서 쉽게 할 수 있다.

독일 철도청 홈페이지, 스마트폰 애플리케이션에서 예약

구간권은 일찍 예약할수록 할인율 높은 티켓이 많은데, 1년 전부터 예약이 가능하니 성수기
여행자들은 특히 서둘러야 한다. 단, 변경이나 환불이 어려우니 조건을 반드시 확인한다. 구간
권 소지 시 성인 1인당 14세 이하 4명까지 무료이나 티켓에 미리 명시되어야 한다.

🏠 www.bahn.com

DB NAVIGATOR

티켓 요금 종류	특징
초저가 Super Sparpreis/Super saver fare	최대 50%까지 할인되나 변경 및 환불 불가.
저가 Sparpreis/Saver fare ticket	출발 전날까지 환불 가능하나 수수료가 있거나 철도청 바우처로 받음.
정가 Flexpreis/Flexible fare	당일에도 살 수 있는 할인 없는 정상가. 시간대에 관계없이 탑승할 수 있고 환불 가능하다.(8일 전까지 무료, 그 이후는 날짜별 €10~30 수수료) 요금이 비싸서 철도 패스와 비교해봐야 함.

현지 기차역에서 예약

독일 현지의 기차역 자동 발매기에서도 티켓을 예약 및 구입할 수 있고 자동
발매기 역시 영어를 지원한다. 자동 발매기에서는 예약이 아니더라도 스케
줄을 조회하고 해당 열차 정보를 무료로 티켓처럼 출력할 수 있어 환승 정
보도 쉽게 파악할 수 있다. 창구에서 예약 시에는 수수료가 붙는다.

좌석 예약은 필수일까?

ICE와 IC 같은 고속 열차나 야간 열
차는 예약이 필수지만, 지역 열차는
그렇지 않다. RE, RB, S반 등 독일
열차는 좌석제가 아니므로 탑승했
을 때 자리가 없으면 입석이다.

기차 이용 시 주의사항

① **탑승 시간 확인하기** 탑승 전에 전광판을 확인해 변동 여부를 확인한다.
② **플랫폼 확인하기** 플랫폼의 전광판에는 탑승할 열차 정보가 나오는데 기차 모양과 함께 알파벳, 숫자도 표시
되어 어디서 탑승해야 하는지 알 수 있다. 간혹 운행 중 열차가 분리되는 경우도 있으니 목적지에 맞게 구역을
확인하고 타야 한다.
③ **검표** 출발 후 검표가 이루어지고, 무임승차를 할 경우 벌금을 물게 된다. 티켓은 반드시 소지해야 하고 때에
따라 여권도 필요하다.
④ **지연 및 취소** 패스 소지자나 랜더 티켓 소지자라면 자유롭게 다음 열차를 탈 수 있지만, 사전 예약해 특정
열차만 탑승해야 한다면 기차 지연으로 환승역에서 해당 열차를 타지 못한 경우 기차역 내 독일 철도청 안내
소(DB Information)로 가서 상황을 설명하면 직원이 확인 도장을 찍어주며 다음 연결 편을 안내해준다. 무
작정 탑승하면 무임승차로 간주한다.

렌터카 이용하기

독일은 기차 같은 대중교통도 발달했지만 운전을 하기에도 편리한 나라. 특히 아이나 노인이 있는 가족 여행이나 4인 정도의 단체 여행이라면 편안하고 기동력 있는 렌터카 여행도 좋은 방법이다. 차량을 대여하려면 한국에서 미리 예약하는 것이 좋다. 가격 면에서도 저렴한 경우가 많으며, 일찍 예약할수록 원하는 차량을 구할 확률이 높기 때문이다. 특히 유럽에서는 성수기에 자동변속기(오토매틱) 차량을 구하기가 쉽지 않으므로 일찍 예약하는 것이 좋다.

예약하기

렌터카 예약은 인터넷이나 전화로 가능하다. 렌터카 회사는 매우 많지만 한국에 지점이 있는 곳이 한국어로 예약도 쉽게 할 수 있고 사후 처리도 편리하다. 특정 렌터카 업체 홈페이지에서 바로 예약하거나 여행 관련 예약 사이트를 통해 할 수 있으며, 원하는 조건에서 조금이라도 저렴한 요금을 찾는다면 검색을 많이 해봐야 한다.

예약 시에는 먼저 차량을 픽업하고 반납할 날짜와 장소를 정한다. 차량의 크기와 등급, 그리고 보험과 옵션까지 선택한 뒤 이메일과 신용카드 정보를 입력하면 된다. 예약 조건에 따라 바로 결제하기도 하고 픽업 후에 결제하기도 하며, 대부분 보험과 옵션은 현지에서 변경할 수 있다.

예약 시 확인할 사항

① 픽업과 반납 장소를 자세히 확인하자. 숙소의 위치를 고려해서 정하되, 도착하자마자 차량이 필요하다면 공항이 좋지만 시내로 들어간 후에는 교통이 편리한 중앙역이나 시내 중심이 좋다.

② 픽업과 반납 도시가 다른 경우 대부분 추가 요금이 붙는다.

③ 픽업과 반납 시간을 반드시 확인한다. 영업소의 영업시간에 맞추는 것이 좋고, 반납 시간이 늦어지면 하루 추가 요금이 붙을 수 있으니 주의한다.

④ 차량의 크기는 여유 있게 정하는 것이 좋다. 정확한 모델명대로 주는 것이 아니라 비슷한 등급의 차량이 나오기 때문에 생각보다 작은 차량이라면 인원이나 짐이 많은 경우 불편할 수 있다.

⑤ 수동변속기가 익숙하지 않다면 안전을 위해 자동변속기를 선택한다.

⑥ 예약의 변경이나 취소는 렌터카 회사나 예약 조건에 따라 다르기 때문에 예약 시 환불 조건을 알아두어야 한다. 보통 차량 픽업 24~48시간 전에는 변경이나 취소가 가능하지만, 경우에 따라 수수료가 있거나 보증금을 낸 경우 환불이 안 될 수 있으니 꼭 확인하자.

주요 렌터카 회사

- 허츠(Hertz) www.hertz.co.kr
- 식스트(Sixt) www.sixt.com
- 유럽카(Europcar) www.europcar.com
- 에이비스(Avis) www.avis.co.kr
- 내셔널(National) www.nationalcar.kr
- 알라모(Alamo) www.alamo.co.kr

주요 예약 플랫폼

- 렌털카스 www.rentalcars.com
  (렌터카 회사 비교 사이트이면서 자체 보험 상품도 있다.)
- 스카이스캐너 www.skyscanner.co.kr/car-hire
- 익스피디아 www.expedia.co.kr
- 카약 www.kayak.co.kr
- 카스스캐너 https://cars-scanner.com

렌터카 보험

렌터카를 이용할 때 가장 복잡한 부분이다. 보험의 종류가 많고 렌터카 회사마다 조건이나 명칭이 달라서 약관을 잘 읽어봐야 한다. 만약을 위한 것이지만 안전을 위해 조금 비싸더라도 잘 들어두는 것이 좋다. 따져보는 것이 번거롭다면 대형 업체의 슈퍼 커버 보험을 드는 것이 안전하다. 비싼 만큼 커버되는 것이 많으며 사후 처리도 신속하다. 하지만 슈퍼 커버라 해도 모든 것이 해결되는 것은 아니니 약관을 꼭 읽어보자. 렌터카 보험은 다음과 같이 크게 4가지로 구분되는데, 구체적인 명칭은 렌터카 회사마다 조금씩 다르다.

① 차량 손해보험(자차) (CDW, Collision Damage Waiver)

임차한 차량에 발생한 손실에 대해 책임을 경감해주는 보험이다. 주의할 것은 사고 시 임차인에게 일정 금액을 물게 하는 '면책금(자기부담금)'이 있으므로 이를 꼼꼼히 따져봐야 한다. 면책금이 얼마인지, 그리고 면책금을 면제해주는 추가 보험은 얼마인지 알아보고 면책금을 최대한 낮추거나 아예 없는 것으로 들 수 있다. 저렴한 보험일수록 면책금이 높은 경우가 많으며, 이런 경우 차량을 인수할 때 흠집이 있는 차량인지 반드시 확인하고 작은 것이라도 직원에게 알려 기록하게 한다. 면책금이 없는 보험은 회사마다 이름이 달라서 Super Cover, Super CDW, SCDW 등으로 부르는데, 보험료가 비싸지만 편리하다.

② 대인/대물 보험(LP, LIS, TPL 등 Liability)

임차한 차량이 아닌 상대 차량과 사람에 대한 보험으로 반드시 들어야 하는 책임보험이기 때문에 대부분 렌터카 요금에 포함되어 있다.

③ 도난 보험(TP, THW 등 Theft)

차량/부품/액세서리 등의 도난으로 인한 차량의 손실 및 손상에 대한 보험이다. 차량과 관련된 도난이므로 개인 물품에 대해서는 적용되지 않는다는 점을 유의하자.

④ 임차인 상해보험(PI. PAI 등 Personal)

임차인 및 동승자의 상해 및 사망에 대한 보상 보험이다. 사람에 대한 것인 만큼 보상액에 따라 보험료가 한없이 커질 수 있으니 각자의 상황에 맞게 잘 선택해야 한다. 보험 조건에 따라 동승자가 포함되지 않는 경우 추가 보험을 들어야 한다는 점도 유의하자.

추가 옵션 선택하기

추가 옵션은 현지에서 차량을 인수할 때 직접 선택할 수 있으며, 일부 옵션은 지역별 규정에 따라 의무적으로 선택해야 한다.

① 추가 운전자 AAO Additional Authorized Operator

추가 운전자가 있는 경우 임차 시에 반드시 등록해야 하며, 임차 도중이라면 인근의 영업소를 방문해야 한다. 등록 없이 운전 중 발생한 사고에는 보험이 적용되지 않는다. 추가 운전자 역시 대한민국 운전면허증, 국제 운전면허증, 여권이 필요하며, 차량 크기에 따라 추가 가능한 운전자 수가 정해져 있다.

② 긴급출동 서비스

차 문이 잠기거나 타이어 교체, 견인 요청 등의 사태에 대비해 긴급출동 서비스를 신청할 수 있다.

③ 스노타이어, 스노체인

독일은 교통법으로 10월부터 3월까지 스노타이어 장착이 의무화되어 있다. 이 기간에 차량을 대여하면 자동으로 추가되지만, 이 기간 전에 렌트를 시작한다면 직접 옵션을 추가해야 한다.

④ 카 시트 Infant Seat

독일은 EU 규정에 따라 만10세 이하는 반드시 카 시트에 태워야 하며, 11세 이상이라도 신장 150cm 이하는 카 시트를 권장한다. 또한 만3세 이하는 에어백이 장착된 조수석에 앉힐 수 없으며 카 시트를 뒷좌석에 역방향으로 설치해야 한다. 한국에서 구입한 카 시트가 차량에 맞지 않는 경우 범칙금을 낼 수도 있으니 주의하자.

⑤ 와이파이 핫스팟 / GPS 내비게이션

Wi-Fi 핫스팟으로 인터넷을 사용하거나 내비게이션을 추가할 수 있으나, 차량에 장착된 자체 내비게이션의 경우 업데이트가 늦은 편이며, 추가 내비게이션의 경우에도 한국어가 지원되지 않는다. 굳이 요금을 내고 추가하기보다는 각자 스마트폰으로 구글 맵스를 이용하는 것이 낫다.

⑥ 연료 옵션

연료는 직접 채워서 반납(Self-Refueling)하거나, 미리 구입(Fuel Purchase Option(FPO)) 또는 연료 충전 서비스(Fuel and Service Charge(FSC)) 등의 옵션이 있다. 직접 채우는 것이 저렴하며 충전 서비스를 이용하는 것은 비싸다. 직접 채울 때는 휘발유/디젤을 반드시 확인한다.

차량 픽업하기

① 앞에서 설명한 보험과 옵션들을 미리 알아보고 예약한 시간에 렌터카 영업소로 방문한다. 차량 인수 계약서를 작성하는 데도 꽤 시간이 걸리므로 미리 보험과 추가 옵션을 생각해두고 조금 일찍 도착하는 것이 좋다.

② 예약 번호를 제시하고 추가 옵션들을 정한 뒤 보험 약관을 꼼꼼히 읽고 차량 인수 계약서를 작성한다.

③ 구비 서류들을 제시하고 계약 영수증과 차량 열쇠, 비상 시 보험사 연락처 등을 받고 주차장으로 간다.

④ 면책금이 있는 보험인 경우 직원과 함께 차량의 상태를 확인하고 사인하는데, 이때 꼼꼼히 확인해야 한다.

픽업 시 준비물

국내 운전면허증과 국제 운전면허증, 신용카드(운전자 본인 명의), 여권

차량 반납하기

① 영업소 도착 후 지정 구역에 차량을 주차한다.

② 직원과 함께 차량 상태 및 연료 잔량을 확인한다. 차량 손상이 발견되면 면책금(Non-Waivable Excess)이 부과되니 반납 시 꼭 확인한다.(면책금이 없는 보험이거나 연료 선구입의 경우 이 과정이 필요 없다.)

③ 영수증은 현장에서 받거나 추후 렌터카 회사 홈페이지 또는 이메일을 통해 받을 수 있다.

반납 시한

임차일 1일은 만 24시간 기준이며, 임차계약서에 표시되는 실제 차량 픽업 시간으로부터 만24시간이 1일로 계산된다. 30분 이상 초과 시에는 임차 규정에 따라 일일 임차 요금이 추가된다. 예약한 임차 기간보다 일찍 반납하거나 임차 기간을 연장할 경우에는 예약 시 요금과 달라질 수 있으며, 정해진 최소/최대 임차 기간 규정이 있으니 미리 확인한다.

차량 고장, 사고를 대비하자

차량 고장 및 파손 시 임차계약서에 안내된 24시간 긴급 지원 서비스(ERA Emergency Roadside Assistance)로 연락한다. 사고 발생 시에는 긴급 지원 서비스에 연락하고 현장에서 반드시 경찰에 신고해 사고 경위서를 작성한 뒤 보험사에 제출한다. 가벼운 충돌이라도 임차한 차량에 손상이 발생했다면 반드시 경찰에 보고해야 면책받을 수 있다. 병원에 간 경우 진단서와 치료비 영수증도 보험사에 제출하고 상대방에 대한 정보도 보관해둔다.

보험으로 커버되지 않는 경우

- 차 열쇠 분실 및 파손
- 혼유로 인한 엔진 손상
- 경찰 조서(Police Report)가 없는 경우
- 불법으로 차량을 운행하거나 고의로 부주의하게 운행한 경우
- 내비게이션 분실 및 파손
- 비포장 도로 주행
- 교통법규 위반
- 수하물이 노출되어 범죄 표적이 된 경우
- 등록되지 않은 운전자 주행 시
- 탑승 정원 초과
- 타이어나 앞 유리 파손(일부 보험은 추가 가능)

 # 독일에서 운전하기

아우토반의 나라 독일은 그 명성에 맞게 자동차 여행을 하기에 편리하다. 고속도로마다 휴게소가 잘 갖춰져 있으며, 도로에는 2km 간격으로 긴급 전화를 걸 수 있는 콜 박스가 설치되어 있다. 운전자들의 매너도 좋아서 차선을 바꾸거나 할 때 잘 양보해주는 편이다. 하지만 아무리 운전을 잘하는 사람이라도 낯선 나라에서의 운전은 항상 조심해야 하며, 특히 우리와 다른 문화와 규범이 있다는 것을 명심하고 주행에 앞서 이를 반드시 숙지하자.

📢 주의사항

① 안전 벨트는 뒷좌석까지 모든 탑승자가 착용해야 한다.

② 언제나 보행자가 우선이다.

③ 고속도로 왼쪽 차선은 가속 차선이다.

④ 추월은 왼쪽에서만 할 수 있다.

⑤ 우회전 시 청신호를 받아야 하는 곳이 대부분이다. 특히 자전거 도로가 많아 우회전 시 직진 하는 자전거를 잘 살펴야 한다.

⑥ 좌회전의 경우 청신호 시 비보호가 많다.

⑦ 응급차나 경찰차가 사이렌을 울리며 지나가면 반드시 비켜주고 정차해야 한다.

⑧ 신호등이나 표지판이 없는 곳에서는 직진보다 오른쪽에서 진입하는 차량에 우선권이 있다.

교통 표지판

도로 안내 표지판과 교통 표지판은 종류가 매우 다양하다. 대부분 직관적으로 의미를 알 수 있지만 간혹 우리에게 낯선 표지판들도 있으니 주행 전에 알아두도록 하자. 또한 언어 문제로 이해할 수 없는 내용도 있으니 기본적인 단어는 알아두는 것이 좋다.

주정차 금지

주차 금지

모든 차량 제한

진입 금지

제한 속도

양보

버스 정류장

버스 정류장이 있는 곳이라 이 표지판 전후로 15m씩(총 30m)은 차를 세울 수 없다.

일방통행

독일어로 ein은 1, bahn은 길, 방향, straße는 거리라는 뜻이다. 따라서 einbahnstraße는 일방통행로이니 화살표 방향으로만 갈 수 있다.

주행 우선권

우리에게 낯선 사인인데 시내에서 자주 볼 수 있으므로 특히 주의해야 한다. 이 표지판이 있는 도로에 위치한 차량에게 주행 우선권이 주어지는 것이다.

주행 우선 종료

어떤 사인이든 이렇게 빗금이 있으면 종료를 의미한다. 주행 우선권이 종료되었음을 뜻한다.

주행 우선 도로

굵게 표시된 방향으로 주행 우선권이 있음을 뜻한다. 삼거리나 사거리에서 종종 나오는 표지판이다.

속도 무제한

제한 속도가 끝나는 도로에서는 원 모양 안에 속도가 쓰여 있거나 아무런 숫자 없이 빗금만 있기도 하다.

아우토반은 속도 무제한?

독일의 아우토반은 속도 무제한의 상징으로 스피드광들을 설레게 한다. 하지만 아우토반이라고 해서 모두 속도가 무제한인 것은 아니며, 최근에는 속도 제한 구역이 많아져 대부분의 고속도로는 100~130km다. 속도 위반 시 €680까지 벌금이 부과되니 주의하자.

정지

차량을 완전히 정지시킨 뒤 주변을 확인하고 주행한다. 신호등이 없는 교차로에서는 먼저 도착한 순서대로 주행한다.

통행료

독일의 도로는 대부분 통행료가 없으나 국경을 지나거나 할 때 톨게이트 앞에 나오는 표지판이다.

세관

Zoll, Douane는 세관 또는 관세를 뜻하는 말로, 역시 국경을 통과할 때 나오는 표지판이다.

환경 구역

Umwelt는 환경이란 뜻이다. 즉, 환경보호를 위해 저공해 차량만 진입할 수 있는 구역이다.

스노타이어

스노타이어를 장착해야 하는 구간이다.

교통 범칙금은?

교통법규를 지키지 않아 범칙금이 부과된 경우, 은행에서 바로 낼 수 있는 티켓은 시내 주요 은행에 가서 해결하는 방법이 있고, 그렇지 않은 티켓이거나 은행에 가지 못한 경우 렌터카 회사로 청구된다. 렌터카 회사에서는 보증금으로 저장했던 신용카드로 결제하고 대행 수수료도 추가로 부과한다.

주유하기

독일에는 셀프 주유소가 많아 대부분이 직접 주유한다. 주유소마다 방식이 조금씩 다르지만, 보통 주유를 한 다음 카운터에 해당 주유기 번호를 알려주고 계산하면 된다. 주유할 때는 디젤과 가솔린을 반드시 확인해야 한다. 보험 약관에도 나와 있지만 혼유로 인한 엔진 손상에 대해서는 보험사가 책임을 지지 않는다.
디젤에는 Diesel, Diesel Tech, V-Power Diesel, Excellium Diesel, Fuel Save Diesel 등 Diesel이란 말이 쓰여 있고 보통 검은색 글씨나 바탕색으로 표시한다. 그리고 Super, Super Plus, Super E10, Ultimate 102 등은 가솔린이다.

주차하기

시내 주차장은 보통 시간당 €0.5~2 정도인데 성수기에는 자리를 찾기가 어렵다. 시외곽의 대중교통과 연결된 곳에는 P+R이라고 표시된

휴게소

고속도로 주유소에는 간간이 휴게소가 함께 있어서 간단한 식사나 커피를 즐길 수 있다. 화장실은 대부분 깨끗하지만 유료다.

주차장이 있는데, Park & Ride의 약자로 주차료가 저렴하거나 무료인 곳도 있으니 숙소가 외곽이라면 이러한 곳에 주차하고 대중교통을 이용해 시내로 들어가는 것이 좋다. 시내 중심은 대부분 걸어서 다니기 편리하며, 차가 있으면 운전과 주차를 항상 신경 써야 한다.

① 주차 환승장

P+R은 Park & Ride의 약자다. 주차를 하고 대중교통으로 갈아탈 수 있는 곳을 뜻한다.

② 주차 표시판

우리에게는 생소한 독일의 주차 시스템인데, 주차 표시판을 구입해서 차 안에 자신이 도착한 시각을 표시해두고 주차하는 것이다. 이 주차 표시판이 있는 경우에만 주차를 허용하는 곳이 많으며 보통 1~2시간의 시간 제한이 있다.

주차 표시판 사용 팁
Parkscheibe

주차 표시판은 여행 안내소나 주유소, 매점 등에서 구입(€2 정도)해서 계속 사용하면 된다. 파란색 종이나 플라스틱으로 되어 있으며 화살표 부분에 시각을 표시할 수 있다. Ankunftszeit 라고 쓰여 있는 것은 도착 시간이란 뜻으로, 눈금이 30분 간격으로 있으니 예를 들어 주차장에 10:20에 도착했다면 10:30에 표시하면 된다.

주차 안내판에 쓰이는 단어

Mo 월	Di 화	Mi 수	Do 목
Fr 금	Sa 토	So 일	Werktags 평일
Feiertagen 공휴일		Std(Stunde) 시간	
Bewohner 거주자(거주자만 주차 가능)			
Parken 주차	Erlaubt 허용		Frei 무료 또는 허가

Di,Do,Fr 16-18 h	werktags 18-19 h

✈ 독일의 저가 항공

다양한 노선을 운항하는 저가 항공사들이 주요 도시를 연결한다. 베를린-뮌헨처럼 장거리 이동이나 유럽의 주요 도시로
이동할 때 유용하다. 잘 활용한다면 기차를 이용할 때보다 시간과 비용 측면에서 훨씬 효과적이다.

저가 항공 예약 & 이용

유럽의 주요 대도시를 중심으로 운항 중인 저가 항공사의 가장 큰 특징은 파격적인 가격이다.
인터넷을 활용한 직접 발권, 기내 서비스의 최소화 등을 통해 가격을 낮추고 있다.

① 예약하기

대부분 인터넷을 통한 예약과 결제, 수속 과정이 이루어진다.
온라인 체크인을 통해 사전에 탑승권을 출력하면 공항에서
번거로운 수속 없이 탑승 가능하다. 저가 항공사는 위탁 수
하물에 대해 별도의 비용을 부과하고 있는데, 수하물이 있다
면 온라인을 통해 직접 추가하는 것이 좋다.

🏠 이지젯 www.easyjet.com
🏠 라이언에어 www.ryanair.com

② 공항

저가 항공사도 도시의 메인 공항을 이용하는 추세지만, 아직도 도심 외곽에 있는 소규모 공항
을 이용하는 경우도 있으므로 예약 시 이용할 공항을 확인해야 한다.

③ 체크인

탑승 체크인 절차는 간단하다. 하지만 항공사에서 지정한 시간 이후에는 탑승이 불가능하고,
기내 반입 수하물과 위탁 수하물에 대해서는 매우 까다롭게 적용하고 있어 예약 시 반드시 확
인해야 한다.

④ 기내 서비스

비행 중 기내 서비스는 매우 간소하며 대부분 음료, 식사, 엔터테인먼트는 유료로 제공한다.

저가 항공권 예약 시 주의사항

① 대부분의 저가 항공사는 변경 및 취소 불가
② 위탁 수하물, 좌석 지정을 원할 시 추가 요금 발생
③ 결제 시 탑승자 본인의 신용카드로 결제
④ 이용 공항 위치 확인
⑤ 온라인 체크인 필수
⑥ 기내 수하물 규정 준수(공항에서 추가 시 요금 2배 부과)

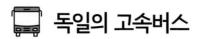

독일의 고속버스

독일에서 도시 간 이동을 할 때는 보통 기차를 이용하지만, 또 다른 교통수단으로 고속버스도 있다.
대도시에서 중소도시를 연결하는 노선이 다양하고, 무엇보다 가격이 저렴하다는 것이 가장 큰 특징이자 장점이다.

여러 버스 회사 비교 사이트

• 체크마이버스 www.checkmybus.de

주요 고속버스 회사

• 플릭스부스(Flixbus) www.flixbus.com
• 다인부스(DeinBus) www.deinbus.de
• 포스트부스(Postbus) www.postbus.de
• 블라블라카부스(BlaBlaCarBus) www.blablacar.co.uk

고속버스의 장단점

장점은 역시 가격이다. 기차와 비교했을 때 2배에서 많게
는 5배까지 차이가 난다. 독일 내 다양한 노선은 물론 국
경을 넘어 주변 국가로도 이동할 수 있다. 기차와 달리 환
승이 필요 없고, 버스마다 다르지만 Wi-Fi를 제공하거나
콘센트가 있어 충전도 할 수 있다. 간혹 버스 안에서 간단
한 먹거리를 판매하기도 하며 내부에 화장실도 있다.
단점은 소요시간이 길다는 것인데 단거리 구간은 기차와
크게 차이가 없으나 장거리일 경우 기차와 2배 이상 차이
가 난다. 교통체증이라는 변수도 대비해야 한다. 또 한 가
지는 정류장 위치를 잘 확인해야 한다는 것이다. 대도시
는 중앙역 옆에 버스 터미널ZOB이 있지만 시내버스 정류
장과 비슷한 곳에서 출발·도착하는 경우도 있어 위치 확
인이 필요하다.

예약하기

체크마이버스Checkmybus는 회사별 운행 요금과 스케줄
을 확인할 수 있는 비교 검색 사이트다. 같은 날짜라도 고
속버스 회사별, 시간대별로 요금이 다르므로 한눈에 볼
수 있는 사이트를 통해 확인한 후 해당 버스 회사 홈페이
지에서 티켓을 구입하면 된다. 현지에서도 구입할 수 있
지만, 사전에 예약할수록 할인 폭이 크다. 가장 많이 이용
하는 버스 회사는 플릭스부스Flixbus와 블라블라카부스
BlaBlaCarBus다.

독일의 대중교통

대도시이거나 숙소가 관광지나 도심에서 떨어진 경우를 제외하면 대중교통을 이용할 일이 많지는 않다.
하지만 교통비가 만만치 않으니 어떤 교통수단이 있는지 알아두면 도움이 된다.

대중교통의 종류

S반, U반, 트램, 버스, 택시 등의 교통수단이 있으며, 택시를 제외하고는 해당 도시의 교통국에서 담당한다.

- **S반** 독일 철도청의 국철로 우리나라의 전철 개념이다. 시내 중심부터 공항과 근교 도시도 연결하고 있는데, 같은 노선의 지역 열차 RE나 RB보다 요금이 저렴하다. 철도 패스 소지자는 무료로 이용할 수 있다.

- **U반** 사설 업체에서 운행하는 우리나라의 지하철 개념이다. 간혹 지상을 달리기도 하지만 대부분 지하로 달리며 시내에서만 운행한다. 사설 업체 운영이기 때문에 철도 패스가 있어도 할인되지 않는다.

- **트램** 지상으로 다니는 노면전차. 승하차 정류장 이름만 잘 알아둔다면 이용하기 편리하다. 특히 버스보다 승차감이 좋고, 우리나라에서는 볼 수 없어서 색다르게 느껴지기도 한다. 트램 정류장 전광판에 방향, 도착 시각 등이 잘 나와 있다.

- **버스** 도심의 구석구석을 연결하는 교통수단. 숙소가 외곽에 있을 때 이용하게 된다. 베를린처럼 100번, 200번, 300번 버스가 주요 관광지를 연결해 여행객의 주요 교통수단이 되어주지 않는 이상 크게 이용할 일이 없다.

- **택시** 지역마다 기본요금이 다르며 대부분 €4~5 사이다. 우리나라와 달리 정해진 택시 정류장에서 타야 하며, 공항과 기차역 앞에서는 흔히 볼 수 있다. 요금의 5~10%의 팁을 주는 것이 관례다.

교통 티켓

티켓의 종류는 다양하며 가격도 비싼 편이다. 일정에 따라 어떤 티켓이 필요한지 미리 생각해두면 불필요한 비용 낭비를 막을 수 있다. 짧은 구간을 이용할 수 있는 단거리권부터 1회권, 1일권, 1주일권, 1개월권 등 다양하지만, 여행객이 가장 많이 이용하는 티켓 3가지를 우선적으로 소개한다.

종류	특징
단거리권 Kurzstrecke	S반과 U반은 3~4정거장, 트램과 버스는 6정거장 이내 혹은 정해진 거리(km)와 시간에 따라 사용할 수 있는 티켓으로 도시마다 다르다.
1회권 Einzelkarte	편도 티켓으로 유효시간 이내 환승이 가능하다.
1일권 Tageskarte	S반, U반, 트램, 버스 등 도시 대중교통을 하루 동안 무제한 이용할 수 있다.

- **티켓 구입 전 구역 확인하기** 대중교통 티켓을 구입하기 전에 구역Tarifzone(Zone)에 따라 요금 할증이 있다는 것을 기억해야 한다. 독일 시내 중심은 1구역이고 그로부터 멀어질수록 요금이 오르며 2구역, 3구역 등으로 나뉜다. 안내소에서 제공하는 교통지도에는 도시별로 구역을 색깔로 구분해두었으니, 가고자 하는 목적지가 1구역인지 2구역인지를 확인하고 티켓을 구입해야 한다.

- **티켓 구입** 대중교통 티켓은 보통 자동 발매기에서 구입한다. S반과 U반 발매기는 영어 지원이 가능해 쉽게 구입할 수 있다. 트램의 경우 정류장의 티켓 발매기를 이용하거나 없는 경우 트램 내부의 기계 혹은 기사를 통해 구입할 수 있다. 간혹 동전만 사용할 수 있는 경우도 있으니 미리 잔돈을 준비해야 한다.

- **독일 여행 필수 아이템, €58 대중교통 티켓** 도이치란드 티켓Deutschland-Ticket은 독일 전역의 S반, U반, 버스 및 트램, RE 등 대중교통을 한 달 동안 무제한으로 이용할 수 있는 티켓이다. 독일 철도청 홈페이지나 앱, MVV, HVV 앱 등에서 구입할 수 있고, 구입 시기와 상관없이 1일부터 매달 말일까지 사용할 수 있으며 일행의 티켓까지 구입할 수 있다. 정기 구독권으로 운영되며 매달 10일이 지나면 자동 결제되는 시스템이다. 만약 8월만 사용한다면 8월 10일 이전에 구독 취소를 해야 9월에 결제되지 않는다. 티켓 검사는 불시에 이루어지며 구입한 앱 내 모바일 티켓과 여권을 제시해야 한다.

대중교통 이용 시 주의사항

검표와 펀칭
검표는 불시에 수시로 하므로 티켓을 반드시 구입해야 한다. 티켓을 구입했다 하더라도 펀칭하지 않으면 무임승차로 간주하니 꼭 티켓 펀칭을 해야 한다. S반과 U반은 탑승 전, 트램과 버스는 탑승 후에 펀칭한다.

수동문
교통수단마다 조금씩 다르지만 승하차 시 버튼을 눌러야만 문이 열리는 경우가 있다.

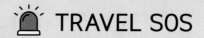

TRAVEL SOS

여행 중 뜻밖의 사건 사고를 겪을 수도 있다. 위급 상황에 부닥치지 않도록 최대한 준비해야겠지만,
어떤 일이 일어날지는 알 수 없으므로 다음 사항을 숙지하고 침착하게 대처하자.

SOS ❶
여권을 분실했다면

여권을 잃어버리면 국가 간 이동 자체가 불가능하고 일정에 차질이 생긴다. 현지에서 분실 시 가까운 경찰서에서 분실 확인서Police Report를 발급받고, 방문 전 전화 후 대사관이나 영사관에서 새 여권을 발급받는다. 이때 신분증, 분실 확인서, 여권 사진 2매를 소지해야 한다.

SOS ❷
현금을 분실했다면

분실이나 도난, 갑작스러운 사고 등 예기치 못한 사고로 현금이 필요한 경우, 국내 지인이 외교부 계좌로 입금하면 현지 대사관에서 긴급 경비를 현지 통화로 전달하는 신속해외송금제도를 이용할 수 있다. 대사관을 방문하거나 영사콜센터를 통해 신청한다.

① 영사콜센터 무료 전화 앱
② 영사콜센터 카카오톡, 라인 상담 서비스
③ 전화 (국내) 02-3210-0404 (해외) +82-2-3210-0404

SOS ❸
소매치기를 당했다면

2차 피해 발생을 막기 위해 휴대폰과 신용카드는 정지한다. 도난의 경우 여행자보험을 통해 보험사에 손해배상을 청구할 수 있는데, 사건 발생 장소에서 가까운 경찰서로 가서 신고 후 도난신고서Police Report를 작성해야 한다. 범인의 인상착의, 장소, 시간, 경위, 물품 등을 자세히 기입하고 확인 도장을 받아야 한다. 이때 분실Lost이 아닌 도난Theft임이 분명해야 보상받을 수 있다.

SOS ❹
병원 갈 일이 생겼다면

질병이 생기거나 상처를 입었다면 영사콜센터를 통해 도움을 받을 수 있다. 24시간 시간 제한 없이 응급처치 요령, 약품 구입 및 복용 방법, 현지 의료기관 이용 방법, 국내 이송 절차 등 상담 및 지도를 받을 수 있다. 만약 병원을 이용했다면 진단서와 영수증 등 증빙서류가 될 수 있는 것을 챙겨두어 귀국 후 보험사에 보상 청구한다.

SOS ❺
비행기나 기차를 놓쳤다면

비행기를 놓쳤을 경우 구입한 항공권이 변경, 환불이 가능한지 조건을 확인한다. 만약 불가능한 항공권이라면 다른 항공편을 찾아 새로 구입하는 방법밖에 없다. 예약한 열차를 놓친 경우에도 다른 열차 편으로 변경하거나 새로 예약해야 한다. 참고로 기차 패스를 분실했다면 별다른 방법이 없다. 남은 일정이 길다면 새로 구입하거나 구간별 티켓을 구입해야 한다.

독일은 영어가 잘 통하는 나라지만, 기본 인사말이나 숫자, 교통 관련 단어를 알아두면 독일 여행이 훨씬 생생하게 다가온다.
독일어는 발음이 쉽지 않아 입을 떼기는 어렵겠지만 눈에 한번 익혀두면 여행이 훨씬 풍성해질 것이다.

간단한 회화

안녕하세요	Hallo	🔊 할로
예	Ja	🔊 야
아니오	Nein	🔊 나인
고맙습니다	Danke(schön)	🔊 당케쇤
천만에요	Bitte(sehr)	🔊 비테제어
얼마예요?	Wie viel Kostet das?	🔊 비 필 코스테트 다스?
실례합니다	Entschuldigung	🔊 엔출디궁
아침 인사	Guten Morgen	🔊 구텐 모어근
점심 인사	Guten Tag	🔊 구텐 탁
저녁 인사	Guten Abend	🔊 구텐 아벤트
안녕히가세요	Auf Wiedersehen	🔊 아우프 비더젠
건배	Prost	🔊 프로스트

숫자 & 날짜

0	null	🔊 눌
1	eins	🔊 아인스
2	zwei	🔊 츠바이
3	drei	🔊 드라이
4	vier	🔊 피어
5	fünf	🔊 퓐프
6	sechs	🔊 젝스
7	sieben	🔊 지벤
8	acht	🔊 아흐트
9	neun	🔊 노인
10	zehn	🔊 첸
100	hundert	🔊 훈더트
1월	Januar	🔊 야누아
2월	Februar	🔊 페브후아
3월	März	🔊 메아츠
4월	April	🔊 아프릴

5월	Mai	🔊 마이
6월	Juni	🔊 유니
7월	Juli	🔊 율리
8월	August	🔊 아우구스트
9월	September	🔊 셉템바
10월	Oktober	🔊 옥토바
11월	November	🔊 노벰바
12월	Dezember	🔊 데쳄바

여행

월요일	Montag	🔊 몬탁
화요일	Dienstag	🔊 딘스탁
수요일	Mittwoch	🔊 미트보흐
목요일	Donnerstag	🔊 도너스탁
금요일	Freitag	🔊 프하이탁
토요일	Samstag	🔊 잠스탁
일요일	Sonntag	🔊 존탁
출구	Ausgang	🔊 아우스강
입구	Eingang	🔊 아인강
기차역	Bahnhof	🔊 반호프
정류장	Haltestelle	🔊 할테슈텔레
예약	Reservierung	🔊 레제비어룽
신사	Herren	🔊 헤렌
숙녀	Damen	🔊 다멘
화장실	Toilette	🔊 토일레테
오픈(영업)	Offen	🔊 오펜
닫음(휴무)	Geschlossen	🔊 게슐로센
출발	Abfahrt	🔊 압파르트
도착	Ankunft	🔊 안쿤푸트
광장	Platz	🔊 플라츠
거리	Straße	🔊 스트라세
골목	Gasse	🔊 가세

찾아보기

찾아보기

🔍 찾아보기